Raymond F. Toliver
Trevor J. Constable

ADOLF GALLAND

Raymond F. Toliver und Trevor J. Constable

ADOLF GALLAND

General der Jagdflieger

Biographie

Mit 65 Fotos

Herbig

Die amerikanische Originalausgabe
erschien 1990 unter dem Titel
Fighter General: the life of Adolf Galland
bei AmPress Publishing, Inc., Zephyr Cove, Nevada 89448

Die englische, völlig überarbeitete und korrigierte Fassung
wurde ins Deutsche übertragen von Wolfgang Czaia

Das Motiv auf dem Schutzumschlag zeigt Adolf Galland
in seiner Me 109 E4 über dem Kanal

Frontispiz: General der Jagdflieger mit 29 Jahren
Vorderer Vorsatz: Damit fing es an
Hinterer Vorsatz: Der Traum aller Jagdflieger

2. Auflage 1999

Umschlaggestaltung: Christel Aumann, München
Reproduktion des Bildteils: Graph. Atelier Krah, München
Satz: Rudolf Schaber Satz- und Datentechnik, Wels
gesetzt aus 10/11.5 Times auf Scantext 2000
Druck und Binden: Graphischer Großbetrieb Pößneck
Printed in Germany 1999
ISBN 3-7766-1755-1

Die Luftwaffe brachte viele hervorragende Asse hervor, aber nur einen Adolf Galland.

James H. Doolittle

Inhalt

Vorwort

Das größte Hindernis für den totalen Erfolg der alliierten Bomberangriffe gegen Deutschland am Tage waren die deutschen Jagdflieger. Der Name Adolf Galland war auf das engste mit dieser Streitmacht verbunden.

Ich übernahm das Kommando über die 8th USAAF Anfang Januar 1944. Zuerst mangelte es uns an Jagdflugzeugen großer Reichweite und unsere Bomberverluste waren dementsprechend hoch. Schließlich bekamen wir genügend Jagdmaschinen, um es wagen zu können, einen Teil davon direkt gegen die deutschen Jäger einzusetzen. Im Gegensatz zu den Jagdfliegern und Jagdverbandsführern, die sich darüber freuten, paßte dies den Bomberkommandeuren überhaupt nicht.

Die Ereignisse bewiesen jedoch bald, daß frei jagende Jägerpatrouillen weit vor und im Abstand von den Bomberpulks der gegnerischen Jagdwaffe oft ernste und nicht wiedergutzumachende Verluste zufügen konnten. Das ermöglichte es, die Tagesbombenangriffe zu ihrem vollen Potential zu entwickeln. Vernichtende Schläge wurden nicht nur den deutschen Luftstreitkräften, sondern auch der Industrie durch die Zerstörung der Treibstoffindustrie, des Transportwesens und anderer Schlüsselziele zugefügt.

General Galland sah diese Entwicklung, einschließlich der Erdrosselung des deutschen Kriegspotentials, bereits im Jahre 1942 voraus. Wiederholt warnte er seine Vorgesetzten. Er empfahl die dringende Verstärkung der Jagdwaffe an der Westfront, damit den Amerikanern entscheidende Verluste beigebracht werden konnten, bevor sich die Tagesbombenangriffe in voller Stärke entwickeln konnten. Seine Warnungen wurden nicht beachtet.

Es war eine der seltsamen Parallelen, die oft auf beiden Seiten der Front passieren, daß ich mit den Jägern der 8th Air Force praktisch genau dieselben Maßnahmen durchführte, die Galland zu Beginn der Schlacht um England Göring nachdrücklich empfohlen hatte. Als erfolgreicher Jagdflieger und Führer war Galland davon überzeugt, daß frei jagende Jägerpatrouillen gegen die RAF absolut notwendig waren. Statt dessen bestand Göring auf unmittelbarem Jagdschutz für die deutschen Bomber und beraubte dadurch seine Jäger sowohl ihrer Initiative als auch ihrer Beweglichkeit.

Gallands Aufstieg zum General der Jagdflieger war wirklich kometenhaft. Seither hat die Geschichte auf breiter Basis seine taktischen Erkenntnisse und sein großes Verständnis für die Möglichkeiten der Jagdfliegerei innerhalb der Gesamtstruktur einer modernen Luftstreitmacht bestätigt. Meiner Meinung nach drückt sich gerade darin mehr Größe aus als in seinen hohen Auszeichnungen. Die Luftwaffe brachte ohne Frage viele hervorragende Fliegerasse hervor, aber nur einen Adolf Galland!

In diesem Zusammenhang werde ich oft daran erinnert, wieviel Glück die Alliierten hatten, daß General Galland in der Jagdwaffe keine vollen Einsatzbefugnisse besaß.

Die Zeit des Krieges zwischen unseren Nationen war erfreulicherweise kurz. Seit jener Zeit haben uns Jahrzehnte einer tiefen Freundschaft sehr nahe gebracht. General Galland wurde im Frieden Geschäftsmann, genau wie ich. Über die Jahre hinweg sind wir uns auf dieser Ebene in Freundschaft begegnet und haben Erinnerungen an die Zeit ausgetauscht, in der wir uns als Gegner im Krieg gegenüberstanden.

Diese Biographie eröffnet uns neue Einsichten in die Faktoren, die Adolf Gallands Werdegang bestimmten, die seinen Charakter bildeten und ihm die Stärke gaben, die ungewöhnlichen militärischen Herausforderungen, die an ihn gestellt waren, anzunehmen. Von zwei angesehenen amerikanischen Historikern geschrieben, stellt dieses Buch nicht nur eine wertvolle Ergänzung zur Geschichte der Militärluftfahrt dar, sondern trägt auch zum gegenseitigen Verständnis unserer Nationen bei.

James H. Doolittle
General, USAAF Ret.

1
Kindheit und Jugend

Die Me 109 am spanischen Himmel war nicht mehr die jüngste. Ihre Luftschraube hatte eine Unwucht und die Bremsen zeigten kaum noch Wirkung. Das Flugzeug war eine spanische Version der legendären deutschen Jagdmaschine des Zweiten Weltkrieges, wie sie noch Jahre nach dem Krieg in der spanischen Luftwaffe geflogen wurde. Jetzt, Ende der sechziger Jahre, hatte sie natürlich längst ausgedient.

Der Fliegergeneral im Cockpit, auch nicht mehr der Jüngste, hatte mit dem Flugzeug einiges gemeinsam: Auch er war a. D., und auch er war eine Legende. Es war der ehemalige General der Jagdflieger, Adolf Galland, der sich einen nostalgischen Flug erlaubte.

Die Londoner Spitfire Production hatte das Flieger-As des Zweiten Weltkriegs mit der höchsten deutschen Tapferkeitsauszeichnung als Berater unter Vertrag genommen für die Dreharbeiten an dem Film »Die Schlacht um England«. Viele der Szenen wurden in Spanien nachgestellt und ließen in Adolf Galland beim Besuch der altvertrauten Stätten Erinnerungen lebendig werden.

Schauspieler und Spielfilmhandlung ließen eine gespenstisch anmutende Version der Vergangenheit erstehen. Zwar waren die Namen und Charaktere im Film zumeist fiktiv, Galland konnte sich jedoch im »Major Falke« unschwer wiedererkennen. Seine Freunde hänselten ihn damit, daß der Darsteller Reddemann vielleicht etwas besser aussehe. Doch es blieb Gallands Trost, daß auch Reddemann eine leicht deformierte Nase hatte und wie Heinz Rieß, der Göring darstellte, nicht ganz dem Original entsprach. Der glich zwar dem Dicken, erreichte aber nicht ganz dessen Leibesumfang. Als Galland diesen Schauspieler zum ersten Mal in der prächtigen Marschallsuniform sah, kam es ihm vor, als ob sein alter Widersacher auferstanden sei und damit auch die Erinnerung an die Zusammenstöße mit ihm.

An den Abenden, im vertrauten Christina Hotel in Sevilla, wanderten Gallands Gedanken oft zurück in seine Zeit als Capitano in der Legion Condor, zurück in seine Kindheit, seine Jugend und die Segelfliegerei, und immer wieder schloß sich der Kreis mit dem Untergang seines Jagdverbandes 44 am Ende des Krieges …

Der spätere »General der Jagdflieger« wurde am 19. März 1912 in Westerholt in Westfalen geboren, wo seine Familie bereits auf eine lange Geschichte zurückblicken konnte. Galland ist ein französischer Name. Der erste Galland in Westerholt war ein Hugenottenflüchtling aus Frankreich, der sich 1742 in Deutschland ein neues Leben schuf. Er wurde Verwalter der Güter des Grafen von Westerholt und begann so eine Tradition, die dieses Amt jeweils vom Vater auf den Sohn vererbte.

Adolf Gallands Vater organisierte und überwachte die Arbeit von über 100 Personen, die in der Land- und Forstwirtschaft und in der Haushaltsführung tätig waren. Seine Autorität wurde auf dem Westerholt'schen Gut ebensowenig in Frage gestellt, wie in seinem eigenen Hause vor den Toren des Schlosses der Grafen von Westerholt.

Gallands Mutter kam aus einer Familie von erfolgreichen Kaufleuten in Bochum. Beide Eltern gehörten zur oberen Mittelklasse ihrer Zeit. Sie waren gläubige Katholiken und führten ein konventionelles Familienleben. (Adolf richtete sein Leben und später die Erziehung seiner Kinder nach christlichen Grundsätzen aus.)

Die Zeit während des Ersten Weltkriegs und kurz danach, in der Adolf Galland aufwuchs, war nicht die Zeit der Experimente in antiautoritärer Kindererziehung. Adolf Felix Galland führte seine Familie mit eiserner Hand, wie es damals üblich war. Freizügigkeit war nicht gefragt. Irgendwelche »schädlichen Einflüsse« wären sofort auf seinen aggressiven Widerstand gestoßen. Sein Erziehungsziel war es, Männer von »Charakter und Rechtschaffenheit« aufzuziehen. So wurde der junge Galland im Einklang mit »den bewährten«, traditionellen Vorstellungen erzogen.

Die Autorität des Vaters wurde widerspruchslos hingenommen. Die Kernregel für die Jungen hieß Disziplin. Adolf und sein älterer Bruder Fritz bekamen diese Regel oft am eigenen Leibe zu spüren, wenn der Vater sie ihnen mit Stockschlägen nachdrücklich vermittelte. Beide fürchteten ihren Vater.

Die Mutter Galland personifizierte die weiblichen Qualitäten, wie Selbstlosigkeit, Weichheit, Mitgefühl und Fürsorge. Sie tröstete ihre Söhne nach einer Tracht Prügel und ermahnte ihren Mann vorsichtig, nicht allzu streng gegen seine Söhne vorzugehen. Adolf Galland erinnert sich mit Wärme und tiefer Liebe an seine Mutter: »Sie war die absolut beste Mutter der Welt. Ich habe sie sehr geliebt.«

Nach Adolf kamen noch zwei jüngere Brüder, Wilhelm-Ferdinand und Paul. Vater Galland hatte Spitznamen für jeden der Familie. Er nannte seine Frau »Anita« statt Anna. Fritz war »Toby«, Adolf »Keffer«, Wilhelm-Ferdinand »Wutz«, und Paul wurde »Paulinchen« oder »Paula«

genannt. Als er als jüngstes Familienmitglied geboren wurde, hatten alle ein Mädchen erwartet.

Mit der Ankunft von Wutz und Paul milderte sich der disziplinäre Druck, den der Vater bisher aufrechterhalten hatte. Wahrscheinlich hatte Mutter Gallands Fürsprache auch etwas damit zu tun; jedenfalls wurde seine Strenge mit den vier Söhnen erträglicher, als sie es vorher für zwei gewesen war. Wutz und Paul hatten es leichter.

Allerdings bestand Vater Galland nicht nur aus Strenge und Disziplin. Er liebte die freie Natur und war ein passionierter Jäger. Es war ihm daran gelegen, seine Kenntnisse und Fähigkeiten an Adolf weiterzugeben, und er wurde nicht enttäuscht. Mit fünf Jahren kam er das erste Mal mit zur Jagd, mit sechs schoß er sein erstes Kaninchen. Die sichere und korrekte Handhabung und der Umgang mit Feuerwaffen wurde ihm zur zweiten Natur. Es gab genügend Möglichkeiten, sich in der Schießkunst zu üben, eine Grundvoraussetzung für jeden Meisterschützen.

Alle großen Fliegerasse der vergangenen Luftkriege waren hervorragende Schützen. Diejenigen unter ihnen, die schon in ihrer Jugend und unter der Anleitung von Experten mit der Schußwaffe vertraut gemacht wurden, zeigten sich in Luftkämpfen sehr schnell erfolgreich. Gallands Ausbildung besaß noch eine weitere und wichtige Komponente. Sie entwickelte sich weniger durch die Fähigkeit, ins Schwarze zu treffen, als vielmehr durch die Teilnahme an den zahlreichen Jagden auf dem Gutsbesitz. Galland hatte eine »Jägernase«, er konnte seine Jagdbeute riechen. Die Fliegerasse in den offenen Cockpits des ersten Weltkriegs behaupteten, den Feind regelrecht riechen zu können. (Der Geruch verbrannten Motorenöls hielt sich lange in der Luft.) Im Zweiten Weltkrieg war die Jägernase jedoch eine mehr intuitive Fähigkeit, entwickelt aus jahrelanger Waidmannserfahrung.

Als Galland im Juni 1940 an der Kanalfront eintraf, um das Kommando der III/JG 26 zu übernehmen, war er bereits ein bekanntes Fliegeras. Gallands ›Jägernase‹ bewies sich auch auf diesem Posten. Er führte seine Einheit in niedriger Flughöhe und war in der Lage, RAF-Flugzeuge mit ungeheuerlicher Regelmäßigkeit aufzuspüren. Sein Jagdinstinkt und die daraus resultierenden Erfolge bedeuteten eine Glückswende für die III/JG 26 und trugen erkennbar zur Hebung der Kampfmoral bei.

Der Große Krieg, später als Erster Weltkrieg bekannt, hatte auf den jungen Galland nur einen recht oberflächlichen Eindruck gemacht. Er war bei Kriegsende erst sechs Jahre alt. Nach den Schrecken des Krieges schien lediglich der Heldenstatus der Jagdfliegerasse nichts an Ruhm und Glanz verloren zu haben. Er hatte über Immelmann, Boelcke und Udet gelesen und wußte, wer Hermann Göring war. Freiherr von Richthofen war ein As, mit dem er sich identifizieren wollte, denn der »Rote Baron« war wie er selbst ein Naturliebhaber und Jäger gewesen. Von diesen Anfängen an übertrug sich Gallands Interesse an der Fliegerei auch auf die berühmten internationalen Pioniere der 20er Jahre.

Die klassischen akademischen Lehrfächer an der Westerholter Volksschule und später am Hindenburg-Gymnasium in Buer langweilten ihn zu Tode. Seine Interessen lagen fast ausschließlich auf dem Gebiet der Technik. Er büffelte gerade genug Latein, Griechisch und andere öde Fächer, um das Klassenziel zu erreichen und brachte sich im übrigen all die Dinge selbst bei, die ihn am meisten interessierten. Elektrizität faszinierte ihn, und er experimentierte mit zahlreichen Vorrichtungen, um ihre Gesetze und Anwendung zu demonstrieren. Er bastelte an Radios und Raketen und wurde ein geschickter Motorradmechaniker.

Mit dem selben Enthusiasmus beteiligte er sich an sportlichen Aktivitäten, insbesondere Kurzstreckenlauf, Hoch- und Weitsprung. Im Tontaubenschießen wurde er so gut, daß er sich später für das erste Team der Luftwaffe qualifizierte. Motorräder, Autos und Mädchen spielten für ihn in dieser Zeit eine wichtige Rolle. Der Bau von Flugmodellen lenkte sein Interesse auf das sich schnell entwickelnde Gebiet des Segelflugs; und innerhalb kürzester Zeit wurden Luftfahrt und Flugzeuge die vorherrschenden Leidenschaften seines Lebens.

Vater Galland hatte die Entwicklung technischer Fähigkeiten seines zweiten Sohnes aufmerksam beobachtet. Die Begeisterung des Jungen für die Segelfliegerei nahm er mit einer Art schroffen Interesses hin. Zum großen Besitz des Grafen von Westerholt gehörten die Borkenberge, eine ausgedehnte Heidefläche östlich der Eisenbahnlinie Haltern—Münster. Der Gelsenkirchener Fliegerclub hatte dort sein Segelfliegerlager aufgeschlagen. Eines Tages überraschte Vater Galland seinen Sohn mit einem kleinen Motorrad, ein Akt väterlicher Großzügigkeit, der weitreichende Folgen haben sollte.

Während seine Brüder als begeisterte Reiter auf dem Westerholt'schen Gut herumgaloppierten, sauste Adolf auf seinem neuen Flitzer nach Gelsenkirchen, um sich in seinem Lieblingsfach weiterzubilden. Der Unterricht im Fliegerclub umfaßte das gesamte Gebiet der Luftfahrt, von der Theorie des Fluges, Aerodynamik und Wetterkunde bis zum praktischen Entwurf und Bau von Segelflugzeugen. Galland nahm diese ganze Materie begierig in sich auf.

Sein Verhältnis zu seinen jüngeren Brüdern war von Liebe und Respekt geprägt. Sein älterer Bruder hegte jedoch andere Gefühle, die sich zwischen minimaler Toleranz und Abneigung bewegten. Fritz beging darüber hinaus den Fehler, Adolf ein hübsches Mädchen auszuspannen.

Adolf war davon überzeugt, daß er besser als sein Bruder sei und daß er, egal unter welchen Opfern, durch schiere Leistung als der Überlegene abschneiden würde. Er nahm diesen Vorsatz sehr ernst: Das Bestreben, Nummer Eins zu sein, hielt noch an, nachdem er seine Freundin zurückgewonnen hatte. Auch ohne den Anstoß durch seinen Bruder blieb er diesem Vorsatz treu. Er sollte ihn später sowohl zu großen Leistungen anspornen, als ihm auch über die schwierigsten Zeiten seines Lebens hinweghelfen. Er hatte damit eine tiefe Quelle seines Willens freigelegt.

Die Segelfliegerei wurde zu einer Leidenschaft. Jedes Wochenende sah man ihn beim Flugbetrieb in den Borkenbergen. Zusammen mit den anderen Jungs katapultierte er die wertvollen und zerbrechlichen Vögel per Gummiseil in die Luft, um dann mit offenem Mund dazustehen und mit ihnen im Geiste davonzufliegen. Er träumte von dem Tag, an dem er sich zum ersten Mal in die Lüfte erheben würde. Die harte körperliche Arbeit mit Pickel, Schaufel und Schubkarre beim Ausbau des Lagers und der Zufahrtsstraßen verstärkte seine Entschlossenheit nur noch mehr.

Gallands Pilotenlaufbahn nahm 1927 einen holprigen Anfang. Sein erster Gleitflug endete kurz nach dem Start mit einer Bruchlandung. Der nächste Flug verlief schon besser, und er erlebte zum ersten Mal die offensichtliche Tragfähigkeit der Luft, wenn sie von einem Flügel mit dem richtigen Anstellwinkel durchschnitten wurde. Mit jedem Flug verbesserte er sein Können. Das Abenteuer der Fliegerei hatte ihn fest in seinen Bann gezogen.

Ein stolzer Augenblick seines Lebens zu jener Zeit kam mit dem Bestehen der »A«-Prüfung. Das begehrte Abzeichen, das er sich soeben verdient hatte, stellte eine weiße Möve auf dunkelblauem Hintergrund dar und sollte für ihn ein besonders wertvolles Fliegerabzeichen bleiben. Er war genau 34 Sekunden in der Luft geblieben, um es sich ans Revers stecken zu dürfen.

Nach fünf weiteren Flügen qualifizierte er sich für die »B«-Prüfung. Die begehrte »C« war nun in Reichweite, setzte allerdings eine Flugdauer von fünf Minuten voraus. Das war zu einer Zeit, in der die Physik von Luftströmungen und Thermik weder von Wissenschaftlern noch von Piloten richtig verstanden wurde, in den Borkenbergen schwer zu schaffen. Der Platzrekord stand damals auf 47 Minuten und 45 Sekunden. Nach einem Umweg über die Rhön griff Galland diesen Rekord an.

Der Ausflug in die Rhön wäre ihm fast entgangen, denn sein Interesse an der Segelfliegerei verursachte einen Sturzflug seiner Schulnoten, und sein Vater war wütend, als er vom Gymnasium in Buer erfuhr, daß der junge Adolf das Klassenziel nicht erreichen würde. Er bekam ein Ulti-

matum: entweder ausreichende Schulleistungen oder Verzicht auf den Segelflug.
Der nun 19jährige hielt sich schließlich knapp über den Mindestforderungen und durfte deshalb 1931 am Ostertreffen der Segelflieger auf der Rhön teilnehmen. Der bekannteste Berg der Rhön ist die legendäre Wasserkuppe, so genannt, weil ihr Gipfel sehr oft in dichte Wolken gehüllt ist. Bei gutem Wetter jedoch ist die Sicht ins Land atemberaubend. Der Segelflug hatte dort schon vor dem Ersten Weltkrieg mit einfachen Gleitflügen seinen Anfang genommen, sich dann weiterentwickelt und die Rhön bereits Mitte der 20er Jahre zu einem international bekannten Segelfluggelände gemacht.
Eine Berühmtheit auf der Rhön der 20er Jahre war ein hagerer, dunkelhaariger Konstrukteur von Segelflugzeugen — Willy Messerschmitt. Halb Erfinder, halb Künstler, hatte er die Lehren der Rhön in Taten umgesetzt. Lange bevor er sein erstes Jagdflugzeug baute, hatte er sich mit Segelflugzeugentwürfen bereits hohes Ansehen erworben.
Die legendären Stars des deutschen Segelflugs hatten ihre Namen und Rekorde auf der Rhön gemacht. Galland fand sich nun im Kreise dieser Persönlichkeiten, konnte sie aus nächster Nähe beobachten und von ihnen lernen. Er begann den Lehrgang, der ihn zu seinem Flugschein führen sollte. Die Begeisterung und Kameradschaft auf der Rhön waren wie Champagner, übersprudelnd und unwiderstehlich.
Galland kam im Herbst mit Mitgliedern seines örtlichen Vereins zur Rhön zurück, um an einem internationalen Segelflugwettbewerb teilzunehmen. Sie hatten ihr eigenes bestes Flugzeug, eine Meyer II, zu diesem Treffen mitgebracht. Der junge Galland blieb eine ganze Stunde in der Luft und qualifizierte sich damit für seinen amtlichen Segelflugschein. In Westfalen gab es nur noch zwei junge Männer, die diese Berechtigung besaßen. Das war daher genug Ehre, um die Verleihung durch den Oberpräsidenten von Westfalen zu rechtfertigen.
Er durfte nun Überlandflüge machen, an Flugtagen teilnehmen und andere Segelflieger ausbilden. Er übertrumpfte seinen Bruder Fritz, machte aber in seiner Schülerlaufbahn fast eine Bruchlandung. Als das Abitur heranrückte, mußte er sich schnellstens mit dem gesamten klassischen Lehrstoff vertraut machen, der ihn vorher nicht genug interessiert hatte.
Der Graf von Westerholt sorgte nun für einen zusätzlichen Ansporn. Er hatte den Erfolg des jungen Galland mit Interesse verfolgt und versprach ihm sein eigenes Segelflugzeug, wenn er das Abitur in Buer bestünde. Adolf wußte den Wert dieses Angebots zu schätzen und es zu seinem Vorteil zu nutzen. In seinem Prüfungsaufsatz beschrieb er Ent-

wurf, Konstruktion und Bau eines Anhängers, mit dem man Segelflugzeuge transportieren konnte. Der Anhänger konnte als nächtliche Unterkunft und Vorratsraum für die Piloten dienen und beherbergte das Flugzeug nach dem Flugbetrieb.

Galland bestand sein Abitur. Er bekam seinen Herzenswunsch erfüllt – ein nagelneues Segelflugzeug, nach seinen Anweisungen in der Fabrik im Erzgebirge gebaut. Seine Wahl war auf das Grunau-Baby gefallen, eine populäre und zuverlässige Maschine, die sich unter Flugbegeisterten heute noch eines klassischen Rufes erfreut. Man kann sich die Aufregung im Gelsenkirchener Fliegerclub vorstellen, als Galland seine Forderungen und Angaben zusammenstellte und an die Firma in Grunau schickte.

Zu dieser Zeit bemerkte Galland, daß sich in ihm ein bestimmter Charakterzug zu entwickeln begann, der seinen militärischen Werdegang vorausahnen ließ. Er wurde sich bewußt, daß seine Kameraden ihn zusehends als Anführer betrachteten und seine Zustimmung für ihre Vorschläge und Ideen suchten. Wenn er sprach, waren sie ganz Ohr, als ob sie fühlten, daß er mehr wisse als sie. Die gesamte Gruppe arbeitete unter seiner Leitung wirksam und in lobenswerter Harmonie zusammen. Die notwendige Disziplin entstand bei ihnen von innen heraus. Galland war ihr natürlicher Anführer, ohne offizielle Wahl oder Rangabzeichen.

Vereinsmitglieder beteiligten sich an dem Anhängerprojekt sowohl mit ihrer Arbeitskraft, als auch mit ihren Ersparnissen. Wenn das Geld auszugehen drohte, liehen sie es sich von Eltern, Verwandten und Freunden, um das Vorhaben zu vollenden. Die Ankunft des Segelflugzeugs mit dem Güterzug feierte man mit einer amüsanten Veranstaltung. Jetzt hatte man den richtigen Segler in Händen, um die Vorteile der Borkenberge als Segelfluggelände zu beweisen und um Galland den Angriff auf den Lokalrekord von 47 Minuten zu ermöglichen.

›Kalvarienberg‹ war der Spitzname, den sie dem hohen Startplatz gegeben hatten, weil sein Erreichen immer mit Mühen und harter Arbeit zu tun hatte. Auf der Landkarte hieß er »Rauher Hang«, und er war am Morgen des 27. Februar 1932 in eine eisige Suppe gehüllt. Die Vereinsmitglieder schleppten das Grunau-Baby bei Null-Sicht auf den Startplatz, und Galland schnallte sich an, vom scharfen Nordostwind bereits bis auf die Knochen durchfroren.

Als sich die Sicht etwas verbesserte, gab Galland das Startkommando, und seine Kameraden katapultierten ihn in die Waschküche. Sie verloren ihn sofort aus der Sicht. Der Fast-Schneesturm war tatsächlich so schlimm, wie er aussah. Er fühlte den frierenden Hauch von Eis auf seinem Gesicht, und seine Schutzbrille beschlug sich. Die Tragflächen überzogen sich mit einer frostigen Schicht, die nichts Gutes ahnen ließ. Eine Flaute beendete jedoch den Rekordversuch vorzeitig, und Galland setzte hart auf der gefrorenen Heide auf. Mit etwas gedämpfterer Begeisterung schleppten seine Kameraden den Segler wieder zurück zum Startplatz.

Um 9 Uhr 25 und bei verbesserten Sichtbedingungen wurde er das zweite Mal gestartet und stellte mit Freude fest, wie gut das Baby auf Steuerbewegungen reagierte. Mit einer Reihe von Steilkurven stieg er höher und höher. Die Gesichter seiner aufgeregt herumrennenden Kameraden waren schon nicht mehr zu erkennen, als er die 30 Minuten-Schwelle erreichte. Er hielt sich geschickt im schmalen Hangaufwind und fühlte sich wie in der Luft geborgen. Nach 47 Minuten hatte er den bestehenden Borkenbergener Rekord gebrochen und war entschlossen, ihn erheblich zu überbieten.

Die starken Windböen schüttelten das Baby, und Galland sah sich an den Grenzen seines fliegerischen Könnens. Tief unter ihm brachen seine Kameraden in einen Freudentaumel aus — sie sahen für ihn wie Zwerge aus, die herumtanzten und ihm zuwinkten. Er hatte sich bereits zwei triumphale Stunden in der Luft gehalten. Er hätte liebend gerne das berauschende Hochgefühl seines Sieges über die Luft weiter ausgekostet. Letzten Endes siegte die Vernunft und nicht der Gefühlsüberschwang. Er merkte, daß die Querruderkabel durch mehr als 300 Wendekurven schlaff geworden waren.

Als er landete, hatte er insgesamt 2 Stunden, 6 Minuten und 5 Sekunden in der Luft verbracht. Er hatte nicht nur den alten Borkenbergener Rekord geschlagen, sondern einen neuen regionalen Segelflugrekord für Nordwestdeutschland aufgestellt. Damit nahm die Legende des Fliegers Galland ihren Anfang. Seine Tat wurde gefeiert, und er wurde in Segelfliegerkreisen schnell berühmt.

Fast ebenso bekannt wurden die Borkenberge, die sich mit diesem Rekordflug als hervorragendes Segelfluggelände erwiesen hatten. Die Begeisterung für den Sport nahm besonders in der Umgebung stark zu. Um ihr Richtung und Ziel zu geben, wurde der Westerholter Segelfliegerclub (innerhalb des Deutschen Luftsportverbandes) gegründet. Bei der Gründungsversammlung wurde Gallands Rekordflugzeug auf den Namen »Strolch« getauft. Galland hatte bewiesen, daß er mit seiner Entschlossenheit, immer der Beste zu sein, Dinge in Bewegung bringen konnte.

Obwohl Gallands Vater von seinem Erfolg begeistert war, beschränkte sich dieses Gefühl auf den sportlichen Aspekt. Der übrigen Luftfahrt gegenüber blieb er mißtrauisch. Er war bestürzt, als Adolf ihm in einem

Gespräch über seine Zukunftspläne klarmachte, daß er Verkehrsflieger werden wolle. Ein für die Westerholter Welt von 1932 ungewöhnliches Verlangen.

In Europa flogen damals zahlreiche Lufttaxis. Kleine Maschinen beförderten Geschäftsleute und wurden für Krankentransporte und ähnliche Dienste eingesetzt. Hermann Göring hatte in Skandinavien ein Lufttaxiunternehmen betrieben. Vater Galland setzte die Verkehrsfliegerei mit der Taxifahrerei gleich. Er konnte sich nicht vorstellen, daß eine Luftverkehrsgesellschaft wie eine Schiffahrtslinie betrieben werden konnte, obwohl die Lufthansa bereits internationale Strecken beflog.

Vater Galland war ein Mann des 19. Jahrhunderts, und so war es natürlich, daß er von Adolf erwartete, ihm in seine Laufbahn als Güterverwalter zu folgen. Es wäre durchaus normal für ihn gewesen, wenn er versucht hätte, seinen Sohn für einen herkömmlichen Beruf zu gewinnen. Statt dessen bewies er praktische Klugheit. Er ermutigte Adolf, den Beruf zu ergreifen, zu dem er sich hingezogen fühlte. Die Geldmittel für Schulung und Ausbildung waren vorhanden.

Als sein Sohn sich von seiner Laufbahn als Verkehrsflieger nicht abbringen ließ, unterdrückte Vater Galland seine Vorbehalte und unterstützte ihn voll. Obwohl er praktisch nicht viel tun konnte, sorgte er doch für moralische Unterstützung, was ihm Adolfs Respekt eintrug. Moralische Unterstützung war in einer entmutigenden Situation unentbehrlich, denn die Aussichten für einen jungen Mann, in Deutschland im Jahre 1932 Verkehrsflieger zu werden, sahen miserabel aus.

Die sozialen Verhältnisse in dieser Zeit grenzten, zumindest in den Großstädten, an Anarchie. Die volkreichste, kraftvollste und technisch höchstentwickelte Nation Europas lebte in einem Alptraum von Arbeitslosigkeit, Volksküchen und tödlichen Straßenschlachten zwischen rivalisierenden politischen Gruppen. Die Mehrheit von Gallands Altersgenossen trat nach dem Abschluß an den Gymnasien dem Heer von über sechs Millionen Arbeitslosen bei.

Qualifizierte, erwachsene und fähige Männer — die den Wohlstand des Landes hätten herbeiführen können — lebten eine verzweifelte Existenz. Die von Adolf Hitler geführte Nationalsozialistische Deutsche Arbeiterpartei machte täglich auf den unerträglichen Verfall einer großen Nation aufmerksam. Hitlers aufputschende Reden und die katastrophale soziale Lage trieben Deutschland schier unaufhaltsam auf seine Machtübernahme zu.

In der Zeit also, in der die deutsche Wirtschaft auf Sparflamme arbeitete, wollte der 20jährige Adolf Galland Verkehrspilot werden, mit heutzutage vergleichbaren Chancen, als Astronaut in den Weltraum zu starten. Das personelle Angebot übertraf die Nachfrage bei weitem. Die landesweite Popularität der Segelfliegerei hatte die deutsche Jugend für die Luftfahrt begeistert, und die besten jungen Männer der Nation wollten in der Fliegerei Karriere machen.

Die Deutsche Verkehrsfliegerschule hatte Zweigstellen in Braunschweig, Warnemünde, Schleißheim und in List auf Sylt. Es gab nur 20 offene Stellen für Anfänger; 20 000 Bewerbungen überschwemmten die Schule. Die Chancen von eins zu tausend verbesserten sich für Galland erheblich, als die Schule aus diesem Angebot die 100 geeignetsten Kandidaten heraussuchte.

Dieser Elite war dann das Privileg vergönnt, an einer anstrengenden zehntägigen Prüfung teilzunehmen. Galland fand sich unter den Glücklichen. Eine Reihe von strapaziösen körperlichen, akademischen, psychologischen und technischen Prüfungen wurde in Braunschweig mit rigoroser Gründlichkeit abgenommen. Gallands Segelflugerfahrung half ihm dabei beträchtlich, und er durfte stolz darauf sein, sich unter den 20 »Überlebenden« zu sehen.

2

Die »Schwarze Luftwaffe«

Der Alltag an der Deutschen Verkehrsfliegerschule in Braunschweig bestand aus harten Prüfungen, mit deren Hilfe die zwanzig besten jungen Männer aus einer tausendmal längeren Bewerberliste herausgesiebt wurden. Weder die modernen Unterkünfte noch die blaue Zivilkluft konnten über die strenge Disziplin hinwegtäuschen, der sich die zukünftigen Verkehrspiloten unterwerfen mußten. Galland und seine Crewkameraden konnten zu dem Zeitpunkt noch nicht ahnen, daß sie bereits ein Teil der »Schwarzen Luftwaffe« geworden waren.

Generaloberst Hans von Seeckt hatte die Grundlage für diese Schattenluftwaffe schon zehn Jahre zuvor geschaffen. Die unter von Seeckts Leitung arbeitenden Generalstäbler hielten eine dem Heer dienende Luftfahrtabteilung für absolut erforderlich. Obwohl noch niemand eine Vorstellung von einer sich später entwickelnden unabhängigen Luftwaffe hatte, hielt sich diese geheime Abteilung innerhalb des Kriegsministeriums über internationale Entwicklungen in der Luftfahrt auf dem laufenden. Zur selben Zeit brachte diese Abteilung unter strenger Geheimhaltung Entwurfs- und Konstruktionsprojekte von Militärflugzeugen in Gang, deren Bau und Besitz Deutschland nach dem Versailler Vertrag untersagt war.

Parallel dazu wurden Vorbereitungen getroffen, eine neue Generation von Militärpiloten und Luftfahrtspezialisten auszubilden. Entsprechend einer Geheimklausel des Rapallovertrages von 1922 wurde im sowjetischen Lipetzk ein Fliegertrainingsprogramm eingerichtet, das von 1926 bis zu Hitlers Machtübernahme lief. Mehr als 200 deutsche Offiziere, unter ihnen spätere Luftwaffengrößen wie Albert Kesselring, Hugo Sperrle und Hans-Jürgen Stumpff, erhielten ihre fliegerische Ausbildung in Lipetzk, in der Sowjetunion.

Die Deutsche Verkehrsfliegerschule, in der Galland gerade seine Aufnahme erreicht hatte, wurde in die Schwarze Luftwaffe eingegliedert. Eines der Hauptziele dieser Schattenorganisation war es, einen Kader von hervorragenden Piloten auszubilden, um den herum die neue Luftwaffe zu Beginn einer offenen Wiederaufrüstung aufgestellt werden konnte.

Die strikte Disziplin in Braunschweig hatte mit der Verkehrsfliegerei nicht viel zu tun. Das überwältigende akademische Pensum und das herausfordernde körperliche und praktische Training förderten im jungen Galland das Beste zutage, das er zu bieten hatte. Angst vorm Versagen wurde für die Schüler zur Motivation für höchste Anstrengung. Das Lehrpersonal machte ihnen wiederholt klar, daß jeder, der den Anforderungen nicht genügte, von der Schule verwiesen und mit dem nächsten Zug nach Hause geschickt würde. Tausende warteten nur auf die Gelegenheit, freigewordene Plätze einzunehmen.

Die strenge, militärähnliche Ausbildung fand unter der Leitung eines berühmten Militärfliegers statt, Oberst i. R. Alfred Keller. Er brachte für diese Aufgabe seine Erfahrung als Bomberpilot des Ersten Weltkriegs mit. Keller hatte an Bombenangriffen auf London teilgenommen und den begehrten ›Blauen Max‹, den Orden Pour le Mérite, errungen. Obwohl er, wie alle anderen, Zivilkleidung trug, leuchtete seine Kriegsheldenaura unübersehbar durch.

Galland kam nach ein paar Zwischenfällen, die mit Sachschäden und dem Verlust einer Klemm-Schulmaschine endeten, in persönlichen Kontakt mit Keller. Der junge Mann aus Westerholt beschädigte das Fahrwerk einer Albatroß L-101, was ihm erhebliche Kopfschmerzen verursachte. Vor seinen Augen schwebte schon die demütigende Fahrkarte zurück nach Hause. Kurz danach wurde die Lage sogar noch brenzliger. Er führte eine Formation von drei Klemm-Schulmaschinen, als die beiden Neulinge zusammenstießen. Einer schaffte es zurück, der andere stieg mit dem Fallschirm aus.

Die daraus entstehende Aufregung und Unfalluntersuchung beunruhigten Galland außerordentlich. Der Zusammenstoß wurde auf einen nicht angeordneten Formationswechsel zurückgeführt, und Galland glaubte, daß man ihn dafür verantwortlich machen würde.

Die Befürchtung, von der Schule anders als erhofft zu ›fliegen‹, bewog ihn, sich beim 18. Infanterieregiment in Paderborn für die Offizierslaufbahn zu bewerben. Er bestand die notwendige Aufnahmeprüfung, ohne eine Schulstunde in Braunschweig zu verpassen. Als sich die Heeresleute jedoch pessimistisch über Einstellungsmöglichkeiten äußerten, verdunkelte sich seine Stimmung noch mehr. Seine Bewerbung landete in einem hohen Stapel, denn für jede Offiziersanwärterstelle gab es Hunderte von Bewerbern.

Zu seinem Staunen jedoch schien der Verlust der Klemm in Braunschweig allmählich in Vergessenheit zu geraten. Er hatte damit gerechnet, daß ihm der Vorfall aufs Konto geschrieben würde. So war über die Sache bereits Gras gewachsen, als ihn das Heer ganz unerwartet im Herbst 1932 zur Offiziersausbildung einberief. Galland zeigte Oberst

Keller, der mittlerweile Schuldirektor geworden war, den Einberufungsbefehl, und fragte ihn um seinen Rat.
Keller machte ihm klar, daß seine fliegerische Laufbahn nicht gefährdet war. Die Ausbildung junger Piloten bedeutete zwangsläufig Unfälle und Verluste. Gallands Leistungen waren gut, und die Schule war bereit, ihm in jeder Weise zu helfen. Im Heer Unterschlupf zu finden, kam nicht mehr in Frage. Keller würde ihn nicht freigeben.
Galland war jetzt davon überzeugt, daß er es als Pilot schaffen würde. Der dunkle Eindruck, in Braunschweig auf der Kippe zu stehen, verflog rasch. Obwohl er mit Alfred Keller in den folgenden Jahren noch oft zu tun haben sollte — als Generaloberst Keller und Luftflottenchef im Zweiten Weltkrieg und als Führer des Nationalsozialistischen Fliegerkorps —, beeindruckte ihn diese erste Begegnung mit ihm am nachhaltigsten. Er zog seine Bewerbung für das Heer sofort zurück.
Die Schule bildete nicht nur Anfänger aus, sondern auch vom Heer zeitweilig freigestellte Offiziere, die Kurse auf besonderen Maschinen absolvierten. Diese Männer stellten ein sichtbareres Element der Schwarzen Luftwaffe dar. Es war kaum zu vermeiden, daß gelegentlich zwischen Gallands blaugekleideter Gruppe von echten Zivilisten und den Reichswehroffizieren, die sich so aufführten, als seien sie noch im aktiven Dienst, Reibungen entstanden. Die Zivilisten verbaten es sich, herumkommandiert zu werden.
Im Brennpunkt der Aktivitäten in Braunschweig stand der Motorflug. Die Schule hatte aber auch ein Segelflugzeug, doch kein Segelflugprogramm, obwohl praktisch alle Schüler Interesse an diesem nationalen Luftsport zeigten, oder bereits Erfahrung damit hatten. Galland benutzte den Segler der Schule, um sich in Übung zu halten. Ihm war zu Ohren gekommen, daß seine alten Segelfliegerkameraden damit beschäftigt waren, ein nagelneues Flugzeug zu bauen.
Sie tauften den neuen Segler »Keffer« — Gallands Spitznamen. Er selbst wurde eingeladen, den Jungfernflug während des Segelflieger-Herbsttreffens 1932 in den Borkenbergen durchzuführen. Der Start wurde mit großer Spannung erwartet. Das neue Flugzeug, von seinen Kameraden gebaut und von ihrem Lehrer Georg Ismer entworfen, sah schnittig und schön aus. Das Äußere täuschte jedoch. Sofort nach dem Ausklinken des Gummiseils benahm sich der Gleiter, als sei sein Schwanz mit Sandsäcken beladen. Kein Pilot hätte diesen Schwerpunktzustand korrigieren und das Flugzeug unter Kontrolle bringen können.
Nach einer schnellen Trudelbewegung schlug die Maschine hart auf. Benommen und aus Schnittwunden blutend, wurde Galland aus den Trümmern gezogen. Es war ein weiteres von mehreren Wracks seiner

fliegerischen Laufbahn. Zu den Schnittwunden im Gesicht, die sein gutes Aussehen eine Weile beeinträchtigten, kam eine leichte Gehirnerschütterung. Nach ein paar Tagen Zwangspause ging es am Steuerknüppel seines eigenen Strolch zurück in die Luft. Danach fuhr er zurück in die Tretmühle nach Braunschweig.

Vor Weihnachten 1932 war bereits die Hälfte der 20 Auserwählten, die mit Galland zusammen den Kurs begonnen hatten, auf der Strecke geblieben. Die Ausstellung seines B 1-Flugzeugführerscheins im Sommer 1932 ermöglichte es ihm, bis Neujahr 1933 die notwendigen 150 Stunden für den B 2-Schein zu fliegen. Die Kunstflugausbildung in Schleißheim bei München brachte seine Begeisterung und Begabung für diese Art der Fliegerei ans Tageslicht. Seine fliegerische Erfahrung schloß nun Loopings, Sturzflug, Trudeln, Rollen und Rückenflug ein.

Nach einem 25 Stunden-Programm für Wasserflugzeuge, zusammen mit Unterricht in Marinekunde und -terminologie in Warnemünde, wurden Galland und vier seiner Kameraden in die Zentrale der Verkehrsfliegerschulen in Berlin beordert. Sie wurden dort von Offiziellen »eingeladen, an einem geheimen Ausbildungsprogramm für Militärpiloten teilzunehmen«.

Alle fünf akzeptierten. Es bedeutete, Jagdflugzeuge zu fliegen und die nötigen Fertigkeiten für die Handhabung von Hochleistungsflugzeugen zu erwerben. Damit war Galland de facto Mitglied der Schwarzen Luftwaffe.

Um den äußeren Anschein zu wahren, traten Galland und seine Kameraden in Schleißheim in Zivilkluft an. Die Ausbildung stand unter der Leitung von Major Beyer, einem Heeresoffizier, der sein fliegerisches Training durch das Lipetzk-Unternehmen in Rußland erhalten hatte. Der Schleißheimer Kurs stellte sich als armselige Mischung von Theorie und Flugtraining dar. Der akademische Teil bestand aus Militärkunde, Lufttaktik des Ersten Weltkriegs und Luftfahrtgeschichte. 25 Stunden in Albatros- und Heinkel-Doppeldeckern, mit Scheinluftkämpfen und Verbandsflug, gefielen Galland natürlich besonders gut. Höhepunkt des Kurses war für den Schützen von Westerholt das Luftschießen auf Bodenziele mit scharfer Munition.

Nach den Bestimmungen des Versailler Vertrags waren all diese Aktivitäten zwar strengstens verboten, aber in Deutschland änderten sich die Dinge mit atemberaubender Geschwindigkeit. Während Adolf Galland noch voll damit beschäftigt war, seine fliegerischen Fähigkeiten zu entwickeln, waren die Männer, die in seinem Leben und seiner Laufbahn eine große Rolle spielen sollten, dabei, die Geschichte des 20. Jahrhunderts zu gestalten. Hermann Göring hatte ein beachtliches Talent für politische Manipulation entfaltet. Seine diesbezüglichen Fähigkeiten und sein Status als ehemaliger Offizier und Kriegsheld wurden gegen den alternden Präsidenten, Feldmarschall von Hindenburg, eingesetzt, um ihn dazu zu bringen, Hitler zum Reichskanzler zu ernennen.

Hitlers erste Koalitionsregierung förderte die Entwicklung der Schwarzen Luftwaffe. Göring war jetzt nicht nur rechtmäßig gewählter Präsident des Reichstags, sondern auch Preußischer Innenminister. Durch dieses Amt kontrollierte er die Polizei. Hitler ernannte ihn ebenfalls zum Nationalen Kommissar für Luftfahrt, ein Scheintitel für Deutschlands ersten Luftfahrtminister. Hinter der Fassade der zivilen Luftfahrt begann Göring unverzüglich mit der Stärkung der Schwarzen Luftwaffe.

Zu diesem Zeitpunkt sicherte sich Göring vorausschauend die Dienste von Erhard Milch als Staatssekretär im Luftfahrtministerium. Milch hatte den Ersten Weltkrieg als Staffelkapitän einer Jagdstaffel beendet und in den frühen 20er Jahren die Organisation und Leitung der Lufthansa übernommen. Milch, der sich als hervorragender Organisator und Verwaltungsfachmann entpuppte, besaß Weitblick und einen ausgeprägten Geschäftssinn. Die Lufthansa entwickelte sich zu einer der fortschrittlichsten und innovationsfreudigsten Fluglinien der Welt, trotz der Beschränkungen, die der Versailler Vertrag der Luftfahrt auferlegt hatte. Milch erreichte seine Ziele trotz der zahlreichen Intrigen, die auf höchster Ebene gegen die Lufthansa gesponnen wurden. Er war tüchtig und hartnäckig zugleich.

Während der Aufbauphase der Lufthansa hatte Milch Hermann Göring, der im Reichstag saß, als Lobbyisten engagiert. Milch wußte genau über die Schwarze Luftwaffe bescheid. Er hatte dafür gesorgt, daß militärische Aspekte der Fliegerei unauffällig in die Kurse an der Deutschen Verkehrsfliegerschule eingewoben wurden. Entwurf und Anschaffung von Fluggerät nahmen Rücksicht auf militärische Notwendigkeiten. Milch hatte anfangs gezögert, für Göring, seinen ehemaligen Untergebenen, zu arbeiten, hatte jedoch seine Meinung nach einer Unterredung mit Hitler geändert.

Als Staatssekretär wurde Milch nun an die operative Spitze der Luftwaffe gesetzt, verantwortlich für den gesamten Betrieb. Das Wachstum der getarnten Luftwaffe beschleunigte sich jeden Monat. Gleichzeitig steigerte Milch die Produktionsraten für die Ju 52 und eine Vielfalt von Schulflugzeugen. Ein weiteres sichtbares Zeichen war die Besetzung von wichtigen Posten mit Görings Fliegerkameraden aus dem Ersten Weltkrieg.

Görings Freund Bruno Lörzer, mit dem er seine Laufbahn als Beobachter begonnen hatte, hatte sich bereits einen Namen in der Luftfahrt gemacht. Lörzer stand schon einige Zeit an der Spitze des DLV (Deutscher Luftsportverband), der für den Segelflug verantwortlichen Organisation. Es war vorauszusehen, daß Göring Lörzer auf einen hohen Posten der neuen Luftwaffe befördern würde.

Ernst Udet, Deutschlands erfolgreichstes überlebendes Jagdfliegeras, wurde Berater des Luftfahrtministeriums. Ihm wurde gesagt, daß große Dinge bevorstünden. Görings ehemaliger Adjutant Karl Bodenschatz, der ihm im Richthofen-Zirkus treu gedient hatte, wurde sein Verbindungsoffizier zu Hitler. Mehrere bekannte Piloten aus Görings Ära dienten bereits auf verschiedenen Posten in der Schwarzen Luftwaffe.

Als Galland seinen Kursus in Schleißheim im Mai 1933 beendet hatte, war die Energie, die in die geheimen Vorbereitungen gesteckt wurde, deutlich spürbar. Er wurde, zusammen mit 70 anderen Piloten, von Göring zu einem Treffen in die Behrendstraße in Berlin beordert. Galland und elf andere waren Zivilisten. Der Rest setzte sich aus Heeresoffizieren zusammen, die von der Verkehrsfliegerschule und verschiedenen geheimen Ausbildungsstätten abkommandiert worden waren. Göring gab sofort zu verstehen, daß dieses Treffen militärischer Natur war.

Görings Titel, »Nationaler Beauftragter für Luftfahrt«, hörte sich äußerst harmlos an. Die Geheimbefehle, die er von Hitler erhielt, ließen jedoch Ernstes ahnen. Die zivile Luftfahrt sollte sich auf breiter Front ausdehnen, während gleichzeitig die Aufstellung einer neuen Deutschen Luftwaffe befohlen wurde. Diese Aufgabe sollte so schnell wie möglich angepackt werden.

Göring besaß einen packenden Redestil. Darüber hinaus hinterließ sein Ruf als Fliegeras und Kriegsheld bei der Offenlegung seiner Pläne unter Galland und den anderen Piloten einen höchst positiven Eindruck. Göring war, im Gegensatz zu einigen der ungeschliffenen Parteigenossen in Hitlers Gefolge, ein Mann von Kultur. So war es nicht erstaunlich, daß Galland es aus der Perspektive des Mai-Treffens 1933 für richtig hielt, Göring zu folgen.

Göring hatte ihnen offenbart, daß die Fesseln des Versailler Vertrags bald gesprengt werden würden. Die Ausbildung deutscher Piloten in Rußland würde in Kürze politisch nicht mehr tragbar sein. Hitlers Freundschaft mit Mussolini hätte es jedoch ermöglicht, die anwesenden jungen Männer als Jagdflieger in Italien ausbilden zu lassen. Das Unternehmen war natürlich politisch riskant. Geheimhaltung und Tarnung waren absolut notwendig, um negative internationale Reaktionen zu vermeiden.

Göring hatte bereits alle nötigen Vorbereitungen durch Marschall Balbo, den Chef der Italienischen Luftwaffe und ehemaligen Jagdflieger, treffen lassen. Galland erhielt den Befehl, sich in Frankfurt am Main in Zivilkleidung einzufinden. Nach drei langweiligen Tagen, ausgefüllt mit Sicherheitsbelehrungen und Verhaltensmaßregeln, teilten sich die Piloten in zwei Gruppen. Die erste wurde nach Udine in Norditalien geschickt, während Gallands Gruppe sich auf den Weg nach Grotaglie im Süden machte. Zweck des ganzen Unternehmens war die Ausbildung auf einem italienischen Fliegerhorst.

Sie passierten die Grenze am Brenner als Südtiroler Rekruten und verließen die Bahn in Bari an der Adriaküste, wo sie von italienischen Zivilisten begrüßt wurden. Armeefahrzeuge, schlecht getarnt als Zivilbusse, standen abfahrbereit. Nach einigen Kilometern Fahrt stoppte die Kolonne in einem abgelegenen Olivenhain; die italienischen Begleiter stiegen aus und verschwanden hinter den Bäumen. Kurz darauf tauchten sie in den eleganten weißen Uniformen der Italienischen Luftwaffe wieder auf und schwangen sich mit einem Überlegenheitsgehabe an Bord, das den Deutschen ganz und gar nicht gefiel.

Nachdem sie auf den Flugplatz Grotaglie, der noch aus dem Ersten Weltkrieg stammte, gerumpelt waren, wurden Galland und seine Mitschüler in eine Baracke verwiesen und dort regelrecht eingeschlossen. Sie wurden in ausgediente und zerfranste italienische Kadettenuniformen gesteckt und mußten es sich gefallen lassen, wie Sträflinge unter strenger Aufsicht zu stehen. Appelle wie in der Rekrutenzeit waren an der Tagesordnung. Die Italiener behandelten ihre Gäste, als seien sie blutige Anfänger.

Schuld an der Situation waren sowohl Verständigungsschwierigkeiten als auch Görings Arbeitsweise. Die Italiener hatten weder erwartet noch erkennen können, daß ihnen drei Dutzend voll ausgebildete Piloten, die meisten davon Heeresoffiziere, anvertraut worden waren. Die Neuankömmlinge hatten damit gerechnet, unverzüglich an die Arbeit zu gehen, moderne Jagdflugzeuge zu fliegen und mit scharfer Munition zu üben.

Gallands Kunstflugtalent klärte die Situation rasch auf. Ein italienischer Pilot hatte kurz zuvor einen Weltrekord im Rückenflug aufgestellt. Seine Leistung hatte Schlagzeilen in der Presse gemacht und war der Gegenstand erheblicher Angeberei auf dem Fliegerhorst. Die Rekordzeit betrug etwa anderthalb Stunden. Als Galland an der Reihe war, den mickrigen Breda Doppeldecker zu fliegen, drehte er die Maschine gleich nach dem Start aufs Kreuz und tummelte sich 25 Minuten lang im Rükkenflug über dem Platz.

Bei den Italienern war damit »die Luft raus«. Verärgert befahlen sie Galland zu landen. »Ihr« Weltrekord war vor ihren eigenen Augen lächerlich gemacht worden. Dabei hatte der Gast aus Westerholt gar nicht versucht, einen neuen Rekord im Rückenflug aufzustellen, denn er hielt diese Art der Fliegerei für ebenso witzlos wie das Sitzen auf der Spitze einer Fahnenstange. Seine Vorführung überzeugte die Italiener jedoch davon, daß sich unter ihren Gästen hervorragende fliegerische Talente befanden.

Die Lage in Grotaglie verbesserte sich danach zusehends. Für den passionierten Waidmann Galland bedeutete das Schießen mit Maschinengewehren eine völlig neue und aufregende Erfahrung. Für die italienischen Soldaten in den Schutzgräben, die die Seile der Zieldarstellungsballons halten mußten, waren die Dinge genauso aufregend — allerdings auf etwas ungemütlichere Art: Die Luft war zu eisenhaltig.

Trotz Fliegerei und Schießübungen, die Spaß machten, begann das Leben in Grotaglie nach ein paar Wochen zur Mühsal zu werden. Ein Gesellschaftsleben und Kontakte zum weiblichen Geschlecht gab es nicht. So war Galland froh, im Herbst 1933 nach Deutschland zurückzukehren. Sein italienisches Gastspiel hatte nur geringen Wert, sowohl für ihn als Flieger als auch für die Luftwaffe im späteren Rahmen.

In Braunschweig ging es daraufhin weiter mit Instrumentenflug und Verfahren in der Handhabung schwerer Transportmaschinen. Nach 50 zusätzlichen Flugstunden bestand er die Abschlußprüfung und erhielt seine erste Lizenz als Verkehrsflugzeugführer. Mit dem Einsatz als Zweiter Pilot auf der Lufthansa-Route Stuttgart—Genf—Marseille—Barcelona begann seine lange Leidenschaft für die spanische Lebensweise.

Zweimal pro Woche flog er eine Rohrbach-Roland oder eine Junkers G 24 auf dieser Strecke, die in Barcelona endete. Aufenthalte in der spanischen Stadt waren idyllische Intermezzi, genau wie Gallands Gastspiel als Verkehrspilot. Hermann Göring war dabei, die Deutsche Luftwaffe zu vergrößern, und im Januar 1934 wurde Galland abermals nach Berlin befohlen, diesmal ins Hauptquartier der Deutschen Verkehrsfliegerschule.

Anwesend waren all die Zivilpiloten, die in Italien weitergebildet worden waren. Sie wurden gefragt, ob sie als Aktive in die neue Luftwaffe eintreten wollten. Galland zögerte innerlich bei dem Gedanken, seinen hart errungenen zivilen Posten aufzugeben. Die Tage mit Wein und Frauen in Barcelona müßten vergessen werden. »Aktiv« zu werden bedeutete darüber hinaus Rekrutenausbildung mit stumpfsinnigem Drill und Verlust persönlicher Freiheit.

Galland folgerte, daß Görings Luftwaffe ans Tageslicht kommen würde, sobald die Grundausbildung und ein Lehrgang an der Kriegsakademie zu Ende gingen. Er würde von Anfang an dabei sein. Nachdem er seine Chancen für den Aufstieg in einer neuen und wachsenden Luftwaffe mit denen in der relativ stagnierenden zivilen Luftfahrt verglichen hatte, war er entschlossen, sich freiwillig zu melden.

Als Galland im Februar 1934 beim 10. Infanterieregiment in Dresden antrat, war er mit seinen 21 Jahren der Jüngste in der Gruppe. Seine Kollegen waren Heeresoffiziere, ehemalige Lufthansapiloten, Fliegerclubmitglieder, Fluglehrer und Wetterflieger. Drei Monate militärischer Grundausbildung machten ihnen die Wichtigkeit klar, Befehlen zu folgen, und gaben ihrem Leben eine zweckbestimmte Orientierung.

Mit der Beförderung zum Fahnenjunker ging die Infanterieausbildung zu Ende. Der darauffolgende Lehrgang an der Kriegsakademie ließ die konservative Einstellung des Heeres der Luftwaffe gegenüber deutlich erkennen. Eine Luftwaffe als unabhängiger und gleichberechtigter Wehrmachtsteil stand nicht einmal zur Diskussion. Eine Luftmacht als selbständiges taktisches und strategisches Instrument war nicht vorgesehen. Man nahm einfach an, daß die Luftwaffe dem Heer zugeordnet werden würde.

Göring war damit beschäftigt, all dies schon zu dem Zeitpunkt zu ändern, als Galland am Kursus in Dresden teilnahm, den er am 1. Oktober 1934 mit der Beförderung zum Leutnant abschloß. Daraufhin wurde er sofort aus dem Heer entlassen. In den letzten Tagen der getarnten Luftwaffe fand er sich wieder in die Zivilfliegerei zurückversetzt. Mit Vögeln als Rangabzeichen auf den Revers ließen die Uniformen die kommende Luftwaffe ahnen. Galland wurde »Kettenführer«.

Der Schleißheimer Zweig der Deutschen Verkehrsfliegerschule wurde nun in die erste Jagdfliegerschule der neuen Deutschen Luftwaffe umgemodelt. Einrichtungen und Kurse unter ziviler Tarnung wurden immer mehr militarisiert. Die Schwarze Luftwaffe hatte ausgedient. Schnell entwickelte sich ein großer Bedarf an Fluglehrern, um Hunderte von Piloten und Warten auszubilden, die die neuen Jagdstaffeln aufstellen sollten.

Galland war sich bewußt, daß der gegenwärtige Kursus in Schleißheim nicht nur zur Auffrischung von Fähigkeiten und Kenntnissen, sondern vielmehr zur Auswahl von neuen Fluglehrern diente. Er wollte auf keinen Fall in einer Fluglehrerlaufbahn steckenbleiben und vermasselte deshalb jede Übung und Prüfung. Dies ließ ihn als untauglich für diese Tätigkeit erscheinen, und prompt übergingen ihn seine Vorgesetzten. Die Versetzung zu einer Jagdeinheit innerhalb kurzer Zeit schien gesichert.

Im Februar 1935 erschien Göring, um das Personal und die Einrichtun-

gen in Schleißheim zu inspizieren. Während der darauf folgenden Besprechung im Offizierskasino in Schloß Mittenheim legte er seine Pläne und Vorbereitungen der letzten zwei Jahre für die neue Luftwaffe offen. Rittmeister Bolle, ehemaliges Mitglied vom Richthofen-Zirkus und Pour-le-Mérite-Inhaber, führte den zukünftigen Trägern Görings Entwurf der neuen blauen Fliegeruniform vor.
Göring teilte den erwartungsvoll lauschenden Piloten mit, daß bald alle Tarnung fallengelassen würde. Die wirkliche Luftwaffe werde sich demnächst konstituieren. Einen Monat später, im Mai 1935, mußte die Weltöffentlichkeit schockiert zur Kenntnis nehmen, daß Deutschlands neue Luftwaffe keine Fata Morgana, sondern eine unumgängliche Tatsache war. Viel Aufhebens wurde in Zeitungen außerhalb Deutschlands wegen der heimlichen Vorbereitungen gemacht, als sei es von den Deutschen irgendwie unredlich gewesen, solche Dinge im Verborgenen zu tun.
Tatsächlich war die getarnte Luftwaffe den Spionagediensten der Nationen, die Deutschlands Wiederbewaffnung am meisten betraf, nie ein Geheimnis gewesen. Kein verantwortlicher Politiker in Frankreich, Großbritannien oder Rußland konnte ehrlich behaupten, daß die Entstehung der Luftwaffe eine Überraschung darstellte. Der französische Geheimdienst hatte über Jahre hinweg einen Katalog von Versailler Vertragsverletzungen zusammengestellt, und die Russen waren sechs Jahre lang Gastgeber der deutschen Flieger in Lipetzk gewesen.
Hitler hatte im Februar 1934 F. W. Winterbotham empfangen. (Winterbotham organisierte als britischer Spion im Zweiten Weltkrieg die Verteilung des Ultra-Materials.) Hitler ließ den deutsch sprechenden Diplomaten während ihrer Unterhaltung fast beiläufig wissen, daß der Versailler Vertrag für ihn tot sei. Der Führer fügte hinzu, daß seine neue Luftwaffe sehr schnell wachsen werde, und er erwarte, bis Ende 1934 oder Anfang 1935 mindestens 500 einsatzfähige Flugzeuge zu haben. Winterbotham gab diese Information pflichtgemäß an seine britischen Vorgesetzten weiter.
All diese politischen Faktoren und Machenschaften waren Leutnant Adolf Galland im April 1935 völlig unbekannt. Er hatte sein nächstliegendes Ziel erreicht: Versetzung in eine Jagdstaffel. Einberufen in das erste offizielle Geschwader der neuen Luftwaffe, JG 2 »Richthofen«, wurde er ein stolzes Mitglied der I. Gruppe. Hauptquartier war Döberitz bei Berlin, und Galland kam sich nach der Mühsal der Vergangenheit wie befreit vor.
Hitler, Göring und alles, was in Deutschland über die Bühne lief, waren ihm nicht so wichtig wie die Berufung als Gründungsmitglied in die neu

aufgestellte II/JG 2. Diese Einheit wurde in Jüterbog-Damm in Dienst gestellt, und Galland wurde zum Ausbildungsoffizier gemacht — eine Ehre für einen gerade von der Schule kommenden Piloten. Die Luftwaffe bot tatsächlich die Möglichkeiten, die er sich erhofft hatte.
Die rotnasigen He 51B 1-Jäger zu fliegen, die Erinnerungen an den »Roten Baron« wachriefen, bedeutete, in stratosphärische Höhe zu steigen. Als derzeit modernste Jagdflugzeuge besaßen die Heinkel-Doppeldecker eine Höchstgeschwindigkeit von über 320 km/h. Endlich in der Lage, sich seiner fliegerischen Leidenschaft in einer kraftvollen Maschine zu erfreuen, dachte Adolf Galland 1935 an wenig anderes als an sein Glück. Nur einer Handvoll junger Männer in der Welt war es vergönnt, sich in der Fliegerei auszutoben.
Der Kunstflug wurde in Jüterbog-Damm gefördert, und Galland wurde angewiesen, sich auf Kunstflug zu spezialisieren und für Vorführungen auf Luftfahrtschauen zu üben. Er bot seine ganze Energie und sein Talent auf, um auch auf diesem Gebiet ein Experte zu werden. Ernst Udet war zu dieser Zeit der berühmteste deutsche Kunstflieger, und Galland bemühte sich, dem großen Jagdfliegeras nachzueifern.
»Der Kunstflug bedeutete für mich eine große Befriedigung«, erinnert er sich. »Nach meinem Erfolg im Segelflug erkannte ich zum zweiten Mal in meiner fliegerischen Laufbahn, daß ich besser als die meisten anderen war.«
Sein Drang, Nummer Eins zu sein, verbunden mit seinem natürlichen Kunstflugtalent, zeitigte alsbald Erfolge. Wenn Galland in der Luft war, ließen seine Kameraden normalerweise alles liegen und stehen, nur um ihn und seine Kunst beobachten und bewundern zu können. Er war ein fliegerisches Vorbild geworden, und doch strebte er noch höher hinaus.
Er modifizierte den Vergaser des Focke-Wulf Stieglitz (FW 44), des Doppeldeckers, den er für Kunstflug benutzte. Sein Ziel war Rückenflug ohne das Risiko unterbrochener Spritzufuhr. Um die Manövrierfähigkeit im Rückenflug zu verbessern, veränderte er den Anstellwinkel der Höhenrudertrimmfläche. Das verstieß natürlich gegen alle Vorschriften, weil es die Trudeleigenschaften der FW 44 beeinflußte. Wie sehr und in welcher Art konnte Galland noch nicht ahnen.
An einem strahlenden Oktobertag 1935 startete er in dem modifizierten Vogel zu einem Versuchsflug. Er erlaubte sich ein zusätzliches Höhenpolster, indem er die kleine Maschine auf 800 Meter brachte und eine Reihe von Figuren flog, die er schon mehrere Male zuvor ohne Zwischenfall absolviert hatte. Er hatte vor, die Maschine trudeln zu lassen und nach drei Umdrehungen wieder abzufangen. Nur lief die Sache diesmal aufgrund des veränderten Höhenruders nicht nach Plan.

Mit raschem Trudeln verlor die Kiste schneller an Höhe als vor ihrer Modifizierung. Galland hatte das Flugzeug zwar nach der dritten Umdrehung unter Kontrolle, aber seine Sinkgeschwindigkeit war ungewöhnlich hoch gewesen. Er hatte nicht mehr genügend Höhe, um die Maschine aus dem Sturzflug abzufangen. Obwohl er genau wußte, was geschehen mußte, konnte er nichts mehr dagegen unternehmen — er saß wie gelähmt, den unvermeidlichen Aufschlag erwartend.

Seine Fliegerkameraden, die den ganzen Ablauf von der Terrasse des Offizierskasinos verfolgt hatten, stöhnten auf vor Entsetzen, als der Doppeldecker in einem Winkel von fast 45 Grad aufschlug und sich in einer Wolke von Staub und Rasen in seine Einzelteile zerlegte. Aufschlag und Bewußtlosigkeit passierten für Galland gnädigerweise gleichzeitig. Die schockierten Offiziere sprangen von der Terrasse und über einen Zaun, um zur Unfallstelle zu eilen — sie waren sicher, daß ihr Kamerad nicht überlebt haben konnte.

Als sie die Wrackteile beiseite zerrten, bot sich ihnen ein gräßlicher Anblick. Beim Aufschlag hatte sich der Pilotensitz aus dem Rumpf gelöst, dabei Gallands Kopf gegen das Instrumentenbrett geschleudert und sein Gesicht in eine blutige Maske verwandelt. Sie zogen ihn vorsichtig heraus und streckten ihn auf dem Rasen aus. Sanitäter bemühten sich um ihn. Während der junge Flieger zwischen Leben und Tod schwebte, verbreitete sich im Kasino Trauerstimmung.

Drei Tage und Nächte lag er bewußtlos. Seine Eltern, die aus Westerholt herbeigeeilt waren, hielten an seinem Bett rund um die Uhr Wache. Als er endlich aus der Dunkelheit wieder zu sich kam, hörte er die Stimme seiner Mutter, die ihm sanft zuredete, ihn tröstete und ermutigte. Er fühlte ihren Händedruck und erkannte die beruhigende Stimme seines Vaters. Langsam dämmerte es ihm, daß er überlebt hatte, und daß sein Kopf völlig in Bandagen eingehüllt war. Er war am Leben geblieben, aber nur knapp.

Gallands Glücksstern hatte ihn nicht verlassen. Deutschlands bester Chirurg jener Zeit, der Berliner Professor Dr. Sauerbruch, hielt sich zusammen mit einem anderen Spezialisten zufälligerweise im Jüterboger Lazarett auf. Ihr Können und ihre selbstlosen Mühen waren schließlich für Gallands Überleben entscheidend. Er hatte mehrere kritische Schädelbrüche erlitten und brauchte drei Monate, um seine Verletzungen auszuheilen.

Gallands Gesicht war für immer verändert. Seine Nase war gebrochen und flachgedrückt und erhielt nie wieder ihre ursprüngliche Form. Vor dem Absturz, wie zeitgenössische Aufnahmen bestätigen, war er ein gutaussehender junger Mann gewesen. Die Briten beschrieben ihn im

Vorwort zu einem ihrer Verhörprotokolle nach dem Zweiten Weltkrieg als einen »nicht völlig gutaussehenden Mann«. Der Stieglitzunfall 1935 war für das Gallandgesicht verantwortlich, das die Welt kennt.

Am schlimmsten für ihn als Flieger war das verletzte linke Auge. Tiefe Schnitte und Glassplitter in der Hornhaut hatten das Organ erheblich geschwächt. Das Entlassungsgutachten des Hospitals bescheinigte ihm: »Körperlich untauglich für den Flugdienst.« Als Flieger war er am Ende, jedenfalls nach ärztlichem Ermessen.

Der Kommandeur der II/JG 2 war Major Raithel, ein Pilot aus dem Ersten Weltkrieg, der ebenfalls in Lipetzk geschult worden war. Er hatte für das Problem eines Fliegerkameraden Verständnis. Galland war ein begnadeter junger Pilot mit großen Möglichkeiten, der in einen Unfall verwickelt gewesen war. Wenn es nach Meinung der Ärzte gehen sollte, würden seine Fähigkeiten der Luftwaffe verlorengehen.

Raithel war cin guter alter Adler einer früheren Ära, den Vorschriften nicht in Ehrfurcht erstarren ließen. Er versteckte Gallands medizinisches Gutachten unter anderen Papieren und behauptete dann, es nie gesehen zu haben. »In der Zwischenzeit, Leutnant Galland«, sagte er, »machen Sie Ihren fliegerischen Dienst weiter, bis Ihr Gutachten auftaucht.«

Bei seinem ersten Anblick einer Me 109 trafen in Jüterbog-Damm zwei technische Epochen aufeinander. Ein Prototyp der hochgelobten neuesten Schöpfung von Professor Messerschmitt landete in Damm auf dem Weg von der Fabrik in Augsburg zur Erprobungsstelle in Rechlin. Die Me 109 war ein Ganzmetall-Tiefdecker mit geschlossenem Cockpit, dem Zeichen einer neuen Epoche.

Zwei Generationen neugieriger Piloten umschwärmten die Maschine. Wie Major Raithel waren auch zwei Staffelkapitäne der II/JG 2 Veteranen des Großen Krieges: von Schönebeck und Osterkamp. Beide waren Jagdflieger gewesen, und Theo Osterkamp hatte als As mit 34 Luftsiegen und dem »Blauen Max« Berühmtheit erlangt. Diese Männer genossen aufgrund ihrer Kriegserfahrung ein enormes Ansehen, und sie betrachteten das geschlossene Cockpit mit äußerstem Mißtrauen. Diskussionen drehten sich ebenfalls um die hohe Flächenbelastung der Me 109, mit der Konsequenz, daß das Flugzeug wahrscheinlich nicht ideal für den Kurvenkampf sei.

Obwohl er die Me 109 später zu Ruhm und Unsterblichkeit fliegen sollte, war Adolf Galland von seiner ersten Begegnung mit diesem inzwischen historischen Flugzeug nicht sonderlich beeindruckt. Er sollte in seinen 70er Jahren zurückblicken und freimütig zugeben, daß er den in der Me 109 verkörperten technischen Fortschritt damals noch nicht in

vollem Maße erkannte. Trotz seiner bereits zehnjährigen fliegerischen Erfahrung konnte er ihre Vorteile noch nicht richtig einschätzen.
Der Me 109-Testpilot hatte leider keine Erlaubnis, dieses Entwicklungsmodell vorzuführen. Keiner der Piloten der II/JG 2 durfte die Maschine fliegen. Ein Vergleichsfliegen gegen den He 51-Doppeldecker war ebenfalls verboten. Die Bewertung dieses neuen Vogels blieb für Galland und seine Kameraden deshalb reine Theorie.
Sein medizinisches Ablösungsgutachten blieb fast ein Jahr unentdeckt liegen. Ein unglücklicher Testflug mit einer Arado 68 änderte alles. Ein mit Fehlzündungen aussetzender Motor veranlaßte ihn zu einer 180-Grad-Kurve, um so schnell wie möglich, allerdings mit Rückenwind und gegen die untergehende Sonne, zu landen. Hohe Lichtmasten an einer Seite des Bernburger Flugplatzes markierten eine Reihe von Obstbäumen quer zur Landerichtung an einer nah verlaufenden Straße. Galland schaffte es nicht über einen der Masten hinweg.
Seine linke Tragfläche kollidierte mit einem Mast und wurde regelrecht abgeschert. Der Rest der Ar 68 krachte zu Boden. Mit neuen Schnittwunden am Kopf und im Gesicht, mit zersplittertem Kinn, Quetschungen und blauen Flecken am ganzen Körper wurde Galland ins Hospital eingeliefert. Die Ärzte waren entsetzt, als sie sein medizinisches Ablösungsgutachten — nun fast ein Jahr alt — in seiner Personalakte vorfanden.
Diesmal jedoch, so schworen sich die Mediziner, würden sie den Ablösungsbefehl durchsetzen. Sein letzter Absturz bewies, daß er eine Gefahr für andere Piloten, Flugzeuge und sich selbst darstellte, so die Ärzte. Er sollte permanentes Flugverbot erhalten, und Major Raithel wurde mit einem Kriegsgerichtsverfahren gedroht, weil er einen halbblinden Mann hatte fliegen lassen.
Galland ging gegen diesen medizinischen Angriff in die Offensive. Er belegte sein späteres Credo, daß ein Jagdflieger, der nicht ständig angreife, die Initiative verliere, mit seinem eigenen Beispiel, indem er mit einer energischen Kampagne um sein Überleben als Flugzeugführer kämpfte. Er redete auf Vorgesetzte und Kameraden ein, die ihn im Hospital besuchten, um sich deren Hilfe und Unterstützung zu sichern. Dabei behauptete er von Anfang an, daß das Sehvermögen seines linken Auges normal sei; er hörte nie auf, diese Lüge zu wiederholen.
Er überredete einen Sanitäter, ihm die Kombination von Linien, Buchstaben und Zahlen der für die militärische Sehprüfung benutzten Karte zu besorgen, und verbrachte dann tagelang in seinem Bett damit, sich die Karte ins Gedächtnis einzuprägen. Jede Linie und jede mögliche Folge von Zahlen und Buchstaben waren ihm schließlich so geläufig,

daß er sie vorwärts und rückwärts wie einen Film abspielen konnte. In der Zwischenzeit hatten ihn seine Ärzte für eine Untersuchung in Magdeburg eingeplant, bei der nichts übersehen werden würde.

Sein allgemeiner Gesundheitszustand war befriedigend, aber die Mediziner in Magdeburg, im Besitz seiner Personalakte, konzentrierten sich natürlich auf sein linkes Auge. Sie fanden die Glassplitter in der Hornhaut sowie andere Anzeichen von Verletzungen. Nun ging es daran, die Testkarte mit diesem Auge — das rechte verdeckt — zu lesen. Er konnte die Karte zwar sehen, die Buchstaben waren jedoch verschwommen. Indem er so tat, als ob er alles klar sehen könnte, ›las‹ er die Karte aus seinem Gedächtnis vor.

Die Ärzte staunten nicht schlecht, als der dunkelhaarige junge Pilot die Zahlen und Buchstaben genau identifizierte. Vom Anfang bis zum Ende machte er nicht einen einzigen Fehler. Ein ungläubiger Prüfer konnte nur tief schlucken.

»Lesen Sie die Buchstaben bitte noch einmal. Diesmal von unten nach oben, und rückwärts, bitte.«

Aus Gallands Mund ertönte die Buchstabenfolge. Um so natürlich wie möglich zu klingen, pausierte er hier und da. Selbst die Ärzte konnten sich solcher Adleraugen nicht rühmen. Sie bescheinigten ihm seine Fliegertauglichkeit, und seine Rückkehr zum Flugdienst der II/JG 2 wurde gebührend gefeiert. (Die Glassplitter stecken immer noch in der Hornhaut, nur braucht sich Galland, jetzt in seinem neunten Lebensjahrzehnt, keine Sorgen um das Bestehen von Sehprüfungen mehr zu machen.)

Die Periode zwischen Gallands Abstürzen beim JG 2 war eine Zeit international bedeutender Ereignisse. Hitler überging den Rat seiner Heeresgeneräle, und deutsche Truppen besetzten 1936 das entmilitarisierte Rheinland. Frankreich und Großbritannien erfreuten sich zu dieser Zeit einer deutlichen Überlegenheit in allen Waffengattungen. Von allen neuen Luftwaffeneinheiten in Deutschland war lediglich eine kleine Gruppe des JG 2 mit Maschinengewehren und Munition ausgerüstet. (Als die Alliierten sich vor Hitlers Bluff zurückzogen, hatte er gegenüber seinen höchsten Generälen einen psychologischen Vorteil errungen, der seine Handlungen in den kommenden Jahren bestimmen sollte.)

Im Juli 1936 brach der Spanische Bürgerkrieg aus und verdunkelte die europäische Szene noch mehr. (Der politische Hintergrund des spanischen Konfliktes bleibt bis heute einer der kompliziertesten und umstrittensten Vorgänge der modernen europäischen Geschichte. Zeitgenössische politische Vorurteile machen es fast unmöglich, den Spanischen Bürgerkrieg rational und objektiv zu beurteilen.)

Die letzte allgemeine Wahl der Zweiten Spanischen Republik fand im Februar 1936 statt. Sozialisten aller Schattierungen vereinigten sich mit Anarchisten, Separatisten, Syndikalisten und Kommunisten, um die sogenannte Volksfront gegen die Rechtsgruppen und -parteien zu bilden. Mit einer großen Mehrheit an Sitzen im spanischen Parlament und einer äußerst geringen Mehrzahl der Gesamtstimmen besaß die Volksfront, zumindest theoretisch, die Kontrolle des Parlaments.

Gewalttätigkeiten, Sachbeschädigung und politische Morde fingen fast gleichzeitig mit der Auszählung der Stimmen an. (Die extrem rechten Falangisten und die extrem linken Kommunisten werden generell für die Gewalttätigkeiten verantwortlich gemacht.) Als diese wilde Szene sich zum Bürgerkrieg entwickelte, hatte man in diesem von Zwietracht heimgesuchten Land bereits 250 politische Morde gezählt.

Nach dem Ausbruch des Bürgerkrieges erwies sich General Francisco Franco als stärkste Persönlichkeit der Rechten, und um ihn scharten sich die Kräfte der Nationalisten. Am 26. Juli 1936 entsandte Franco eine dreiköpfige Delegation mit einem direkten Appell an Hitler, die der Führer in Bayreuth empfing. Ihrem Wunsch nach Lufttransportkapazität stimmte er unverzüglich zu.

Noch am selben Abend wurde in Berlin der Sonderstab W geschaffen, um das Hilfsprogramm unter Geheimhaltung zu organisieren und auszuweiten. Zur gleichen Zeit floß massive und geheime sowjetische Hilfe zur spanischen Linken. Die britische, deutsche, italienische und sowjetische Regierung unterstützten dabei auf dem Papier einen französischen Vorschlag der strikten Nichteinmischung in Spanien.

Das Hauptgewicht der deutschen Hilfe lag in der Luftunterstützung. Im ersten großen Lufttransportunternehmen der Geschichte brachten von Deutschen geflogene Ju 52 im August 1936 2500 marokkanische Soldaten von Nordafrika nach Spanien. Ihr plötzliches Auftauchen an der Front sowie ihr soldatisches Können bewahrten die Nationalisten wahrscheinlich vor einer Niederlage. Unterdessen wurde in Deutschland durch General Wilberg ein Projekt für weiterreichende Luftunterstützung vorbereitet.

Selbst heute stellen die Ereignisse in Spanien für die meisten einen undurchdringbaren Wirrwarr dar, und so ist es nicht verwunderlich, wenn Galland 1936 von den Einzelheiten des Spanischen Bürgerkrieges keine Ahnung hatte. Er war jetzt 24 Jahre alt und ohne Interesse an Politik aufgewachsen. Der Idealismus der Segelfliegerei hatte ihn berührt, und der Nationalsozialismus schien der politische Ausdruck dieses Idealismus zu sein. Seine Leidenschaft gehörte jedoch der Fliegerei, nicht der Politik.

Galland hatte diese Leidenschaft in einer für die Luftfahrt schwierigen Zeit verfolgt. Die Umstände zwangen ihn, nur das eine Ziel im Auge zu behalten, so hatte die Politik keine Gelegenheit, in seiner Gedankenwelt Fuß zu fassen. Das betraf die Politik Deutschlands und logischerweise die des Spanischen Bürgerkrieges.

Als gegen Ende 1936 einige von Gallands Fliegerkameraden wie vom Erdboden verschluckt verschwanden, ließen die Gerüchte, sie seien als Freiwillige nach Spanien gegangen, nicht lange auf sich warten. Der Kampf gegen den Kommunismus in Spanien lieferte die Voraussetzungen für militärische Abenteuer. Als einige dieser Piloten sechs bis acht Monate später sonnengebräunt und mit dicken Brieftaschen wieder auftauchten, war die Existenz der Legion Condor schon kein Geheimnis mehr. Jeder wollte sich freiwillig melden. Das große Abenteuer lockte mit der Chance, sich im richtigen Kampf zu bewähren.

Galland kannte Spanien aus seiner Lufthansazeit gut genug, um wieder zurückkehren zu wollen. Erfahrung und hohe Bezüge für diesen Dienst waren zusätzliche Anreize. Darüber hinaus brannte er darauf zu erfahren, wie die Wirklichkeit des Luftkriegs aussah — nach all der Theorie, Ausbildung und Gefechtsübungen. So meldete er sich beim Sonderstab W in Berlin, wo die Freiwilligen der Legion Condor erfaßt wurden.

Er bekam Zivilkleidung, Ausweise und Geld, um sich dann einer »Kraft durch Freude«-Touristengruppe der Union-Reisegesellschaft anzuschließen. Diese »Ausflugsgruppe« von 370 jungen Deutschen hatte Genua als erklärtes Ziel. Die Einschiffung erfolgte in Hamburg, wo sie einen schäbigen 3000 t-Frachter bestiegen, der unter panamesischer Flagge fuhr.

Romantische Vorstellungen von Dampferfahrten verflogen in dem widerlichen Gestank, der auf dem Kahn herrschte, sehr schnell. Francos Marine hatte das Wrack erbeutet, als es Waffen für die Loyalisten schmuggelte. Nur das Allernotwendigste war getan worden, um den Kahn als Truppentransporter herzurichten. Aus alten Brettern hatte man provisorische Kojen zusammengenagelt und in den Laderäumen festgezurrt. Die Männer der Luftwaffe, die auf ihren neuen Fliegerhorsten an ordentliche Unterkünfte gewöhnt waren, fanden sich unter diesen Bedingungen nicht standesgemäß untergebracht.

Als dienstältester Offizier wurde Galland von Kapitän van Ehren zum Vorgesetzten der an Bord befindlichen Soldaten gemacht. Die primitiven Unterkünfte und Einrichtungen, schwerer Seegang und die Enge unter Deck in der stickigen Luft verursachten Probleme. Die Zivilkleidung war der Disziplin ebenfalls abträglich, so daß Galland seinen Offizieren und Unteroffizieren befahl, farbige Armbinden zu tragen.

Schlechtwetter und Maschinenschaden dehnten die Reise von 7 auf 12 Tage aus. Knappe Rationen und Wassermangel brachten die Freiwilligen schließlich an den Rand der Meuterei. Männer, die zu Gewalttätigkeiten neigten, wurden an die Masten gefesselt, bis sie sich wieder abgekühlt hatten. Diese Wirklichkeit war natürlich von der Propagandaversion der Ankunft der Legion Condor in Spanien weit entfernt. Als das Schiff am 7. Mai 1937 endlich in den Hafen von El Ferrol dümpelte, gab Galland sein erstes Kommando in der Legion gerne auf. Das Leben auf dem spanischen Festland konnte nur eine Verbesserung bringen.

Das Personal der Legion Condor wurde in olivbraune Uniformen eingekleidet, ähnlich denen des Nationalsozialistischen Arbeitsdienstes. Pelzstiefel gehörten ebenfalls zur Uniform. Die deutschen Offiziere rückten um einen Dienstgrad nach oben, und Galland erhielt seinen dritten Stern als Capitán. Er wurde zum Chef der Stabskompanie der Jagdgruppe der Legion in Avila ernannt und fand sich damit nicht mehr in der Luft, als wenn er in Deutschland geblieben wäre. Damit waren seinem Traum vom abenteuerlichen Leben in Spanien zunächst einmal Grenzen gesetzt.

3
Krieg — In Spanien und Polen

Von seinen Offizierskameraden schnell mit dem Spitznamen »Capitano« tituliert, war Galland für Überholung und Instandsetzung der drei Jagdstaffeln der Legion Condor verantwortlich. Eine vierte Staffel sollte im Frühjahr 1938 dazukommen. Unter seiner Leitung wurden die neuen Flugzeuge aus Deutschland zusammengebaut und eingeflogen, beschädigte Flugzeuge repariert und getestet, Grundüberholungen und Fahrzeugwartung durchgeführt, Bodengerät repariert und verbessert sowie die Versorgung der Staffeln mit Ersatzteilen und Werkzeug sichergestellt. Er hatte wichtige und zeitraubende Aufgaben, aber sie brachten keine Genugtuung.

Die Stabskompanie war in einem alten Kloster einquartiert, während Galland mit seinem Stab in einem kleinen Hotel in der Nähe Unterkunft gefunden hatte. Innerhalb kurzer Zeit entdeckte er den Parador de Gredos, ein vornehmes Hotel im Gredos-Gebirge, etwa 60 Kilometer entfernt. Der Parador wurde für Galland und andere Flieger zum beliebten Zufluchtsort. Er machte Jagd auf Steinbock und Rotfußhühner, und unternahm ausgedehnte Ritte. Am Abend traf er sich mit seinen Kameraden am offenen Kamin. Sie tranken Rotwein mit jungen spanischen Frauen, die ihre deutschen Begleiter mit Volksliedern erfreuten. Das Verhältnis zu den Dorfbewohnern und dem Militär war freundschaftlich und herzlich und vertiefte Gallands Vorliebe für die spanische Lebensart.

Die Legion Condor war eine relativ kleine Truppe. Die fliegenden Einheiten bestanden letztlich aus vier Bomberstaffeln, vier Jagdstaffeln und einer verstärkten Aufklärungsstaffel. Vier schwere und zwei leichte Flugabwehrbatterien, Fernmeldeeinheiten und verschiedene Unterstützungsdienste stellten ein Kontingent dar, das nie mehr als 5600 Mann umfaßte. Trotzdem versuchte die kommunistische Propaganda die Welt davon zu überzeugen, daß die halbe Luftwaffe in Spanien war. Zum Zeitpunkt von Gallands Erscheinen hatte sich die Legion bereits als höchst wirkungsvoll erwiesen, und ihre Führung hatte auf die militärischen Entscheidungen einen wesentlichen Einfluß.

Generalleutnant Hugo Sperrle gab als erster Kommandeur der Legion den Ton an. Er feierte seine eigene Ankunft in Spanien auf dramatische

Art. Am 15. November 1936 führte er persönlich drei Ju 52-Staffeln zu einem massiven Angriff gegen Schiffe und Hafeneinrichtungen der Loyalisten in Cartagena. Ein derart kraftvoller Führungsstil beeindruckte Francos Generalität zutiefst. Zwischen dem Kommando der Legion und der Führung der Nationalisten entwickelte sich eine tadellose Zusammenarbeit. Die Deutschen wurden wie die Feuerwehr eingesetzt, wann und wo Francos Truppen in Schwierigkeiten gerieten.

Einer kritischen Situation verdankte Adolf Galland schließlich seinen ersten Feindeinsatz. Er hatte zuvor sowohl förmlich als auch inoffiziell versucht, zu einer Jagdstaffel versetzt zu werden, aber das Kommando der Legion hatte sich nicht gerührt. Allerdings hatte er seinen Wartungsdienst und seine administrativen Aufgaben so gut organisiert, daß er ab und zu in der Lage war, bei Einsätzen mitzufliegen. Während der Schlacht von Brunete im Juli 1937 hatte die Legion eine kritische Phase, und jeder verfügbare Pilot wurde für den Einsatz gebraucht.

Die Loyalisten unter General Miaja hatten den Zeitpunkt für ihre Offensive gut gewählt, denn Francos Hauptmacht und praktisch alle seine fliegenden Einheiten wurden in Bilbao in Nordspanien zur Vorbereitung für einen Angriff auf Santander festgehalten. Miajas Ziel war es, Madrid von den belagernden Nationalisten zu befreien, was für Francos Armeen zweifellos eine psychologische, wenn nicht gar strategische Katastrophe bedeutet hätte.

Der Vorstoß der Roten resultierte aus einem Durchbruch an Brunete vorbei zu einem Punkt in der Nähe von Navalcarno, der die Front der Nationalisten aufgerissen hatte. Diese Lücke weitete sich schnell aus. Von der plötzlichen Entwicklung aufgeschreckt, brach Franco seine Offensive im Norden ab und beorderte seine ausgezeichneten Navarra-Brigaden unverzüglich an die Madrider Front.

Die Legion Condor bekam den Auftrag, zumindest für ein Gleichgewicht in der Luft über Madrid zu sorgen; im gleichen Feuerwehrstil, an den sich die Deutschen schon gewöhnt hatten. Die Roten erfreuten sich einer soliden Luftüberlegenheit im Gebiet von Madrid, gewährleistet durch etwa 60 moderne Jagdmaschinen — die meisten russische Ratas oder amerikanische Curtisstypen. Diese Flugzeuge waren damit beschäftigt, die nationalen Truppen in der Durchbruchszone zu bekämpfen, als die Legion Condor mit dem zeitweilig zum Einsatz abgestellten Galland erschien.

Die Loyalisten hatten zahlreiche Luftabwehrgeschütze an der Durchbruchstelle in Stellung gebracht. Diese Waffen waren recht geeignet, die langsam fliegenden Ju 52, die die loyalistischen Truppen hier bombardieren sollten, vom Himmel zu holen. Die 3. J 88-Staffel der Legion un-

ter Hauptmann Harro Harder hatte die Aufgabe, diese Geschütze zum Schweigen zu bringen, damit die Ju 52 ohne wesentliche Verluste weiterhin ihren Auftrag erfüllen konnte.
In Harders Staffel bestand Capitán Galland nun seine Feuertaufe während einer der heftigsten und hartnäckigsten Luftschlachten des spanischen Konfliktes. Die He 51-Doppeldecker waren den Rata- und Curtissjägern nicht gewachsen, aber sie waren höchst wirksam gegen kleine Bodenziele wie Flakbatterien. Diese Art Luftunterstützung, zusammen mit den Ju 52-Angriffen, brachte die Offensive der Loyalisten am 12. Juli 1937 zum Stillstand.
Nun war für Franco der Weg zum Gegenangriff frei. Der Kampf ging weiter, als Franco versuchte, die Loyalisten aus der Bresche zu treiben und seine eigene Front wiederherzustellen. In den folgenden zwei Wochen wurden Francos Angriffe zurückgeschlagen, und jede He 51 in Harders Staffel erhielt Einschüsse. Galland machte selbst die unerwünschte Erfahrung, durch einen Hagel von Geschossen zu fliegen, von denen nicht wenige seine Maschine trafen.
Am 25. Juli 1937 holte die Legion wiederum zu einem Schlag gegen die Loyalisten aus, diesmal gegen Reserveeinheiten, die in den engen Tälern um Brunete darauf warteten, in den Kampf einzugreifen. Galland fand sich mitten im Getümmel aufeinanderfolgender Angriffe gegen diese tapferen und hartnäckigen Truppen. Die gesamte verfügbare Artillerie, einschließlich der 8,8 mm-Flakgeschütze der Legion, wurde massiert auf dieselben Ziele zusammengefaßt.
Die Loyalisten konnten nicht standhalten. Sie gaben ihre Positionen auf und zogen sich desorganisiert zurück. Die He 51 feuerten auf die zurückweichenden Truppen und verhinderten, daß sie sich eingraben und eine neue Front bilden konnten. Die Verluste der Loyalisten beliefen sich auf 30 000 Mann, und Madrid fand sich wiederum von Franco belagert. Die Legion Condor spielte eine entscheidende Rolle in der Schlacht von Brunete, mit der, so wird behauptet, Franco den Bürgerkrieg gewann, ohne sich seines Sieges zu jenem Zeitpunkt bewußt zu sein.
Die zahlreichen Einsätze im Kampf um Brunete hatten in Adolf Galland einen nachhaltigen und unauslöschlichen ersten Eindruck hinterlassen. Eine Rückkehr zu seinen Wartungs- und Instandsetzungsaufgaben als Chef der Stabskompanie schien nun ausgeschlossen. Die hervorragenden fliegerischen Fähigkeiten des jungen Capitanos hatten sich bei diesen Einsätzen deutlich gezeigt, und sein dringendes Versetzungsgesuch zu einer Jagdstaffel wurde genehmigt. Er wurde Chef der 3. Jagdstaffel der Legion Condor.

Er übernahm die Staffel von Hauptmann Douglas Pitcairn, einem der Offiziere, die seinen fast tödlichen Absturz in Jüterbog-Damm mitangesehen hatten. Als Pitcairn mithalf, Galland aus dem Wrack des Stieglitz zu ziehen, hatte er nicht damit gerechnet, daß Galland überleben oder gar eines Tages eine Kampfeinheit in Spanien führen würde. (Die beiden Männer sollten bis in die 90er Jahre Freunde bleiben.)

Gallands neue Einheit war die »Micky Maus«-Staffel. Die Maschinen trugen Disneys Karikatur am Rumpf. (Während des Zweiten Weltkriegs malte Galland dieses Abzeichen auf alle seine persönlichen Flugzeuge und glaubt, daß es ihm Glück brachte.) Seine Jagdstaffel war nun die einzige in Spanien, die immer noch mit der He 51 ausgerüstet war. Die lang erwartete Me 109 war zwar auf dem spanischen Schauplatz erschienen, aber bisher waren nur die anderen beiden Staffeln damit ausgerüstet.

Hauptmann Joachim Schlichting und Hauptmann Günther Lützow waren die glücklichen Kapitäne der beiden Me 109-Staffeln. Mit diesen neuen Maschinen, die denen der Loyalisten weit überlegen waren, fegten sie den Himmel in kurzer Zeit sauber.

Beide Offiziere wurden mit je fünf Luftsiegen in Spanien Jagdfliegerasse, und beide sollten später in der Schlacht um England wieder mit dabei sein. Galland und »Franzl« Lützow begannen eine Freundschaft, die bis 1945 andauerte. Lützow, der es auf 108 Luftsiege gebracht hatte, startete zwei Wochen vor dem Kriegsende mit einer Me 262 aus Gallands Eliteeinheit JV 44 zum Feindflug und kehrte nicht zurück. Er und seine Maschine blieben bis heute vermißt.

Gallands Bewunderung für den aufrechten, stolz aussehenden Lützow sollte nie nachlassen. Beide waren ihrem Beruf mit größter Hingabe ergeben. Beide jedoch besaßen einen ausgeprägten Sinn für Humor. Diese Eigenschaft bewahrte sie davor, ihre Menschlichkeit inmitten der oft unmenschlichen Herausforderungen des kommenden Krieges zu verlieren. Galland sah in Lützow den besten Führer, den die Luftwaffe hatte.

Während des spanischen Abenteuers fand Galland es nicht wenig enttäuschend, daß sein Freund Lützow in der Me 109 Luftsiege errang, während er Schlachteinsätze in der He 51 durchführen mußte. Die Micky Maus-Staffel sollte zwar ebenfalls die Me 109 erhalten, aber die Flugzeuge kamen erst nach seiner Zeit aus Deutschland an. Galland hatte keine andere Wahl, als seinen Nr. 78-Doppeldecker durch einen Hagel von explodierendem Metall der Bodenabwehr zu fliegen, während die Me 109 auf andere Flugzeuge Jagd machte. Als Jäger war Galland davon überzeugt, daß er seine Beute am Himmel finden würde.

Die Me 109B und die Me 109D, die letztere eine Langstreckenversion, waren den Flugzeugen der Loyalisten mehr als ebenbürtig. Sie beherrschten den Luftraum in kürzester Zeit.
Die Luftwaffe konnte daraus die wertvolle Lehre ziehen, welche Bedeutung technische Überlegenheit im Kräfteverhältnis hat. Zwei Me 109-Staffeln genügten, um dieses Verhältnis zu ändern. Galland machte sich diese Lehre zu eigen, vergaß sie nie und sollte in späteren Jahren für technische Neuerungen gegen Offiziere und Vorgesetzte kämpfen, die die Lektionen aus Spanien entweder nie gelernt oder aus politischen Gründen bereits wieder vergessen hatten.
In seiner Gesamtentwicklung als Luftwaffenoffizier kam Adolf Galland sein Schlachtfliegereinsatz in der He 51 sehr zu Nutzen. Er lernte in Spanien wahrscheinlich dadurch mehr, als wenn er die Me 109 geflogen hätte, die er später so schnell und meisterhaft beherrschte. Die He 51 war eine veraltete Maschine, die denen der Republikaner nicht gewachsen war und deshalb ihren Einsatz auf Heeresunterstützung beschränken mußte. Doch so wurden wesentliche Erkenntnisse über Lufttaktik gewonnen, und Gallands analytisches Talent und seine Erfahrung erlaubten ihm, wichtige Beiträge auf diesem Gebiet zu leisten.
Obwohl die Legion Condor in Spanien erfolgreich war, ist die Vorstellung, daß sie von Anfang an genau wußte, was sie zu tun und wie sie es zu tun hatte, völlig falsch. Der Spanische Bürgerkrieg wird oft als Auftakt für den Zweiten Weltkrieg bezeichnet, aber in der Geschichte der Luftstreitkräfte stellt er genauer genommen einen Übergang vom Ersten zum Zweiten Weltkrieg dar. Gallands Erfahrungen machen dies deutlich.
Wenn sich die langsamen Doppeldecker der Deutschen hin und wieder von Ratas und Curtiss-Jägern abgefangen sahen, so bildeten sie, wie im Ersten Weltkrieg, einen Abwehr-Kreis. Dabei gab jede He 51 der vorausfliegenden Maschine Rückendeckung. In diesem Abwehrkreis arbeiteten sich die langsameren Flugzeuge über ihre eigenen Linien zurück. Zwischen den Maschinen der Micky Maus-Staffel gab es keine Funkverbindung. Mit Flugzeug- und Handsignalen verständigte man sich und führte man in der Luft. In dieser und anderer Hinsicht wiederholte sich zwar der Erste Weltkrieg, aber das neue Zeitalter kündigte sich durch die Art und Weise an, mit der die Deutschen die taktischen Luftstreitkräfte für die Unterstützung der Bodentruppen einsetzten.
Die von der Legion benutzten Ju 52- und He 111-Bomber waren für die Bekämpfung von Punktzielen wie Artillerie, Mörser, Flakstellungen oder auch Marschkolonnen ungeeignet; um so mehr, als sie keine genauen Bombenzielgeräte besaßen. Die lahme Ju 52 war für diese Art

von Einsatz denkbar ungeeignet und verwundbar. Im Gegensatz dazu konnten die He 51 ihre Ziele im Tiefflug mit Maschinengewehren und Bomben mit großer Genauigkeit treffen und waren schnell genug, um nicht von der Bodenabwehr aufgerieben zu werden.

Als Junge hatte sich Adolf Galland immer dafür interessiert, wie Dinge funktionierten. Er hatte seine analytischen Fähigkeiten entwickelt, indem er Ursache und Wirkung von Elektrizität, Verbrennungsmotoren, Raketen, Segelflugzeugen und Motorrädern untersuchte. Dieses Geschick kam in Spanien bei der Entwicklung des neuen Zeitalters der Schlachtfliegerei zur Geltung. Der Weltkrieg hatte hauptsächlich wegen der Stellungs-Kriegführung nur dürftige taktische Erkenntnisse hinterlassen. Einfallslose Führung und das Abschlachten von Millionen von Männern im Schlamm ließen die Vorstellung von der Wichtigkeit taktischer Luftstreitkräfte nicht aufkommen.

Spanien stellte ein völlig anderes militärisches Milieu dar. Die Kriegführung am Boden war wesentlich offener und beweglicher. Die Luftstreitkräfte traten als ein neuer militärischer Faktor in den Vordergrund, der den Kampf am Boden kontrollieren und dominieren konnte — vorausgesetzt, daß die richtigen Taktiken angewendet wurden. Die moderne taktische Luftstreitmacht kam in Spanien zur Welt, und Adolf Galland war einer ihrer Geburtshelfer.

Er hatte als Staffelkapitän über 300 Einsätze in seiner kampferprobten Nr. 78 geflogen — wegen der Hitze meist nur in der Badehose. Sehr schnell erkannte er die Bedeutung der Koordinierung seiner Angriffe in Zeit und Raum mit den Aktionen der Bodentruppen, die er zu unterstützen hatte. Der Mangel an Luft-Luft- und Luft-Bodenfunkverbindungen machte es besonders wichtig zu wissen, wann wo anzugreifen war. Ein Ziel, das beschossen und bombardiert wurde, konnte schnell überrannt und erobert werden, wenn die Bodentruppen unmittelbar nach dem Luftangriff zum Angriff antraten, bevor der noch benommene Feind sich wieder festsetzen konnte oder in der Lage war, Verstärkungen heranzubringen. Andernfalls war der Luftangriff vergeudet.

Bei Geschwindigkeiten um 300 km/Stunde und unter Beschuß war es den Piloten nur schwer möglich, am Boden Freund von Feind zu unterscheiden. Die Markierung der vordersten Linien und Truppen mit farbigen Tüchern wurde zum Grundprinzip. Die Markierung der Richtung des stärksten Widerstandes war ein weiterer Hinweis.

Galland ermutigte seine Piloten und sein Bodenpersonal, Vorschläge zu machen und Neuerungen auszuprobieren, die die Flugzeuge effektiver machten. Seine Staffel war eine gut funktionierende Einheit mit hoher Moral und starkem Kampfgeist. Jeder schien vom Drang des jungen

Staffelführers nach bester Leistung mitgerissen und ihm verpflichtet zu sein. Seine Warte entwickelten eine Bombe, die zum Vorläufer der Napalmbombe des Zweiten Weltkriegs wurde.
Sie füllten einen 120 l-Abwurftank mit einer Mischung von Motorenöl und Flugbenzin und befestigten zwei Brandbomben an ihm. Wenn dieses Gebilde von einer He 51 abgeworfen wurde, verteilte sich die brennbare Flüssigkeit über eine größere Fläche und wurde dann von der Brandbombe entzündet. Wenn sich auch später die Resultate nicht mit denen von Napalm vergleichen ließen, so trugen sie zumindest in Spanien ihren Teil zur Wirksamkeit der Luftstreitkräfte bei, die Franco entscheidend halfen. Galland verfaßte zahlreiche Berichte über seine taktischen Erfahrungen, Neuerungen und Schlußfolgerungen und sandte sie auf dem Dienstweg nach Berlin.
Allerdings sollte er seine emsige Berichterstattung noch bereuen. Die Luftwaffe sah sich durch ihre Doktrin und Verfassung verpflichtet, eine hauptsächlich taktische Streitkraft darzustellen. Gallands Berichte aus Spanien lasen sich wie ein laufender Kommentar zur tatsächlichen Entwicklung einer taktischen Luftmacht. Sie fielen im Luftfahrtministerium in Berlin in interessierte Hände. Seine Sachkenntnis und seine Erfahrung in der Schlachtfliegerei sollten ihn aber beinahe seine Karriere als Jagdflieger kosten.
Beweglichkeit ist für den militärischen Erfolg absolut notwendig. Galland machte aus seiner Staffel die beweglichste Luftwaffeneinheit in Spanien. Der ehemalige Segelflieger war über den Arbeitsaufwand entsetzt, den der häufige Wechsel von einem Einsatzort zum anderen erforderte. Das damit verbundene administrative Durcheinander setzte die Wirksamkeit weiter herab. Der spanische Krieg war beweglich im Gegensatz zum Grabenkrieg des Ersten Weltkriegs. Galland entwickelte das Konzept, seine gesamte Staffel mit Unterkünften, Büros, Küchen, Reparatur- und Freizeiteinrichtungen auf die Bahn zu verladen. Seine Staffel konnte sich damit auf der Schiene selbst bewegen.
Galland erhielt die notwendigen Waggons von der Nationalen Armee. Francos Offiziere und Truppen waren den Fliegern, die sie beschützten, zugetan und waren bereit, alles zur Verfügung zu stellen. Im Geiste der 3. Staffel ging jeder an die Aufgabe der Umrüstung heran. In wenigen Tagen waren die nötigen Änderungen fertig, und ab dann rollte die Staffel von einem Feldflugplatz zum anderen hinter einer Lokomotive. Die Maschinen flogen zu ihrem neuen Flugplatz, und in wenigen Stunden waren bereits vollständige Bodeneinrichtungen und Personal einsatzbereit.
Diese Lektion, in Spanien gelernt, wurde später im Zweiten Weltkrieg

an der Ostfront angewandt. Die Luftwaffe hatte in jenem riesigen Gebiet lediglich ein Nachtjagdgeschwader, das NJG 6, zur Verfügung. Nach dem Vorbild von Gallands Erstversuch in Spanien wurde jeder Staffel des NJG 6 ein Eisenbahnzug zugeteilt. Die sich daraus ergebende Beweglichkeit vervielfachte die Effektivität des NJG 6, indem die Staffeln schnell in die Bereiche verlegt werden konnten, in denen sie am dringendsten benötigt wurden. Die Einheiten waren ununterbrochen einsatzbereit, einschließlich ihrer Radars.

Der Freiwilligencharakter der Legion Condor wurde relativ bald durch einen systematischen Personalaustausch verändert. Die Neuankömmlinge waren zwar immer noch Freiwillige, aber ihre Einsatzzeit wurde begrenzt. Berlin wollte so vielen zukünftigen Luftwaffenführern wie möglich Kampferfahrung verschaffen. Als Gallands Zeit zu Ende ging, erhielt er einen Nachfolger, von dem er wußte, daß er nicht in die bestens funktionierende Staffel, die er aufgebaut hatte, passen würde. Der Offizier wurde abgelehnt und nach Deutschland zurückgeschickt.

Ein zweiter Nachfolger wurde zugewiesen. Diesmal schickte Berlin einen älteren Piloten, den Galland prompt wieder ablehnte. Bevor dieser Offizier zurückgeschickt werden konnte, stieß er in der Luft mit einem von Gallands besten Piloten zusammen. Beide kamen ums Leben. Das Oberkommando der Luftwaffe, mit Problemen während der Sudeten-Krise beschäftigt, brauchte seine erfahrenen Führer aus Spanien dringend. Gallands Rückkehr war überfällig. Die Legion Condor erhielt ein knappes Telegramm aus Berlin: Gallands Ablösung war unterwegs. Dieser Nachfolger war der beste verfügbare Mann. Von Galland wurde erwartet, daß er ihn akzeptierte und ihm das Kommando übertrug.

Eine Pause in den Kriegshandlungen kurz danach erlaubte es Galland, sich ein paar Tage in Sevilla zu erholen. Er verbrachte diese Zeit gemeinsam mit seinem Kommodore, Gotthard Handrick, seinem Freund Eduard Neumann und einigen anderen Kameraden von der Legion. Sie waren in der Bar des Hotels Christina dabei, einen guten Tropfen zu genießen, als ein schlanker, dunkelhaariger junger Mann nähertrat und bat, mit dem Kommodore und »dem Staffelkapitän, Adolf Galland« sprechen zu dürfen.

Der Mann hatte etwas Stählernes, Ernstes an sich. Er stellte sich als Oberleutnant Werner Mölders, neuer Kapitän von Gallands 3. Staffel, vor. Galland spürte, wie eine plötzliche Beklemmung in ihm hochstieg, die er sofort unterdrücken mußte. Er war seiner Staffel innerlich sehr verbunden und natürlich um ihr Wohlergehen besorgt. Als ein Mann, der sich vorgenommen hatte, Nummer Eins zu sein, fühlte er sich von Berlin durch dessen hohe Einschätzung von Mölders herausgefordert.

War dieser Neuankömmling fähig, die wichtige Aufgabe der Staffelführung in diesem fremden Land mit all seinen Kompliziertheiten zu erfüllen? Galland war nicht gerade glücklich, als er Werner Mölders Hand zum ersten Mal schüttelte.

In den darauffolgenden Tagen zeigte Mölders jedoch all die Führungseigenschaften und fliegerischen Fähigkeiten, die ihm zu seinem späteren heldenhaften Ruf verhalfen. Die Einweisungsflüge überzeugten Galland schnell, daß seine Staffel und seine Leute in den besten Händen sein würden. Mit Mölders kam auch die lang erwartete Me 109. Die alten He 51 wurden zur 4. Staffel überführt von Hauptmann Eberhard d'Elsa und spielten ihre taktische Rolle bis zum Ende des Krieges weiter. Mölders machte sich mit der Me 109 unverzüglich daran, Loyalistenflugzeuge abzuschießen.

Am Ende des Spanienkrieges konnte Mölders 15 Luftsiege vorweisen – die meisten Abschüsse in der Legion Condor. Eine seiner taktischen Neuerungen mit der Me 109 bildete die 4-Finger-Formation, eine in der Breite und Höhe weit offene Verbandsformation, die später auch von der RAF und der USAAF übernommen wurde.

Die Jäger flogen in zwei Rotten mit je zwei Maschinen. Alle vier bildeten einen Schwarm. Die Anpassungsfähigkeit im Luftkampf und der gegenseitige Schutz, den diese Formation bot, stellten taktisch einen Riesenfortschritt dar, der sich bis ins Düsenzeitalter auswirkte. Als taktischer Erfinder war Mölders unübertroffen.

Galland verpaßte die Me 109 in Spanien. Er war mit Werner Mölders noch lange nicht fertig und würde mit ihm als Rivale und Freund zugleich in die Geschichte eingehen. Im Augenblick war Galland jedoch ein junger Führer mit 15 Monaten Dienst in der Legion Condor, und das machte ihn unbezahlbar. Die Möglichkeit eines Krieges wegen des Sudetenlandes war der Grund seiner erzwungenen Rückkehr nach Deutschland, wo neue Herausforderungen warteten. Er wäre noch wesentlich bedrückter gewesen, hätte er gewußt, daß gewisse Leute in Berlin vorhatten, ihn an einem Schreibtisch ›landen‹ zu lassen.

Als Adolf Galland im August 1938 aus Spanien nach Deutschland zurückkehrte, hatte sich Hitler bereits als geschickter und unberechenbarer Machtpolitiker auf der internationalen Bühne dargestellt. 1935 kündigte er die neue Luftwaffe und den allgemeinen Wehrdienst an und ließ am 7. März 1936 die gewagte Besetzung des Rheinlands folgen. Er schuf die Achse Berlin – Rom, griff in Spanien ein, vollstreckte im März 1938, nur knappe zwei Jahre nach dem Bluff im Rheinland, den Anschluß Österreichs und brachte dessen 6 750 000 Einwohner in sein Drittes Reich. Damit, und mit Hitler in der Rolle des Staatsoberhauptes und Oberbefehlshabers der Wehrmacht, war die Bühne für die Zerstükkelung der Tschechoslowakei frei. So sah das Krisenszenario aus, als der schneidige, kampferfahrene junge Jagdflieger zu Hause eintraf.

Die energischen militärischen Vorbereitungen, die alle Unternehmen Hitlers begleiteten, führten automatisch zu einer Vergrößerung der Luftwaffe. Erfahrenes Führungspersonal wurde dringend benötigt — einer der Gründe, warum das Oberkommando der Luftwaffe trotz des bereits absehbaren Endes des spanischen Konfliktes darauf bestand, Galland zurückzuholen. Die detaillierten Berichte, die er als Einsatzpilot und Staffelkapitän über Taktiken und Verfahren der Heeresunterstützung verfaßt hatte, bekräftigten die Wichtigkeit, die taktischen Luftstreitkräften von nun an zugemessen wurde. Seine Sachkenntnis ließ ihn aktiv am Ablauf der Dinge in Europa teilnehmen.

Nachdem er sich im Reichsluftfahrtministerium in Berlin zurückgemeldet hatte, wurde er für zwei Wochen in Urlaub geschickt. Der Unterschied zwischen dem wiederauflebenden Deutschland und dem vom Krieg zerrissenen Spanien machte auf den jungen Offizier einen starken Eindruck. Die Heimatzeitungen, die er in seiner Freizeit in Spanien verschlungen hatte, konnten das wahre Bild der äußeren und inneren Veränderungen in Deutschland gar nicht wiedergeben. Die Leute waren voller Tatkraft und Geschäftigkeit. Die wirtschaftlichen Probleme der Industrie schienen sich in Luft aufgelöst zu haben. Neue Fabriken schossen überall aus dem Boden. Selbst die Landschaft schien diese neue und lebendige Schönheit widerzuspiegeln. Er war noch dabei, diese guten Aussichten in sich aufzunehmen, als ein unerwartetes Telegramm seinen Urlaub vier Tage zu früh beendete. Er wurde unverzüglich ins Reichsluftfahrtministerium nach Berlin befohlen.

Seine neue Aufgabe bestand darin, seine Erfahrungen bei der Aufstellung und Ausbildung von Schlachtfliegergruppen einzubringen. Anstatt im Cockpit eines Flugzeuges hatte er an seinem Schreibtisch im neuen Gebäude des Ministeriums zu sitzen, das Göring an der Ecke von Leipziger- und Wilhelmstraße als Kommandozentrale der Luftwaffe errichtet hatte. Der Bau, von dem berühmten Architekten Dr. Sagebiel entworfen, besaß eine kathedralenähnliche Eingangshalle und 1500 Räume und Zimmerfluchten.

Galland fühlte sich wie in einem riesigen Ameisenhaufen. Er war einer unter Hunderten von Offizieren, die tagaus, tagein ameisengleich durch den Bau hasteten. Die Paternoster waren in ständiger Bewegung und zwangen ihre Passagiere, im gewünschten Stockwerk entweder auf- oder abzuspringen.

Mit der fröhlichen Kameradschaft seiner Staffel war es vorbei. Auch

fehlte die Handlungsfreiheit, der er sich innerhalb des operativen Rahmens der Legion Condor erfreut hatte. Er sehnte sich nach der angenehmen Zweckmäßigkeit seines Stabsquartiers in dem umgebauten spanischen Waggon und vermißte besonders die Zwanglosigkeit der Front, mit der er seine tüchtige Einheit geführt hatte.
Niemand, noch nicht einmal der Staffelkapitän, kümmerte sich in Spanien um Ölflecken auf den Hosen. Solche Dinge waren für eine kämpfende Staffel zu läppisch. In Berlin hingegen waren Hosen wichtig. Die Generalstabstypen hatten messerscharfe Bügelfalten in ihren charakteristischen karmesingestreiften Hosen, in denen sie von Büro zu Büro eilten und den Gefahren der Paternoster mutig ins Auge schauten. Manche von ihnen, bis zur Perfektion gebügelt und geschniegelt, sahen so aus, als seien sie lackiert. Allerdings waren die Luftwaffenuniformen zweifellos die attraktivsten und modischsten aller Streitkräfte.
Viele dieser Stabsoffiziere gaben vor, an seinen Erfahrungen in Spanien interessiert zu sein, aber Galland gewann den Eindruck, daß sie geistig abschalteten, wenn seine Erfahrungen nicht mit ihren Vorstellungen aus der Vergangenheit übereinstimmten. Seine eigene Tendenz, im persönlichen Umgang keinen Wert auf Formalitäten zu legen, stand im krassen Gegensatz zu ihrer Steifheit und ihrem Denken nach Rangdienstalter. Die Atmosphäre im Luftfahrtministerium war in intellektueller Hinsicht erdrückend.
Gallands Vorgesetzter war Oberstleutnant Dr. Gnamm, ein Generalstäbler, der im Ersten Weltkrieg als Beobachter geflogen war. Danach war er als Zahnarzt tätig gewesen, ohne Kontakt zur Fliegerei. Obwohl Gnamm ein korrekter und fleißiger Offizier war, stellte er das lebende Beispiel einer Praxis Görings und des Generalstabs dar, dem Galland allzu oft begegnete: unqualifizierte Offiziere in führenden Positionen. Dies war Gallands erste direkte Erfahrung mit diesem Phänomen; auf seinem Weg nach oben in der Luftwaffenhierarchie sollte es jedoch keine Seltenheit bleiben.
Gnamm und Galland machten sich mit Eifer daran, die notwendigen Vorschriften zu Papier zu bringen und dabei die jüngsten Erfahrungen aus Spanien mit einzuflechten. Ein paar Tage lang ging diese Arbeit gut voran. Dann wurden sie von der Wirklichkeit eingeholt. Ihnen wurde befohlen, am Schreibtisch aufzuhören und statt dessen zwei neue Schlachtfliegergeschwader aufzustellen und auszubilden, die dringend gebraucht wurden.
Die Krise im Sudetenland setzte die Streitkräfte unter starken Druck. Jedes verfügbare Flugzeug mußte einem Verband zugewiesen werden, der das Heer unterstützen konnte. Mit Freude schob Galland den Pa-

pierkram zur Seite. Um die neuen Geschwader so schnell wie möglich aufzustellen und durch den Wirrwarr der Bürokratie zum Ziel zu gelangen, war Improvisation nötig, und das lag ganz und gar in Gallands Natur. Er fand den Wert seiner Erfahrungen aus dem Leben der Legion Condor bestätigt. Aus blutjungen Rekruten und uralten Flugzeugen mußten einsatzfähige Schlachtfliegereinheiten gebildet werden. Die Maschinen selbst, obwohl zweitklassig, waren für die Heeresunterstützung durchaus noch zu gebrauchen. He 51, Hs 123 und He 45 trafen aus allen Teilen Deutschlands ein. Die Piloten kamen von den Fliegerschulen. Wenig erfahrene Unteroffiziere vermittelten den Rekruten ein Minimum von Theorie und Praxis. Unfälle und Abstürze waren an der Tagesordnung. Am Stichtag jedoch waren beide Schlachtgeschwader einsatzbereit.

OTL Gnamm wurde von seinem Schreibtisch im Luftfahrtministerium auf den Posten des Kommodore eines dieser Geschwader versetzt. Er machte Galland, dessen Fähigkeiten und Erfahrung er mittlerweile gut kannte, zu seinem Adjutanten und Einsatzoffizier. Galland protestierte lautstark, aber vergebens. Der Experte der Legion Condor sah sein Lebensziel als Jagdflieger und fand sich jetzt in die Rolle des Schlachtfliegers gedrängt. Ein großer Krieg, egal aus welchen Gründen er ausbrechen würde, stand vor der Tür, und Galland haßte den Gedanken, in solch einem Krieg »nur« für die Heeresunterstützung zu fliegen.

Das neue Geschwader wurde im Mobilmachungstempo nach Schlesien verlegt. Falls Hitler den Befehl zum Einmarsch ins Sudetenland geben sollte, war die Gruppe für die Unterstützung eines Fallschirmjägereinsatzes in der Gegend von Jägerndorf vorgesehen. Im Abkommen von München hatten sich Engländer und Franzosen Hitler gebeugt und der Besetzung des Sudetenlandes der Tschechoslowakei zugestimmt.

Aus Sicherheitsgründen wurde der geplante Einsatz nach der Münchner Konferenz dann doch noch als Wehrmachtsübung durchgeführt. Im neuen Geschwader gab es allenthalben Verwirrung, und Galland war dem Himmel dankbar, daß dieser Einsatz nicht als Ernstfall über die Bühne gehen mußte. Anstatt die tschechische Front aus der Luft beschießen zu müssen, konnte er die Präzisionslandung der Fallschirmjäger beobachten. Die Besichtigung der tschechischen Befestigungsanlagen sorgte für Ernüchterung, und er war sich durchaus nicht über den Ausgang sicher, falls England und Frankreich den Tschechen beigestanden hätten.

Gallands beharrliche Versetzungsgesuche zu einer Jagdfliegereinheit wurden im Herbst 1938 mit einer Art Kompromißlösung beantwortet. Er wurde zur Jagdgruppe in Böblingen, später Ingolstadt, ihrem vorläufigen Standort, versetzt. Allerdings existierte diese Gruppe noch gar nicht. Als Staffelkapitän dieser neuen Einheit sollte es seine Aufgabe sein, bei ihrer Aufstellung und Ausbildung zu helfen. Seine jüngste Erfahrung bei der Bildung von zwei Schlachtgeschwadern würde dabei von Nutzen sein.

Gruppenkommandeur war Hauptmann Graf von Pfeil, der sehr bald krank wurde. Als ältester der drei Staffelkapitäne übernahm Galland zeitweilig das Kommando des nicht existierenden Verbandes. Als von Pfeil sich von seiner Krankheit erholt hatte, heiratete er und verlängerte damit seine Abwesenheit. Am Anfang arbeitete Galland mit Oberleutnant Alfons Klein und Leutnant Wolfgang ›Pequeño‹ Ewald zusammen und fand schnell ein harmonisches Verhältnis zu seinen Untergebenen. Unglücklicherweise kam Klein bei einem Absturz ums Leben und wurde durch Oberleutnant Kuehle ersetzt. Doch die organisatorische Arbeit lief weiter. Für Galland war es eine große Genugtuung, die Gruppe aus dem Nichts entstehen zu sehen.

Endlich hatte er es also mit einem richtigen Jagdverband zu tun. Die Jagdgruppe war mit der Me 109D ausgerüstet und verlegte bald nach Böblingen. Es war die Erfüllung eines Jagdfliegertraums, und Galland erlebte ihn als stellvertretender Gruppenkommandeur. Er führte den Verband in Gefechtsübungen, Staffel gegen Staffel. Seine früheren Zweifel an der Me 109, die auf seine Begegnung mit dem Prototyp zurückgingen, schienen nur noch eine dämmrige Erinnerung zu sein, als er begann, sich der Flugeigenschaften von Prof. Messerschmitts Schöpfung mit Begeisterung zu erfreuen. Dies war eine Maschine, die den Luftkampf revolutionieren würde.

Die neuen Staffeln wuchsen allmählich zu einer leistungsfähigen Jagdgruppe zusammen. Galland brachte ihnen ebenfalls alles bei, was er über die Schlachtfliegerei wußte. In voller Gruppenstärke flogen sie Scheinangriffe auf Bomberverbände. Es gab nun genügend Munition, und die Piloten bekamen ausreichend Gelegenheit, sich im Luft-Boden-Schießen zu üben. Als Hitler im März 1939 die restliche Tschechoslowakei besetzte, stand Gallands Verband mit vollen Munitionsgurten und warmgelaufenen Motoren auf dem Flugplatz in Böblingen. Doch schlechtes Wetter verhinderte den Start, die Staffeln blieben am Boden. Letzten Endes wurden sie auch nicht gebraucht, denn ganz Europa und Rußland verhielten sich still, als die Tschechoslowakei schließlich ganz vereinnahmt wurde.

Nach der Rückkehr der letzten Angehörigen der Legion Condor aus Spanien wurde in Döberitz eine Ordenskommission gebildet, um für die Empfänger eine Rangliste ihrer Verdienste aufzustellen. Galland wurde zum Mitglied der Kommission ernannt. Eine achttägige Siegesfeier begann mit der Verleihung dieser Orden, gefolgt von einer Parade vor Hitler am 6. Juni 1939 vor der Technischen Hochschule in Berlin.

In drückender Frühsommerhitze bewegte sich der Paradeverband durchs Brandenburger Tor und von dort zum Lustgarten. Die Spanier, wie die ehemaligen Legionäre in der Luftwaffe genannt wurden, waren nach dieser Qual erschöpft. Um Ähnlichkeit mit den ursprünglich olivgrünen Uniformen der Legion zu bewahren, mußten sich Galland und seine Kameraden die dicken und steifen Uniformen des Arbeitsdienstes borgen. In dieser Aufmachung war Galland Mitglied einer kleinen Gruppe von Höchst-Ausgezeichneten, die von Hitler in seiner neuen Reichskanzlei empfangen wurde.

Gallands erstes Treffen mit Hitler beschränkte sich auf eine kurze Rede und einen Händedruck. Der Führer trank Tee mit den »Spaniern«, aber niemand durfte rauchen. Das paßte Galland ganz und gar nicht, denn er hatte schon vor langer Zeit Geschmack an dicken, schwarzen Zigarren gefunden. (Er sollte Hitler danach noch oft sehen, öfter als es ihm lieb war, und dieser fand immer Zeit, Galland wegen seines Zigarrenrauchens zu tadeln. »Man konnte sich Hitler immer mit einer Pistole am Uniformkoppel nähern, aber niemals mit einer Zigarre«, erinnert sich Galland.)

Diese Parade brachte Galland auch ein Wiedersehen mit Werner Mölders, der ihn als Staffelkapitän der 3. J/88 in Spanien abgelöst hatte. Mölders war mit 15 Luftsiegen im spanischen Krieg inzwischen zum erfolgreichsten Jagdflieger der neuen Generation geworden. Er hatte, wie Galland, Berichte über seine Erfahrungen geschrieben. Als er am 5. Dezember 1938 nach Deutschland zurückkehrte, bekam er, wie Galland zuvor, einen Schreibtisch »zum Fliegen«. Seine Aufgabe war es, Vorschriften für die Jagdfliegerei zu verfassen, parallel zu denen, die Galland für die Schlachtfliegerei entworfen hatte. Sie fanden nach der Parade Zeit, sich gegenseitig wegen der Schreibtischfliegerei zu bemitleiden und Witze über die soeben verliehenen Auszeichnungen zu machen.

Sie hatten die höchste Auszeichnung, das Spanische Kreuz mit Schwertern in Gold, als deutschen Orden erhalten und ebenfalls die Medalla Militar und Medalla de la Campaña von der Regierung Franco. Göring war indessen der Meinung, daß die Ordenskommission, dessen Mitglied Galland war, sich zu knauserig gezeigt hatte. Zwei Wochen nach der Siegesparade wurden Galland und sein Freund Wilhelm Balthasar zu Göring nach Westerland befohlen. Dort verlieh er ihnen das Spanische Kreuz in Gold mit Brillanten, die höchste Stufe dieser Auszeich-

nung und natürlich wesentlich eindrucksvoller. Indem er sie mit der diamantenbestückten Variante auszeichnete, nahm er ihnen die einfachen goldenen Kreuze ab und steckte sie in seine Tasche.
Lediglich neun Teilnehmer an den Einsätzen der Legion Condor erhielten dieses besondere Spanische Kreuz in Gold mit Brillanten. Galland, Mölders, Balthasar, Lützow, Schellmann und Oesau. Sie waren alle Jagdflieger. Martin Harlinghausen war der einzige Bomberpilot. Die beiden anderen Orden gingen an Hugo Sperrle und Wolfram von Richthofen, beide ehemalige Befehlshaber der Legion. (In den kommenden Jahren sollte Galland herausfinden, daß ihm Görings Leidenschaft für Brillanten Gesprächsstoff für zahlreiche Tischgespräche liefern würde. In Westerland spielte Göring den Väterlichen.)
Die mit Ausbildung angefüllten Tage in der Jagdgruppe Böblingen stellten für Galland die Erfüllung seines Traumes dar. Dies war genau das, was er immer wollte: Jagdflieger zu sein, der Beste zu sein. Unablässiges Training erhöhte die Einsatzfähigkeit. Im Sommer 1939 hätte Galland die Gruppe mit Vertrauen auf ihre Schlagkraft gegen jeden Jagdverband in der Welt geführt.
Sein Vater war auf »Keffer«, seinen zweiten Sohn, äußerst stolz. Adolfs Mutter hörte nie auf, ihn zu ermahnen, gut auf sich aufzupassen. Auch seine Brüder Wutz und Paul wollten unbedingt Flieger werden. Wutz erhielt eine Dividende aus dem spanischen Abenteuer seines älteren Bruders. Das Geld aus Spanien konnte sich sehen lassen, und da er in der Legion Condor nur wenig ausgegeben hatte, leistete er sich jetzt ein nagelneues BMW Cabriolet. Wutz bekam Adolfs alten Opel Sportwagen und hätte darüber nicht glücklicher sein können.
Der charmante Jagdflieger mit der typischen verbeulten Nase, dichtem schwarzen Haar und einer magnetischen Persönlichkeit besaß eine Anziehungskraft, die besonders bei schönen Frauen auf Gegenseitigkeit beruhte. Das BMW Cabrio war nur das Tüpfelchen auf dem i, und so war es kein Wunder, daß der Sommer 1939 für Galland eine befriedigende Mischung von Arbeit und Freizeit darstellte. Anfang August jedoch stand seine Welt plötzlich Kopf.
Ein Fernschreiben kündigte seine Versetzung in eine Schlachtfliegereinheit an. In seiner Wut wollte er seinen Augen nicht trauen und mußte es mehrmals lesen. Alles, was er in die neue Jagdgruppe investiert hatte, würde ihm entrissen werden. Er sollte um die Früchte seiner Arbeit betrogen werden — die Gelegenheit, den Jagdverband, den er aufgestellt und ausgebildet hatte, in den bevorstehenden Krieg zu führen.
Wiederum war Galland in einen Strudel geraten, den seine Fachkenntnis in der Schlachtfliegerei erzeugt hatte. Er sollte einen Staffelkapitän

der II/SLG 2 ablösen und machte sich auf den Weg nach Tutow, wo die Einheit lag. Gruppenkommandeur war Major Werner Spielvogel. Galland wechselte von der Me 109D zur Henschel 123, einem offenen, als Sturzkampfbomber entwickelten Doppeldecker. Es kam ihm vor, als ob er aus der Zukunft zurück in die Vergangenheit befördert worden wäre.

Mitte August nahm er an einer Großübung östlich von Cottbus teil, die offensichtlich als Vorbereitung der Invasion Polens diente. Generalleutnant Wolfram von Richthofen, schon aus Spanien als zäh und energisch bekannt, kommandierte die fliegerischen Verbände. Das bemerkenswerteste Ereignis dieser Übung war der Totalverlust von 13 Ju 87 Stukas, die en masse im dichten Nebel in den Boden stürzten. 26 der bestausgebildeten Flieger der Luftwaffe kamen dabei ums Leben.

Inmitten dieser hektischen Augusttage wurde Galland nach Rechlin beordert, um zwei neue Schlachtflugzeugtypen zu testen. Die technische Abteilung des Luftfahrtministeriums hatte ihn angefordert. Seine detaillierten Berichte aus Spanien hatten ihn dort in Erinnerung gebracht. Die Hs 129 hatte den Luxus eines kugelsicheren Cockpits, die FW 189 war ein robuster Waffenträger, und beide Maschinen waren zweimotorig. Sie zu testen war zwar interessant, stellte für Galland aber nicht den geringsten Trost dar. Er fühlte sich wie ein Junge, dem die Eltern sein Lieblingsspielzeug weggenommen hatten. Und mit 25 Jahren war sein Lieblingsspielzeug jetzt eben die Me 109D.

Mit der Unterzeichnung des Deutsch-Sowjetischen Handelsabkommens erreichten die diplomatischen Manöver um Polen einen Höhepunkt, und vier Tage später, am 23. August 1939, wurde der Deutsch-Sowjetische Nichtangriffspakt unterzeichnet. Dieser Pakt sicherte Hitler den Rücken, während er Polen vereinnahmte und sich mit England und Frankreich beschäftigte. Die Russen schlossen den Pakt mit Hitler hauptsächlich, weil ihre langen Bemühungen, einer Allianz mit England und Frankreich beizutreten, immer wieder abgewiesen wurden. Stalin hegte keine Zweifel daran, daß Hitler eines Tages Rußland angreifen würde. Mit diesem Pakt erkaufte er sich nur eine Gnadenfrist.

Trotz der fundamentalen Unterschiede zwischen Nazismus und Kommunismus hatten sie in einem geheimen Zusatzprotokoll zum Vertrag von 1939 nicht nur Polen, sondern auch das Baltikum untereinander aufgeteilt. Deutschland fiel am 1. September 1939 in Polen ein — zwei Tage später erklärten Frankreich und England den Krieg. Rußland fiel in Polen von Osten her am 14. September ein, vier Tage vor dem Ende des deutsch-polnischen Blitzkriegs.

Im Morgengrauen des 1. September 1939 war Adolf Galland einer der ersten deutschen Piloten im Kriegseinsatz. Ein erfolgreicher Angriff wurde gegen ein polnisches Stabshauptquartier geflogen, etwa 140 km östlich der deutsch-polnischen Grenze. Die wochenlang andauernde Spannung vor der Invasion hatte den Polen genügend Vorwarnzeit gegeben, um ihre wichtigen fliegenden Verbände von ihren regulären Standorten auf Behelfsflugplätze zu verlegen. Als die Luftwaffe ihre ersten Angriffe auf polnische Flugplätze und Hangars durchführte, waren die mit großem Erfolg am Boden zerstörten Flugzeuge meistens veraltete Typen, die von den Polen absichtlich zurückgelassen worden waren. Ihre neueren Jäger und Bomber hatten sie rechtzeitig in Sicherheit gebracht.

Die ersten deutschen Angriffe verursachten jedoch solch schwerwiegende Störungen und Unterbrechungen des polnischen Fernmeldesystems, daß die polnische Luftwaffe nicht mehr wirksam geführt und kontrolliert werden konnte. Polnische Jagdflieger erzielten am 2. September einige Erfolge gegen die Me 110, und später, am selben Tag, als sich die Invasion auf Graudenz zubewegte, beharkten polnische Bomber und Schlachtflugzeuge das XXI. Heereskorps. Am 3. September verursachten polnische Luftangriffe gegen die 1. und 4. Panzerdivision erhebliche Verluste.

Aufgabe der Luftwaffe war es, die Polen in der Luft nicht zum Zug kommen zu lassen. Die Anstrengungen, gekoppelt mit dem hoffnungslosen Zustand des polnischen Fernmeldewesens, führten in kurzer Zeit zur Vernichtung der polnischen Luftstreitkräfte. Lediglich eine Handvoll Bomber blieb übrig, die sich umgehend nach Rumänien zurückzog. Die Polen waren einfach nicht in der Lage, der Deutschen Luftwaffe Widerstand zu leisten. Sie taten zwar ihr Bestes, aber unterlagen.

Aus der Perspektive seines Hs 123-Cockpits bekam Galland polnische Flugzeuge in der Luft nur selten zu sehen. Seine Staffel kam mit polnischen Jägern praktisch nie in Berührung. Sie war Teil einer schnell dahinrollenden Offensive, bestehend aus Panzern, hochbeweglichen Bodentruppen und fliegenden Verbänden in einem Umfang, den die Welt bisher noch nicht gesehen hatte. Galland hatte die Miniaturausführung bereits in Spanien kennengelernt.

Mit hohem Geschick wandte General von Richthofen die Erkenntnisse der Legion Condor auf den größeren, und damit tödlicheren, Rahmen des Armeekorps an. Der einzelne polnische Soldat kämpfte mutig und tapfer für seine Heimat; um jedoch den Vormarsch dieser hochintegrierten, modernen Kriegsmaschine aufzuhalten, die sich aus Richtung Deutschland auf sie zubewegte, war mehr nötig als tapfere Infantristen und Kavallerieeinheiten. Fünf polnische Armeen wurden einfach überwältigt, und die Schlachtflieger trugen wesentlich zu diesem Erfolg bei.

Die polnische Armee kapitulierte am 18. September 1939, obwohl die Polen Warschau und Modlin noch bis zum 27. September verteidigten.

Im Verlauf der pausenlosen Einsätze seines Verbandes kam Galland auf 87 Feindflüge mit seiner Hs 123-Staffel. Diese Einsätze umfaßten Bombardierung und Beschuß von Flugplätzen, Brücken, Zügen, Straßenbewegungen, Truppenansammlungen, Artillerie-Stellungen etc. Die polnische Flugabwehr stellte sich, wo immer sie auch eingesetzt wurde, als wirksam, zielsicher und gefährlicher als die in Spanien heraus. Gallands Gruppe verlor zehn Piloten, darunter den Gruppenkommandeur, Major Spielvogel.

Während des Feldzuges besuchte Hitler Gallands Staffel. Der junge Flieger hatte damit zum zweiten Mal Gelegenheit, sich einen Eindruck vom Führer zu machen. Hitler schien matt und zurückhaltend. Er aß mit der Truppe im Feld Gemüsesuppe ohne Fleisch. Galland reagierte auf diesen Besuch mit Zweifeln, ob dieser kleine und normal aussehende Mann wirklich die Führungseigenschaften besaß, die Dr. Goebbels ihm zuschrieb. (Galland wußte in diesem Augenblick noch nicht, daß er noch ausreichend Gelegenheit haben sollte, die militärischen Fachkenntnisse Hitlers zu beurteilen. 1939 auf jenem Feldflugplatz in Polen machte er auf Galland jedenfalls nicht den Eindruck eines Mannes, der die Welt bewegen konnte.)

Vor dem Ende des Polenfeldzugs war »Blitzkrieg« bereits in den internationalen Sprachschatz aufgenommen worden. Die deutsche Propaganda schlachtete den Erfolg des Blitzkriegs gebührend aus, und Galland war sich bewußt, daß er durch die Schlachtfliegerei einen erheblichen Anteil zu seiner Verwirklichung geleistet hatte. Trotzdem war er über die Entwicklung der Dinge, wie sie sich inmitten der militärischen Erfolge und Siege abzeichnete, nicht glücklich.

In Polen wurde die Tendenz des Heeres deutlich, Luftstreitkräfte für den Angriff auf die feindliche Front einzusetzen. Flugzeuge wurden wie eine Art konzentrierter fliegender Artillerie benutzt. Im Verlauf von Einsätzen seiner Staffel gegen Brücken und Eisenbahnknotenpunkte konnte Galland aus seiner Fliegerperspektive deutlich erkennen, daß diese Ziele hinter der Front das Nervensystem des Feindes darstellten. Wann immer ein Eisenbahnknotenpunkt außer Betrieb gebombt wurde, stauten sich dahinter Nachschubgüter und Munition rasch an, die dann aber um so leichter zerstört wurden.

Zerstörte Brücken zwangen feindliche Transportkolonnen zum Durchwaten von Flüssen, wo sie sich dann, äußerst verwundbar, den Luftangriffen ausgesetzt sahen. Gallands analytischer Sinn ließ in ihm kritische Gedanken über die zunehmende Tendenz aufkommen, Feldartillerie durch Schlachtflugzeuge zu ersetzen. Sein Verstand entwickelte bereits eine strategische Wende für den sich ausweitenden Krieg.

Nach Polen wurde Gallands Einheit nach Braunschweig verlegt, und er erhielt das Eiserne Kreuz Zweiter Klasse für seine Verdienste in diesem Feldzug. Am 1. Oktober 1939 wurde er zum Hauptmann befördert. Beschäftigt mit Gedanken über Strategie und Taktik, entwarf er einen Plan, um aus der Schlachtfliegerei herauszukommen und zu seinem Jagdverband zurückzukehren.

Während der Spanienkampagne hatte er seine He 51 in der Sommerhitze lediglich in Badehosen geflogen. Vom Gesundheitsstandpunkt her war das nicht sehr vernünftig. Die drastischen Temperaturunterschiede und die Zugluft im offenen Cockpit hatten ihn mit einem wiederkehrenden Rheumatismus behaftet, der ihn in Braunschweig wieder heimsuchte. Er wurde nach Wiesbaden zur Kur geschickt. Als er zu seiner Staffel zurückkehrte, erklärte er dem Fliegerarzt sein auf den Spanienaufenthalt zurückzuführendes medizinisches Problem.

»Sehen Sie, Doktor, jedes Mal, wenn ich in diesen offenen Cockpits fliegen muß, wird mein Rheumatismus schlimmer. Das letzte Mal waren die Schmerzen fürchterlich. Könnten Sie nicht meine Versetzung in einen Me 109-Verband vorschlagen, damit ich nicht mehr in offenen Cockpits fliegen muß?«

Galland spielte seinen ganzen Charme, dem viele unterlegen waren, mit Überzeugungskraft aus. Der Arzt ließ sich nicht so einfach hinters Licht führen, aber er zeigte Verständnis. In Gallands medizinische Akte schrieb er: »Hauptmann Galland darf aufgrund seiner rheumatischen Beschwerden nicht mehr in offenen Cockpits fliegen.«

Damit begannen sich die Räder in der Luftwaffenbürokratie zu bewegen. Hauptmann Galland wurde als Einsatzoffizier zum Jagdgeschwader 27 nach Krefeld versetzt. Der Alptraum der Schlachtfliegerei war vorüber. Von nun an sollte er nur noch Jagdflieger sein.

Der polnische Feldzug enthielt ein Element, das sich schwerwiegend auf Deutschlands Kriegsglück auswirken sollte, und Galland erfuhr erst 30 Jahre später, wieviel Hindernisse es in seiner Karriere errichtet hatte. Der Chef der polnischen Geheimschriftabteilung, Oberst Gwido Langer, war mit Major Maksymilian Cieski und dem gesamten polnischen kryptografischen Team nach Rumänien geflohen. In jahrelanger, unermüdlicher Arbeit hatten diese Männer eine funktionierende Nachbildung der militärischen Enigma-Verschlüsselungsmaschine hergestellt, die seit 1926 von den deutschen Streitkräften benutzt wurde. Sechs Wochen vor der Invasion Polens übergab der polnische Generalstab dem französischen und britischen Geheimdienst je eine Enigma-Nachbildung.

Die fliehenden polnischen Kryptographen nahmen noch zwei weitere Enigma-Maschinen mit nach Rumänien, die sie in der Ava-Radiofabrik in Warschau zusammengebaut hatten. Diese Maschinen sowie die Zusammenarbeit zwischen den polnischen Fachleuten und ihren alliierten Kollegen hatten einen nicht abzusehenden Einfluß auf den Verlauf des Krieges: die geheimsten deutschen Chiffren wurden schließlich entschlüsselt.

Indem sie die Alliierten in den Besitz der Enigma-Maschinen brachten, verursachten sie mehr Schaden für Deutschland als jede polnische Armee. Schon bald sollte der Funkfernschreibverkehr der Luftwaffe mit Regelmäßigkeit in England gelesen werden. In der Schlacht um England sollte dies zu dem geringen Spielraum zwischen Sieg und Niederlage für die RAF beitragen.

4

Frankreich — Der Sitzkrieg ist vorbei

Hauptmann Adolf Galland sah seine Rückkehr zu einem Me 109-Jagdverband als eine Art Wiedergutmachung an. Als Einsatzoffizier des JG 27 fand er sich dazu in einer besonderen Situation, die seinen Verantwortungsbereich erweiterte. Kommodore war OTL Max Ibel, als Flieger Teilnehmer am Ersten Weltkrieg und am Lipetzk-Programm. Anfang 1940 waren diese kriegserfahrenen Jagdflieger sowohl Gruppenkommandeure als auch Geschwaderkommodores. Diese älteren Kämpen taten sich körperlich und geistig schwer, mit dem neuen Zeitalter der Jagdfliegerei Schritt zu halten.
Die Me 109 stellte einen Riesensprung in mehrfacher Hinsicht dar: Entwurf, Leistung und Anforderungen an den Piloten. Keiner dieser Weltkriegspiloten war wirklich fähig, ein Me 109-Geschwader zu führen und Einsätze mit Männern zu fliegen, die ihre Söhne hätten sein können. Als Galland, mit seiner Erfahrung aus Spanien und Polen sowie seiner administrativen Erfahrung in der Aufstellung von zwei Schlachtgeschwadern und der Jagdgruppe Böblingen, in Max Ibels Geschwader kam, wurde er für den Kommodore zu einer wichtigen Stütze.
Er verlangte von Galland, ständig in seiner Nähe zu sein — in der Luft und am Boden. Dies beraubte ihn zeitweilig nicht nur der Teilnahme an Luftkämpfen, es begrub ihn auch in dem ihm verhaßten Papierkrieg. Er sammelte weiter gute Erfahrungen, während er reihum alle drei Gruppen in Abwesenheit ihrer Kommandeure führte. So wurden seine Erfahrungen durch diese Aufgaben in einem äußerst kurzen Zeitraum komprimiert. Jede Gruppe hatte ihre Eigentümlichkeiten und besondere Persönlichkeiten. Diese Erkenntnis sollte ihm später in seinem höheren Verantwortungsbereich zugutekommen.
Zur Zeit wurde lediglich Sitzkrieg geführt. Die gegnerischen Armeen hatten noch keine Berührung miteinander, aber das Brodeln der heraufziehenden massiven Auseinandersetzung erhöhte die Nervosität von Tag zu Tag. Jagdflugzeuge stiegen auf, um vermeintliche Eindringlinge abzufangen. Einzelne Aufklärer von beiden Seiten wurden verfolgt. Als der Jagdfliegerführer (Jafü) in einer vom JG 27 geflogenen FW 58-Weihe von eigenen Jägern abgeschossen wurde, sorgte der Zwischenfall für fast unerträgliche Spannung unter den ungeduldigen Pilo-

ten. Ein Jafü war normalerweise ein Oberst oder Generalmajor, der als Verbindungsoffizier zwischen Jagdfliegerverbänden und Fliegerkorps oder Luftflotte fungierte. Der abgeschossene Jafü war verständlicherweise nicht sehr erfreut, von seiner eigenen Jagdwaffe vom Himmel geholt worden zu sein. Da die FW 58 ein harmloses Flugzeug und allgemein als »Leukoplast-Bomber« bekannt war, mußten die nervösen Piloten ihren Angriff natürlich rechtfertigen. Es war, als ob RAF-Jäger einen ihrer schwerfälligen Allzweck-Avro Ansons abgeschossen hätten. »Wie kann ein Jafü auch in einer solch lächerlichen Maschine fliegen?« verteidigten sich Gallands Piloten.

Anweisungen von »oben« befahlen den Jagdfliegern ausdrücklich, auf der eigenen Seite der Grenze zu bleiben. Lediglich Eindringlinge durften abgefangen werden. Aber in 5000 Metern und bei 480 km/h war die Grenze nicht gut auszumachen, und manchmal verschwand sie völlig unter einer Wolkendecke. Entlang dieser Linie fanden, wie Echos aus dem Ersten Weltkrieg, Begegnungen in der Luft statt. Französische und deutsche Jagdflieger stellten sich und ihre Flugzeuge gegenseitig auf die Probe. Die meisten Luftkämpfe entwickelten sich über dem Vierländereck, wo Frankreich, Deutschland, Luxemburg und Belgien zusammentreffen.

Werner Mölders fand sich ebenfalls mitten in diesem Getümmel. Er war Gruppenkommandeur im JG 53, und als in jeder Hinsicht anerkannter führender deutscher Jagdflieger sammelte er Luftsiege. Mölders setzte die Neuerungen, die er während seines Dienstes im Luftfahrtministerium zu Papier gebracht hatte, in die Praxis um. Für Galland war das schwer erträglich. Mölders erhöhte die Anzahl seiner Luftsiege, während Galland sich mit dem Papierkrieg des JG 27 herumzuschlagen hatte und Einsätze nur mit List und Tücke ergattern konnte.

Galland wollte in der Luft mitmischen. Darüber hinaus wollte er von Erfahrungen profitieren. Auf dem Dienstweg erreichte er eine zeitweilige Kommandierung zum JG 53. Mit Mölders zusammen flog er Einsätze und erhielt so eine praktische Einweisung in die tödliche Kunst des Luftkampfes.

Mölders beherrschte die ganze Palette des Luftkampf-ABCs. Von der Taktik über Anflüge, Schießen, Vorhaltewinkel, Unterscheidung von Freund und Feind, Ausnutzung von Vorteilen beim Angriff bis zum Zerstreuen des feindlichen Verbandes — nichts wurde ausgelassen.

»Meinem guten Freund Werner Mölders habe ich alles zu verdanken«, sagt Galland von jener Zeit. »Er war ein Jahr und einen Tag jünger als ich, aber ich respektierte ihn als einen überlegenen Taktiker. Später wurden wir Konkurrenten im Rennen um die höchste Zahl der Luftsiege.«

Die Grundlage für Gallands eigene Erfolge in Luftkämpfen war durch die glückliche Zusammenarbeit mit Mölders, in der Ruhe vor dem Sturm, gelegt worden. Indem er mit dem begabten Piloten, der sein großer Rivale werden sollte, flog, entdeckte Galland, daß Mölders eine Geheimwaffe besaß — seine Augen. Er hatte ein phänomenales Sehvermögen. Er konnte Feindflugzeuge vor allen anderen im Verband ausmachen. Selbst wenn er deren Position beschrieb, hatten die meisten Piloten Mühe, die feindlichen Maschinen zu erkennen. Erich Hartmann, das größte Jägeras des Zweiten Weltkriegs, sagte später: »Wer den Feind zuerst sieht, hat schon halb gewonnen.« Das traf genau auf Mölders zu. Galland machte sich das zu eigen, der Narben wohl bewußt, die die Glassplitter bei einem schweren Unfall in seinem linken Auge hinterlassen hatten.

Mölders Einfallsreichtum war ebenfalls beeindruckend. So plazierte er einen Spähposten nahe der Grenze, der mit ihm über Funksprech in Verbindung stand und ihn über Typen, Anzahl, Kurs und Höhe aller erkannten Feindflugzeuge unterrichtete. Dies war eine wertvolle Hilfe im Abfangen gegnerischer Maschinen. (Es war möglicherweise der erste Versuch einer Jägerführung in der Luftwaffe, einer Funktion, in der die Deutschen der RAF deutlich unterlegen waren. Daran wurde wenig verbessert, denn 1940 fühlte sich die politische Führung vor Luftangriffen noch sicher.)

Vom Naturell her stellten Galland und Mölders Gegensätze dar. Mölders war ein äußerst ernster junger Mann, der wenig lächelte und noch weniger lachte. Gallands Optimismus, sein Sinn für Humor und seine Vorliebe für die guten Dinge im Leben wiesen ihn als typischen Jagdflieger aus. Dagegen schien sich Mölders ausschließlich auf seine Aufgaben und den weiteren Rahmen der Jagdfliegerei zu konzentrieren.

Mölders Auftreten gebot augenblicklichen Gehorsam, als ob er ein respektierter General, und nicht nur ein Major in seinen 20ern sei. Seine Untergebenen gaben ihm den Spitznamen »Vati Mölders«. Galland lernte ihn während ihrer Zusammenarbeit über dem Vierländereck 1940 gut kennen. Mölders war der meisterhafte Taktiker und Lehrer, Galland dagegen der begeisterte Jäger und Lehrer in bezug auf Lebensfreude und die Kunst, Mensch zu sein inmitten unmenschlicher Ereignisse.

Galland hänselte Mölders wegen seines mönchhaften Lebenswandels und seiner Enthaltsamkeit. Gallands junge Piloten bereiteten eine verschwenderische Party mit Mädchen in einer besonderen Zimmerflucht in Paris vor. Galland überredete Mölders, mitzumachen. Mölders fühlte sich durch Gallands Tadel wahrscheinlich angestachelt, daß er als erster seine »Wahl« traf. Galland folgte ihm unmittelbar mit seiner Auserlesenen und verließ den Raum mit dem berühmten breiten Grinsen auf seinem Gesicht. Mölders hatte klein beigegeben.

Als die deutsche Offensive am 10. Mai 1940 anrollte, war das JG 27 mit dabei, indem es dem Heer die Luftunterstützung gewährte, die ihm die erfolgreiche Überquerung der Maas und des Albertkanals ermöglichte. Am dritten Tag des Angriffs führte Galland eine Rotte — zwei Maschinen — 10 km westlich von Lüttich in etwa 3600 m, als er 1000 m unter sich acht Hurricane-Jäger entdeckte. Offenbar hatten sie ihn noch nicht gesehen.

Für den Angriff besaß er damit die klassischen Vorteile der größeren Höhe und des Überraschungsmoments. Er flog die überlegene Maschine und hatte eine sorgfältige Ausbildung, gekrönt von über 300 Einsätzen in Spanien, hinter sich. Alle Vorteile, die sich ein Jagdflieger nur wünschen konnte, lagen auf seiner Seite.

Der Sturz auf den Feind war ihm durch unzählige Übungen in Fleisch und Blut übergegangen. Er verspürte durchaus kein Jagdfieber, als die Hurricane in seinem Visier immer größer und größer wurde. Als er den Abzug betätigte, wußte er sofort, daß er aus zu großer Entfernung geschossen hatte. Die Wettkämpfe im Tontaubenschießen machten sich hier jedoch bezahlt. Die Geschosse lagen im Ziel. Indem es auszuweichen versuchte, flog das Opfer in das Feuer von Gallands Rottenflieger, und die Hurricane-Staffel stob in alle Richtungen auseinander.

Zum zweiten Mal auf seine Beute zufliegend, sah Galland, wie das Seitenruder abmontierte, die Hurricane ins Trudeln geriet und sich dabei zerlegte. Galland ließ von ihr ab und jagte hinter einer anderen Hurricane im Sturzflug her. Er war auf etwa 100 m herangekommen, als die Hurricane mit einer halben Rolle in den Wolken verschwand. Galland versetzte sich in die Lage des gegnerischen Piloten, und rollte hinterher. Sekunden später fand er sich, diesmal näher, wieder hinter der Hurricane. Nach einem kurzen Feuerstoß bäumte sich die Maschine auf, um dann aus 500 m Höhe senkrecht in den Boden zu stürzen.

Als er etwas später am selben Tag nahe Tirlemont auf einen Verband von fünf Maschinen stieß, erwischte er seine dritte Hurricane. Obwohl er ein Jahrzehnt der Vorbereitung als Einsatzpilot hinter sich hatte, bescherten ihm diese ersten drei Luftsiege kein Gefühl der Erhebung. Die berauschende Erregung, die er im Kugelhagel über Spanien empfunden hatte, fehlte völlig. Beim Gedanken an die Leichtigkeit dieser Abschüs-

Adolf Galland jun. im
lter von 9 Monaten

Die Eltern Änne, geb.
:hipper, und Adolf Galland

3 Mit 17 Jahren auf der Rhön

5 Gallands 3. J 88 He 51

6 Eine He 51 aus Gallands Staffel greift republikanische Stellungen an (Gemälde)

4 Als Capitano in der Legio
Condor 1936

C.G.HODGSON

7 Die Kapitäne: Schellmann, Galland, Kroeck, d'Elsa

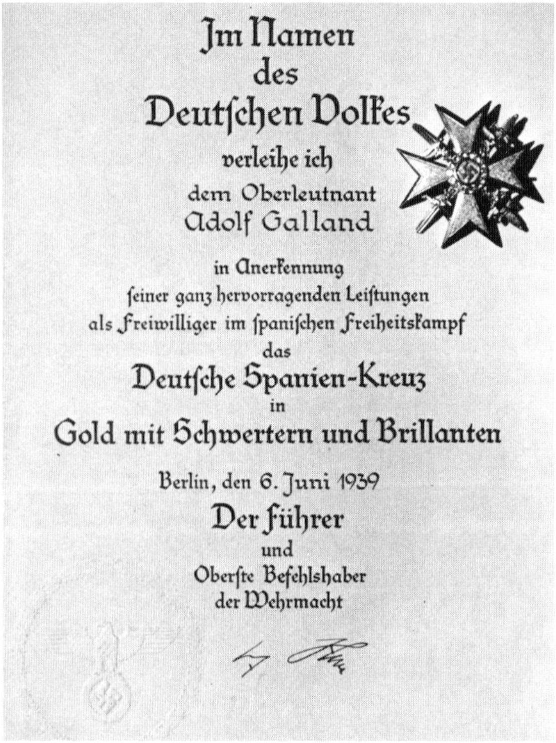

Im Namen
des
Deutschen Volkes
verleihe ich
dem Oberleutnant
Adolf Galland
in Anerkennung
seiner ganz hervorragenden Leistungen
als Freiwilliger im spanischen Freiheitskampf
das
Deutsche Spanien-Kreuz
in
Gold mit Schwertern und Brillanten

Berlin, den 6. Juni 1939

Der Führer
und
Oberste Befehlshaber
der Wehrmacht

8 Deutsches Spanienkreuz in Gold mit Schwertern und Brillanten am 6. 6. 1939 (Verleihungsurkunde)

se bekam er fast ein schlechtes Gewissen. Und die freudigen Glückwünsche seiner Fliegerkameraden und der Warte klangen hohl.
Seine Aufgaben als Einsatzoffizier ließen für einige Zeit keine Feindflüge zu. Das JG 27 bewegte sich mit dem Heer voran. Die zahlreichen Standortwechsel, der Papierkrieg und das Verwaltungsdurcheinander, das diese ständigen Verlegungen mit sich brachten, waren Galland verhaßt. Er kämpfte darum, wieder in die Luft zu kommen, und am 19. Mai 1940 erzielte er seinen fünften Abschuß.
Als er am 20. Mai seinen achten Luftsieg errang, wurde er von General Erhard Milch, Görings Stellvertreter, mit dem EK I ausgezeichnet. (Als Galland den Orden empfing, wußte er noch nicht, daß er mit Milch in den nächsten Jahren noch viel zu tun haben würde.) Milch war gerade von dem erfolgreichen Norwegenfeldzug zurückgekehrt, in dem er die Luftwaffe geführt hatte.
Im Gefolge der großartigen Siege des Heeres hatte der Einsatzdrang unter den Fliegern des JG 27 einen Höhepunkt erreicht. Oberst Ibel ließ es sich nicht nehmen, mit seinen jungen Piloten zu fliegen. Nichts schien den knorrigen Weltkriegsveteranen einschüchtern zu können. Wenn Ibel flog, fungierte Galland als sein Rottenflieger, was seine Chancen für weitere Luftsiege natürlich einschränkte. Der tapfere Ibel erweckte die Bewunderung seiner Piloten, und Galland paßte gut auf ihn auf — mit einer Ausnahme. Sie wurden von Spitfires überrascht, und Ibel wurde, inmitten von Gefechtsqualm und -verwirrung, abgeschossen. Galland war froh, als der hagere Kommodore nach einem langen und ermüdenden Marsch sich spät abends ins Geschwaderquartier von St. Pol schleppte.
Von Charleville aus operierend, legte sich Galland wiederholt mit Spitfires und Hurricanes der RAF an. Er war sich sogleich bewußt, daß er es mit hochqualifizierten Piloten zu tun hatte. Obwohl sich die Engländer durch Mut und Geschick auszeichneten, wurden diese Attribute von ihrer altmodischen Taktik überschattet. Sie hielten starr an ihrer Dreier-»Vic«-Formation fest. Die Spitfire war zwar ein äußerst leistungsfähiges Flugzeug und ein harter Gegner, aber Galland war von der Überlegenheit seiner Me 109E überzeugt.
Die RAF war leicht zu finden. Die Piloten flogen normalerweise Jagdschutz über englischen und französischen Truppen, die in Richtung Dünkirchen zusammengedrängt wurden. Hoch über den historischen Stränden fanden sich Galland und seine Piloten tagtäglich in wilde Kämpfe mit der RAF verwickelt. Die maßvollen Spiele aus der Zeit des Sitzkriegs gegen die Franzosen waren vorüber. Dieser Luftkrieg war echt, und jedes Engagement wurde bis zum bitteren Ende ausgefochten.

Galland konnte sich immer darauf verlassen, RAF-Jäger über der Küste von Dünkirchen zu finden. Die Engländer machten sich mit Erfolg über die deutschen Bomber und Stukas her, besonders dann, wenn die Jäger der Luftwaffe aus Spritmangel abdrehen mußten. Das geschah häufig, weil die Bomber oft verspätet zum Rendezvous mit ihrem Begleitschutz eintrafen. Und die Jäger wiederum verpaßten den Treff mit den Bombern, weil sie sich mit der RAF herumschlagen mußten.

Der Versuch der Luftwaffe, das fliehende britische Expeditionskorps ohne die Hilfe des Heeres und der Marine zu zerstören, ging auf Görings impulsive und enthusiastische Initiative zurück. Er war davon überzeugt, diesen Sieg seiner Luftmacht im Stile Douhets zu erringen. Darin fand er, zumindest auf höherer Luftwaffenebene, durchaus Zustimmung.

Gallands Einschätzung der Schlacht war einfach und direkt. Von den verfügbaren Luftstreitkräften wurde einfach zuviel verlangt. Die RAF-Jagdwaffe war hartnäckig und die Spitfire eine böse Überraschung; 350 000 Mann der alliierten Truppen entkamen, und die Luftwaffe verlor etwa 250 Flugzeuge. Der Hauptteil der deutschen Luftmacht war mit dem Kampf um Frankreich beschäftigt und deshalb aus der Schlacht um Dünkirchen herausgehalten worden. Er wäre für den Erfolg ausschlaggebend gewesen. Ein Unternehmen im Stile Douhets, das sich vorwiegend auf den Einsatz von Luftstreitkräften stützte, verlangte überwältigende Stärke. Die Luftwaffe war vorgewarnt.

Als Dünkirchen am 4. Juni 1940 in deutsche Hände fiel, konzentrierten sich die Staffeln des JG 27 auf die übriggebliebenen französischen Luftwaffenverbände. Die Armee de l'Air sollte durch das Unternehmen »Paula« zerstört werden, das unter Ansätzen von strategischen Gesichtspunkten konzipiert worden war. »Paula« sollte die französischen Flugzeugwerke und Basen in der Nähe von Paris ausschalten. Ohne Flugzeuge und benutzbare Flugplätze würde das Ende der Armee de l'Air nicht lange auf sich warten lassen. Die Deutschen waren zwar ungenügend vorbereitet, zerstörten aber dennoch etwa 100 französische Flugzeuge und verloren selbst nur 30.

Als Führer einer kleinen Einheit geriet Galland in einen tollen Luftkampf mit einer Morane-Staffel. Indem er eine Morane abschoß, stieß er beinahe mit einer anderen zusammen. Sein Antennenmast wurde abgeschert und seine Seitenflosse beschädigt. Näher wollte er eine Kollision auf keinen Fall erleben! Selbst nach dem Unternehmen »Paula« existierten noch mutige französische Einheiten, die es zu jagen galt. Die Franzosen behaupteten, daß »Paula« ein Fehlschlag war, jedoch wurde dieser Operation inmitten der Reihe von deutschen Siegen keine allzu

große Aufmerksamkeit geschenkt. (Die kommenden Jahre sollten zeigen, daß es mächtiger Anstrengungen bedurfte, um eine Flugzeugproduktion zu stoppen.)
Nach Dünkirchen wurde Galland auf einmal zum Gruppenkommandeur der III/JG 26 ernannt — ein großer Schritt nach oben. Göring machte es den besten seiner jungen Jagdflieger einfacher, aufzusteigen, indem er die Veteranen des Ersten Weltkriegs, die bisher noch Einsatzverbände führten, auf weniger anforderungsvolle Posten versetzte. Gallands Gruppe wurde nach dem Ende des Frankreichfeldzugs zur Auffrischung erst nach Mönchengladbach verlegt und von dort nach Döberitz beordert, das ihm aus seiner Zeit beim JG 2 noch bestens in Erinnerung war. Dies war ein ganz besonderer Auftrag. Das Jagdgeschwader 26 »Schlageter« hatte während des Westfeldzuges Hervorragendes geleistet und sich die Ehre verdient, Jagdschutz für den Staatsakt zu fliegen, in dem die höchsten militärischen Führer befördert oder ausgezeichnet wurden.
Das grandiose Schauspiel des Staatsaktes in der Krolloper am 19. Juli 1940 könnte wahrscheinlich nur von Hollywood überboten werden. Hitler hielt eine leidenschaftliche Rede, die in einem letzten, hoffnungslosen Versuch gipfelte, ein Friedensangebot an England zu machen. Während Adolf Galland seine Jagdgruppe in der Luftparade führte, beförderte Hitler 12 seiner Generäle zu Feldmarschällen, 19 weitere stiegen in den Voll-Generalsrang auf. Inmitten dieses verschwenderischen Gepränges war die Luftwaffe gebührend vertreten.
Milch, Sperrle und Kesselring wurden Feldmarschälle, Udet, Stumpff, Keller, Weise und Grauert Generaloberste. Jeschonnek, von Richthofen, Geissler, von Greim und Görings alter Staffelkamerad Lörzer wurden zum »General der Flieger« befördert. Göring stieg zur grandiosen Höhe eines »Reichsmarschalls des Großdeutschen Reiches« auf. Eine neue, ausgefallene Stufe des Eisernen Kreuzes wurde ausschließlich für Göring geschaffen; außer ihm sollte niemand das »Großkreuz des Eisernen Kreuzes« tragen, und das befriedigte für einige Zeit seine krankhafte Eitelkeit.
Die Anhebung dieser Offiziere um ein oder zwei Dienstgrade löste eine Beförderungswelle in der ganzen Luftwaffe aus. Galland meinte, daß sie durch den natürlichen Druck nach oben entstanden sei. In Anerkennung seiner Tapferkeit im Frankreichfeldzug, seiner 17 Luftsiege und der von ihm am Boden zerstörten Flugzeuge wurde er im Alter von 28 Jahren zum Major befördert. Die Feiern waren kaum zu Ende, als das JG 26 zum Ärmelkanal zurückverlegt wurde. Der Krieg war noch im Gange.

Schlimme Zeiten standen bevor. Gallands Leben war praktisch von Jugend an eine Vorbereitung für diese Herausforderung gewesen. Eine schlagkräftige Jagdgruppe in einem Einsatz von historischer Bedeutung zu führen, war die Erfüllung eines Lebenstraums. Die Verleihung des Ritterkreuzes und seine Beförderung zum Major hinterließen in ihm ein Gefühl der Überwältigung. Und all das hatte in den Borkenbergen angefangen, in jener sorgloseren Zeit, als er sich zum ersten Mal in ein Segelflugzeug schnallte.

Der Dienst in einem erstklassigen Jagdverband, mit seiner Kameradschaft und seinem Geist der Lebensfreude, war sein beruflicher Wunschtraum. In seiner Freizeit ging er zumeist auf die Jagd und kam immer mit Flugwild oder Hasen für die Küche zurück. Daneben vernachlässigte er das weibliche Geschlecht durchaus nicht, und man sah ihn häufig in Begleitung attraktiver Frauen.

Er verlor jedoch nicht die Perspektive für die Dimension der Ereignisse, die keinen Raum für kleinkarierte, persönliche Sorgen erlaubte. Wenn es nur nach ihm gegangen wäre, hätte Adolf Galland nicht mehr dazu beigetragen als jetzt, zu Beginn der Schlacht um England. Er war dort, wo er sein wollte, und tat das, was er am besten konnte.

Unterdessen begannen Ereignisse, die scheinbar nichts miteinander zu tun hatten, und von denen er keine Ahnung hatte, zusammenzufließen. Aus der Sicht des Historikers, 40 Jahre später, sind die Zusammenhänge klar zu erkennen. Aber diese Art Einsicht ist einem Mann, der mit Vollgas durchs Leben braust, nicht gewährt. Für Galland sollten Richtlinien und Entscheidungen, die Leute außerhalb seiner Sphäre entwickelten und trafen, Probleme und eine Hochdruckatmosphäre schaffen, in der das Cockpit einer Jagdmaschine wie ein friedlicher Zufluchtsort erschien.

Andere wiederum, von deren Existenz er erst im Alter von 65 Jahren erfuhr, waren auf geheimnisvolle Weise in der Lage, sich über seine Probleme auf dem laufenden zu halten und ihm dadurch das Leben noch schwerer zu machen. Und dann erschien noch eine Figur am Horizont, die seine Toleranz, Selbstkontrolle und Soldatentreue aufs äußerste strapazieren sollte.

Bevor die Schlacht um England, die wichtigste der Luftwaffe, behandelt werden kann, müssen diese drei Hauptelemente aufgezeigt werden. Nur so kann Gallands höhere Laufbahn verstanden werden. Richtlinien und Entscheidungen des Generalstabs, des Oberkommandos der Luftwaffe und Görings während der Entwicklung der Luftstreitkräfte hatten den Ausgang der Schlacht um England zutiefst beeinflußt. Die Jagdflieger erlebten die Hölle nicht nur während des Luftkampfes, sondern auch am Boden, wo ihnen die Schuld für Fehler zugeschoben wurde, die auf höherer Ebene gemacht wurden. Gallands Laufbahn während der Schlacht um England und später auf hoher Kommandoebene befaßte sich zumeist mit den Versäumnissen und Fehlern von anderen — Fehlern, die am besten als technisch-politisch charakterisiert werden können.

Während sich Galland von ihrer Entstehung an am Aufbau der Luftwaffe mit Eifer beteiligte, war er doch nur ein junger Fliegeroffizier. Er wurde nie in Grundsätze, in die Politik, die Leitgedanken oder die Strukturierung der Luftwaffe eingeweiht. Sein Beitrag zur Entwicklung taktischer Luftmacht war zwar erheblich, aber die Luftwaffe war von Göring und den von ihm ausgesuchten älteren Führern aufgebaut worden.

Jagdflugzeuge hatten in der Luftwaffe immer eine untergeordnete Rolle gespielt. Die Leitidee war, schnellstens eine Bomberwaffe zu schaffen, die mächtig genug war, um jede Einmischung in Deutschlands Wiederbewaffnung zu verhindern. Die Jagdwaffe mußte mit dem zweiten Rang vorliebnehmen. So erfreute sich die Bomberwaffe vom frühesten Zeitpunkt an einer von Doktrin und Entwicklung bestimmten, bevorzugten Stellung. Diese Doktrin war so tief verwurzelt, daß einige Offiziere auf höchster Ebene noch an dieser Vorrangstellung festhielten, als alliierte Bomber Deutschland in Schutt und Asche legten.

Als strategische Schlüsselwaffe wurde der Bomber von Generalleutnant Wever, dem ersten Generalstabschef der Luftwaffe, erkannt und akzeptiert. Wever war, als früherer Heeresgeneralstäbler und Ludendorffs Adjutant im Ersten Weltkrieg, ein äußerst fähiger Offizier mit einer soliden militärischen Ausbildung und einem intuitiven Verständnis für die Grundsätze einer Luftwaffe. Seine Führungseigenschaften und Initiative veranlaßten ihn, mit 46 Jahren noch das Fliegen zu lernen, so daß er sein Urteil aus eigener Sachkenntnis fällen konnte.

Zu Truppenbesuchen flog er seine eigene Maschine. Galland hatte ihn bei einem dieser Besuche bei der I/JG 2 1936 in Döberitz erlebt und einen positiven Eindruck in Erinnerung behalten. Wever war fortschrittlich und besaß einen Weitblick, der ihn den viermotorigen Bomber als die strategische Waffe der Zukunft voraussehen ließ. Nur damit konnte Deutschland die strategische Oberhand gegen Rußland, Hitlers ausgemachten Feind, gewinnen. Strategische Schläge gegen das kommunistische Rußland verlangten einen viermotorigen Bomber, der in der Lage war, den Ural und die Hauptquellen sowjetischen Rohmaterials zu erreichen. Dieses Waffensystem mußte die Struktur der Luftwaffe bestimmen; Wever und sein Generalstab waren sich darin einig.

Ein Vorläufer der viermotorigen Bomber war die riesige Junkers G 38, die 1930 fertiggestellt wurde. Sie war eine viermotorige Passagiermaschine mit einer Spannweite von 45 m und besaß innerhalb ihrer Tragflächen mehr als genügend Platz für Fracht und Treibstoff. Sie durfte auf einer großen Tour durch Europa einschließlich London bestaunt werden. Charles Grey, der berühmte Redakteur des Magazins »The Aeroplane« nannte diese Maschine später den Vater der Großbomber. Deutschland besaß damit das aeronautische Know-how, strategische Bomber zu bauen.

General Wevers Vorstellung von der Form, die eine deutsche Luftstreitmacht annehmen mußte, falls Rußland der Gegner sein sollte, beruhte auf der Annahme, daß die Luftwaffe genügend Zeit haben würde, um auf volle Stärke zu kommen. Am 3. Mai 1936 stürzte Wever auf einem seiner Truppenbesuche tödlich ab. Damit gingen dem strategischen Bomberprogramm sowohl Weitblick als auch Impuls verloren. Die Befürworter im Generalstab waren danach nicht mehr in der Lage, den Schwung gegen wirtschaftliche und politische Zweckdienlichkeiten aufrechtzuerhalten.

Politische Überlegungen eliminierten strategische Erwägungen aus der Luftwaffenplanung. Hitlers politische Ziele verlangten den Bau der größtmöglichen Anzahl von Flugzeugen in kürzester Zeit. Obwohl Dornier und Junkers verheißungsvolle Prototypen im Auftrag des Luftfahrtministeriums bauten, ließ sich Göring von Milch und dem Technischen Amt überzeugen, den strategischen Bomber fallenzulassen. Im Frühjahr 1940 hatte die deutsche Entwicklung einer strategischen Waffe ihr Ende gefunden.

Damit wurde Produktionskapazität für andere Bomber frei. Mit Ausnahme von späteren Verbesserungen, die teilweise auf Mölders zurückgingen, sah sich die Jagdwaffe als Stiefkind behandelt — ohne Weitsicht und mit nur geringer Unterstützung. Nachdem Udet die Idee des Stuka aus Amerika importiert hatte, entwickelte sie sich in der Luftwaffe schnell zu einer militärisch-neurosenhaften Zwangsvorstellung.

Udet hatte seine kosmopolitische, lebensfrohe Art zugunsten des Stukas, seiner Leidenschaft, aufgegeben und war Chef des Technischen Amtes im RLM geworden. Diese Bomber, da klein und relativ billig, konnten schnell in großer Stückzahl gebaut werden. Sie waren imstande, ihre Bomben mit großer Genauigkeit ins Ziel zu bringen. Allerdings zog die Hierarchie der Luftwaffe die Verwundbarkeit des Bombers durch schnelle und moderne Jagdflugzeuge nicht gebührend in Betracht. Stukas stimmten mit Deutschlands militärpolitischen Zielen und Zwecken überein; Stukas waren in Mode gekommen.

Im Gefolge von Rohstoffknappheiten weitete sich der Strom der Begeisterung für den Stuka zu einer überwältigenden Flut aus. Von allen Bombern einschließlich der viermotorigen Heinkel 177 wurde Sturzkampffähigkeit verlangt. Diese Forderung hatte schwerwiegende Konsequenzen. Die schnellen, zweimotorigen Ju 88-Bomber mußten sich einer erheblichen strukturellen Verstärkung unterziehen, um sturzflugtauglich zu werden. Das Gewicht nahm zu, die Nutzlast ab. Stärkere Triebwerke, die den Leistungsverlust hätten ausgleichen können, waren nicht verfügbar.

Diese Sturzflugorgie durchdrang schließlich das gesamte Bomberprogramm. Flächenbombardement, wie es Galland schon in Spanien in kleinstem Stil entwickelt hatte, wurde zugunsten von Punktzielbombardierung aufgegeben.

Mit der Streichung des strategischen Bombers im April 1937 begann der Horizont der Luftwaffe zu schrumpfen. Mit der Konzentration auf den Stuka schrumpfte er auf einen Punkt zusammen.

Ein schwerwiegender Fehler in der Beschaffung von Jagdflugzeugen hatte für den Luftkampf, der die Schlacht um England entschied, verheerende Folgen. Konkurrent der Me 109 war die Heinkel He 112, zwar etwas langsamer, dafür aber wendiger. Die He 112 besaß ein breitspurigeres Fahrwerk als die Me 109, deren Schmalspur eine Schwäche war, die zu Tausenden von beschädigten und zerstörten Maschinen führen sollte. Die He 112 hatte eine Reichweite von etwa 1200 km, gegenüber den verschiedenen Modellen der Me 109, deren Reichweiten zwischen 650 km und 870 km lagen.

Die geringe Flugdauer der Me 109 würde es ihr nicht erlauben, sich mehr als zehn Minuten über London aufzuhalten, und Galland sollte mit diesem Handikap noch bittere Erfahrungen machen. Zum Verdruß von Ernst Heinkel konnte sich das RLM nicht dazu entschließen, beide Jäger zu bauen. Der verärgerte Professor entwarf daraufhin die He 100, ein schnelleres und fortschrittlicheres Jagdflugzeug, das obendrein billiger herzustellen war. Udet selbst stellte mit dem Prototyp einen neuen Geschwindigkeitsweltrekord für einen 100 km-Kurs mit 634,3 km/h auf.

Am 30. März flog Hans Dieterle die V3-Version der He 100 zu einem absoluten Geschwindigkeitsweltrekord von 746,6 km/h. Das RLM hatte zwar eine Reihe von Prototypen genehmigt, aber trotz des bevorstehenden Krieges und der offensichtlichen Mängel der Me 109, die die Heinkel ausgleichen konnte, wurde ihre Serienproduktion nicht genehmigt. Im Gegenteil — sechs der Prototypen wurden nach Rußland verkauft, drei weitere gingen nach Japan. In ihrem tödlichen Kampf mit

der RAF wurde damit den Jagdfliegern die 1000 km Reichweite der He 100 vorenthalten.
Adolf Galland war an keiner dieser Entscheidungen über Doktrin, Prioritäten, Beschaffung, Herstellung und Planung beteiligt. Die Führungsstruktur und -persönlichkeiten, die für die Errichtung dieser ausschließlich taktischen Waffe, vergleichbar mit fliegender Artillerie und ohne ins Gewicht fallende strategischen Fähigkeiten, verantwortlich waren, lagen außerhalb seiner Sphäre als junger Pilot. Trotzdem würde er die Konsequenzen der Vernachlässigung der Jagdwaffe und der zahlreichen Fehler, die von hohen Offizieren und Planungsstäben in den 30er Jahren gemacht wurden, zu spüren bekommen.
Die massive taktische Luftwaffe, die den Anfang der Schlacht um England sah, hatte Hitler und Göring die größte Folge von Siegen in der Neuzeit beschert. Der Erfolg schien allen recht zu geben. Allein die Existenz der Luftwaffe spielte eine wichtige Rolle sowohl bei vorangegangenen diplomatischen Erfolgen als auch bei den Siegen über Polen, Norwegen, Holland, Belgien und Frankreich. Aber Siege können heimtückisch sein. Sie verbergen die Schwächen des Siegers — besonders vor ihm selbst. Und im Juli 1940 hatte die Luftwaffenführung keineswegs das Gefühl von Schwäche.
Die zweite Kette von wichtigen Ereignissen, die Gallands Laufbahn beeinflussen sollten, war die britische Erbeutung des Enigma-Kodes. Als sich der junge Gruppenkommandeur auf die Schlacht um England vorbereitete, waren englische Entschlüsselungsspezialisten in Bletcheley Park bei London dabei, den verschlüsselten Radiofernschreibverkehr der Luftwaffe in Frankreich zu entziffern. Auf den Vorteil aufbauend, den ihnen das polnische Team und die von ihm herausgeschmuggelten Enigmamaschinen lieferten, hatten die Engländer diesen Durchbruch mit einem enormen und erfinderischen Arbeitsaufwand errungen. Durch schlampige Verschlüsselungsverfahren half ihnen die Luftwaffe unfreiwilligerweise dabei.
Vor der Schlacht um England war der RAF der Operationsplan der Luftwaffe bereits bekannt. Die Engländer wußten über den Status jeder teilnehmenden Einheit einschließlich Piloten, Flugzeuge, Ersatzteile und Treibstoff Bescheid. Diese Erkenntnisse wurden unter den strengsten Sicherheitsvorkehrungen als »Ultra Secret« eingestuft. Diese Sicherheitsvorkehrungen waren so streng, daß sie von allen Beteiligten bis Mitte 1970 eingehalten wurden — ein bewundernswertes Beispiel von Geheimhaltung und Treue.
Während des Krieges waren die extremen Geheimhaltungsverfahren für Ultra absolut notwendig, um die Deutschen nicht ahnen zu lassen,

daß ihr Kode geknackt war. Die Anzahl der alliierten Offiziere, die Zugang zu Ultra-Entschlüsselungen hatten, wurde so klein wie möglich gehalten. Der englische Meisterspion F. W. Winterbotham, der sich als RAF Group Captain vor dem Krieg in hohen Nazikreisen bewegte, spielte in der Verteilung des Ultra-Materials eine besondere Rolle, einschließlich der Versorgung des Fighter Command mit kritischen Entschlüsselungen. Er legte seine Erfahrungen in seinem 1974 erschienenen Buch »The Ultra Secret« nieder.

Winterbotham setzte Verbindungseinheiten (Special Liaison Units-SLU) bei den verschiedenen Oberkommandos ein, an die Ultra-Material verteilt wurde. Es war mit seine Aufgabe, die Befehlshaber über den Ursprung seiner bemerkenswerten Erkenntnisse aufzuklären, damit sie wiederum das Geheimnis bewahren konnten. Auch war er dafür verantwortlich, Churchill persönlich über Ultra-Informationen zu unterrichten.

Anfang August etablierte Winterbotham ein kleines SLU im Hauptquartier des Fighter Command in Stanmore. So konnte Ultra-Material, das für die Luftschlacht von Bedeutung war, direkt in den unterirdischen, abhörsicheren Raum des SLU in »The Hole« (Das Loch) von Stanmore gesandt werden. SLU-Personal übergab deutsche Nachrichten persönlich an Air Chief Marshal Sir Hugh Dowding, AOC Fighter Command. Die SLU-Leute stellten dann sicher, daß die schriftlichen Unterlagen wieder zurückkamen.

Als Winterbotham auch Air Vice-Marshal Keith Park, AOC 11th F. Group, über das Ultra-Geheimmaterial unterrichtet hatte, war die RAF für ihre historische Schlacht mit der Luftwaffe gewappnet. Park wußte genau, daß Befehle, die von Dowding herunterkamen, den deutschen Funkverkehr mit einbezogen. Diese kritischen Informationen erreichten Dowding fast so schnell wie Göring, seine Luftflottenchefs und seine Kommandeure. Parks Jäger waren in Südengland stationiert. Sie hatten die Wucht des Angriffs der Luftwaffe aufzuhalten. So sorgte Ultra in der Schlacht um England für eine subtile, höhere Dimension, durch die der Wert von Dowdings Wissen gesteigert wurde. Auf der anderen Seite des Kanals wußte Galland von der RAF nur, was er während des Kampfes entdecken konnte.

Als der Fernschreiber im Gefechtsstand der III/JG 26 im Pas de Calais in den Morgenstunden des 8. August 1940 einen Tagesbefehl von Göring ausspuckte, war wie Galland auch Dowding der Empfänger:

»Von Reichsmarschall Göring an alle Einheiten der Luftflotten 2, 3 und 5. Unternehmen Adler. Innerhalb kurzer Zeit werden wir die englische Luftwaffe vom Himmel fegen. Heil Hitler.«

Von diesem Zeitpunkt an bis zum Ende des Krieges landete praktisch jedes wichtige Funkfernschreiben, das an Galland adressiert war, gleichzeitig in den Händen der Alliierten. Die Verlustmeldungen der Einheiten unter seinem Befehl waren den Engländern in dem Augenblick bekannt, wo sie das Hauptquartier per Funkfernschreiber verließen. Der Besitz dieser Informationen erleichterte es seinem Gegner, ihn auszutricksen, seine Schwierigkeiten zu vergrößern und seine Tapferkeit im Kampf teilweise zu neutralisieren.

Die Galland gegenüberstehenden alliierten Befehlshaber durften diesen Vorteil ständig genießen, wenn sie ihre eigenen Entscheidungen zu treffen hatten. Luftwaffenkommandeure wie Galland hatten dem nichts entgegenzusetzen. Das Gewicht von Ultra gab den Alliierten einen beispiellosen Vorteil.

Der eitle Mann hinter dem Tagesbefehl des Unternehmens Adler war die dritte Komponente, die 1940 eine Rolle in Gallands Leben zu spielen begann. Hermann Göring war Gallands direkter Vorgesetzter, als er sich auf seinem verantwortungsvollsten Posten fand. Der Reichsmarschall befand sich jetzt zwar noch für den jungen Gruppenkommandeur in respektabler Entfernung, aber er war letzten Endes Offizier in »dessen« Luftwaffe. Schon bald sollte Galland »seine« Jagdwaffe kommandieren. Görings Autorität stand in der Luftwaffe nicht in Frage, und es gab keine parlamentarischen Aufseher, die aufpaßten, daß der Reichsmarschall nicht zu weit ging.

Ihr Verhältnis sollte sich auf eine Kollision von zwei starken Persönlichkeiten zubewegen, mit vielen seltsamen Schattierungen. Göring spielte sowohl den väterlichen Mentor, als auch den beleidigenden Tyrannen; zwischen diesen beiden Extremen pendelte er unberechenbar hin und her. Sein Schatten sollte in den kommenden Jahren über alles fallen, das Galland zu tun versuchte. Man konnte in der Luftwaffe um Göring einfach nicht herumkommen, und niemand versuchte es — außer Adolf Hitler.

Die gängigen historischen Vorstellungen von Göring sind erschreckend vereinfachend. Galland hatte nichts mit dieser Karikatur, wohl aber mit Deutschlands zweitem Mann zu tun, dessen Autorität fast unbegrenzt war. Göring versagte Galland die direkte Einsatzvollmacht, als er ihn in die Luftwaffenhierarchie aufnahm. Diese Einengung und die zum Zusammenprall führenden Charakterunterschiede zwischen Göring und Galland sollten erheblich den Verlauf des Luftkriegs bestimmen. Bevor wir Galland in die Schlacht um England folgen, ist eine realistische Betrachtung Görings nötig.

5
Göring — Held und Versager

Im Juli 1918, vier Tage, nachdem er das Kommando über den »Richthofen-Zirkus« übernommen hatte, befahl Leutnant Hermann Göring alle seine führenden Piloten zu einer Standpauke. Er las diesen Assen die Leviten wegen ihrer schlampigen Flugdisziplin, ließ allerdings einen weiteren Grund unausgesprochen. Schon 1918 hatte Göring eine Begabung für politische Manipulation und die Entschlossenheit, seinen eigenen Willen durchzusetzen — wenn nötig durch Einschüchterung.
Göring kam als Außenseiter von der Jagdstaffel 27 und war für das Kommando über den auserlesenen Fliegenden Zirkus anderen Assen, die bereits der Einheit angehörten, vorgezogen worden. Wahrhaftige Legenden wie Ernst Udet, Carl Löwenhardt und Lothar von Richthofen, Bruder des erst kürzlich gefallenen »Roten Barons«, wurden alle übergangen. Natürlicherweise waren sie über Görings Berufung verärgert. Er provozierte eine Konfrontation, um seine Führungsposition zu behaupten. »Man muß die Pfauen rupfen, bevor sie über ihre eigenen Federn stolpern« — so machte Göring sein Vorgehen seinem Adjutanten, Lt. Karl Bodenschatz, klar.
Zweiundzwanzig Jahre später, an der französischen Küste, wiederholte der Oberbefehlshaber der Luftwaffe diese Art von Angriff gegen eines seiner größten Fliegerasse. Dieses Mal war es Adolf Galland, Kommodore des JG 26. Der Zusammenstoß fand zwar in einer neuen Epoche statt, es war jedoch derselbe Göring — zäh, ungestüm und ganz und gar politisch motiviert.
Die Streitigkeiten zwischen den beiden Männern gingen, mit zunehmender Bitterkeit auf seiten Görings, weiter bis zur Enthebung Gallands von seinem Posten als General der Jagdflieger im Januar 1945. Diese Konfrontationen waren für Galland die unangenehmsten seines Lebens. Der Antagonismus zwischen diesen beiden kraftvollen Persönlichkeiten kann jedoch nicht ausschließlich von militärischen Gesichtspunkten her beurteilt werden. Der Unterschied ihrer Charaktere war so stark, daß er ihr militärisches Verhältnis grundlegend beeinflußte.
Göring war sowohl Gallands Gönner als auch sein Hauptwidersacher. Göring war einerseits für Gallands kometenhaften Aufstieg in hohe

Führungspositionen verantwortlich, blockierte aber als dessen Vorgesetzter die meisten Vorschläge dieses fähigen jungen Mannes. Gönner und Protégé lagen sich fast ständig in den Haaren.

Göring lebt in der öffentlichen Erinnerung als dicker Wichtigtuer, als aufgeblasener Liebhaber von Uniformen, Pomp und persönlichem Reichtum weiter. Seine Drogensucht ist allgemein bekannt, aber nur wenige wissen, wie diese Sucht begann. Er erlangte traurige Berühmtheit durch Plünderung von Kunstwerken. Als Hitlers engster Mitarbeiter und designierter Erbe seiner Macht beschmutzt ihn die Schande der Diktatur, die er mitbegründete und etablierte, und der er bis zum bitteren Ende diente.

Göring war zwar all dies, aber es wäre irreführend, in ihm lediglich den oberflächlichen Schlemmer zu sehen. Er besaß hervorragende Fähigkeiten. Als eine der kraftvollsten deutschen Persönlichkeiten des 20. Jahrhunderts gewann er seinen angeborenen Scharfsinn und seine geistige Überlegenheit zurück, als ihn die Alliierten am Ende des Krieges seiner Drogensucht entwöhnten. Während der Nürnberger Prozesse bekam die Welt den wahren Göring zu sehen. Reuelos, redegewandt, furchterregend logisch und mit einem fotografischen Gedächtnis bewaffnet, strapazierte er mit seiner Verteidigung die besten juristischen Köpfe der Alliierten bis zur äußersten Grenze. Und das als besiegter Gefangener, unter gesetzlichen Regeln und Verfahren der Sieger, und in einem Prozeß, der völlig unter ihrer Kontrolle stand.

Als junger General knapp über dreißig hatte Adolf Galland in militärischen Angelegenheiten mit ebendieser Persönlichkeit zu tun. Göring war sein direkter Vorgesetzter. »Der Dicke« war auf mehr als nur eine Art ein Schwergewicht.

Galland war in einer soliden Familie aufgewachsen, in der sich sein Charakter entwickeln konnte. Sein Jugendinteresse ging nahtlos in seine fliegerische Laufbahn über, getragen von einem starken Charakter, hoher Intelligenz und dem persönlichen Gleichgewicht, mit dem er in seinem Elternhaus großgeworden war. Im Gegensatz zu ihm hatte Hermann Göring eine seelisch ungestüme Kindheit. Er stand unter dem unheilvollen Einfluß seines Patenonkels, Dr. Hermann von Epenstein.

In frühester Kindheit wurde Göring in die Obhut von Pflegeeltern gegeben, damit sich seine Mutter in Haiti seinem alternden Vater, einem Diplomaten, widmen konnte. Als Erwachsener beklagte sich Göring sehr oft vor Freunden über die Grausamkeit einer solchen Trennung. Seine Kinderjahre wurden von der Liebesaffäre seiner Mutter mit seinem Patenonkel überschattet, während sein Vater zunehmend an Senilität litt.

Hermann von Epenstein übte auf Göring in dessen Jugendjahren den Haupteinfluß aus und gestaltete im wesentlichen den Charakter des Mannes, der einer der Gebieter des Dritten Reiches werden sollte.
Von Epenstein war ein Liebhaber mittelalterlichen Prunks, und sein Vorbild sollte Göring dazu verleiten, auf pompöse Art im 20. Jahrhundert, aber dennoch mit einem Fuß im Mittelalter zu leben. Der junge Hermann Göring fand die volkstümlichen Überlieferungen von Ritterlichkeit, Rittertum und mittelalterlichem Gepränge faszinierend, und von Epenstein war in der Lage, diese jungenhaften Fantasien mit einem Anstrich von überzeugender Wirklichkeit zu versehen, wie ein in die Gegenwart übertragenes Märchen.
Von Epenstein hatte ein Schloß in Mauterndorf in Österreich gekauft und die Familie Göring in Gebäuden auf dem Gelände dieses romantischen Anwesens untergebracht. Er besaß eine arrogante und gebieterische Art zu sprechen, mit der er gewöhnliche Leute einschüchterte und überwältigte. Als das lebendige Beispiel von all dem, was der junge Göring bewunderte und erträumte, war von Epenstein zweifelsohne für die Art verantwortlich, mit der der erwachsene Göring seine militärischen Untergebenen und seine politischen Zeitgenossen behandelte.
Von Epenstein machte Göring vor, wie man durch Kleidung und Sprache Auffallen erregte, und Göring ahmte ihn nicht nur eifrig nach, sondern machte sich diese Art als Erwachsener zu eigen. Als Reichsmarschall konnte er sich seinen extravaganten Geschmack leisten, und in Mauterndorf wurde mittelalterliche Herrlichkeit wieder zum Leben erweckt. Uniformierte Gefolgsleute knicksten oder verbeugten sich, wenn von Epenstein sich näherte, und benahmen sich mit erniedrigender Unterwürfigkeit. Die Mahlzeiten wurden mit Jagdhörnern angekündigt. Im großen Saal wurden Festessen mit Schmuck und Gepränge vergangener Zeiten veranstaltet, einschließlich der Musikanten auf der Empore. Dieses bizarre Drehbuch verankerte sich fest in Görings aufnahmebereiter Seele und verleitete ihn zu Träumen, in denen er sich selbst als königliche Hoheit herumstolzieren sah. Es gab wohl kaum eine Umgebung, die weniger geeignet war, zur Bescheidenheit zu erziehen.
Von Epenstein war mit nur einem Schloß nicht zufrieden. Er erstand Schloß Veldenstein, etwa 45 km nördlich von Nürnberg. Innerhalb dieser Mauern sollte Göring Jahrzehnte später Adolf Galland so anbrüllen, daß er unten im Dorf gehört werden konnte. Von Epenstein renovierte die alte Festung, in die er die Familie Göring einquartierte. Eine Zimmerflucht wurde ausschließlich für ihn freigehalten. Alkohol half

dem alten Diplomaten über die Zeit hinweg, die Kinder gewöhnten sich daran, und Hermann vergötterte seinen Patenonkel weiter.
Göring war elf Jahre alt, als ihn sein Lehrer mit der niederschmetternden Tatsache vertraut machte, daß von Epenstein Halbjude sei. Der junge Hermann hatte den Fehler begangen, über seinen Patenonkel in einem Aufsatz mit dem Titel »Der Mann, den ich auf der Welt am meisten bewundere« zu schreiben. Er wurde ins Büro des Schulleiters bestellt, der ihm das Gothaer Verzeichnis aller adligen Juden zeigte: Da stand der Name seines Helden. Seine Mitschüler trugen zu seinem Elend noch besonders bei, indem sie ihm ein Schild mit dem Hinweis auf seinen jüdischen Patenonkel um den Hals hingen und ihn damit über den Schulhof zogen. Er floh von der Schule. Ob Jude oder nicht, Göring schwankte nie in seiner Treue zu seinem Paten und dem Streben, seinem Helden nachzueifern.
Von Epensteins arrogante, dominierende Art, sein Geschmack, seine Gefallsucht und sein anmaßendes Gehabe wirkten sich auf den jungen Hermann wie Regieanweisungen aus. Der Junge nahm diese Eindrücke in seiner Entwicklung zum Erwachsenen mit, wo sie schließlich, als er zu politischer Macht gekommen war, ihren vollen Ausdruck fanden. All dies war jedoch in gewisser Hinsicht aufgepfropft und schien seine angeborene Intelligenz und hervorragende geistige Kapazität zu verschleiern.
An der elitären Karlsruher Militärakademie, in die er durch von Epensteins Einfluß als ehemaliger Kavallerieoffizier aufgenommen wurde, lag er in allen Fächern an der Spitze. Seine überragenden Leistungen dort sicherten ihm eine Berufung an die Kadettenanstalt in Lichterfelde bei Berlin, an der Heeresoffiziere ausgebildet wurden. Auch hier bewies er durch und durch seine geistige Überlegenheit und schloß mit Auszeichnung an der Spitze seiner Klasse ab, was ihm eine Offiziersstelle im Prinz-Wilhelm-Regiment einbrachte.
Göring zog als Infanterieoffizier bereits wenige Stunden nach Ausbruch des Ersten Weltkriegs ins Feld. Für ihn stellte der Kampf in den Kriegen des Vaterlandes die höchste Herausforderung an seine Mannhaftigkeit dar. Er war seinen Aufgaben mehr als gewachsen, war einfallsreich und tapfer und zeigte Initiative und ein gewisses Draufgängertum. Mit rheumatischem Fieber mußte er den Grabenkrieg kurz vor der Schlacht an der Marne verlassen.
Während seines Lazarettaufenthalts in Freiburg besuchte ihn sein früherer Regimentskamerad Bruno Lörzer. Dieser war Flugschüler in der neuen Fliegerabteilung des Heeres. Vom Abenteuer der Fliegerei angesteckt, reichte Göring sofort seine Versetzung zur Freiburger Fliegerschule ein.

Während er auf die Genehmigung seines Gesuchs wartete, machte er mit Lörzer ein paar Flüge, die ihn endgültig davon überzeugten, Flieger zu werden.

Görings historische Verbindung mit der deutschen Militärfliegerei hatte damit ihren Anfang genommen. Seine Ambitionen wurden allerdings beinahe im Keim erstickt, als sein Versetzungsgesuch abgelehnt wurde. Er übersah den Befehl, zu seinem Regiment zurückzukehren, sobald er gesundgeschrieben wurde. Statt dessen stellte er sich gefälschte Versetzungspapiere aus und war danach stets auf dem Flugplatz zu finden. Er nutzte jede Gelegenheit, in die Luft zu gehen, um die Aufgaben des Beobachter-Fotografen zu lernen und auf diese Weise später die Umschulung zum Flugzeugführer zu machen.

Als sein Regiment von der Selbstentlassung aus dem Lazarett und der Selbstversetzung zur Fliegerabteilung Wind bekam, wurde er sofort zurückbeordert. Jeder gewöhnliche Offizier hätte aus Furcht vor einem Disziplinarverfahren sofort gehorcht, aber Göring war eben kein gewöhnlicher Offizier. Er telegrafierte seinem Patenonkel, der in Berlin gute Beziehungen zu Kreisen am kaiserlichen Hof hatte und seinen Einfluß geltend machen konnte.

Anstatt vor einem Kriegsgericht erscheinen zu müssen, wurde Göring von Kronprinz Wilhelm, dem Sohn des Kaisers, befohlen, sich bei der Fliegerabteilung der 5. Heeresgruppe in Stenay im Norden Frankreichs zusammen mit Lörzer zu melden. Er sollte bis zum Ende des Krieges bei der Fliegerei bleiben. Als Lörzers Beobachter stellte Göring eine fast mystische Art von Tapferkeit zur Schau und wurde mit dem Eisernen Kreuz Erster Klasse ausgezeichnet.

Die Albatros, in der Lörzer und Göring flogen, war für Aufklärung nicht besonders geeignet. Göring glich diesen Mangel einfach aus, indem er sich mit seiner Kamera weit aus dem Cockpit lehnte, um so bessere Aufnahmen von Befestigungsanlagen und anderen Zielen zu bekommen. Nachdem er mit dieser Aufgabe fertig war und die Kamera verstaut hatte, lehnte er sich wiederum hinaus — diesmal mit einem Maschinengewehr, mit dem er die feindlichen Gräben beschoß.

Seine Waghalsigkeit brachte ihm den Spitznamen »Fliegender Trapezkünstler« ein, und seine Tapferkeit wurde innerhalb des Fliegerkorps bereits zur Legende. Das Draufgängertum lag ganz und gar in seiner Natur. (Die Erinnerung an diese Zeit trübte zweifellos sein Urteilsvermögen, als er im Zweiten Weltkrieg Galland gegenüber die Jagdflieger der Luftwaffe der Feigheit bezichtigte.) Görings Kampfesmut war nicht zu übertreffen — lediglich in Hitlers Gegenwart schien er von Ehrfurcht ergriffen.

Nach einer makellosen Flugzeugführerausbildung wurde er 1915 in die Staffel geschickt. Bis Mitte 1917 hatte er 17 Maschinen abgeschossen und zwei weitere Auszeichnungen verdient, den begehrten »Blauen Max« eingeschlossen. Er war nicht nur ein erfolgreiches Jagdfliegeras, sondern entpuppte sich auch als hervorragender Vorgesetzter. Seine vielseitigen Fähigkeiten brachten ihm das Kommando über den »Richthofen-Zirkus« nach dem Tod des Rittmeisters ein. Als die Nachricht vom Waffenstillstand eintraf, führte Göring den berühmtesten fliegenden Verband des Krieges.

Ritterlichkeit, Ruhm und Ehre auf dem Gipfel seiner fliegerischen Laufbahn schienen für Göring nun im Wirbel und der Verunsicherung des besiegten Deutschlands unterzugehen. Er hatte auf der Ebene von Göttern gelebt, und der steile Abstieg war geistig, moralisch und emotionell verheerend für ihn. Überall gab es Anzeichen für sozialen Verfall und Revolution. Wörtliche und tätliche Auseinandersetzungen zwischen Sozialisten und Kommunisten auf der Linken und zahllosen Gruppen auf der Rechten waren an der Tagesordnung. Kriegshelden wurden gedemütigt und angespuckt.

Göring war über diese Lage zutiefst empört. Soldatentum und Fliegerei waren bisher sein ganzes Leben gewesen. Der Winter 1918/19 wurde für ihn zu einem Alptraum. Das Land drohte in Anarchie zu versinken. Armut, Elend und öffentliche Gewalttätigkeit waren Ausdruck des politischen Chaos. Dafür hatte Göring nicht vier Jahre lang gekämpft. Er begann eine Rund-um-die-Uhr-Karriere als Zivilflieger; er machte Flugerprobung und Werbung für Anthony Fokker, beteiligte sich an Flugschauen und betrieb einen Zubringerflugdienst.

Das soziale und wirtschaftliche Klima im Nachkriegsdeutschland war geradezu ideal für die Ausbreitung des Kommunismus. Die Kommunistische Partei war auf dem besten Wege, Deutschland unter ihre Kontrolle zu bringen. Als Traditionalist und Berufssoldat konnte Göring auf diese Entwicklung nur mit Wut und Empörung reagieren, bis er im November 1922 auf Hitler stieß.

Als fesselnder Redner, der das den Deutschen zugefügte Unrecht und die Schmach geschickt auszudrücken vermochte, schien Adolf Hitler Göring aus der Seele zu sprechen. Hitler zeigte den Weg auf, den Deutschland einzuschlagen hatte, um wieder zu Ansehen in der Welt zu kommen. Die roten Verräter, Juden und Marxisten würden ausgerottet werden. Ein neues Deutschland würde geschaffen werden, stolz und stark genug, um den erniedrigenden Versailler Vertrag in Fetzen zu reißen. Göring war fasziniert. Er hatte als Erwachsener einen Helden gefunden, der ihm sein Kindheitsidol, seinen Patenonkel, ersetzte. Hitler

war der aufsteigende Stern, an den sich Göring nun mit all seiner Energie und seinen Fähigkeiten hängte.
Göring steuerte wesentlich zum Prestige der Nazis bei, die sich um ein gutes Ansehen bemühten. Er gehörte zur Offiziersklasse, war ein gefeierter Kriegsheld und Träger des »Blauen Max«. Hitler nahm ihn mit offenen Armen auf und unterstellte ihm die etwa 10 000 Mann starke Sturmabteilung (SA). Göring verwandelte den uniformierten Haufen in eine verläßliche, gut funktionierende Truppe mit einem ausgeprägten Kampfgeist. Ihre öffentlichen Auftritte und Paraden machten einen guten Eindruck, und im Kampf gegen die verhaßten Kommunisten konnten sie Erfolge verbuchen.
Göring war damit in die Welt der Politik, in der deutsche Offiziere normalerweise nicht zu finden waren, eingedrungen. Seine hohe Intelligenz erfaßte die verwickelten Feinheiten, die Machenschaften und Redeweise dieses Milieus sehr rasch. Er war am 9. November 1923 in München bei Hitlers Marsch auf die Feldherrnhalle dabei, als die Nazis versuchten, in Bayern die Regierung zu übernehmen. Er wurde von zwei Kugeln getroffen, als die Landespolizei das Feuer eröffnete.
Die erste traf seine Hüfte, ohne großen Schaden anzurichten. Die zweite jedoch verletzte ihn in der Leistengegend, verursachte andauernde und qualvolle Schmerzen, die ihn schließlich morphiumsüchtig werden ließen. Verwundet, gesucht und verfolgt wurde der frühere Held nach Österreich geschmuggelt, wo er der Zukunft nur mit Verzweiflung entgegensehen konnte. Hitler nutzte indessen die Zeit im Landsberger Gefängnis, um »Mein Kampf« zu schreiben.
Seine Frau Karin, die er während seiner Flug-Taxi-Tätigkeit in Schweden kennengelernt und geheiratet hatte, war ihm in dieser Feuerprobe eine unentbehrliche Stütze. Sie beschlossen, nach Schweden zurückzukehren, wo er mit seiner Morphiumsucht fertig zu werden suchte. Seine Behandlung in einem Krankenhaus wurde jedoch verpfuscht, und Göring wurde gewalttätig. Die Ärzte steckten ihn in eine Zwangsjacke und lieferten ihn in die Langbro-Irrenanstalt ein.
In einer Gummizelle ging er durch eine radikale Entziehungskur, eine Folterqual, die dazu angetan war, die Lebensstarken von den -schwachen zu trennen. Nach drei Monaten schien er sich wieder im Griff zu haben, wurde entlassen, nur um wieder rückfällig zu werden und erneut in der Anstalt zu landen. Zweimal zur Hölle und zurück hätten Görings Moral und Geist fast zerstört. Von nun an trug er diese innere Schwäche, diese seelische Wunde als Gegenstück zu seinem allgegenwärtigen Schmerz in seiner Leiste. (Er experimentierte noch bis zu seiner Gefangennahme durch die Alliierten 1945 mit verschiedenen Drogen.)

Unter einer allgemeinen politischen Amnestie kehrte er 1927, erschöpft, hinkend und übergewichtig, nach Deutschland zurück. Hitler empfahl ihm mit ernüchternder Kühle, sich zunächst einmal im Berufsleben umzusehen, gewissermaßen als Vorspiel zu einer späteren Tätigkeit innerhalb der NSDAP. Göring gelang das unglaubliche Comeback, indem er sich an den eigenen Haaren aus der Versenkung zog — ein Beweis für seine Willenskraft und seinen Mumm.

In Berlin bekam er einen Posten als Vertreter für BMW und nutzte all seine Verbindungen zu Freunden und Kameraden aus der Kriegszeit. Bruno Lörzer verschaffte ihm Zugang zu Heinkel und zur Lufthansa. Seine Energie und seine einflußreichen Verbindungen ließen den ehemaligen fliegenden Trapezkünstler wieder sehr schnell an Höhe gewinnen. Er wurde als Kandidat der NSDAP für die Reichstagswahlen 1928 aufgestellt.

Von Hitler hatte er gelernt, wie man eine Menschenmenge durch feurige Reden aufputschen konnte. Er organisierte einen ungestümen politischen Wahlkampf in Berlin und gewann die Wahl. Mit ihm schafften es lediglich elf Nazis, einschließlich Hitler und Goebbels, in den Reichstag zu kommen. Göring befand sich auf dem Weg zum Gipfel.

Hitler bezahlte ihm ein Parteigehalt und schickte ihn als Redner und Anwerber durch die deutschen Lande. Seine Auftritte resultierten in Besucherrekorden und dementsprechend zahlreichen Parteibeitritten. Im Aufwind seines neuen Glücks verblaßten die Erinnerungen an die magere Zeit im Exil. Trotz seiner neugefundenen Verantwortungsbereiche hielt Göring nicht nur an seiner BMW-Agentur fest, er wurde durch die Empfehlung von Erhard Milch auch noch bezahlter Lobbyist der Deutschen Lufthansa.

Görings Erziehung und Lebensart ermöglichten es ihm, die Aristokratie im Sinne der Nazis zu beeinflussen. Durch ihn und seine vornehme Frau Karin gewannen die Nazis das nötige Ansehen. Er warb für die Partei bei Männern der Hochfinanz und der Industrie. Als die Nazis bei den Reichstagswahlen im September 1930 108 Sitze errangen, war dieser Zuwachs in erster Linie Göring zuzuschreiben.

Obwohl seine Frau todkrank war, ließ Göring in seinen Anstrengungen für die Partei nicht nach. Im blutigen Wahlkampf im Juli 1932 fanden seine Reden oft mehr als 40 000 Zuhörer. In Straßenschlachten kamen Dutzende von Menschen ums Leben, und Hunderte wurden in Zusammenstößen zwischen Kommunisten und Nazis verwundet. Als dieses Unwetter schließlich zu Ende war, hatten 13,5 Millionen, 38 % der Wähler, für Hitler gestimmt. Die Nazis waren dabei, an die Macht zu kommen.

In den darauffolgenden Machenschaften mit dem Ziel, Hitler zum Kanzler zu machen, spielte Göring eine meisterhafte Rolle. Seine persönliche Freundschaft mit Feldmarschall von Hindenburg, die auf die Kriegsjahre zurückging, erlaubte ihm uneingeschränkten Zugang zu Deutschlands alterndem Präsidenten. Hindenburg war gegen Hitlers Ernennung, aber Göring verstand es, den alten Herrn vorsichtig zu beeinflussen.

Als Reichstagspräsident organisierte er durch ein Mißtrauensvotum die Absetzung von Franz von Papen als Kanzler. Daraufhin brachte er sowohl das Heer als auch Hindenburgs Sohn auf die Seite der Nazis. Danach gab der alte Feldmarschall schließlich auf: Hitler wurde zum Kanzler ernannt. Damit hatte Göring ein politisches Meisterstück vollbracht.

Bis zu diesem Zeitpunkt waren Görings Errungenschaften keineswegs dilettantisch. Er war zu einem Meister der Politik geworden. Als Hitler sein Amt antrat, säuberte Göring als sein Innenminister und Polizeipräsident umgehend die Bürokratie von allen bekannten Nazi-Gegnern. Er schuf das unschuldig klingende »Forschungsamt«, das mit einem Abhörmonopol ausgestattet wurde. Mit einem Heer von etwa 3000 Mitarbeitern entwickelte dieses Amt Fühler und Ohren für alles, was für Hitler und Göring von Nutzen sein konnte. Die Kenntnis des diplomatischen Schriftverkehrs ausländischer Botschaften trug wesentlich zu Hitlers Vorkriegserfolgen bei. Göring erhielt tägliche Zusammenfassungen von Abhörberichten, vom Klatsch der Ehefrauen von Parteispitzen bis zu abgefangenen Meldungen aus den ausländischen Botschaften. Göring benutzte all dies, um seine politische Position zu sichern und seine Rolle in den zahlreichen Ämtern, die er bekleidete, zu stärken.

Kurz nach Hitlers Regierungsantritt wurde das Amt eines Luftfahrtbevollmächtigten geschaffen und Göring an dessen Spitze gesetzt. Er benutzte seine Position in diesem Amt, um eine neue deutsche Luftwaffe ins Leben zu rufen, die er sich seit langem als unabhängigen Teil der Wehrmacht vorgestellt hatte. (Wie schon zuvor erwähnt, traf Adolf Galland Göring zum ersten Mal in dieser Zeit und war von dem Wunschbild, das der neue Beauftragte von Deutschlands Luftfahrtzukunft entwickelte, durchaus beeindruckt. Zum Zeitpunkt des Treffens mit Göring im Mai 1933 konnte Galland noch nicht ahnen, wie direkt und einschneidend sein berufliches Leben und sein Erfolg von diesem Mann beeinflußt werden sollten.)

Göring brachte die Entwicklung der Luftwaffe zwar in Gang, aber mit Enthusiasmus allein war es nicht getan. Der tatsächliche Aufbau dieser Streitmacht fiel in den Verantwortungsbereich anderer Männer, die von

Technik wesentlich mehr verstanden. Der Hauptantrieb kam von Erhard Milch, Görings Stellvertreter und Staatssekretär, dem hartnäkkigen ehemaligen Chef der Lufthansa. Göring wollte eine Luftwaffe ohne Verzug — als Milch sie ihm lieferte, wurde Göring eifersüchtig und beschnitt dessen Befugnisse.

Verschiedene einschneidende Organisationsänderungen in den 30er Jahren vermochten die Rivalität zwischen Milch und dem Generalstab der Luftwaffe nicht abzuwenden. Anstatt auf Zusammenarbeit zu bestehen, ließ Göring die Reibung chronisch werden. Die Luftwaffe litt unter diesen Streitigkeiten, aber Göring zog es offenbar vor, daß seine Hauptmitarbeiter ihre Energien in Rivalitäten vergeudeten. Dadurch konnten zumindest für ihn keine Rivalen entstehen.

Seine Autorität und sein politischer Einfluß sorgten dafür, daß es der entstehenden Luftwaffe an Hilfsmitteln nicht mangelte. Görings rücksichtslose Energie überwand bürokratische Hindernisse und sicherte der Luftwaffe Priorität bei der Versorgung mit Rohmaterialien. Aus diesen Gründen war es möglich, die Luftwaffe trotz ihrer internen Schwächen in Mindestzeit aufzubauen. Eines von Görings zahlreichen Ämtern war das des »Bevollmächtigten für den Vier-Jahresplan« — damit war die Finanzierung der Luftwaffe sichergestellt.

Göring hatte keinen Sinn für Technik. Er gab selbst zu, daß ihn das Einstellen eines Radiosenders bereits überforderte. Das hinderte ihn allerdings nicht daran, sich zum Oberbefehlshaber der höchst-technisierten aller Teilstreitkräfte zu machen.

Er fällte technische Entscheidungen mit schwerwiegenden Folgen, wie etwa die Zurückstellung des Baus eines Langstreckenbombers, und ließ die Idee des Stukas fast zur Besessenheit werden. Wenn es galt, an kritischen Punkten während des Krieges Entscheidungen zu fällen, überging er oft den Rat seiner fähigen Generäle und übernahm manchmal persönlich das Kommando von Operationen, für die ihm der Sachverstand fehlte. Seine Karriere als Oberbefehlshaber ist ein Katalog von Fehlkalkulationen und Mißgeschicken. Als Folge seiner Erziehung im Schatten des Ritters von Epenstein berauschte ihn sein Streben zu befehlen.

Ruhm betrachtete er als sein gottgegebenes Recht. Er beanspruchte das Verdienst für die Schaffung »seiner Luftwaffe« und ihrer Anfangserfolge für sich alleine. Für Niederlagen fand er sogleich Sündenböcke. Er umgab sich mit Günstlingen, von denen er letzten Endes schlecht beraten wurde.

Sehr oft ließ er sich durch Neid motivieren. Fähige Untergebene in Schlüsselpositionen fanden ihre Autorität und Befugnisse nicht selten beschnitten. Galland erfuhr dies selbst. Oberst Josef »Fips« Priller, Gallands späterem Nachfolger als Kommodore des JG 26 gegenüber gestand Göring, daß er Galland um dessen Führungstalent und die Fähigkeit, das Beste aus seinen Untergebenen herauszuholen, beneidete. Auf seiner eigenen Ebene umgab er sich jedoch mit Kriechern und Speichelleckern, die ihn meist schlecht berieten. Ein Realist wie Galland, der seine Empfehlungen aufgrund von Logik, Tatsachen und Erfahrung machte, empfand Görings Reaktionen vor allem politisch motiviert, dessen oberstes Ziel der Schutz seiner eigenen Position war.

Görings Gefühle schwangen hin und her wie ein Pendel. In Sekundenschnelle konnte er von freundlichem Interesse zu Beleidigungen und Wutausbrüchen wechseln — charakteristisch für ihn seit seiner Kindheit. Drogen schienen diese Tendenz nicht nur zu verstärken, sondern beeinträchtigten auch seine überragende Intelligenz. Meldungen von schweren Flugzeugverlusten konnten ihn in Tränen ausbrechen lassen, totzdem es seine eigenen Fehlentscheidungen waren, die dazu geführt hatten.

Obgleich Göring ein kultivierter Mensch mit großem Sinn für Kunst und feine Lebensart war, verband er sich politisch mit grobschlächtigen Typen der NSDAP, deren Derbheit ihn anekelte. Er war zwar einer der rücksichtslosesten Männer in diesem unbarmherzigsten aller Staaten der Neuzeit, war jedoch auch ein Tierliebhaber und Tierschützer. Er war ein erstrangiger Naturschützer, ein praktischer und vorausschehender Ökologe, lange bevor dieses Wort in Mode kam. Die Schritte, die er unternahm, um Wald und Wild zu schützen, bewiesen seine Einsicht und Vision.

Göring war glücklich verheiratet. Nach dem Tod von Karin, seiner großen Liebe, fand er Eheglück mit seiner zweiten Frau, Emmy. Er war ein fürsorgender und liebevoller Vater. Er schickte viele Männer bewußt in den Tod, bestand aber auf der ritterlichen Behandlung gefangener feindlicher Flieger. Er leistete sich einen aufwendigen Lebensstil, unterstützt durch Schmiergelder von Industriellen, die um seine Gunst warben. Er entdeckte die Anziehungskraft bedeutender Gemälde und konnte der Versuchung nicht widerstehen, Kunstwerke für seine private Sammlung einfach zu vereinnahmen.

Bei gesellschaftlichen Veranstaltungen zeigte sich Göring als großzügiger Gastgeber mit Charme und großer Ausstrahlungskraft. Er konnte sich Galland gegenüber in Wutausbrüchen und wilden Drohungen verlieren und sich nachher mit kühlerem Kopf dafür entschuldigen.

Aus dieser kurzen Beschreibung Görings dürfte klar werden, daß seine ungestüme Natur mit ihren Fehlern zum Vorschein trat und als Charakterzug für seine größten Irrtümer verantwortlich war. Göring war wesentlich mehr als die pompöse Clownsfigur, die der Nachwelt auch heute noch verzerrt dargestellt wird.

Dieser schwierige und komplizierte Mann war alt genug, um Gallands Vater zu sein, als er ihm die wichtigsten Beförderungen seiner Karriere aussprach. Die Verbindung von hohem Rang als Oberbefehlshaber, seiner Lebenserfahrung und -reife und seinem Ansehen in Deutschland konnte sicherlich jeden jungen Luftwaffenoffizier vor Ehrfurcht erzittern lassen. Gegen diesen plumpen Elefanten im technologischen Porzellanladen hatte Galland seine eigene Intelligenz, Fähigkeit, Erfahrung und Integrität aufzubieten. Aufgrund seiner Entschlossenheit, dem Reichsmarschall nicht die Stiefel zu lecken und ihm stets mit intellektueller Logik zu begegnen, waren Zusammenstöße zwischen den beiden praktisch unvermeidlich.

6
Die Schlacht um England

Der junge Gruppenkommandeur im Pas de Calais hatte im Sommer 1940 von dem Druck, der sich auf höchster Ebene der deutschen Streitkräfte aufzubauen begann, noch keine Ahnung. Galland war selbstbewußt, hervorragend ausgebildet und entschlossen, sein Bestes gegen die RAF zu tun. Seine Einsatzerfahrung und seine Rundum-Kompetenz ließen die III/JG 26 unter seiner Führung zu einem der besten Jagdverbände der Welt werden. Sie war einsatzbereit, was von vielen anderen Einheiten nicht behauptet werden konnte. Als Hitler am 16. Juli 1940 seinen Stabschefs befahl, Vorbereitungen für die Invasion Englands zu treffen, war von dem einheitlichen Auftragssinn, der die Jagdgruppen der Luftwaffe prägte, wenig zu spüren. Das Heer verlangte unverzüglich genügend Transportraum von der Marine, um Truppen, Waffen und Nachschub über den Ärmelkanal zu bewegen. Die Marine bestand auf Luftwaffenunterstützung bei der Zusammenstellung der Invasionsflotte in den verschiedenen Häfen am Kanal, wie auch auf Deckung aus der Luft für die Invasion selbst.
Die Marine konnte der Invasion mit dem Kodenamen »Seelöwe« erst für Mitte September zustimmen. Das bestimmte den Zeitplan für alles andere. Die gesamte Operation »Seelöwe« hing von der Luftüberlegenheit ab, und Luftüberlegenheit wurde von Jagdfliegern erkämpft. Die Royal Navy konnte nur durch Luftangriffe versenkt oder zumindest vom Invasionsgebiet ferngehalten werden, da die Marine sowohl auf dem Wasser als auch mit U-Booten dieser Aufgabe nicht gewachsen war. Die Luftangriffe setzten als Schutz für die Bomber die Erringung der Luftüberlegenheit voraus. Solange die Royal Navy nicht aus dem Operationsgebiet herausgehalten werden konnte, lief das deutsche Heer bei der Überquerung des Kanals in den sicheren Tod.
Nach einer erfolgreichen Landung der Invasionstruppen mußte Luftüberlegenheit über der Küste erreicht werden. Ohne diesen Schutzschirm würden der deutsche Nachschub und Verstärkungen britischen Luftangriffen zum Opfer fallen. Deutschlands Fallschirmjägerregimenter und andere Luftlandetruppen würden zwar in der Lage sein, an strategischen Punkten in Großbritannien Verheerendes anzurichten, aber sie würden nicht durch einen Luftraum, in dem es vor Spitfires und

Hurricanes wimmelte, an diese Stellen gelangen können. Der Luftraum und seine Beherrschung wurde so zum dominierenden Element. Heer und Marine waren damit abhängig von der Luftwaffe — der jüngsten und am wenigsten verstandenen Teilstreitmacht — in der Festlegung der Strategie dieses risikoreichen amphibischen Unternehmens.

Das Ausmaß und die Gefahren dieser Operation wirkten auf die fähigen Planer durchaus ernüchternd. Das Ergebnis war ein Mangel an unternehmerischer Begeisterung. Hitler hatte persönlich befohlen, »Seelöwe« voranzutreiben, obwohl er zu diesem Zeitpunkt noch hoffte, Großbritannien zu Friedensgesprächen zwingen zu können. Dies wurde dem Planungsstab wohlweislich vorenthalten. Die Furcht vor Hitlers Zorn ließ die Bedenken gegen dieses Unternehmen nicht an die Oberfläche kommen; statt dessen drückte sich der Pessimismus in übermäßigen, gegenseitigen Forderungen der Teilstreitkräfte aus. Hilfsmittel und Möglichkeiten wurden von diesen Anforderungen einfach überfordert.

Drei strategische Aufgaben schälten sich für die Luftwaffe aus der Planung für »Seelöwe« heraus. Und alle drei hingen von der Jagdwaffe ab.

1. Eine Luft- und Seeblockade Britanniens durch Angriffe auf Häfen und Schiffsverkehr. Diese Angriffe erforderten Jagdschutz.
2. Luftüberlegenheit mußte über Südostengland erreicht werden, um das Invasionsgebiet vor Angriffen der RAF zu sichern. Das Fighter Command mußte in seinem eigenen Luftraum bezwungen werden.
3. Bombardierung von britischen Zielen setzte Begleitschutz und Jagdschutz für die Bomberflotte voraus.

Das war zweifelsohne eine harte Aufgabe für die Luftwaffe. Die Jagdwaffe hatte damit eine Vorrangstellung erhalten, einen Status, den das Oberkommando der Luftwaffe nicht vorhergesehen hatte. Mit ihrer durchwegs taktischen Struktur war die Luftwaffe auf eine enorme Portion Glück und eine ebenso große Portion von Fehlern auf seiten der Briten angewiesen, um den dreiteiligen Auftrag des Unternehmens »Seelöwe« erfolgreich zu erfüllen.

Das Unbehagen darüber war selbst bei Besprechungen auf höchster Ebene offenkundig. Aber wohlbegründete fachmännische Bedenken schienen auf Göring keinen Eindruck zu machen. Er wollte sich seinem Helden beweisen und übernahm deshalb die Verantwortung, Großbritannien mit »seiner Luftwaffe« zu besiegen. Solch ein totaler Luftkrieg war von Douhet theoretisch beschrieben, von Visionären in der Militärluftfahrt gepriesen und an Kriegsschulen diskutiert worden. Er war jedoch noch nie in die Praxis umgesetzt worden.

Görings Hang zu Übertreibungen war ein gefährlicher Charakterzug, der ihn in hochtechnischen Fragen Amok laufen ließ. Der Reichsmarschall verpflichtete die Luftwaffe zu einem gewaltigen Einsatzauftrag, motiviert durch sein Bestreben, Hitler gefällig zu sein und seine eigene Position zu sichern. (Er sollte seine voreiligen Versprechen bald bereuen müssen.)

Lediglich fünf Tage nach der Erteilung der Anweisung 16 für »Seelöwe« befahl Hitler dem Oberbefehlshaber des Heeres, Feldmarschall Walther von Brauchitsch, Pläne für die Invasion der Sowjetunion vorzubereiten. Dies dämpfte Görings Begeisterung für die Anweisung 17, erlassen am 1. August 1940, die den uneingeschränkten Luft- und Seekrieg gegen England vorschrieb. Hitler wollte sehen, ob die Luftwaffe imstande war, die vorläufig für Mitte September geplante Invasion Englands, an deren technischer Durchführbarkeit er bereits zweifelte, zu ermöglichen.

Hitler sah sich gefühlsmäßig getrieben, das bolschewistische Rußland zu erobern. Mit England konnte man später fertig werden. Luftwaffeneinheiten, die für die Invasion der Sowjetunion benötigt wurden, sollten in Kürze von der Westfront abgezogen werden. In der Zwischenzeit mußte Göring versuchen, die RAF zu besiegen. Das setzte den »Dikken« unter enormen Druck. Hitler hielt sich seine Entscheidungsmöglichkeiten auf Kosten der Luftwaffe offen.

Der größte Luftangriff aller Zeiten sollte in Richtung Westen erfolgen, während zur selben Zeit Vorbereitungen für eine Landinvasion bisher nie gesehenen Ausmaßes getroffen wurden, die in die entgegengesetzte Richtung zielte. Hitler und Göring waren dabei, Deutschland in einen Zweifrontenkrieg zu verwickeln, wobei Göring sich gegen den Angriff auf Rußland aussprach. Der junge Major Galland konnte im August 1940 von all dem natürlich noch nichts wissen. Wie alle anderen Luftwaffenpiloten hatte er keine Ahnung, daß Hitler und Göring unterschiedliche Ziele verfolgten.

Gallands Einheit gehörte zur 2. Luftflotte unter dem Oberbefehl von Feldmarschall Albert Kesselring, mit Hauptquartier in Brüssel. Lediglich die im Pas de Calais stationierten Jagdflugzeuge waren in der Lage, London zu erreichen mit Treibstoff für etwa zehn Minuten über dem Zielgebiet, bevor sie zu ihren Heimatplätzen zurückkehren mußten. Die Jagdverbände der 3. Luftflotte unter Feldmarschall Hugo Sperrle in Paris fanden sich an einer noch kürzeren Leine. Von ihren Basen in der Nähe von Le Havre konnten sie nur die südlichen Vororte Londons erreichen.

Abwerfbare Zusatztanks standen für die Me 109 zu dieser Zeit noch nicht zur Verfügung. Sie waren dem Technischen Amt vorgeschlagen, aber nicht mit der nötigen Dringlichkeit verfolgt worden. Provisorische

Behälter dieser Art waren von der Legion Condor in Spanien mit Erfolg benutzt worden, denn Curtiss Hawk-Jäger hatten bereits 1933 die Anwendbarkeit und den Nutzen dieser Behälter eindeutig bewiesen. Die Me 109 brauchte mindestens 180 km mehr Reichweite. Im Kampf auf Leben und Tod mit der RAF sollte dieses Manko für die gesamte Jagdwaffe ein Teufelskreis bleiben.

Eine dritte Streitmacht gegen England war die in Norwegen und Dänemark stationierte 5. Luftflotte unter Generaloberst Stumpff. Die Bomber dieser Flotte sollten flankierende Angriffe auf Nordostbritannien durchführen. Der lange Anflug über die Nordsee schloß einen Me 109-Begleitschutz von vornherein aus. Nur die langsameren und weniger manövrierfähigen Me 110 konnten den Überflug mit Stumpffs Bombern schaffen. Das Oberkommando der Luftwaffe wollte durch diese Angriffe den Druck auf das Fighter Command verstärken. Durch die mit Hilfe von Ultra abgefangenen Meldungen wußte Air Chief Marshal Dowding über diese Pläne Bescheid und unternahm die nötigen Schritte, um mit Stumpffs Verbänden fertig zu werden.

Die Luftwaffenpiloten operierten 1940 noch ohne Jägerführung. Die deutsche Radarentwicklung war der britischen technisch unterlegen. Im Kampf am Himmel über England gab es für die deutschen Jagdflieger keine Radarführung. In der ersten Phase der Schlacht, als die Luftwaffe die Schiffahrt im Ärmelkanal angriff, war dieser Mangel noch nicht spürbar. Zudem waren die Piloten an ein derartiges Hilfssystem nicht gewöhnt. So sah die Lage am 24. Juli 1940 aus, als deutsche Jagdflieger den Ärmelkanal und die südöstliche englische Küste überflogen. 50 Jahre später ist leicht zu sehen, wie sehr die Jagdflieger der Luftwaffe durch das Fehlen einer Jägerführung benachteiligt waren.

Indem er seine Gruppe in den Luftraum über England führte, nahm Galland bereits an den ersten Bemühungen teil, die RAF-Jäger in der Luft zu engagieren. Die RAF erwies sich der Herausforderung gewachsen, indem sie ihr Jägerführungssystem in der Abfangjagd erfolgreich einsetzte. Ihr Pech war nur, daß ihre überholte geschlossene Dreierformation der gelockerten Vier-Finger-Gefechtsformation, die hauptsächlich von Mölders in Spanien entwickelt worden war, eindeutig unterlegen war. Wenn die Engländer dicht aufgeschlossen anflogen, konnte man sie schon in großer Entfernung entdecken. Die Vorteile, die ihnen ihr Jägerleitsystem verschaffte, wurden dadurch wieder teilweise zunichte gemacht. Aufgelockert und in der Höhe gestaffelt, waren die deutschen Verbände weitaus schwieriger auszumachen. Die Höhenstaffelung war ein klares Beispiel für den Wert des Auseinanderziehens eines Verbandes bei der Abdeckung eines größeren Luftraumes. Britische Jäger, die sich aus einer überhöhten Ausgangsposition auf den Feind stürzten, fanden sich mitunter im Visier von Gallands Verbänden, von denen sie bereits aus der Ferne ausgemacht worden waren, und die unbeobachtet von hinten angeflogen kamen. Und dies passierte trotz britischen Radars.

Die Me 109 waren der Hurricane überlegen. Die Spitfires waren zwar etwas langsamer als die Me 109, machten diesen Mangel aber durch größere Wendigkeit wett. Das Einspritzsystem der Daimler-Benz-Motoren war den noch mit Vergasern ausgerüsteten Merlin-Motoren der RAF-Jäger weit voraus, die bei negativen »g«-Beschleunigungen ins Stottern gerieten oder ganz aussetzten. Galland war davon überzeugt, daß die erstklassige Bewaffnung und Munition, mit der die Luftwaffe kämpfte, der RAF zu jenem Zeitpunkt überlegen war.

Nach etwa drei Wochen Luftschlacht, in der die RAF größere Verluste als die Luftwaffe einstecken mußte, wechselten die Briten langsam zur deutschen Gefechtsformation über und änderten die Taktik, um mit den neuen Gegebenheiten Schritt halten zu können. RAF-Jäger flogen mit Hilfe des Frühwarn- und Jägerleitsystems präzise Abfangaufträge. Die britische Radarkette entlang der Südostküste konnte Galland und seine Gruppe bereits kurz nach ihrem Start im Pas de Calais auffassen. Sobald die Deutschen 2000 m Höhe erreicht hatten, erschienen sie schon auf dem RAF-Luftlagebild.

Die vom Radar elektronisch gemessenen Daten — Kurs, Höhe und Geschwindigkeit — der Eindringlinge wurden auf den zentralen Luftlageplan des Fighter Command in Stanmore projiziert. Solch ein umfassendes Radarsystem erlaubte sowohl einen rationellen Einsatz verfügbarer Kräfte als auch Präzision bei ihrer Führung. Radarinformationen wurden durch Berichte des Ground Observer Corps ergänzt. Die Existenz eines solchen hochentwickelten Systems war für das Oberkommando der Luftwaffe ein böses Erwachen, denn seine Entscheidungen und Anordnungen beruhten oft auf falschen Informationen.

Major Josef »Beppo« Schmid, der zuständige Feindlage-Offizier des Oberkommandos der Luftwaffe, hatte am 16. Juli 1940 — demselben Tag, an dem Hitler den Befehl für »Seelöwe« gab — eine Studie mit dem Titel »Vergleichsübersicht der Kampfkraft von RAF und Luftwaffe« erstellt. Diese Studie erwähnte Radar und seine Bedeutung für die Minderung deutscher Kampfkraft mit keiner Silbe. Schmid machte noch andere grobe Fehler, die durch diese Studie an die Führung der Luftwaffe weitergegeben wurden.

Die RAF-Jagdfliegerstärke wurde um 30 % überschätzt. Die britische Flugzeugproduktion und Reparaturkapazität dagegen wurde wesentlich unterschätzt. Dies hatte natürlich Fehlkalkulationen zur Folge. Das Oberkommando besaß während der Schlacht um England weder genaue Informationen über den Status des Fighter Command, noch kannte es die wirklichen Ergebnisse seiner eigenen Operationen.

Durch Ultra-Entschlüsselungen und andere geheimdienstliche Quellen waren die Briten in der Lage, im Sommer und Herbst 1940 mehr als 20 auf verschiedene Arten nach England eingeschleuste deutsche Agenten zu verhaften. Diese Spione wurden entweder abgeurteilt oder »umgedreht« und als Doppelagenten benutzt, um den Deutschen Falschinformationen zu liefern. So hatten die Deutschen während dieser ganzen Zeit keine verläßlichen Spione im gegenerischen Lager. Der zu geringe Wert, den die Luftwaffenführung auf Geheimdiensttätigkeit legte, war einer ihrer schwerwiegenden Fehler.

Göring besaß die typische Fähigkeit des Politikers, unbequeme oder politisch anrüchige Tatsachen einfach zu ignorieren. Diese Einstellung verbreitete sich auch nach unten. Besonders General Jeschonnek, der Chef des Generalstabs der Luftwaffe, war davon angesteckt. Im Laufe der Zeit sollte Galland selbst eine Vielzahl von unglaublichen Beispielen miterleben, bei denen wichtige Informationen ignoriert, beiseitegefegt oder geändert wurden, wenn sie Görings politisch motivierten Ideen zuwiderliefen. Göring behandelte ihm nicht gefällige Tatsachen, indem er einfach ihre Nichtexistenz befahl.

In der Zwischenzeit erhielt Air Chief Marshal Sir Hugh Dowding in Stanmore von den Entschlüsselungsspezialisten in Bletchley Park unbezahlbare Informationen. Diese Nachrichten waren das Resultat von größtem fachmännischen Geschick und Einfühlungsvermögen. Die umständliche elektro-mechanische Entschlüsselung war bereits ein regelrechter Alptraum an Kompliziertheit; danach mußten Übersetzungen, Analysen und Auswertungen des Schlüsselmaterials angefertigt werden. Nicht immer war die Ausbeute ergiebig. Was auch immer Dowding erreichte, es war stets von Wert, denn er wußte immer etwas damit anzufangen.

Dowding kannte die kurzfristigen Absichten der Luftwaffe, und er wußte über die strategischen Änderungen, die Göring, Kesselring und Sperrle machen würden, im voraus Bescheid. Die Informationen über den Stand der Luftflotten auf der anderen Seite des Kanals waren genau genug, um Dowding RAF-Jägeroperationen mit großem Geschick und Raffinesse organisieren zu lassen. Er setzte seine wertvollen Spitfires und Hurricanes und seine noch wertvolleren Piloten sparsam ein. Die letzteren stellten die Achillesferse in dieser Schlacht dar. Dowding besaß mehr Informationen über den Verlauf der Schlacht um England als alle deutschen Kommandeure, die ihm gegenüberstanden. Er hatte darüber hinaus die Ausbildung, Mentalität, Erfahrung und das Urteilsvermögen, all diese Informationen korrekt zu interpretieren.

Dowdings Laufbahn hatte als Militärflieger des RFC im Ersten Weltkrieg begonnen. Er stieg in einer wechselvollen Karriere nach oben, blieb aber immer der Jagdfliegerei verbunden. Die Engländer waren sich der dringenden Notwendigkeit einer starken Verteidigungsjagdwaffe voll bewußt. Die Zeppeline und Gotha-Bomber im Ersten Weltkrieg hatten dieser Erkenntnis Nachdruck verliehen. Dowding brauchte nie gegen die zweitrangige und begrenzte Rolle zu kämpfen, die die Luftwaffe der Jagdfliegerei zugeordnet hatte, wie es Galland praktisch bis zum Ende des Krieges tun mußte.

Zwischen 1930 und 1936 war Dowding mit anderen für die Entwicklung eines Ganzmetall-Eindeckerjägers mit acht Maschinengewehren für die RAF zuständig. Als er 1936 Kommandeur wurde, war er intensiv an der Entwicklung des Frühwarnradars beteiligt. Er war Zeuge von Dr. Robert Watson-Watts ersten Versuchen mit »Radiolocation«, wie Radar zuerst genannt wurde. Die Integration dieser revolutionären Entwicklung in das Fighter Command fand unter der Führung von Dowding statt.

Somit hatte Dowding seinen Gegnern, wie sie mit Schrecken feststellen mußten, bereits einiges voraus: Die neue Technologie war fester Bestandteil seines Denkens und Handelns geworden. Die Deutschen hatten Dowdings organischem Verständnis des komplizierten Waffensystems, mit dem England verteidigt wurde, nichts Gleichwertiges entgegenzusetzen. Nimmt man die Ultra-Informationen hinzu, so war Dowding 1940 ein Luftmarschall, der nicht zu schlagen war. Seine tapferen Piloten, von denen alles abhing, hatten in ihm den besten Befehlshaber.

Im Gegensatz zu ihm war Hermann Göring wahrscheinlich der unfähigste Führer, den sich die Luftwaffe an diesem wichtigsten Punkt in ihrer Geschichte wünschen konnte. Er hatte sich seit dem Ersten Weltkrieg technisch nicht mehr auf dem laufenden gehalten. Obwohl er von den Feinheiten und der Verantwortung höherer Führung keine Ahnung hatte, hinderte ihn das nicht daran, Experten beiseitezuschieben und selbst das Heft in die Hand zu nehmen.

Während der hektischen Sommermonate hatte Adolf Galland jedoch ganz andere Probleme. Er sah die Schlacht über die Nase seiner Me 109 hinweg in einem feurigen Wirbel auf Leben und Tod in der Luft. Strategie und militärischen Prinzipien wurde wenig Aufmerksamkeit geschenkt. Die III/JG 26 bis zu viermal am Tag auf Feindflug über

Südostengland zu führen, verlangte den Einsatz seiner ganzen Kraft. Diese Belastung war fast ebenso tödlich wie die RAF, denn die deutschen Piloten und ihre Flugzeuge wurden bis aufs äußerste strapaziert.

Als Gruppenkommandeur hatte Galland noch mehr Sorgen als nur diejenigen, die ihm die allgegenwärtige Atmosphäre des Krieges ohnehin bescherte. Auf junge und weniger erfahrene Piloten mußte aufgepaßt werden, bis sie volle Einsatzbereitschaft erreicht hatten. Und obendrein war es der verdammte Ärmelkanal, dessen Überquerung wertvollen Sprit verschluckte und ihnen zu wenig Flugzeit auf der englischen Seite übrigließ.

Nach Luftkämpfen wartete das bleierne Wasser auf die, die es mit Motorschäden oder leergeflogenen Tanks nicht zurückschafften. Luftsiege konnten nicht gebührend gefeiert werden, wenn deutsche Piloten, oft unverwundet und mit völlig intakten Flugzeugen, im »Bach« landeten. Die RAF sandte Spitfires hinter angeschossenen Nachzüglern her. Auf Udets Initiative hin wurde ein Seerettungsdienst eingerichtet, und beide Seiten benutzten Schwimmbojen mit Notausrüstungen. Die Luftwaffe flog ebenfalls »Aufnahme«-Einsätze, wobei frische Me 109 über den Kanal flogen, um nach Frankreich zurückkehrende Jäger und Bomber zu schützen.

Gallands eigener Kampfgeist blieb trotz seiner Sorgen und Verantwortung als Gruppenkommandeur ungebrochen. Seine Rottenflieger konnten kaum mithalten, wenn er sich auf Feindflugzeuge stürzte. Sein Kunstflugtalent und seine Schießkunst kamen ihm dabei ebensosehr zugute wie seine Spürnase. Der Erfolg blieb nicht aus. Am 1. August 1940 überreichte ihm Feldmarschall Kesselring in einer kleinen Feier im Pas de Calais das Ritterkreuz zum Eisernen Kreuz.

Sein Ruhm als Jägeras und Einsatzführer verbreitete sich rasch. Illustrierte und Zeitungen fingen an, Artikel über ihn zu schreiben und Fotografien zu veröffentlichen — sogar eine Profilaufnahme, die deutlich seine verbeulte Nase zeigte. Die Legende um Galland nahm ihren Anfang. Die Deutschen benötigten in der Schlacht um England Erfolge, und die Jägerasse waren ihre sichtbare Verkörperung. Sie stellten inmitten der von der RAF verursachten Enttäuschungen den einzigen Lichtblick dar. Gallands Freund Mölders war zwar der erfolgreichste Jagdflieger der Luftwaffe, aber er konnte von Galland, Helmut Wick und Wilhelm Balthasar überholt werden, wenn er einmal für ein paar Wochen aus irgendwelchen Gründen aussetzen mußte. Die Rivalität unter diesen Freunden war oft ausgesprochen stark.

Dowding ließ sich von deutschen Versuchen, seine Jäger in massive Luftschlachten zu verwickeln, nicht beirren. Ein Merkmal, das Jagdflieger in der ganzen Welt gemeinsam haben, ist Angriffslust. Sie wollen sich auf Feindmaschinen stürzen, als ob ihr eigenes Leben davon abhinge, den Gegner unverzüglich vom Himmel zu fegen. Als alter Jagdflieger war sich Dowding dieser Tatsache bewußt. Aber Führer von Jagdfliegerverbänden können dieser Angriffslust nicht immer freien Lauf lassen. Britanniens Schicksal lag in Dowdings Händen.

Durch Ultra über Art und Ausmaß der Bombenangriffe der feindlichen Luftflotten informiert, übte sich Dowding in kunstvoller Zurückhaltung beim Einsatz seiner Jagdwaffe. Jägerpatrouillen oder Täuschungsangriffe von wenigen Bombern auf ein paar Einzelziele konnten England nicht ernsthaft schaden. Falls Dowding jedoch auf jede noch so kleine Herausforderung reagierte, würde er seine Jäger mit der Zeit aufreiben, und England wäre den Bombern der Luftwaffe schutzlos ausgesetzt.

Während wochenlanger, provokativer Jägerpatrouillen über England griffen Stukas und Ju 88 die Schiffahrt in der Themsemündung und entlang der englischen Küste an. Um diese Einsätze herum entwickelten sich hartnäckige Luftkämpfe. Die Stukas erlitten furchterregende Verluste. Ihr Begleitschutz war nervenaufreibend, denn die schwer beladenen Maschinen hatten eine Höchstgeschwindigkeit von nur 250 km/h. Da zudem ihre Anflughöhe nur zwischen 3500 m und 5000 m und damit weit unterhalb des optimalen Höhenbereichs der Me 109 lag, zogen sie die radargeführten Abfangjäger geradezu auf sich. Beim Hochziehen nach dem Sturzflug wurden sie den aggressiven RAF-Piloten zur leichten Beute.

Die Piloten der gefürchteten Stukas kamen zumeist aus der Jagdwaffe, die viel Personal abgeben mußte. Sie waren die am besten ausgebildeten Flieger der Luftwaffe. Unersetzbar, wurden sie zu Dutzenden über England verheizt, in einer nutzlosen Aufopferung, die Galland zum Kochen brachte. Viele von ihnen kannte er persönlich, und er haßte es, sie niedergemetzelt zu wissen.

Für die zahlreichen hochrangigen Befürworter des Sturzkampfbombers waren die Stukaverluste über England ein lähmender Rückschlag. Der Stuka überlebte zwar und diente dem deutschen Heer anderswo mit Erfolg; er hatte jedoch in einem Luftraum, der von britischen Jagdflugzeugen mit acht MGs beherrscht wurde, nichts zu suchen. Unvertretbare Verluste von Stukas und Besatzungen führten zwangsläufig zu seinem Rückzug aus der Schlacht um England vor Mitte September.

Die RAF trat weiterhin zu Luftkämpfen an, nie mit großen Verbänden, aber immer in genügender Stärke, um Unheil anzurichten. Den Deutschen kamen ihre Einsätze teuer zu stehen, während die Briten ihre Verluste in erträglichen Grenzen halten konnten. Zwei-, drei- oder viermal am Tag Patrouille oder Begleitschutz zu fliegen, hieß für Galland, seine Reserven an Energie und Kampfwillen voll zu mobilisieren. Einzelne Erfolge seiner Gruppe gegen RAF-Jäger stellten nur einen geringen Lichtblick in einer immer düsterer werdenden Situation dar. Indem sie Schlachtpläne änderte und es nie schaffte, die RAF in einen Vernichtungskampf zu locken, verlor die Luftwaffenführung allmählich das Vertrauen ihrer eigenen Piloten. Eine kompetente oberste Führung ist die Voraussetzung des Kampfgeistes. Was die Luftwaffenführung auch immer probieren mochte, die RAF-Jäger erschienen weiterhin in kleinen, schlagkräftigen Formationen und reduzierten sowohl die Anzahl der Flugzeuge als auch die Kampfmoral der Luftwaffe.

Das Wetter verordnete ab und zu eine Ruhepause. Die Befreiung von der Nervenanspannung der Einsätze wirkte auch auf Galland wie ein Heilmittel. Seine Lebenskraft erholte sich. Nach ausgiebigem Schlaf machte er sich auf die Jagd, um Hasen und Fasanen für die Küche zurückzubringen. Die Unterkünfte waren bequem, zumeist in französischen Landhäusern. An frischer Verpflegung und gutem Wein mangelte es nicht.

Während dieser Wetterpausen versuchte er, den Krieg, so gut es ging, zu vergessen. Das war allerdings unmöglich, wenn er Briefe an die Angehörigen gefallener Kameraden schreiben mußte: eine deprimierende Aufgabe. Eine günstige Wettervorhersage bedeutete, daß die Einsätze weitergehen würden, mehr Briefe geschrieben werden mußten und die Lücken am Eßtisch größer wurden. Galland kümmerte sich um jeden Verlust persönlich.

Er war äußerst selbstkritisch; er analysierte seinen Führungsstil im Hinblick auf Einsatzfehler und -versäumnisse. Das Begleitschutzsystem für die Bomber war völlig unzureichend und wurde durch die zweimotorige Me 110 nur noch komplizierter. Denn trotz ihrer großen Reichweite und starker Bewaffnung brauchte dieses Flugzeug selbst Begleitschutz. Der berühmte Zerstörer war nicht in der Lage, seine ihm zugewiesene Rolle zu erfüllen, die Bomber auf größere Entfernung zu begleiten.

In Gallands Gruppe wurde ein Verfahren eingeführt, mit dem man die Gründe für den Verlust eines Rottenfliegers oder -führers festzustellen versuchte. Der junge Gruppenkommandeur studierte jeden dieser Berichte bis ins kleinste Detail. Er suchte nach Unzulänglichkeiten und Versäumnissen mit derselben Entschiedenheit, mit der er der RAF nachsetzte.

Göring und andere hohe Luftwaffenoffiziere, die an schnelle und verblüffende Erfolge gewöhnt waren, fanden die Elastizität und den Schwung der RAF bestürzend. Göring hatte sich daran gewöhnt, seine

9 In Polen: Einsatzbesprechung

0 Galland führt seine Hs 123-Staffel im Polenfeldzug 1939

11 Unmittelbar nach schwerem Luftkampf über England

12 Einsatzbesprechung am Kanal: Mölders (†), Osterkamp (†), von Maltzahn (†), Lützow (†), Galland (von rechts)

3 Auch ein guter
asanenschütze

4 Udet und Milch (links)
n Kanal 1940

15 Galland und Mölders, eine Karikatur von Udet

16 Eichenlaub am 25. 9. 1940

Befehle immer prompt ausgeführt zu sehen. Wenn er pfiff, sprangen seine Leute. Und nun durchkreuzte die RAF seine Pläne. Görings Hang zum Irrationalen ließ ihn seine eigenen Fehler als Oberbefehlshaber der Luftwaffe auf andere projizieren. Er reagierte auf die verteufelte Situation über England, indem er seine eigenen Krieger abkanzelte.

Als Galland, noch voller Spannung nach einem eben beendeten Einsatz, das erste beschuldigende Fernschreiben in die Hand bekam, traute er vor Wut seinen Augen nicht. »Gott im Himmel!« Der Reichsmarschall konnte doch wohl selbst nicht glauben, was er da von sich gab. Aber weitere Fernschreiben wischten alle Zweifel beiseite. Göring schob anderen die Schuld zu. Nach Dutzenden von Luftsiegen über dem verdammten Kanal, nach immer wiederkehrenden Luftkämpfen — mit der RAF meistens in guter Angriffsposition — wurde Galland getadelt. Schlimmer noch: Die Tapferkeit seiner Piloten wurde in Frage gestellt. Görings Handlungen waren dem vom Kampf gezeichneten jungen Gruppenkommandeur unverständlich. Dann kam der Befehl, zu einer Lagebesprechung in Karinhall, Görings Landsitz bei Berlin, zu erscheinen. Gut! Vielleicht war es möglich, dem Reichsmarschall bei dieser Gelegenheit persönlich zu erklären, gegen welchen Feind die Jagdwaffe zu kämpfen hatte. Galland war sich sicher, daß irgendwo eine gewaltige Fehleinschätzung passiert war.

Auf dem Flug nach Berlin überdachte Galland die ganze Problematik der Schlacht. Er war sich im klaren, daß er als Kommandeur von weniger als 40 Jagdfliegern nicht den Überblick über die gesamte Lage haben konnte. Trozdem wußte er intuitiv, daß diese große Schlacht ein Schlüsselereignis war und nicht verloren werden durfte. Der deutsche Sieg hing nun ganz und gar von den Jagdfliegern ab, und das Oberkommando hatte auch diese Entwicklung nicht vorausgesehen.

Fast zwei Wochen vorher hatte der Kampf mit dem Ziel, das RAF Fighter Command in die Knie zu zwingen, am »Adlertag«, dem 8. August 1940, begonnen. Schlechtwetter verursachte Verzögerungen, aber am 12. August brachten Kesselring und Sperrle 300 Flugzeuge in die Luft. Die vorgeschobenen RAF-Flugplätze Manston, Hawkinge und Lympne wurden mit einem wahren Hagel von Bomben bedeckt. Die deutschen Einsätze am 12., 13. und 14. August stellten jedoch noch nicht den »Adlertag« dar. Durch Ultra-abgefangene Meldungen wußte Air Chief Marshal Dowding, daß Görings Hauptstoß, die RAF zu schlagen, am 15. August stattfinden würde.

Der britische Kommandeur sah sich wiederum in der Position, seinen Gegenzug sorgfältig zu inszenieren und übermäßigen Kräfteverschleiß zu vermeiden.

Göring hatte abgestufte Angriffe gegen Flugplätze und Radarstationen in Südengland geplant. Dies sollte einen Angriff aus allen Himmelsrichtungen vortäuschen. Er hatte vor, das Fighter Command nicht nur in der Luft und auf seinen Flugplätzen, sondern auch in seinem Kampfgeist zu besiegen. Sein Hauptziel war es, die RAF-Jäger en masse in die Luft zu locken, wo sie durch die waffentechnische und taktische Überlegenheit der Luftwaffe zerstört werden konnten.

Der große Druck auf Südengland würde die Jagdverbände, die den Nordosten Britanniens zu schützen hatten, ebenfalls nach Süden ziehen. So würden Stumpffs Bomberverbände zusammen mit ihrem Me 110-Begleitschutz von Norwegen und Dänemark her über eine unverteidigte Nordostküste einfallen. Diese Schläge sollten das Fighter Command derart treffen, daß sein Kampfwille gebrochen werden würde. Das war der Plan für Görings »Adlertag«. (Über 1700 Einsätze wurden an diesem Tag von der Luftwaffe geflogen.)

Obwohl im Prinzip durchaus vernünftig, lag der Haken dieses Plans in der Tatsache, daß Dowding ihn kannte. Er verwandelte den »Adlertag« in ein Debakel für die Luftwaffe, indem er seine Jagdwaffe meisterhaft einsetzte: 75 deutsche Flugzeuge wurden abgeschossen, im Vergleich zu 34 RAF-Jägern. Görings Verluste waren weder unersetzbar noch übermäßig hoch im Verhältnis zu seiner Zielsetzung. Die Niederlage der Luftwaffe war dennoch unerwartet, verletzte Görings Stolz und gab den Briten Anlaß zu einer Propagandakampagne mit maßlos übertriebenen Abschußzahlen.

Trotz des hohen Drucks auf die RAF über Südengland zog Dowding seine Jäger nicht von der Nordostküste ab. Ultra-Entschlüsselungen lieferten präzise Informationen über die Bomberangriffe von General Stumpffs »Adlertag«-Flotte. Diese Kenntnis, zusammen mit Radar, führte dazu, daß die RAF-Jäger ihre ungeladenen Gäste schon auf offener See empfingen. Die Briten meldeten 15 abgeschossene Flugzeuge aus der ersten Welle. Die zweite Welle kam ebenfalls nicht glimpflich davon: die Deutschen verloren acht Maschinen, die Briten keine. Stumpffs Luftflotte trug lediglich mit Verlusten zum »Adlertag« bei.

Galland war mit seiner Gruppe vor, während und nach dem »Adlertag« im Einsatz. Er hatte mit ansehen müssen, wie Görings Jagdbegleitschutzkonzept in die Hände der RAF spielte. Die Mehrheit der deutschen Jagdflieger hatten strikte Anweisung, sich nicht mit abfangenden RAF-Jägern anzulegen, sondern eng mit den Bombern zusammenzubleiben.

Galland spürte die bittere Enttäuschung und Hilflosigkeit, warten und zusehen zu müssen, wie sich die RAF-Jäger in Angriffsposition auf die

Bomber brachten, die er zu begleiten hatte. Die Erfahrung in diesem Krieg hatte wiederholt gezeigt, daß Angriff die beste Verteidigung für den Jagdflieger ist. Mit dem unverzüglichen Angriff erhielt man sich sowohl die psychologische als auch die taktische Initiative. Auf den Angriff zu warten, bedeutete die absolute Verneinung des Zwecks und der Aufgabe des Jagdfliegers. Die strikte Einhaltung des engen Begleitschutzes hatte hohe Luftwaffenverluste zur Folge — sowohl unter den Bombern als auch den Jägern.

Galland fand das Konzept der dritten Phase der Schlacht um England von Grund auf unsinnig. Er wußte, welche Methoden Erfolg versprachen. Die Bomber konnten morgens zwar das Flugfeld in Manston in eine Kraterlandschaft verwandeln, nur um am Nachmittag herauszufinden, daß die Briten die Krater wieder eingeebnet hatten und ihre Jäger starten konnten. Die Bomber wiederholten das Spiel, und obwohl Einrichtungen und Gebäude beschädigt wurden, war es nicht zu verleugnen, daß die RAF ihre Jäger weiterhin in die Luft bringen konnte.

Inmitten des heißen Kampfgetümmels versuchte Galland, seine kühle Perspektive zu bewahren. Die Flugplätze wurden zwar beschädigt, aber die meisten britischen Maschinen waren zwischen hohen Wällen und hinter Sandsäcken versteckt und geschützt. Die befestigten Unterstände dienten dazu, die Flugzeuge vor Maschinengewehrfeuer zu schützen und Splitter- und Explosionsschäden zu mindern. Lediglich direkte Treffer vermochten Schäden anzurichten. Zudem konnte sich die RAF auf Flugplätze im Innern des Landes zurückziehen. Das würde es Galland und seinen Piloten aufgrund der geringen Reichweite der Me 109 unmöglich machen, sich mit ihren Gegnern anzulegen.

Die Jäger der Luftwaffe flogen vier verschiedene Arten von Begleitschutz:

1. Unmittelbarer Begleitschutz.
2. Erweiterter Begleitschutz.
3. Freie Jagd im Anflug- und Zielraum, zeitlich mit den zu begleitenden Bombern abgestimmt.
4. Jagdaufnahme, um zurückkehrende Bomber oder Boote und Flugzeuge des Seenotdienstes zu schützen.

Der unmittelbare Begleitschutz wurde von Rotten mit je zwei Flugzeugen geflogen, die die Bomber direkt schützten. Sie benutzten ihre höhere Geschwindigkeit, um die Bomber im Zickzackkurs zu begleiten. Dieser reine Verteidigungsauftrag war bei den deutschen Jagdfliegern nicht beliebt, denn er konnte Angriffe von RAF-Jägern nicht verhindern. Die Deutschen verloren bei diesem Auftrag die Vorteile des unmittelbaren Angriffs mit hoher Geschwindigkeit. Den Bomberbesatzungen war diese Art des Begleitschutzes die liebste, nicht zuletzt, weil ihnen die sichtbare Nähe der Jäger ein wenn auch falsches Gefühl der Sicherheit gab; sie bestanden darauf, daß dieses Verfahren beibehalten wurde.

Erweiterter Begleitschutz wurde in Staffelstärke und in größerer Höhe geflogen. Die eingeteilten Jäger flogen in der Richtung vermutlicher britischer Angriffe. Ihre Aufgabe war es, die RAF-Jäger zu beschäftigen, bevor diese die Bomber angreifen konnten. Dabei blieben sie immer auf Sichtweite mit dem Bomberverband, den es zu schützen galt. Das hieß in der Praxis, daß diese Jäger sich nur auf einen Luftkampf einlassen konnten, bevor sie sich wieder sammeln und ihren Begleitschutzauftrag fortführen mußten. Die Abwehr drohender Jägerangriffe war das Hauptziel dieser Art von Jagdschutz.

Bei der Anwendung der »freien Jagd« durchflogen die vorausfliegenden Jagdverbände den Luftraum, durch den die Bomber anschließend zu fliegen hatten, und das Zielgebiet selbst. Diese freie Jagd erfolgte in etwa entlang der Flugroute der Bomber, aber auf der Seite der erwarteten britischen Angriffe. Sie wurde in Staffel- oder Gruppenstärke ausgeführt. Außerhalb der Sichtweite der Bomber war es ihre Aufgabe, britische Jäger auszumachen und abzuschießen, um den Weg für die Bomber freizukämpfen. Kein Wunder, daß die deutschen Jagdflieger diese Methode bevorzugten.

Am Ende des Einsatzes übernahmen die »freien« Jäger die Nachhut. Dowding machte der »freien Jagd« zumeist einen Strich durch die Rechnung, indem er nicht jeder Patrouille Jäger entgegenschickte. Wenn RAF-Jäger im Alarmstart aufstiegen, mußten sie sich sammeln und Höhe gewinnen; eine Phase, die die Me 109 zum Angriff ausnutzte.

Die Jagdaufnahme wurde ebenfalls in Staffel- oder Gruppenstärke ausgeführt. Ihre Aufgabe war es, den nach einem Einsatz oft zersplitterten Bomber- und Jägerformationen auf dem Heimflug Schutz zu gewähren. Die Jagdaufnahme begleitete beschädigte Bomber nach Hause und wartete auf den Hauptverband, normalerweise über der englischen Küste zwischen Manston und Dungeness. Bei dieser Art Begleitschutz war es für RAF-Jäger zu gefährlich, sich über die Kanalmitte hinauszuwagen.

Die Bomber und Jäger der Luftwaffe trafen sich über markanten Punkten der Küste, in der Nähe der Jägerbasen, zu einer vereinbarten Zeit und in vereinbarter Höhe. Galland mußte wiederholt feststellen, daß verspätete Bomberverbände von falschen Jägern aufgenommen wurden, mit dem Resultat, daß nachfolgende Bomberverbände keinen Begleitschutz vorfanden. Diese mußten der RAF entweder allein entgegentreten oder ihren Auftrag abbrechen.

Unterschiedliche Funksprechfrequenzen machten eine Verständigung Luft-Luft zwischen Bombern und Jägern unmöglich. Vermittlung über Bodenstationen wurde benutzt, war aber zu zeitraubend und unsicher. Die Engländer dagegen besaßen ein wesentlich besseres Verbindungssystem. Spezielle taktische Regeln oder standardisierte Verfahren gab es in der Luftwaffe für die verschiedenen Einsätze nicht. Jedes Jagdgeschwader erledigte seine Aufgabe nach eigenem Gutdünken. Große Unterschiede in der Leistung waren das Resultat.

Galland paßten diese Unzulänglichkeiten im Begleitschutz»system«, wenn es diesen Namen überhaupt verdiente, überhaupt nicht, um so weniger, als der Angriffsvorteil normalerweise von der RAF ausgenutzt wurde. Der junge Major erinnerte sich mit Bedauern daran, daß der Begleitschutz für Bomber durch die Jagdwaffe im Frieden nie geübt worden war. Kaum zu glauben: Das Oberkommando war über Jahre hinweg davon überzeugt, daß die schnellen neuen Bomber keinen Begleitschutz benötigten.

Dieses übermäßig passive System, das sich fast sprunghaft entwickelt hatte, gab den nach ihren Angriffen auf die Bomber abdrehenden britischen Jägern auch noch eine bessere Position. (Ein halbes Jahrhundert später ist der Fehler, die deutschen Jäger in diesem Zeitraum zu eng an die Bomber zu binden, leicht zu sehen. Görings Unbelehrbarkeit in dieser Hinsicht gab den Ausschlag für die Schwäche der Luftwaffe.)

Adolf Galland erkannte die wesentlichen Probleme inmitten dieser Schwierigkeiten. Er brannte darauf, die sich ihm bietende Chance wahrzunehmen und Göring persönlich über die Begleitschutzsituation aufzuklären. Mit seinen präzisen Vorstellungen und Überlegungen landete er in Berlin, noch müde von den Strapazen an der Front.

Die Berliner Szene sah unwirklich aus. Als Flieger trennten ihn nur ein paar Stunden von tödlichem Luftkampf, und hier mußte er ungläubig zusehen, wie eine sorglose Bevölkerung mit Geld um sich warf, als sei es Karneval. Filmpaläste, Nachtclubs und Theater waren gerammelt voll. Die Bars waren besetzt mit Menschen in überschwenglicher Lebensfreude. Der Kampf auf Leben und Tod, den er gerade hinter sich gelassen hatte, war für diese Leute so weit weg wie der Mond. Die Berliner Szene deprimierte ihn.

Auf der raschen Fahrt im Dienstwagen zu Görings Landsitz »Karinhall« bewunderte der Naturliebhaber Galland das an ihm vorbeiziehende ländliche Panorama. Dies war das Deutschland, das er liebte. Dann kam er in eine Welt der Unwirklichkeit — Karinhall.

Ein Feudalherrscher hätte nicht in einer eindrucksvolleren Waldfestung residieren können. Riedgedeckte Gebäude umgaben einen riesigen Innenhof. Becken mit Wasserlilien, Blumenbeete und die nackte Statue eines berittenen Jägers, der seinen Bogen spannt, dominierten das Äußere. Eichenbalken überspannten den Hauptsaal. An den holzgetäfelten Wänden hingen Hirschtrophäen, und Bärenfelle bedeckten den Fußboden. Ein massiver, uriger Kamin nahm fast die gesamte Breite einer Wand in diesem Raum ein.

Als Jäger konnte Galland Karinhall zwar bewundern, aber als Führer von Jagdfliegern war ihm bewußt, wie weit dies alles vom Ärmelkanal und den Problemen, die nach dringenden Lösungen schrien, entfernt war.

Die anwesenden Generäle und Obersten waren selbstbewußt und optimistisch. In Gegenwart von solch hochrangigen Persönlichkeiten voller Selbstvertrauen fühlte Major Galland seine eigenen Bedenken und Sorgen kleiner werden. Unglücklicherweise hatten sich diese Offiziere ihre Meinungen auf dem Boden und nicht in der Luft, über England, gebildet. Sie hatten von der Widerstandskraft, dem Können und der Fähigkeit der RAF, immer wieder neue Jagdflugzeuge in die Luft zu schicken, keine Ahnung.

Die hohen Offiziere hörten aufmerksam zu und äußerten hier und da Vorschläge. Ihre Adjutanten machten eifrig Notizen. Das Interesse und die Sorgen waren echt, aber dennoch bestand eine breite Kluft zwischen den Piloten an der Front und ihren obersten Vorgesetzten. Galland war über die Tatsache beunruhigt, daß die einsatzbedingten Probleme des Begleitschutzes weder von den höheren Befehlshabern noch von den anwesenden Generalstabsoffizieren begriffen wurden.

Göring gab sich zunächst ganz väterlich. Werner Mölders war ebenfalls zu dieser Besprechung befohlen worden. Göring nahm die beiden Rivalen beiseite, und eine angeregte Diskussion begann. Galland und Mölders gaben Göring eine genaue, auf dem letzten Stand der Lage beruhende Zusammenfassung der Gründe, warum »Adlertag« und die Schlacht bis dato eine Enttäuschung waren — aus ihrer Sicht als Jagdflieger und Kommandeure.

Sie erläuterten die Nachteile des unmittelbaren Begleitschutzes. Sie beschrieben aus eigener Erfahrung die komplizierten Probleme der Zusammenführung von Jägern und Bombern, von Funksprechverbindungen, geringer Reichweite und Flak. Alles Faktoren, die dieses System am ungeeignetsten erscheinen ließen, um der RAF Schaden zuzufügen. Im Gegnsatz dazu war die freie Jagd äußerst erfolgreich. Die abgeschossenen britischen Jäger konnten nicht wieder starten. Göring hörte sich alles mit düsterer Miene an. Offensichtlich hatte er seine Entscheidung bereits getroffen.

In Anerkennung ihrer Erfolge verlieh der Reichsmarschall daraufhin Galland und Mölders das goldene Flugzeugführerabzeichen mit Brillanten. Göring lobte ihre Tapferkeit. Die schimmernde Auszeichnung sollte seinen und den Dank des Vaterlandes symbolisieren.
»Ihr beide habt zwar als einzelne Ausgezeichnetes geleistet«, sagte Göring, »aber mit dem Gesamtergebnis der Jagdwaffe bin ich nicht zufrieden. Der Kampfgeist ist nicht aggressiv genug. Das ist der wahre Grund, warum unser Jagdschutz die Jäger der RAF durch die Maschen schlüpfen und unsere Bomber abschießen läßt. Unsere Jäger müssen zeigen, daß sie willens sind, sich auf den Feind zu stürzen, genauso wie wir im Ersten Weltkrieg.«
Praktische Einsatzprobleme von folgenschwerer Bedeutung wurden damit vom Tisch gefegt. Aus Görings Sicht waren die Jagdflieger an der Panne des »Adlertags« schuld. Als Galland und Mölders gegen diese Beleidigung protestieren wollten, schnitt Göring ihnen mit einer abrupten Handbewegung das Wort ab.
»Ich werde den Angriffsschwung der Jagdwaffe aufmöbeln, koste es, was es wolle«, sagte er. »In diesem Sinn ernenne ich euch beide zu Kommodores, übergebe euch die Führung eines ganzen Geschwaders. Ich werde alle älteren Kommandeure ersetzen. Die jüngeren und erfolgreichen sollen die Chance bekommen zu führen. Sie, Mölders, übernehmen das JG 51. Und Sie, Galland, das JG 26 sofort nach Ihrer Rückkehr.« Galland legte sogleich Einspruch gegen diese Ernennung ein.
»Wenn ich Kommodore bin, werde ich an die Erde gebunden bleiben und nicht mehr so oft zum Einsatz kommen«, wandte er ein.
»Machen Sie sich darüber keine Sorgen«, meinte Göring. »Nach meinen Vorstellungen sollen die Geschwader vom Kommodore auch in der Luft geführt werden. Er muß gleichzeitig der erfolgreichste Jagdflieger sein. Irgendwie müssen wir wieder Schwung in diese Jagdflieger bringen. Damit kommen junge Jagdfliegeroffiziere schneller in hohe und verantwortliche Führungspositionen. Manche werden versagen, andere nicht. Noch irgendwelche Wünsche, bevor Sie zurück an die Front gehen?«
Galland bat, Gruppenkommandeur bleiben zu dürfen. Göring wollte davon nichts wissen und verließ den Raum. Galland sollte Kommodore werden, ob er es wollte oder nicht.
Auf der Rückfahrt nach Berlin diskutierten Galland und Mölders diese neue Lage. Mölders wollte Gallands Wunsch, Gruppenkommandeur zu bleiben, nur um mehr Einsätze fliegen zu können, einfach nicht verstehen.

Mölders suchte nach größerer Verantwortung und versuchte Galland klarzumachen, daß er seine Fähigkeiten als Taktiker, als Kommodore besser anbringen konnte. Mölders war großen Herausforderungen immer mit Gelassenheit und Selbstvertrauen begegnet. Galland wußte, daß sein Freund ein ausgezeichneter Organisator war. Mölders würde keine Schwierigkeiten haben, mehr Verantwortung auf sich zu nehmen.

Im Gegensatz zu ihm war Galland vor allem Jäger und Jagdflieger. Er haßte Schreibtische und Papierkrieg, die eine lähmende Wirkung auf ihn ausübten. In seinem Leben spielten die Jagd, die Verfolgung und der Sieg die wichtigste Rolle. In ihrer Unterhaltung kamen sie auf den Ersten Weltkrieg zu sprechen, als Oswald Boelcke und Manfred von Richthofen die leuchtenden Sterne am Himmel waren. Boelcke war der für die Entwicklung der Waffe am besten geeignete Taktiker. Von Richthofen war der beste Jagdflieger.

Mölders lag zu diesem Zeitpunkt zwar mit seinen Abschüssen an der Spitze, aber seine Ambitionen gingen in die Richtung der Entwicklung der Jagdwaffe. Mölders war sich im klaren, daß er darum seine Führung an Galland oder einen anderen abtreten mußte. Galland wollte schon immer der Beste sein, und nun war er entschlossen, sowohl der beste Jagdflieger als auch der beste Kommodore zu sein. Als sich ihr Gespräch in dieser Richtung fortbewegte, meinte Mölders mit einigem Unwillen: »Gut, von mir aus kannst du der Richthofen der Luftwaffe werden. Ich ziehe es vor, eines Tages ihr Boelcke zu sein.«

Diese Worte zogen Galland auf dem Flug zum Pas de Calais und seinem neuen Posten durch den Sinn. Die Vorbedingungen, die aus ihm den neuen Richthofen machen könnten, waren gegeben. RAF-Jäger warteten zu Dutzenden über Südostengland. Seine Aufgabe war es, sie zu finden und abzuschießen. »Alles andere ist Unsinn«, hatte der Rote Baron einmal gesagt. Und Galland glaubte das ebenfalls.

Der junge Major kannte den Obersten, den er beim JG 26 ablösen sollte, sehr gut. Gotthard Handrick war ein alter Freund von der Legion Condor, wo er Kommandeur der J 88 gewesen war. Sie hatten in Spanien genügend Zeit bei gutem Wein zusammen verbracht, um über diesen Wechsel verbittert zu sein. Handrick war ein verdienter Sportler, der Fünfkampf-Goldmedaillengewinner der Olympiade von 1936. So sah er seine Ablösung auch ganz im sportlichen Geiste. Er war zwar erfahren und tüchtig, hatte aber nicht genügend Luftsiege, um Görings neue Richtlinien zu befriedigen.

Galland fing sofort damit an, das JG 26 nach seinen Vorstellungen und Erfahrungen umzubauen. Er stellte hohe Ansprüche an seinen eigenen Stabsschwarm, ausgehend von seiner eigenen Stärke im Luftkampf. Er übergab die III/JG 26 an Gerhard Schöpfel und zog in sein Stabsquartier in Audembert ein. Schöpfel war bereits ein Jägeras und erfahrener Vorgesetzter. Galland verbesserte die Führungsebene des JG 26 weiter, indem er Walter Adolph das Kommando über die II/JG 26 und Rolf Pingel das über die I. Gruppe übertrug. Beide Offiziere hatten in der Legion Condor gedient und waren erfahrene Jagdflieger und Führer. Die kommenden Luftkämpfe sollten die Richtigkeit dieser Ernennungen bestätigen.

Galland bestand darauf, jeden Einsatz des JG 26 persönlich zu führen; Ausnahmen gab es nur, wenn er dienstlich unabkömmlich oder verwundet war. Das ganze Geschwader wußte, daß er auf Höchstleistung bestand. Von jedem Piloten wurde äußerste Tapferkeit erwartet. Der Kommodore ging mit gutem Beispiel voran. Gallands Stabsschwarm wurde zum Vorbild für Tüchtigkeit und Kampffähigkeit. Wo andere ihre Krieger mit Befehlen und Gewalt ins Gefecht treiben mußten, führte Galland durch sein eigenes Beispiel. Das JG 26 war bei den Bomberverbänden, die dessen Begleitschutz genossen, äußerst beliebt und wurde unter seinem jungen Kommodore Deutschlands bester Jagdverband in der Schlacht um England.

Andere Einheiten fanden ebenfalls frischen Schwung unter ihren jungen Kommandeuren. Mölders übernahm das JG 51 von dem ritterlichen Generalmajor Theo Osterkamp. Inoffiziell wurde es zum »JG 51 Mölders«. Gallands Kamerad aus der Legion Condor, Hauptmann Günther Lützow, wurde JG 3 übergeben. Einen besseren Führer gab es in der Luftwaffe nicht. JG 54 war froh, den großen, überzeugenden und beliebten Hauptmann Hannes Trautloft als Kommodore zu bekommen. Weitere Ernennungen verhalfen jedem Geschwader zu neuen Führungskräften.

Galland wurde am 21. August 1940, zwei Tage nach der Besprechung in Karinhall, zum Kommodore des JG 26 ernannt. Das Fighter Command hatte zu diesem Zeitpunkt bereits mehr einstecken müssen, als es der deutschen Führung bewußt war. (Hätten die Deutschen der Ultra vergleichbare Nachrichtenquellen besessen, hätten sie das schreckliche Ausmaß der Verluste von Fighter Command-Piloten erkennen können.) In den 12 Tagen zwischen dem 8. und 20. August wurden 94 RAF-Jagdflieger als gefallen oder vermißt gemeldet, und 60 waren verwundet. Verluste durch Ertrinken nach Notwasserungen zwang die Briten, ihren zerstreuten Seenotdienst zu überholen und zu verstärken. Air Vice Marshal Park ordnete an, Jagdfliegereinsätze nicht weiter als in Gleitflugentfernung von der Küste durchzuführen.

Galland hatte zwar keine Mühe, neue Piloten zu bekommen, aber sie konnten natürlich in keinem Fall die Experten ersetzen. Die jungen, von der Jagdfliegerschule kommenden Piloten waren unerfahren, und das zeigte sich sofort in der Luft. Sie zu bewachen, bedeutete geteilte Aufmerksamkeit für die erfahreneren Piloten, aber bald gab es im JG 26 und anderen Einheiten einfach zu viele Neulinge, um sie alle im Auge behalten zu können. Viele von ihnen wurden abgeschossen, bevor sie sich richtig eingeflogen hatten. Weiterer Ersatz folgte. Galland wußte, daß das Niveau des Geschwaders im Abnehmen begriffen war und daß JG 26 fast immer höhere Personalverluste davontrug als die zu begleitenden Bomber.

Aber selbst inmitten der Härte dieses Kampfes kam der traditionelle Humor der deutschen Jagdflieger oft genug zum Vorschein, um sie über Wasser zu halten. Eines Morgens, beim Verbandsstart seines Stabsschwarms, mußte Galland mit ansehen, wie seine Nummer Vier einen wilden »Ringelpietz« zelebrierte. Das war in der Me 109 mit ihrem schmalen Fahrwerk nicht schwierig. In Sekundenschnelle verwandelte sich das Flugzeug in einen rauchenden Schrotthaufen. Es sah aus, als ob eine 250 kg-Bombe explodiert wäre. Über Funk ertönte die bayrische Stimme der Nummer Vier: »Adam Eins von Adam Vier — I glaub, i hab an Platten.«

Mit ihrem Hang zur Gesprächigkeit fiel es den Luftwaffenjagdfliegern schwer, in der Luft Funkstille einzuhalten. Letzten Endes waren sie junge Männer mit einem Überschuß an Energie und starkem Kampfgeist. Viele Jagdflieger, gleich welcher Nation, geben zu, daß sie sich beim Beginn eines Einsatzes Mut zusprachen. Eines Morgens, in einem Verband von 70 Jagdmaschinen des JG 26, blieb das Mikrofon eines Fliegers unbeabsichtigterweise eingeschaltet. Damit war es ihm nicht möglich, Befehle zu hören. Bei Galland kam der folgende Ermunterungszuspruch an:

»... alles ist in Ordnung ...
... noch genügend Sprit ...
... keine Spitfires am blauen Himmel ...
... bald bin ich wieder zu Hause ...
... und am Abend, hoho, brauche ich ein Mädchen ...«

Darauf folgten leicht schmutzige Gesänge. Gallands Befehle, ruhig zu sein, verhallten ungehört. Das Unterhaltungsprogramm lief, bis sich eine Flakwand vor ihnen aufbaute und sie von einer Staffel von Spitfires aus größerer Höhe angegriffen wurden. Inmitten des Kampfgetümmels konnte Galland immer noch die Flüche, das Grunzen und den schweren Atem des Piloten hören, der in seiner Me herumkurvte. Inmitten ei-

ner Kampfpause verstummte das Mikrofon auf einmal. Nun ließ sich eine andere Stimme hören. »Warum singst du nicht weiter, du Armleuchter?«
Humor half beiden Seiten inmitten dieses Kampfes in großer Höhe. Als der August zu Ende ging, wußte Galland intuitiv, daß diese größte aller Luftschlachten in den nächsten zwei oder drei Wochen entschieden werden würde. Darüber hinaus konnte der Geist zwar noch willig sein, weitere Einsätze zu fliegen, aber der Körper, egal ob britisch oder deutsch, würde wahrscheinlich nicht mehr mitmachen. Alle Beteiligten näherten sich unaufhaltsam der totalen Erschöpfung.

Am 24. August 1940 verlegte Göring den Schwerpunkt der Bombenangriffe auf weiter im Binnenland gelegene RAF-Flugplätze. Das gewährte den stark beschädigten küstennahen Plätzen eine Atempause — allerdings zu einem hohen Preis. Aufgrund des unzulänglichen deutschen Nachrichtenmaterials konnte Göring nicht ahnen, daß er damit die lebenswichtigen Flugplätze der verschiedenen RAF-Sektoren bedrohte. Von diesen elektronischen Nervenzentren aus wurden die britischen Jäger in die der Luftwaffe gegenüber taktisch günstigste Position geführt. Die Zerstörung des britischen Fighter Control-Systems hätte das Ende der Radar-Abfangverfahren bedeutet, die Dowding den wirtschaftlichsten Einsatz seiner Jäger ermöglichten.
Über zwei Wochen hinweg erbebten die Sektorenflugplätze unter dem Donner der auf sie herabregnenden Bomben. Die Existenz des Fighter Command stand auf dem Spiel, doch den Briten brachte die zusätzliche Zeit Erleichterung, die ihnen vor den Bomberangriffen noch zur Verfügung stand. Galland und seine Piloten hatten mit diesen tieferen Einflügen wieder einmal die Grenzen ihrer Reichweite erreicht. Die Einsätze gaben ihm eine Vorahnung der Verwüstung, die von den Bombern angerichtet wurde. Er fragte sich, wie das JG 26 davonkommen würde, falls Audembert und seine anderen Plätze tagtäglich diese Bombenhagel über sich ergehen lassen müßten. Unter diesen Bedingungen einsatzfähig zu bleiben, hieße, Piloten, Bodenpersonal und Gerät bis aufs äußerste zu belasten.
Das war genau die Situation, in der sich die RAF gegenwärtig befand. Hauptsektorenplätze wie Biggin Hill konnten oft nur eine einzige Jagdstaffel unterstützen, und das nicht selten mit großer Mühe. Als Göring am 30. August 1940 selbst das Kommando für die Angriffe übernahm, verstärkte er unverzüglich ihr Ausmaß. Ultra-Analysen warnten die Briten vor diesen Mammuteinsätzen, aber selbst diese Warnungen konnten den Bombenhagel, der die RAF an den Rand der Verzweiflung

brachte, nicht mindern. Zwei weitere Wochen mit dieser Intensität, und Göring würde die RAF bezwungen haben.

Dowdings Praxis, erschöpfte Staffeln zur Erholung in den Nordosten und frischen Ersatz nach Südengland zu schicken, konnte nur für eine begrenzte Zeit funktionieren. Denn erschöpfte Piloten wurden letzten Endes nur von etwas weniger erschöpften ersetzt. Das Fighter Command hatte zwar genügend Flugzeuge, aber es war an der Grenze seiner personellen Belastbarkeit. Jeder taugliche Mann in England mit Flugerfahrung konnte damit rechnen, als Jagdflieger ausgebildet und eingesetzt zu werden. Die Luftwaffe hatte Britannien in die Enge getrieben.

Auf der anderen Seite des Kanals hatten die Deutschen ihre eigenen akuten Probleme. Ersatzflugzeuge waren knapp. Nachschub und Reparatur konnten mit Verlusten und Schäden nicht Schritt halten. Dowding wußte durch Ultra über die Schwierigkeiten seines Gegners Bescheid. Dem Briten war mehr als jedem anderen klar, wie klein der Handlungsspielraum geworden war. Ein Kardinalfehler auf der einen oder anderen Seite würde die Schlacht unumkehrbar aus dem Gleichgewicht werfen. Und Göring sollte diesen Fehler machen.

Am 3. September 1940, während Sektorenflugplätze und Fighter Control wiederum Angriffe auszustehen hatten, befahl Göring Kesselring und Sperrle zu einer Besprechung nach Den Haag. Der Reichsmarschall wollte seine Bomberflotte auf London, das geistige und politische Zentrum des Britischen Imperiums und Commonwealth, ansetzen. Er bestand darauf, von seinen Flottenchefs zu erfahren, ob die RAF genügend geschwächt worden sei, um die Bombardierung Londons mit vertretbaren Verlusten durchführen zu können.

Görings plötzlicher Drang, Strategie und Ziele zu ändern, war offensichtlich politisch motiviert. RAF-Bomber hatten Berlin in den Nächten des 25. und 26. August angegriffen. Der angerichtete Schaden war zwar minimal, aber Hitler war außer sich. Vor diesen Angriffen auf Berlin hatte Hitler unter der Androhung von Kriegsgericht strikt verboten, London zu bombardieren. In der Nacht des 24. August hatten etwa zehn deutsche Bomber, vom Kurs abgekommen, das unter einer Nebeldecke liegende London aus Versehen angegriffen. Churchill hatte die RAF überredet, einen Vergeltungsschlag gegen Berlin auszuführen. Das war der Auslöser für eine nächtliche Brandkatastrophe, die viereinhalb Jahre dauern sollte.

Hitler hob sein Verbot auf. London mußte zerstört werden, ließ er Göring wissen. Göring war zugleich begierig, Hitler einen Gefallen zu tun, und ungeduldig darauf erpicht, Britannien in Hinsicht auf die geplante Invasion Rußlands so schnell wie möglich gefügig zu machen. Er setzte nun Kesselring und Sperrle unter Druck. Die historischen Fragen des Reichsmarschalls: Konnte London ohne untragbare Verluste bombardiert werden? Und war die RAF genügend geschwächt, um den Angriff auf London hinnehmen zu müssen?

Der starke, monokeltragende Sperrle war einer der erfahrensten Führer in der Luftwaffe. Als Kommandeur der Legion Condor hatte er viel über taktische Luftmacht gelernt. In Spanien hatte er bewiesen, daß er seine Gegner richtig einzuschätzen verstand und ohne Rücksicht auf persönliches Risiko handelte. Er empfahl Göring, die RAF-Flugplätze so lange weiter anzugreifen, bis das geschwächte Fighter Command völlig zusammenbrechen würde.

Kesselring war zwar als Kommandeur nicht so erfahren wie Sperrle, genoß aber als ehemaliger Generalstabschef der Luftwaffe ein hohes Ansehen. Kesselring versicherte Göring, daß London seiner Einschätzung nach ohne große Verluste angegriffen werden könne. Kesselring glaubte, daß die RAF nicht auf die in Küstennähe gelegenen Flugplätze angewiesen sei. Die feindlichen Jäger könnten auf Basen jenseits von London verlegt werden. Er beharrte darauf, daß nur ein Schlag gegen das Herz von Großbritannien die RAF dazu bringen könnte, ihre Jäger en masse in die Luft zu schicken, wo sie von der Luftwaffe zerstört werden konnten. Sperrle widersprach heftig.

Görings Karriere, wie die aller Männer von Tatendrang, war voll von Fehlentscheidungen; London anzugreifen, war seine schwerwiegendste. Am 5. September sandte er Kesselring ein Fernschreiben mit dem Befehl, Londons Hafenanlagen unter vollem Jagdschutz anzugreifen. Die Ultra-Entschlüsselungsspezialisten legten Dowding diese wichtige Nachricht praktisch zur selben Zeit auf den Tisch. Der bedrängte Kommandeur des Fighter Command sah darin die Rettung seiner angeschlagenen Sektorenflugplätze und ihrer Fighter Control-Einrichtungen.

Diese konnten aufgrund von Zerstörung und ständig neuen Schäden mit provisorischen Verbindungen und Notversorgung nur bedingt einsatzfähig gehalten werden. (Ein Dutzend weiterer Angriffe hätten sie vollends erledigt, und die Weltgeschichte hätte einen anderen Verlauf genommen. Mit der Reduzierung des direkten und tödlichen Drucks auf das Fighter Command begann die vierte Phase der Schlacht um England. Für die Londoner würde jetzt die Hölle ausbrechen, aber das Fighter Command würde in der Lage sein, sich vor der Vernichtung zu retten und Kräfte zu sammeln.)

Auf der anderen Seite des Kanals überdachte Galland die Probleme des Jagdschutzes für die Bomber über London. Seine Jäger hatten lediglich Treibstoff für zehn Minuten Luftkampf, bevor sie in Richtung Heimat abdrehen mußten. Dies bedeutete, daß der gesamte Verband von Jägern und Bombern auf geradem Kurs von der französischen Küste nach London und wieder zurück fliegen mußte. Dieser unveränderbare Anflug machte der RAF das Abfangen noch leichter. Die Luftwaffe war sich in der Zwischenzeit auch darüber klar, daß britisches Radar die sich über Frankreich sammelnden deutschen Verbände auffassen konnte. Das hatte zur Folge, daß sich Bomber und begleitende Jäger im Steigflug in Richtung Zielgebiet treffen mußten.

Kurz vor dem massiven Angriff auf London — und dem strategischen Fehler, der ihn den Sieg kosten sollte — besuchte Göring die französische Küste, um seine Jagdfliegerkommandeure anzufeuern. Galland und Mölders standen wiederum einem mißmutigen und tadelnden Reichsmarschall gegenüber. Der Jagdwaffe fehle der Kampfgeist und gerade dort müßte er am ausgeprägtesten sein, meinte Göring. Er marschierte auf und ab, gestikulierte mit seinem Interimsstab, während er die tapferen Männer unter Gallands und Mölders Kommando mit Vorwürfen überhäufte.

Der neue Kommodore des JG 26 war entrüstet. Als Soldat betrachtete er den Kampf nicht nur aus dem Blickwinkel von Strategie, Taktik und technischen Mängeln, sondern auch in Hinsicht auf die Männer, die er geführt und verloren hatte. Während Göring unbegründete Vorwürfe von Feigheit machte, sah Galland die Stapel von Briefen vor sich, die er an die Familien seiner gefallenen Kameraden geschrieben hatte. Er dachte an all die Briefe, die er noch zu schreiben haben würde. Er sah ihre Gesichter so klar, wie er ihre Opfer erkannte. Er fand es abscheulich, daß Göring diese mutigen Männer der Feigheit bezichtigte.

Die Bomberbesatzungen hatten behauptet, daß die Jäger sie nicht dicht aufgeschlossen begleiteten. Daraus hatte sich ein gespanntes Verhältnis zwischen Bomberbesatzungen und Jagdfliegern entwickelt. Göring stellte sich auf die Seite der Bomber. Er kam immer wieder auf die Notwendigkeit des unmittelbaren Begleitschutzes zu sprechen, speziell im Hinblick auf den bevorstehenden Angriff auf London mit Hunderten von Bombern. Galland schluckte seinen Ärger hinunter und versuchte abermals, Göring die Schwierigkeiten der Jagdflieger zu erklären.

»Herr Reichsmarschall, unsere Me 109 ist der Spitfire beim Angriff überlegen. Deshalb sollten wir sie dazu benutzen, um die RAF zu jagen und anzugreifen. Bei solch einem Einsatz sind wir klar im Vorteil.«

»Galland, die Anzahl ihrer persönlichen Abschüsse ist im Vergleich mit dem Schutz meiner Bomber unwichtig. Ich sage Ihnen, was wichtig ist.«

»Herr Reichsmarschall, die Spitfire ist ausgezeichnet in der Defensive, weil sie wendiger ist, wenn auch etwas langsamer in der Beschleunigung als unsere Me. Solch eine Maschine ist wesentlich besser für unmittelbaren Begleitschutz geeignet als unsere Me.«

»Major Galland, ich lehne Ihre Argumente kategorisch ab. Die Bomber müssen beschützt werden, koste es, was es wolle. Sie müssen Ihren Leuten etwas mehr Kampfgeist beibringen, statt mir zu erklären, warum Sie meine Bomber nicht schützen können.«

Göring hakte noch mit weiteren Vorwürfen nach, aber nachdem er auf seine Uhr gesehen und festgestellt hatte, daß die Zeit knapp wurde, änderte sich seine Stimmung abrupt. Von tadelnden Schmähungen schaltete er so plötzlich, wie die Sonne hinter einer Wolke auftaucht, auf versöhnlich um.

»Nun, Mölders«, sagte er, »was kann ich für Ihr Geschwader tun?«

Mölders bat um eine neue Me 109-Serie mit stärkeren DB 605 N-Motoren.

Göring gewährte den Wunsch und wandte sich an Galland.

»Und Sie, was wollen Sie?«

»Ich bitte um Ausrüstung meines Geschwaders mit Spitfires!« Galland kam es fast so vor, als sei dieser unverschämte Wunsch nicht von ihm, sondern von einem Dritten ausgesprochen worden. Seine Entrüstung über Görings Verleumdung seiner Piloten hatte die Worte aus ihm herausbrechen lassen. Deutschlands zweitgrößter Redner stand der Unverschämtheit des jungen Mannes, den er gerade zum Kommodore befördert hatte, sprachlos gegenüber. Grollend stampfte er zu seinem Zug zurück.

Gallands Wunsch sollte die folgenden Jahrzehnte als eines seiner bekanntesten und am häufigsten erwähnten Zitate überleben. Bei gesellschaftlichen Anlässen und Vorträgen in aller Welt taucht seine Bitte nach Spitfires immer wieder auf. Allerdings ist wenigen der Zusammenhang völlig geläufig, und es muß gesagt werden, daß Galland die Me 109 der Spitfire entschieden vorzog, nicht nur im September 1940, sondern auch später, nachdem er das britische Vollblut selbst geflogen hatte.

Er hatte Göring gegenüber hervorzuheben versucht, daß es unsinnig war, die Me beim Begleitschutz taktisch so einzusetzen, wie es mit der Spitfire möglich war. Die Vorzüge der Me 109 wurden unter diesen Umständen zu Nachteilen. Nachdem Galland und Mölders in gemeinsamer Absprache eine Taktik des Überraschungsangriffs, die den für die Spitfire vorteilhaften Kurvenkampf vermied, entwickelt hatten und anwandten, schnitten ihre Verbände wesentlich besser gegen die RAF ab.

Am 7. September hatte die Schlacht um London mit dem Einflug von 625 Bombern, begleitet von 648 ein- und zweimotorigen Jagdflugzeugen, begonnen. Göring und Kesselring beobachteten die auf England zufliegende Armada von Cap Blanc Nez aus. General Lörzer, dem Göring seinen Start als Flieger im Ersten Weltkrieg verdankte, war ebenfalls mit von der Partie. Bis dahin hatte die Welt noch nie ein ähnlich starkes Aufgebot in der Luft gesehen. Als oberster Befehlshaber dieser Armada hatte Göring seit seinen Tagen als fliegender Trapezkünstler an der Westfront einen langen Weg zurückgelegt. Um die gegenwärtige Schlacht zu gewinnen, mußte noch mal eine lange Strecke überwunden werden.

Während der gesamten vierten Phase der Schlacht um England fand Galland all seine Einsätze, Pläne und taktischen Vorstellungen vom Problem der Flugdauer der Me 109 überschattet. Die Tatsache, daß die Jäger ständig an der äußersten Grenze ihrer Reichweite operierten, beinträchtigte und beeinflußte nicht nur die Einsätze selbst, sondern auch die seelische und moralische Verfassung der Piloten. Die Bomberpiloten hatten keine Treibstoffprobleme, und ihr Bestehen auf unmittelbarem Begleitschutz nahm keine Rücksicht auf die sich daraus ergebenden Folgen für die begrenzte Flugdauer der Jäger.

Als die Londoner Flak die Bomber mit ihrer Zielgenauigkeit und Heftigkeit bestrafte, flogen die Piloten zwischen 6500 m und 7000 m an. Dies lag über der optimalen Höhe für Motorenleistung und Gewicht und verringerte ihre Geschwindigkeit merklich. Die begleitenden Jäger mußten weitausholende Kurven fliegen, um auf Position zu bleiben. Das bedeutete erhöhten Spritverbrauch, brachte die Jäger ab und zu außer Sichtweite der Bomberbesatzungen, die sich wiederum beschwerten, von den Jägern verlassen zu werden.

Aus dem Einsatz an der Grenze von Reichweite und Flugdauer der Me 109 resultierte eine hohe Anzahl von »Kanalschwimmern« der Jagdwaffe. Galland erfuhr bei einem Einsatz mit Entsetzen, daß sieben Jagdflieger des JG 26 im Ärmelkanal notwassern mußten, nachdem sie den Luftkampf auf der englischen Seite überlebt hatten. Ihm wäre es beinahe selbst passiert. Er hatte sich zu lange mit Spitfires herumgeschlagen und verließ als einer der letzten die Szene, als seine Treibstoffwarnlampe über Manston aufleuchtete. Er wäre fast gelandet und hätte sich am Boden den Engländern ergeben — ein schmähliches Schicksal für einen erfolgreichen Ritterkreuzträger. Er besann sich eines Besseren. Mit dem Fluch »Zum Teufel damit!« steuerte er seine Maschine über das verhaßte, graue Wasser. Als er sich der französischen Küste näherte, fing der Motor an zu stottern. Schließlich, nachdem der letzte

Tropfen Treibstoff verbraucht war, trat Stille ein. Nur der Fahrtwind war zu hören. Nun machte sich die Erfahrung aus den Borkenbergen bezahlt. Der ehemalige Segelflieger brachte die Maschine am Strand in der Nähe von Cap Gris Nez mit einer Bauchlandung zur Erde.

Die Angriffskräfte der Luftwaffe in der Schlacht um London umfaßten normalerweise 400 bis 500 Bomber und etwa 200 Stukas, die während dieses enormen deutschen Aufgebots ihre letzte Vorstellung am englischen Himmel gaben. 500 einmotorige Jäger und 200 Me 110 flogen Begleitschutz. Aus Einsatzgründen flogen die Angreifer in Geschwaderstärke, jedes Bombergeschwader (60—90 Maschinen) mit einem Jagdgeschwader als Begleitschutz. Da für das Treffen von Bombern und den ihnen zugeteilten Jägern nur wenige Minuten einkalkuliert werden konnten, waren diese Massierungen fast so herausfordernd wie die Angriffe selbst. Als die gesamte Flotte von etwa 1000 Flugzeugen schließlich in der Luft war, stellte sie einen furchterregenden Anblick dar. Nur die Piloten wußten, wieviel Nerven die Formation jeder Armada gekostet hatte.

Es war ein folgenschwerer Irrtum, den Stuka in der Hauptschlacht einzusetzen; die Wiederholung einer früheren Fehlentscheidung. Die britischen Jäger machten sich dann über die Stukas her, wenn diese, einer nach dem anderen, in den Sturzflug übergingen. Galland und seine Piloten konnten die Stukas auf ihren Sturzflügen nicht beschützen, da diese mit Luftbremsen ausgestattet waren, um ihre Treffgenauigkeit zu erhöhen. Die Me 109 war für die Stukas selbst ohne Bremsen viel zu schnell. Die RAF verursachte während der Sammelphase nach einem Angriff unter den Stukas ein Desaster. Göring schob die Schuld für die Verluste wieder ausschließlich seinen eigenen Jägern zu.

Galland beobachtete das Wetter mit Besorgnis. Die Septemberabende ließen bereits ahnen, daß der Sommer zu Ende ging, und am Himmel zeigten sich die ersten Vorboten des Herbstes. Am 10. September 1940 unterbrachen Wolken und Regen den täglichen Donner der Bomben auf London. Vier Tage lang blieb die »Suppe« über England hängen. Es war Galland bewußt, daß sich die Luftwaffe im Wettlauf mit dem notorisch schlechten Herbstwetter über dem Ärmelkanal befand.

Während der Zeit, in der das Wetter Jagdeinsätze unmöglich machte, verlegten sich Galland und die Piloten seines Stabes und benachbarter Staffeln auf eine andere Art von Jagd. Hasen, Fasanen und Rebhühner gab es in Hülle und Fülle. Auch die Nicht-Jäger erfreuten sich der Bereicherung des Speisezettels. Nach Tagesende ohne Flugbetrieb suchten die Piloten Zerstreuung in den Bars von Lille. Galland zog Paris und den berühmten Scheherazade-Nachtclub vor, der sich auch unter

U- und Schnellbootkommandanten großer Beliebtheit erfreute. Die Nachtschwärmerei war natürlich mit Morgeneinsätzen nicht gut zu vereinbaren; doch die abendlichen Ausflüge bedeuteten eine zwar kurze, aber unbezahlbare Atempause im Kriegsgeschehen.

Der Morgen des 15. September 1940 zeigte fast ideales Flugwetter, bewölkt zwar, aber mit genügend Löchern für die Luftwaffe, um London zu finden. Göring übernahm wiederum das Kommando. Bis zur Mittagszeit hatte er bereits alles in die Schlacht geworfen. Die lebenswichtigen Ultra-Entschlüsselungen hielten Dowding über Görings Pläne und Misere auf dem laufenden. Der deutsche Kampfgeist wurde schwächer, und der Zustand der Flugzeuge verschlechterte sich zusehends. Die deutschen Verluste an Piloten und Besatzungen waren hoch. Wenn sie den Abschuß überlebten und sich mit dem Fallschirm retten konnten, wurden sie zu Kriegsgefangenen, während notgelandete oder abgesprungene RAF-Piloten bald wieder eingesetzt werden konnten.

Durch Ultra wußte Dowding, daß Görings Hauptstoß am 15. September kommen würde. Er wußte ebenfalls, daß der Nachrichtendienst der Luftwaffe mit nur 200 Flugzeugen des Fighter Command rechnete. Seine Regel, jeweils nur eine begrenzte Anzahl von Maschinen einzusetzen, hatte Früchte getragen. Tatsächlich hatte Dowding wesentlich mehr als 200 Jagdflugzeuge zur Verfügung. Seine Piloten waren der Erschöpfung nahe, aber Dowding wußte, daß der Tag gekommen war, an dem er Görings Bombern mit allem, was ihm zur Verfügung stand, entgegentreten mußte. Görings großer Schlag würde auf einen Gegenschlag treffen, der das Überraschungsmoment, den unwägbaren Faktor im Kriegsgeschehen, auf seiner Seite haben würde.

Dowding unterrichtete Air Vice-Marshal Park der 11th Fighter Group, und der tüchtige Neuseeländer versetzte seine 24 Staffeln in Alarmbereitschaft. Radar erfaßte die Massierung enormer Verbände über dem Kanal und der französischen Küste. Park brachte seine Staffeln in doppelter Gruppierung in die Luft. Sie griffen die deutschen Bomber direkt und in Linie an, ohne auf die übliche Art aus der Überhöhung anzufliegen. Immer mehr Staffeln stiegen auf. Dies war nicht der gewohnte oder erwartete Ablauf.

Churchill beobachtete den Start der letzten sechs Staffeln der 11. Gruppe von Parks Einsatzraum in Uxbridge aus. Fünf weitere Staffeln der 12. Gruppe im Norden Londons trafen sich mit diesen sechs, und zusammen machten sie sich über die deutschen Bomber her. Um 1.30 Uhr hatte die RAF 300 Jäger in der Luft. Die Folgen waren verheerend, nicht nur für die Bomber, sondern auch für die Moral der

Bomberbesatzungen. Ihnen war von ihren höheren Vorgesetzten versichert worden, daß die RAF praktisch am Ende sei. Und aus ihrer eigenen Erfahrung der unmittelbaren Vergangenheit hielten sie diese Einschätzung für gerechtfertigt. Und nun erschienen aus heiterem Himmel furchterregende Verbände von Hurricanes und Spitfires.
Jeder deutsche Bomberverband wurde angegriffen. Galland und seine Piloten fanden sich einem Gegner in überaus massiver Stärke gegenüber. Ihr Einsatzauftrag des unmittelbaren Begleitschutzes schränkte zwar ihre Handlungsfreiheit ein, aber die Umstände und das Gleichgewicht der Schlacht wurden am 15. September 1940 drastisch verändert. Die RAF-Kokarden schienen allgegenwärtig zu sein. Flugzeuge kurvten und stürzten, rauchten und explodierten, trudelten und purzelten durch den Luftraum über Südostengland. Kondensstreifen durchkreuzten den Himmel, und schwarze Rauchfahnen markierten den Weg der Abstürzenden bis zum Aufschlag. Düstere Qualmwolken erhoben sich über den Absturzscheiterhaufen tapferer Piloten und Besatzungen beider Seiten.
Deutsche Bomber kamen zwar durch, aber nicht in der Stärke, mit der sie Frankreich verlassen hatten. RAF-Jäger und Wolken über dem Zielgebiet zerstreuten die deutschen Angriffe und begrenzten dadurch den Schaden. Der Rückzug der deutschen Streitmacht wurde zum Alptraum. Schwärme britischer Jäger verfolgten sie bis über den Ärmelkanal hinaus, wo sie, weit vom Schauplatz der Hauptschlacht, noch Dutzende von Maschinen beschädigten oder abschossen. Dowdings Gegenschlag war wirkungsvoller als Görings größter Schlag.
Das Oberkommando der Luftwaffe dementierte umgehend britische Presse- und Radioberichte, wonach 180 deutsche Flugzeuge zerstört worden seien. Aus Gründen der Kampfmoral war es wichtig, die ernsten deutschen Verluste vom 15. September zu verharmlosen; 56 deutsche Flugzeuge kehrten nicht zurück. Viele schafften es nur mit Gottes Hilfe und dem großen Geschick ihrer Besatzungen, über den Kanal nach Hause zu hinken. Viele dieser Maschinen waren so schwer beschädigt, daß sie verschrottet werden mußten. Dutzende waren von Einschüssen durchlöchert und trugen dazu bei, die ohnehin überforderten Reparaturwerften unter einer Lawine von Wracks zu begraben.
Im Endeffekt wurde etwa ein Viertel der an der Schlacht um England teilnehmenden Bomberflotte außer Gefecht gesetzt. Personalverluste waren zahlenmäßig hoch. Die gefallenen und vermißten Piloten und Besatzungen stellten die unersetzbare, im Frieden ausgebildete Elite dar. Seither wird der 15. September in Großbritannien als der »Tag der

Schlacht um England« gefeiert. Man war sich bewußt, die Schlacht an jenem entscheidenden Septembernachmittag gewonnen zu haben.

Galland war noch nach Jahren davon überzeugt, daß die Luftwaffe mit einer angemesseneren Taktik und klügerem Einsatz ihrer Mittel besser abgeschnitten hätte. Sicherlich stellten Görings Anwesenheit und Befehlsstil ein Hindernis dar. Sein taktischer und politischer Kardinalfehler, anstelle von Sektorenflugplätzen und Radarstationen London zu bombardieren, bedeutete Inkompetenz auf höchster Ebene. Görings Mißbrauch der Jagdwaffe bedeutete deren Schwächung in einer Schlacht, die im Grunde von Jägern gewonnen werden konnte.

Dennoch stellte die Jagdwaffe das erfolgreichste Element auf der deutschen Seite in diesem Kampf dar. Trotz des lähmenden Jagdschutzauftrags gelang es ihr, die RAF bis an den Rand des Abgrunds zu drücken. Fehler während der Schlacht und vergangene Versäumnisse der Führung wirkten sich nun nachteilig auf die Anstrengungen der Jagdwaffe aus. Daß außer der kurzatmigen Me 109 kein anderer Einmotjäger zur Verfügung stand, war nicht die Schuld der Jäger. Diese Chance war schon vor Jahren vertan worden. Ebensowenig konnte den Jagdfliegern die Schuld für das Fehlen einer mit Radar integrierten Jägerführung oder ausreichender Kommunikationsmittel zugeschoben werden.

Die britischen Vorbereitungen für die Luftverteidigung machten sich während der Schlacht bezahlt. Die gut eingespielten Nachrichtenverbindungen der RAF, ihre Führungseinrichtungen und ihr Erfassungsnetz waren eng an den wissenschaftlichen Erfolg ihres Radars gebunden. Die britische Führung, vor allem Dowding und Park, die durch Ultra über sämtliche Vorhaben der deutschen Seite Bescheid wußten, war Spitzenklasse. Das Können und die Hingabe der RAF-Jagdflieger schließlich setzten der britischen Anstrengung die Krone auf.

Der Respekt und der Ruf, den Adolf Galland unter seinen früheren Gegnern der Schlacht um England genießt, erlaubte es ihm in den Nachkriegsjahrzehnten, viele von ihnen persönlich kennenzulernen. Wing Commander Robert Stanford-Tuck wurde sein enger Freund. Galland und Sir Douglas Bader standen in mehreren Ländern zusammen am Rednerpult und machten aus ihrer Bewunderung füreinander keinen Hehl. Siebenundzwanzig Jahre nach der Schlacht um England traf Galland endlich den in Auckland, Neuseeland, im Ruhestand lebenden Sir Keith Park, seinen Hauptgegner in jenem Kampf. Im Februar 1967 trafen sie sich dort zu einem angeregten Gedankenaustausch. Galland war von Park sehr beeindruckt. Während sie ihre Erinnerungen an die Schlacht von 1940 austauschten, erwähnte Park mit keiner Silbe das Geheimnis des Ultra-Schlüssels und die Rolle, die dieser im

Einsatz der Jäger der 11. Gruppe gespielt hatte. Wie alle anderen, die das bestgehütete Geheimnis des Krieges kannten, behielt Park es für sich.

Die Schlacht um England hörte am 15. September 1940 noch nicht auf, sondern ging noch bis in den späten Herbst weiter. Nach jenem Tag jedoch versuchte die Luftwaffe nicht mehr, die RAF zu besiegen. Görings Traum, die Royal Air Force vom Himmel zu fegen — und damit Britannien aus der Luft zu erobern —, zerbrach mit dem schockierenden Erwachen am 15. September 1940. Obwohl Göring mehr als jeder andere Schuld an diesem Debakel hatte, fing er an, nach Sündenböcken zu suchen. Galland indessen versah seinen Dienst weiterhin als der gute Soldat, der er trotz allem geblieben war.

7
In die Defensive

Schlimmer als der schwere materielle Schaden, der der Luftwaffe am 15. September 1940 zugefügt wurde, war der Schaden, den ihr Kampfgeist davontrug. Das unerwartete Wiederaufleben der RAF hatte demoralisierende Schockwellen in der Bomberwaffe ausgelöst, die den Jägern lautstark Versagen in ihrer Jagdschutzrolle vorwarf. Im Oberkommando der Luftwaffe waren die psychologischen Auswirkungen zu spüren. Das dramatische Comeback der RAF war mit deutschen Geheimdienst-Schätzungen nicht zu vereinbaren. Göring, der anstelle des erwarteten und arg benötigten Sieges eine Niederlage erlitten hatte, war außer sich vor Ärger. Er schob die Schuld wieder der Jagdwaffe zu.
Bei einer am nächsten Tag hastig einberufenen Besprechung im Hauptquartier der 2. Luftflotte in Brüssel ließ Göring eine beschuldigende Schmährede gegen die Jagdflieger vom Stapel. Seine Verhöhnung ging zu weit. Generalleutnant Theo Osterkamp sprang auf. Als Jafü 2 in Le Touquet war er mit seinen jungen Kommandeuren ebenso vertraut wie mit der Hierarchie der Luftflotte. Er konnte Görings Beleidigungen nicht länger hinnehmen.
Osterkamp war wie kaum ein anderer befähigt, seine Jagdflieger zu verteidigen. Er hatte im Ersten Weltkrieg 32 Flugzeuge abgeschossen und sich den »Blauen Max« verdient. Dazu kamen sechs weitere Luftsiege in diesem Krieg als Kommodore des JG 51, das er 1939 mit aufgebaut und ausgebildet hatte. Er war einer der großen alten Adler, um die herum sich die Jagdwaffe konstituiert hatte; und seine jungen Piloten hatten ihm den Spitznamen »Onkel Theo« gegeben. Er hatte noch im Juli 1940 an Luftkämpfen teilgenommen. Als Jafü 2 war er der Verbindungsmann zwischen den Einsatzverbänden und der Luftflotte. Er kannte die Probleme aus eigener Erfahrung.
Der schlanke Onkel Theo stand dem massigen Göring unbeirrt gegenüber. Der Reichsmarschall schäumte vor Wut, aber Osterkamps Haltung und Gesichtsausdruck ließen ihn verstummen. Osterkamp betonte mit Nachdruck, daß den Jagdfliegern durch den unmittelbaren Begleitschutz die Hände gebunden wurden. Er hob hervor, daß die Vorschläge der besten Einsatzführer, wie der RAF beizukommen sei, nur auf taube Ohren stießen. Der unmittelbare Begleitschutz war der Grund für die

hohen Bomberverluste, aber das Oberkommando beschuldigte die Jagdflieger. Göring, unter diesem Tadel rot angelaufen, explodierte beinahe. Osterkamp schlug einen etwas kühleren Ton an.
»Gestern haben die Engländer eine neue Taktik benutzt. Sie setzten weit größere Verbände ein, um unsere Bomber massiv anzugreifen. Mit dieser taktischen Änderung haben sie uns überrascht.«
Osterkamps kompetente Zusammenfassung machte auf Göring keinen Eindruck. Er hielt dagegen, daß die deutschen Jagdflieger fähig sein müßten, eine große Anzahl von RAF-Jägern abzuschießen, falls diese in großer Anzahl am Himmel erschienen. Er begriff einfach nicht, daß er die Mehrheit seiner Jäger an die Begleitschutzkette gelegt hatte, die ihnen keinen Spielraum ließ. Göring betrachtete komplizierte technische und taktische Probleme auf übertrieben vereinfachte Art. Fachmännischer Rat vermochte seine Meinung nicht zu ändern. Der Reichsmarschall benötigte aus persönlichen und politischen Gründen dringend einen Sieg. Technische Probleme auf dem Weg dahin irritierten nur.
Es war offensichtlich, daß die Luftüberlegenheit über den Strandabschnitten der geplanten Invasion vor Einsetzen der Schlechtwetterperiode nicht errungen werden konnte, und ohne sie konnte das Unternehmen »Seelöwe« nicht über die Bühne gehen. Göring war sich ebenfalls bewußt, daß er für die geplante Invasion von Rußland fast alle seine Luftflotten vor der für den Ärmelkanal günstigen Wetterperiode im Sommer 1941 nach Osten verlegen mußte. Seine Douhet-artige Eroberung Englands aus der Luft war fehlgeschlagen. Göring war sich im klaren, daß er kleinere Brötchen backen mußte und daß seine zahlreichen Neider im Generalstab des Heeres und auf hoher politischer Ebene ihm seine Schwierigkeiten gönnten.
Am schlimmsten für ihn war, daß er seine Chance, Hitler zu gefallen, verpatzt hatte. Obwohl der Führer nie wirklich vorhatte, England durch eine Invasion zu erobern, hatte Göring gehofft, zu einem persönlichen Triumph zu gelangen, indem er Hitler England auf dem Präsentierteller überreichte – erobert allein durch seine Luftwaffe. Göring reagierte seine Verärgerung an der Jagdwaffe ab. Da die Jäger die Bomber nicht schützen konnten, bestand er darauf, daß von nun an die Jäger die Bomben selbst nach England zu tragen hatten.
In der zweiten Septemberhälfte gingen die massiven Tagesangriffe zu Ende, und Jagdbomberangriffe mit M 109 und Me 110 begannen. Galland selbst war fast ständig im Einsatz und bekam am 25. September 1940 seinen 40. Abschuß bestätigt.
Sein Fernschreiber im Hauptquartier von Audembert ratterte ein Tele-

gramm von Hitler heraus. Gallands Leistung von 40 Luftsiegen wurde mit dem neu geschaffenen Eichenlaub zum Ritterkreuz gewürdigt. Die höchste Stufe dieser Auszeichnung war bisher nur zweimal verliehen worden. Einer der Empfänger war Werner Mölders (nach General Dietl). Ihre Rivalität ging damit weiter, und die Aufmerksamkeit galt nun den Jabos.

Die Erprobungsgruppe 210, die schon früher im Jahre 1940 mit den Jabo-Umrüstungen angefangen hatte, verlegte man an den Pas de Calais. Bald danach gesellte sich Gallands alter Verband aus dem Polenfeldzug, die II/SLG 2, ausgerüstet mit Bomben tragenden Me 109, dazu. Zum Kummer der Jagdflieger hatte man der schnittigen Me eine 250 kg-Bombe unter den Rumpf gehängt, die durch Gewicht und Luftwiderstand die Leistung wesentlich verminderte.

Die Me 110 war, zumindest was die Bombenlast betraf, für die Jaborolle besser geeignet. Die schwere, zweimotorige Maschine konnte insgesamt 700 kg an Bomben schleppen — zwei 250 kg- und vier 50 kg-Bomben. Jede Jagdgruppe der Geschwader im Ärmelkanalabschnitt mußte eine Staffel auf Jagdbomber umrüsten.

Galland betrachtete den Befehl des Oberkommandos der Luftwaffe, die restlichen Jäger Begleitschutz für die Jabos fliegen zu lassen, bis diese ihre Bomben abgeworfen hatten, als den Gipfel der Verrücktheit. Selbst dann konnten sich die Jabos nur mühevoll selbst verteidigen, denn die Aufhängevorrichtungen für die Außenlast bedeuteten zusätzlichen Widerstand. Obendrein waren die Jaboeinsätze von ihrer Art her viel zu defensiv, um wirksam zu sein. Die meisten Jagdflieger haßten es, den Jabos zugeteilt zu werden. Sie wurden ihre Bomben so schnell wie möglich los, um in Luftkämpfen gegen die RAF mitmischen zu können.

Der eben dekorierte junge Kommodore des JG 26 war grundsätzlich nicht gegen die Jabos. Er hatte in Spanien bewiesen, was sie in gewissen Situationen leisten konnten. Es war sicherlich keine vernünftige Aufgabe für die begrenzte Anzahl von Jagdbombern, die Jagdverbände der RAF kontrollieren zu wollen. Die Aufrechterhaltung einer solch unwirksamen Offensivwaffe bedeutete für die Jagdwaffe am Kanal, auf ein Drittel ihrer Stärke verzichten zu müssen. In der Zwischenzeit wurde das Fighter Command von Woche zu Woche stärker.

Das Jagdflugzeug stellte das einzige Mittel zur Erringung der Luftüberlegenheit dar. Jetzt, nachdem die langersehnten Zusatztanks endlich eingetroffen waren, wurden dieselben Aufhängevorrichtungen für die Bomben benutzt. Der Vorteil zusätzlicher Flugdauer, der für die große Schlacht zu spät gekommen war, wurde dadurch wieder zunichte gemacht. Das Vertrauen in die höhere Führung wurde durch solche Handlungen nicht gerade gefördert.

Als die RAF ihre Taktik beibehielt, die Bomber anzugreifen und den Jägern auszuweichen, wurden die Jabos unter die begleitenden Jäger verteilt. Dies machte den Begleitschutz ins Zielgebiet zwar leichter und ihre Erkennung von seiten des Gegners schwieriger, aber es verlangsamte den gesamten Verband. Wenn sich Galland in seinem Cockpit überlegte, wieviel Organisation, Arbeit, Material- und Personalverluste der Abwurf jeder einzelnen Bombe mit der Me 109 kostete, standen ihm einfach die Haare zu Berge. Die fünfte Phase der Schlacht um England brachte beiden Seiten im Grunde nur Unannehmlichkeiten. Den Jagdfliegern der Luftwaffe blieb durch die vom Oberkommando angelegten Fesseln immer noch versagt, das zu tun, was sie am besten konnten.

Galland, nach Berlin befohlen, um das Eichenlaub zum Ritterkreuz von Hitler persönlich zu empfangen, verließ den Kriegsschauplatz mit ausgesprochenen Schuldgefühlen. Er haßte es, seine Piloten alleine weiterkämpfen zu lassen, während er nach Berlin reiste. Trotzdem fühlte er die körperliche Erleichterung, die die Entfernung von Front und Kampf mit sich brachte. Seine geistige und physische Erschöpfung ging ihm auf die Nerven.

Als Galland 1939 Hitler zum ersten Mal vorgestellt wurde, war er nur einer von den hochdekorierten Piloten gewesen, die nach dem Krieg in Spanien in der Heimat willkommen geheißen wurden. Diesmal war es anders. Nachdem er das Eichenlaub und Hitlers Glückwünsche erhalten hatte, setzten sie sich einander gegenüber. Er war allein mit Deutschlands mächtigstem Mann, dessen Autorität in diesem Land nicht in Frage gestellt wurde. Sie saßen in der Reichskanzlei, dem Mittelpunkt von Hitlers Welt.

Hitler, der in Filmberichten immerfort zu toben und rasen schien, gab sich Galland gegenüber als der kompetente Politiker, der sich völlig unter Kontrolle hatte. Als ehemaliger Frontsoldat des Ersten Weltkriegs bewunderte Hitler die neue Generation von Kriegshelden, die Galland verkörperte. In ruhigem Ton fragte er den jungen Piloten nach seinen Erfahrungen in der Schlacht um England und seiner Einschätzung der Royal Air Force. Galland berichtete Hitler, wie verärgert er und seine Piloten über deutsche Radio- und Pressemeldungen waren, die sich herablassend über die RAF äußerten. Die Briten seien die härtesten Gegner, die der Luftwaffe je gegenübergestanden hätten.

Als der junge Major sich ausführlicher über den Kampfgeist der RAF ausließ, der trotz der hohen Verluste ungebrochen war, hörte Hitler aufmerksam und kopfnickend zu. Er sagte, daß Gallands eigene Erfah-

rung in diesem Krieg seine Ansicht von der hohen Qualität der angelsächsischen Rasse bestätigte. Der Krieg mit ihr sei eine welthistorische Tragödie, die er vergeblich zu verhindern versucht habe.
Hitler sprach bewundernd über Britanniens politische Entwicklung und bedauerte seine Unfähigkeit, Deutschland und England zusammenzubringen. Er zeigte sich Gallands Meinungen gegenüber aufgeschlossen und brachte seine eigenen Argumente mit eindrucksvoller Klarheit vor. Galland war von Hitlers verständiger Reaktion überrascht — er hatte erwartet, unterbrochen, verbessert und mundtot gemacht zu werden. Hitler stimmte ihm in der Beurteilung der herablassenden Presseberichte über die RAF sogar zu. Galland verließ die Reichskanzlei nach diesem langen Gespräch, beeindruckt von Hitler und gänzlich ohne den Unmut, den Göring immer verursachte.
Für das junge Fliegeras war ein Interview mit dem ausländischen Pressekorps in Berlin vorgesehen. Im Theatersaal des Propagandaministeriums am Wilhelmsplatz sah er sich einer ansehnlichen Gruppe von Reportern gegenüber. Er trat zunächst mit Abneigung in das Rampenlicht, aber seine Stimmung besserte sich, als die Journalisten ihm Fragen über die RAF stellten. Das gab ihm die Möglichkeit, die deutsche Propaganda, über die er sich gerade bei Hitler beklagt hatte, zu korrigieren. (Jahre danach hörte sich Galland eine Aufzeichnung dieses Interviews an, die ihm das Propagandaministerium gegeben hatte, und fand, daß er seine Meinung nicht geändert hatte.)
Göring ließ Galland von Berlin zum Reichsjägerhof in der ostpreußischen Rominterheide kommen, um einen »Glückwunschhirsch« zu schießen. Jeder deutsche Jäger träumte von einem Besuch dieses berühmten Jagdhauses, aus mächtigen Baumstämmen zusammengefügt und von einem weit überhängenden Rieddach geschützt. Als Galland an der Einfahrt ankam, traf er auf Werner Mölders, der auf dem Weg zurück zur Front war. Mölders war in Eile.
»Der Führer und der Dicke haben mich hierbehalten, als ob der Krieg zu Ende sei«, sagte Mölders. »Ich muß zurück, aber der Dicke hat mir versprochen, daß er dich mindestens ebenso lange wie mich hier festhält. Im übrigen, Waidmannsheil zu dem Hirsch — an dem ich vorbeigeschossen habe. Auf Wiedersehen.«
Mölders fuhr ab, und Göring trat Galland entgegen. Er trug hohe Jagdstiefel, eine seidene Bluse mit aufgebauschten Ärmeln und ein grünes Wildlederwams. Sein Patenonkel wäre stolz auf diesen Anblick gewesen. Göring war strahlender Laune. Gallands Wunsch nach einem Geschwader von Spitfires und auch der Krieg waren für die fröhliche Zeit der Jagd vergessen.

Galland überkam das gleiche Gefühl der Unwirklichkeit, das ihn schon während der Besprechung in Karinhall im August gestört hatte. Während er mit Göring über Hirsche redete, griff die Luftwaffe Rüstungsbetriebe in Southampton an, in der die Spitfire gebaut wurde. Einer von Görings zahlreichen Titeln war »Reichsjägermeister«. Ein Vorrecht dieses Postens war es, Jagdherr in diesem herrschaftlichen Revier zu sein. Görings Tierliebe stand im starken Widerspruch zu seiner rücksichtslosen politischen Natur. Man hatte den kapitalsten Hirschen in Rominten sogar Namen gegeben, und als Glückwunschgeste zu seinen 40 Luftsiegen lud er Galland nun ein, einen dieser »Reichsjägermeister-Hirsche«, den »Neuling«, zur Strecke zu bringen.

»Sie haben drei Tage Zeit«, sagte Göring. »Ich habe Mölders versprochen, Sie mindestens so lange hierzubehalten.«

Am nächsten Morgen, dem 27. September 1940, hatte Gallands Spürnase den wirklich kapitalen Hirsch entdeckt, und um 10:05 gehörte ihm diese prachtvolle Trophäe. Galland war entzückt. Sein früher Erfolg bedeutete, daß er jetzt an die Front zurückkehren konnte. Der Hirsch war genau der, den Mölders am Tag zuvor verfehlt hatte. Er wollte so schnell wie möglich wieder bei seinem Geschwader sein, um Mölders mit seinen Abschüssen keinen zu großen Vorsprung zu lassen. Aber Göring erlaubte ihm die Rückkehr nicht. Der Reichsmarschall hielt das Versprechen, das er Mölders gegeben hatte. »All dies«, dachte Galland, »während der Krieg weitergeht, und meine Männer im Kampf fallen.«

Görings Beharrlichkeit währte bis zum Abend, als die Verlustmeldungen von Kesselring und Sperrle eintrafen. Sie waren schlimm und wurden schlimmer. Unter dem Strich wurden 55 Maschinen der Luftwaffe als vermißt gemeldet, darunter 21 Bomber und einige Jäger aus Gallands JG 26. Göring nahm sich die schlechten Nachrichten zu Herzen.

In dieser zivilen Umgebung sah Galland, wie Göring auf den Tod guter Leute unter seinem Befehl reagierte. Der Reichsmarschall war das genaue Gegenteil seines öffentlichen Erscheinungsbildes. Es gab kein Aufbrausen. Er war völlig erschüttert und konnte die Nachricht einfach nicht fassen. Es war ihm unverständlich, warum die Jäger die Bomber nicht schützen konnten. Mit seinem Ersten-Weltkriegs-Denken war Göring nicht in der Lage, die Realitäten dieser modernen Schlacht über England zu erkennen. Aber trotz allem war er letzten Endes der Oberbefehlshaber dieser mächtigen und doch so empfindlichen Luftwaffe.

Galland verstand die Bedrängnis des Reichsmarschalls. Die Piloten des JG 26, die heute als vermißt oder gefallen gemeldet wurden, waren Männer, die er kannte und die er im Kampf geführt hatte. Und das tat weh. Nochmals versuchte der junge Kommodore, Göring klarzumachen, daß der unmittelbare Jagdschutz der Hauptgrund für die hohen Verluste war. Vorsichtig, aber mit Klarheit, strich er den Preis heraus, der bezahlt werden mußte, wenn man den Jägern ihre offensive Funktion versagte.

Aber selbst dieser Göring, trauernd und ganz und gar nicht die sonst so kraftvolle Persönlichkeit, nahm sich nichts davon zu Herzen. Galland war verwirrt über die Unfähigkeit dieses hochintelligenten und kultivierten Mannes, den Kern des Problems zu sehen. Schließlich änderte er das Thema.

»Herr Reichsmarschall, ich möchte umgehend zu meinem Geschwader zurückkehren.«

Göring nickte, das Versprechen an Mölders war vergessen. Kurz danach verließ Galland den Reichsjägerhof und machte sich mit seiner Hirschtrophäe auf den Weg zum JG 26. Nach einer Notlandung auf einem Feld war er gezwungen, einen Teil der Reise mit dem Zug zurückzulegen. Seine Mitreisenden starrten das Hirschhaupt an, vom Brunftgeruch abgestoßen. Ihre Bemerkungen waren gleichermaßen anrüchig. Selbst das Ritterkreuz an Gallands Hals konnte sie nicht beschwichtigen. Helden durften nicht schlecht riechen.

Das Oberkommando der Luftwaffe machte einen kurzlebigen Versuch, die Angriffsstärke gegen London mit dem Einsatz von kleinen Ju 88-Formationen zu erhöhen. Als Jagdschutz für diese Einsätze wurden jedem Bomber sieben Jäger zugeteilt. Das klappte nicht, und die RAF war trotz ihres Pilotenmangels in der Lage, den Angreifern Paroli zu bieten. Am 30. September 1940 verlor die Bomberwaffe 47 Maschinen, und das bedeutete das Ende der Tagesangriffe. Die RAF verlor bei diesem Unternehmen acht Piloten und 20 Flugzeuge.

Die Bomber gingen nun zu Nachtangriffen über. Tagesbombardierung wurde den Jabos überlassen. Trotz der reduzierten Tageseinsätze wurde keiner der Kommodores an der Kanalfront das Gefühl los, immer noch zurückgehalten zu werden. Ihre Einsatzkraft konnte sich nicht voll entfalten. Die Verluste bei den Me 110-Jabos und ihren Besatzungen waren hoch, hielten sich bei den Jagdgeschwadern aber noch in Grenzen. Galland, Mölders, Trautloft, von Maltzahn und die anderen Kommodores besprachen ihre Probleme mit Osterkamp, der ihr Fürsprecher bei Kesselring, Sperrle und Göring war.

Einschneidende Änderungen wurden nicht vorgenommen. Der Luftkrieg gegen England verlor im Oktober an Intensität mit Luftwaffenverlusten von 325 Maschinen gegenüber 500 im September. Die RAF-Verluste gingen auf 251 Maschinen zurück mit 100 gefallenen RAF-Piloten für Oktober im Vergleich zu 148 im August und 159 im September. Die Jägerproduktion Englands hatte die der Deutschen bereits weit hinter sich gelassen, und die RAF war dabei, ihren kritischen Mangel an Piloten zu beheben. Gegen Ende Oktober war für die RAF das Schlimmste vorbei.

Für Major Galland vom JG 26 erschienen die Ereignisse im Oktober 1940 in etwas anderem Licht. Die Jagdflieger der Luftwaffe waren sich nicht bewußt, den Kampf verloren zu haben. Als Angreifer rechneten sie mit Verlusten. Galland und seine Piloten sahen in dem chaotischen Trubel um sie herum lediglich Anzeichen, daß der Kampf im September einen Höhepunkt erreicht hatte. Die Luftwaffe war offenbar nicht in der Lage, Britannien ausschließlich aus der Luft zu bezwingen. Das Herbstwetter war im Anzug und umgab alle Kämpfenden mit unparteiischer Feuchtkälte. Während der nächsten Wochen hielt das Wetter die Maschinen des JG 26 immer häufiger am Boden.

Bei den Mahlzeiten gab es während dieser Zwangspausen oft angeregte Diskussionen. Galland sagte seinen Piloten, daß sie sich im Frühjahr wiederum in großer Zahl auf die RAF zu stürzen hätten. Sie hatten das JG 26 zum gefeiertsten und begehrtesten Geschwader dieses Kampfes gemacht. Galland versprach, alles in seiner Macht liegende zu tun, um die notwendigen taktischen Änderungen herbeizuführen. Sie sahen die Schlacht als unentschieden, aber keinesfalls als verloren an. Den Geschwadern an der gesamten Kanalfront mangelte es nicht an Kampfgeist.

Unglücklicherweise für Deutschland waren nicht alle Führer so offen und ehrlich wie Adolf Galland. Im Herbst 1940 hatten weder er noch die unter seiner Führung fliegenden Männer die geringste Ahnung vom bevorstehenden Angriff auf Rußland. Die sichtbare Verringerung der Angriffe auf England spielte sich vor einem Hintergrund ab, der für die Einsatzpiloten nicht erkennbar war. Die oberste Führung der Luftwaffe stand unter dem enormen Druck, den die Erfordernisse der gewaltigen Aufgabe im Osten verursachten. Die Führung war von der RAF zurückgestoßen und verunsichert worden. Im Hinblick auf dieses unvollständige Unternehmen konnte der geplante Angriff auf Rußland nur Besorgnis hervorrufen. Deshalb wurden die Einsätze am Kanal langsam auf Defensive umgeschaltet.

Ende November 1940 war es klar, daß etwas getan werden mußte, um dem Personal der Jagdgeschwader die Gelegenheit zu geben, sich von den Strapazen zu erholen. Galland und seine Kollegen schlugen dem Oberkommando vor, daß jedes Geschwader für drei oder vier Wochen aus dem Frontdienst reihum herausgenommen werde. Die Männer konnten sich erholen, und die lädierten Maschinen konnten repariert und wieder auf Vordermann gebracht werden. Dieser Antrag wurde genehmigt, aber nicht unmittelbar in die Tat umgesetzt. Der bevorstehende Urlaub war natürlich eines der Hauptgesprächsthemen unter den Piloten.

Am 5. Dezember 1940 hatte Galland seine Luftsiege trotz schlechten Wetters und geringerer Möglichkeiten auf 58 erhöht. Weihnachten 1940 sah den Gefechtsstand des JG 2G bereits in Abbéville. In dieser Zeit der Überraschungsgeschenke erhielten Galland und sein Geschwader einen unerwarteten Besuch Hitlers.

Hitler sprach zu den Piloten im Hinblick auf den erneuten Angriff auf England im kommenden Frühjahr. Die Einsätze würden in noch größerem Rahmen durchgeführt und würden England zur Aufgabe zwingen. Die Jagdwaffe am Kanal würde verstärkt werden. Von der zweiten Front, die Hitler 1941 gegen die Sowjetunion vorbereitete, wurde nichts erwähnt. Hitler wünschte Galland und seinen Piloten ein glückliches neues Jahr. Für viele von ihnen sollte es das letzte sein.

Als sich die Jagdwaffe am Kanal auf Verteidigung umstellte, durchdachte Galland immer wieder die Lehren der Schlacht vom Sommer 1940. Der Mangel an Nachrichtenaustauschbarkeit zwischen Jägern und Bombern war allen teuer zu stehen gekommen. Vor einem erneuten Großangriff auf England würde man ein Jägerleitsystem benötigen, das dem der RAF ähnlich war und dieser so viel geholfen hatte.

Die Luftwaffe hatte während der härtesten Auseinandersetzung mit der RAF kein Jägerleitsystem. Die Voraussicht und das Geschick des Sonderführers Horst Barth, einem Sprachen- und Radiospezialisten, hatte zu einer Art Ersatzsystem geführt. Die meisten Einsatzführer, Galland eingeschlossen, waren bodenständigen Führungssystemen gegenüber mißtrauisch, weil sie sich ihre Bewegungsfreiheit in der Luft erhalten wollten. Die Erkenntnisse des Abhördienstes waren nicht ausgenutzt, solange es nicht möglich war, die Informationen, die sich aus dem abgehörten englischen Funksprechverkehr der Jagdflieger ergaben, unverzüglich weiterzugeben.

Barths Elitegruppe von Radio- und Sprachexperten befand sich bei Wissant in der Gegend von Cap Gris Nez. Sie hatten sich mit dem Jargon der britischen Jägerleitoffiziere, die die Abfangoperationen dirigierten, völlig vertraut gemacht. Alle Spitznamen, Kodes und das Kauderwelsch waren entschlüsselt, und einzelne RAF-Leitoffiziere konnten sie wie Schauspieler an ihren Stimmen erkennen.

Barth hörte mit seinem Dienst den Funksprechverkehr der Briten ab und konnte auf einer Karte von Südengland im Maßtab 1:50 000 die RAF-Jäger mit derselben Genauigkeit verfolgen, wie das auf der anderen Seite in Bentley Priory getan wurde. Aus der Fülle des RAF-Funksprechverkehrs siebte er die für den Einsatz wichtigen Informationen heraus und gab sie auf deutsch über Telefon an Osterkamps Gefechtsstand weiter.

Als Galland von dieser Methode Wind bekam, war er zunächst mißtrauisch und sträubte sich dagegen, weil er glaubte, daß ihm in der Luft jemand befehlen würde, wo er hinzufliegen und wie er zu kämpfen habe. »Onkel Theo« Osterkamp war vom Wert des Barth'schen Systems überzeugt, denn es lieferte Daten über britische Einsätze, an die sonst nicht heranzukommen war. Barths Einheit hörte ebenso den Funksprechverkehr zwischen den Jagdmaschinen der Luftwaffe ab, was ihr den Spitznahmen »Jafü-Polizei« einbrachte. Barth fuhr fort, Osterkamp mit Daten zu versorgen, bis Göring das Abhörsystem entdeckte.

Barths Spezialistengruppe wurde sofort erweitert und einem höheren Offizier unterstellt. Seine sprachbegabten Radioleute wurden befördert und versetzt. (Barth selbst wurde später Chef der Jagdflieger-Vernehmungsabteilung an der Auswertestelle West, wo gefangene alliierte Piloten von der Luftwaffe vernommen wurden.)

Zu Neujahr 1941 hoffte Galland, daß die neuen, großen Angriffe auf England, die Hitler angekündigt hatte, mit verbesserten Radareinrichtungen durchgeführt werden würden. Detaillierte Kenntnis britischer Absichten und verbesserte Verständigungsmöglichkeiten waren ebenfalls erforderlich. Wenn seine Spürnase noch dazu von Radar unterstützt würde, hätte er es leichter, seine Gegner zu finden. So wie sich das Jahr 1941 entwickeln würde, sollte Galland keine Schwierigkeiten haben, die RAF zu finden. Sie kam ihm entgegen — andauernd und in großer Stärke.

Die vorzeitige Tapferkeitsbeförderung zum Oberstleutnant am 1. November 1940 war für Galland einer der wenigen Lichtblicke während des herbstlichen Nieselregens. Und der Neujahrstag 1941 brachte dem JG 26 noch bessere Nachrichten. Der von Göring genehmigte, langerwartete Urlaub wurde endlich organisiert. Die »Abbéville Boys«, wie das JG 26 von der RAF genannt wurde, freuten sich auf diese Ruhepause wie Kinder auf Weihnachten. Während das JG 51 unter der Führung von Werner Mölders als Ablösung nach Abbéville verlegte, drehten sich Gedanken und Gespräche beim JG 26 fast nur noch um Tirol.

Das technische Personal ging in Schichten auf Urlaub. Die Piloten wurden zunächst in einen kurzen Heimaturlaub geschickt und trafen sich danach in St. Anton und Zürs am Arlberg. Mit einer großzügigen Geste gewährte Göring sogar einen Gehaltszuschlag, um die Kosten für die-

sen unvergeßlichen Skiurlaub zu decken. Jeder der beteiligten Flieger hatte sich diese Pause auch verdient, und alle bedurften der therapeutischen Wirkung, die der vollständige Szenenwechsel mit sich brachte.
Die anregende körperliche Betätigung in der Gebirgssonne, verbunden mit dem Spaß auf den Skihängen, verwandelte die Bleichgesichter in gebräunte und tatkräftige junge Männer. Die frische Bergluft ließ sie den penetranten Geruch des Me 109-Cockpits vergessen. Abende am lodernden Kaminfeuer stellten die Krönung dieser erholsamen Tage dar. Gute Getränke, Wein und Bier sorgten dafür, daß sich die in den harten Monaten gegen die RAF aufgebaute nervöse Spannung allmählich abbaute.
Die »Abbéville Boys« waren in den besten Hotels einquartiert, und es blieb nicht aus, daß sich hübsche und freundliche Damen, darunter bekannte Schauspielerinnen, um sie scharten. Sie schienen zu wissen, wie man müde Flieger zu behandeln hatte, um sie von ihren Erinnerungen an gefallene Kameraden und vergangene Kämpfe abzulenken. Viele dieser jungen Frauen fühlten sich zu dem schnurrbärtigen, dunkelhaarigen Galland hingezogen. Die Liste seiner Spitznamen wurde um Mufti, Roter Baron und Dolfo — nach dem »Capitano« der Legion Condor — erweitert. In Deutschland war er inzwischen zu einer Berühmtheit geworden.
Fotos von Galland waren bereits in vielen Illustrierten und Zeitungen erschienen. Zusammen mit Werner Mölders sah er sich von den Autoren, die über die neue Generation der Fliegerhelden berichteten, bereits auf eine Ebene mit von Richthofen, Boelcke und Udet gehoben. Sein schneidiges Auftreten und seine eindrucksvolle Erscheinung, besonders in ordensgeschmückter Uniform, machten Galland zu einem bevorzugten Objekt der Presse.
Während des Urlaubs am Arlberg trug er natürlich keine Uniform. Auf den ersten Blick war er ein Mann durchschnittlicher Statur, der aussah, als ob er einen Faustschlag auf die Nase bekommen hatte. Trotzdem zog er Frauen wie ein starker Magnet an. Es lag also nicht nur an seinem Ruhm, Rang oder Status.
Gallands Wahl fiel schließlich auf Monika, eine geschiedene Frau von besonderer Attraktivität. Sie wollte sich in der Bergluft erholen, nachdem sie sich von ihrem älteren Ehemann getrennt hatte. Ihr vierjähriger Sohn Michael begleitete sie. Auch in seinem gesellschaftlichen Leben legte Galland Wert auf Ordnung und Organisation. So half ihm Monika unter einem für alle Seiten vorteilhaften Arrangement in kurzer Zeit, die RAF wenigstens vorübergehend zu vergessen. (Sie sollten noch bis 1945 eng befreundet bleiben. Monika wohnte in Berlin in seiner Nähe

7 Hauptmann Jochen
ıüncheberg (†), ein aus-
ɛzeichneter Jagdflieger

ꞁ Beim JG 27 in Afrika mit
ɔmmodore Oberstleutnant
ɫuard Neumann (rechts)

19 Mit Mölders beim JG 26, Oktober 1940

21 Luftsie

22 Die Reste der Me 109 nach Gallanc
Absprung, Juni 194

20 Mit Göring und Mölders am Sonderzug in Frankreich, Herbst 1940

23 Der Kommodore des JG 26, links Meyer, rechts Olemotz

24 Die hervorragenden Kommodores Oesau (†) und Priller (†)

und half mit, ihm das Leben zu retten. Sein Verhältnis mit ihr brachte ihm jedoch Unannehmlichkeiten, denn ihre Freunde in der Filmbranche und anderen Kreisen waren Nazi- und Kriegsgegner.)

Wie denkwürdig dieser Urlaub für das beste Jagdgeschwader der Luftwaffe war, konnte man noch während Gallands 70. Geburtstagsfeier in Köln feststellen. Im März 1982 waren die Häupter zwar grau oder kahl, aber die Unterhaltungen der gealterten Überlebenden des JG 26 drehten sich immer noch um den Arlbergurlaub – 41 Jahre später! Während sie ihre Batterien in den Alpen frisch aufluden, wurden ihre Maschinen, Fahrzeuge und Gerät auf den Heimatbasen des JG 26 in Düsseldorf, Mönchengladbach und Krefeld wieder in Schuß gebracht. Die Gruppen hatten diese Plätze seit dem Beginn der Schlacht um Frankreich nicht mehr gesehen.

Als die drei Gruppen des JG 26 am 1. März 1941 wieder einsatzbereit waren, wurden sie nach Brest, Morlaix und Lannion in der Bretagne verlegt. Ihre Aufgabe war es, die Schlachtschiffe in Brest und die dort und in Lorient neu errichteten U-Bootbasen zu schützen. Galland paßte dieser Verteidigungsauftrag nicht, der das Geschwader zu weit vom Kampfgeschehen fernhielt. Der Jagdflieger gleicht einem Rennpferd, das mit voller Geschwindigkeit über die Bahn fegt und auf das Ziel zuprescht, aber ungeduldig wird, wenn es nur einen Milchkarren ziehen darf.

Etwa zur gleichen Zeit wurde Gallands jüngster Bruder Paul mit seiner Jagdfliegerausbildung fertig. Galland brachte es fertig, ihn in der III. Gruppe seines Geschwaders unterzubringen, wo er ihn im Auge behalten konnte. Nach Dienst konnten sie als Keffer und Paulinchen Erinnerungen an Westerholt und die Heimat austauschen und sich damit ein Stück Menschlichkeit inmitten des Kriegsgetümmels erhalten.

Sein zweitjüngster Bruder Wilhelm-Ferdinand, Wutz genannt, hatte ihn während der Schlacht um England an der Kanalküste oft besucht. Wutz war Adjutant in einem Flak-Ausbildungsbataillon, wollte aber zur Jagdwaffe überwechseln. Er bat seinen berühmten Bruder um Hilfe. Kurz darauf wurde Wutz versetzt, um eine beschleunigte fliegerische Ausbildung zu durchlaufen. Danach sollte er zur Jagdwaffe und ins JG 26 kommen.

Um das Familiengeschäft abzurunden, tat der Kommodore sogar seinem ältesten Bruder Fritz einen Gefallen. Obwohl er Fritz noch immer nicht besonders leiden konnte, setzte Galland einige Hebel in Bewegung. Und so wurde Fritz, wie vorher Wutz, durch ein ähnliches Ausbildungsprogramm geschleust. Er überlebte das Kriegsende als Aufklärungs- und Jagdflieger.

Als Galland zur Verlegung auf die Plätze in der Bretagne startete, wurde ihm bewußt, daß es bereits vier Monate her war, seit er sein letztes Feindflugzeug abgeschossen hatte. Unglaublich! Mürrisch an seinen neuen Verteidigungsauftrag denkend, beschloß er, wenn auch nur kurz, persönlich die Offensive zu übernehmen. Nachdem er in La Touquet aufgetankt hatte, machte er mit seinem Rottenflieger, Oberfeldwebel Menge, einen herausfordernden Abstecher über Südengland.

»Finde den Feind und schieß ihn ab«, hatte der Rote Baron 1917 gesagt. So krebste Galland, seine dicke, schwarze Zigarre im Aschenbecher seines Cockpits verstaut, über England, um den Feind zu finden und abschießen zu können. Der Pilotenmangel der Schlacht um England war längst behoben, und das Fighter Command schickte ihm eine ganze Staffel Spitfires entgegen, um ihn etwas Bescheidenheit zu lehren.

Galland erspähte die Spitfires bereits im Steigen und stürzte sich aus 1000 m Überhöhung auf sie. Die Überraschung gelang. Innerhalb von kürzester Zeit schossen Galland und Menge je eine der britischen Maschinen ab, um dann mit Vollgas in Richtung Bretagne abzudrehen. Als sie in Brest landeten, konnten sie zwei weitere Luftsiege für das JG 26 verbuchen. Ihre erstaunten Kameraden konnten es kaum glauben, denn sie hatten Feindflugzeuge noch nicht einmal aus der Ferne zu Gesicht bekommen.

An seinem derzeitigen Standort war für das Geschwader herzlich wenig los, während es am Pas de Calais nach wie vor rund ging. Werner Mölders sammelte weiterhin Luftsiege. Im Rennen um die höchste Anzahl von Abschüssen lagen Mölders und Galland vorn. Die anderen beiden Asse aus der Zeit der Schlacht um England waren bereits ausgeschieden: Major Helmut Wick vom JG 2 war den Fliegertod vor der Südküste Englands gestorben, und Hauptmann Wilhelm Balthasar war verwundet worden und lag weit hinter Galland zurück. Die Zahl der Luftsiege von Werner Mölders wuchs stetig und mit ihr Gallands Ehrgeiz. Er wünschte sich an Mölders' Stelle — und sollte sich bald dort befinden, allerdings anders, als es ihm lieb war.

Am 15. April 1941, dem Geburtstag von General Osterkamp, machte Galland wiederum einen unerlaubten Abstecher über Südengland. Onkel Theo war Jafü 2 in La Touquet, und da sich in jenen Tagen aufgrund der eisenhaltigen Luft niemand seiner kommenden Geburtstage sicher sein konnte, hatte er Galland eingeladen, mit ihm zu feiern. Der junge Kommodore war drei Wochen vorher gerade 29 Jahre alt geworden.

Galland packte einen passenden Korb voll Hummern und Austern und verstaute ihn hinter dem Pilotensitz in seiner neuen Me 109 F-2. Er startete von Brest aus mit seinem Rottenflieger, Olt. Westphal. Trotz seines Dienstgrades als Oberstleutnant und trotz des Hummern- und Austernkorbes an Bord konnte er es sich nicht verkneifen, wieder einen Abstecher über England zu machen, um den britischen Löwen am Schwanz zu ziehen.

Das Glück war wiederum auf seiner Seite. An der Südküste Englands sichtete er eine einzelne Spitfire, wahrscheinlich auf der Rückkehr von einem Aufklärungsflug. Eine wilde Verfolgungsjagd begann. Nach einem wohlpariertem Feuerstoß stürzte die Spitfire über einem Dorf westlich von Dover ab.

Auf Le Touquet abdrehend, entdeckte Galland zu seinem Erstaunen eine ganze Staffel Spitfires im Steigen — möglicherweise seinetwegen im Alarmstart in die Luft geschickt. Eine der Maschinen hing hinter dem Verband zurück. Galland gelang es, unentdeckt an sie heranzukommen und sie mit einem kurzen Feuerstoß abzuschießen. Mittlerweile hatten sich die Radarechos der deutschen und britischen Maschinen wahrscheinlich zu einem unauflösbaren Wirrwarr vereinigt. Galland machte sich an eine dritte Spitfire heran, die er aus geringer Entfernung sofort anschoß. Die getroffene Maschine verlor so schnell Fahrt, daß Galland fast mit ihr zusammengestoßen wäre. Westphal hatte sich in gute Schußposition gebracht, als er Ladehemmung bekam. Die britischen Piloten merkten endlich, daß sie deutsche Jäger in ihrer Mitte hatten und drehten auf ihre Angreifer zu.

Mit Vollgas ging es nun runter und über den Kanal, verfolgt von Leuchtspurgeschossen. Mit Spitfires hinter sich und voll aufgedrehtem Motor mußte Galland feststellen, daß Westphal ihm allmählich davonflog. Irgendwie hatte seine Maschine Treffer abbekommen. Komischerweise dachte er in diesem Augenblick an die Hummern hinter seinem Sitz — war Onkel Theos Geburtstagsgeschenk noch heil?

Sie ließen die Spitfires mit knapper Not hinter sich und kamen schließlich über Le Touquet an. Als Galland zur Landung ansetzte, stiegen vor ihm rote Leuchtkugeln auf. Die fuchtelnden Warte am Boden signalisierten ihm, durchzustarten. Fluchend und verwundert drehte er noch eine Platzrunde — irgend etwas stimmte mit seiner Mühle nicht. Dann endlich fiel der Groschen: Er hätte fast eine Bauchlandung gemacht. Welch ein Geburtstagsgeschenk wäre das für Onkel Theo gewesen. OTL Galland, zweithöchstes As der Luftwaffe, landet mit eingezogenem Fahrwerk vor der Tür seines Jafü: eine zerstörte Me 109 F-2, von Hummern und Austern ganz zu schweigen.

Im Luftkampf mit den Spitfires hatte sein Knie wahrscheinlich den Fahrwerksknopf berührt, und das Fahrwerk war während der Kurbelei ausgefahren. Kein Wunder, daß er umtrimmen mußte und daß Westphal ihm davongeflogen war. Als er den Knopf über Le Touquet bediente, war das Fahrwerk eingefahren. Glücklicherweise hatte er die Leuchtkugeln rechtzeitig gesehen. Galland und Onkel Theo hatten deshalb mehr als nur einen Grund, mit Champagner auf das Jägerglück anzustoßen.

Im April 1941 verstärkte die Bomberwaffe ihre Nachtangriffe auf England. Dies sollte von der Verlegung der meisten fliegenden Verbände in Richtung Osten zur Vorbereitung der Invasion Rußlands ablenken. Zahlreiche Einsätze wurden von den im Westen verbleibenden Bomberverbänden geflogen, um einen Anschein von Stärke aufrechtzuerhalten. Für die Bomberbesatzungen war dies eine kräftezehrende Strapaze; dennoch gelang es ihnen, im April 1941 5400 Einsätze zu fliegen, mehr als im August 1940. London erlebte während dieser Zeit die zwei heftigsten Angriffe des Krieges. In den Nächten vom 16. und 19. April wurde die britische Hauptstadt von je 700 Bombern heimgesucht. Trotz einer schrumpfenden Anzahl einsatzbereiter Bomber hielt Göring an der Idee einer weiteren Runde der Schlacht um England fest. Die Propagandamaschine hielt diese Möglichkeit ebenfalls wach.

Als Bestandteil seines Täuschungsmanövers berief Göring im April eine Einsatzbesprechung in Paris ein, zu der alle Kommandeure und Führer fliegender Verbände befohlen wurden. Galland und Mölders waren anwesend, als Göring seinen Zuhörern eine Liste von Maßnahmen gegen die RAF erläuterte. Göring schien seine Untergebenen mit seinen kraftvollen Argumenten zu überzeugen, und Gallands Stimmung verbesserte sich merklich. Sowohl er als auch Mölders nickten zustimmend.

Nach der Besprechung nahm Göring die beiden Jagdflieger beiseite.

»Was halten Sie von meiner Rede?« sagte der Reichsmarschall. »War sie überzeugend?«

Ihre Zustimmung ließ ihn kichernd seine Nase reiben, eine für ihn charakteristische Geste.

»Gut. Sehr gut. Sie haben alles geglaubt, und das ist gut. Und nun sage ich Ihnen, daß alles gar nicht wahr ist.«

Darauf fing Göring an, sich über den Ruhm auszulassen, der die Luftwaffe bei der bevorstehenden Invasion Rußlands erwartete! Galland bekam einen lähmenden Schock, und Mölders Gesicht erstarrte zu einer Maske, als Göring ihnen seinen Plan erklärte: eine kurze und heftige Kampagne mit etwa sechs Wochen Kampfgeschehen, nicht mehr als zwei oder drei Monate insgesamt, Aufräumen eingeschlossen. Der Großteil der Jagdwaffe sollte sofort nach Osten verlegt werden, ein-

schließlich Mölders mit seinem JG 51. Die Kanalfront sollte nur vom JG 2 und JG 26 verteidigt werden.
Nach dem Sieg über Rußland sollten andere Jagdverbände wieder zurück nach Westen kommen. Gestärkt durch Rußlands Hilfsquellen, würde Görings Luftwaffe dann England in die Knie zwingen — wenn die Briten vorher nicht selbst zur Besinnung kämen. Die russische Luftwaffe? Keine Ursache zur Beunruhigung. »Schießt nur ihre Führer ab, und die Analphabeten finden noch nicht einmal nach Hause.«
Während Göring die sowjetische Luftmacht in dieser unverantwortlichen Art heruntermachte, hatte der deutsche Luftwaffenattaché in Moskau einen anderen Eindruck gewonnen. OTL Aschenbrenner, der es später bis zum Generalleutnant brachte, hatte für eine Gruppe deutscher Ingenieure eine Besichtigungstour der sowjetischen Luftfahrtindustrie arrangiert. Eine ungeheure Anzahl von Maschinen wurde produziert. Die Fabriken beschäftigten 30 000 Arbeiter pro Schicht, mit drei Schichten am Tag, sieben Tage in der Woche. Der russische Konstrukteur Artemis Mikoyan machte Aschenbrenner am Ende der Tour klar, daß die Sowjetunion jeden Angreifer zerschlagen würde. Diese auf Hochtouren laufende russische Luftfahrtindustrie unterschied sich ganz wesentlich von der Luftwaffe, wo Verluste der Schlacht um England noch nicht einmal vollständig ersetzt worden waren.
Göring war, selbst Hitler gegenüber, ursprünglich gegen eine Invasion Rußlands gewesen. Als Gründe hatte der Reichsmarschall die Erschöpfung der Luftwaffe und die Notwendigkeit für Erholung, Modernisierung und Vergrößerung angegeben. Als Hitler auf seinem Plan bestand, den bolschewistischen Koloß zu zerschmettern, gab Göring klein bei. Wiederum war es ihm wichtiger, seinem Gebieter zu Gefallen zu sein. Darauf ließ sich die lächerliche Abwertung der sowjetischen Luftwaffe im Gespräch mit Galland und Mölders zurückführen. Görings fortgesetzte Überbeanspruchung der Bomberbesatzungen, in dem Bestreben, die Briten zu täuschen, stellte sich als total vertaner Aufwand heraus.
Unbezahlbare Ultra-Entschlüsselungen, zusammen mit mehr herkömmlichen Nachrichtenauswertungen aus Deutschland, Polen und dem Balkan wiesen klar auf Hitlers kommende Invasion Rußlands hin. Eine Kopie der Direktive vom 18. Dezember 1940, Kodename »Barbarossa«, wurde Moskau von Washington übergeben — zu einer Zeit, als die USA noch neutral waren. Ein unbekannter Beamter und Hitler-Gegner hatte das Dokument dem Wirtschaftsattaché der USA in einem Kino übergeben. Sorgfältige Planung und Tarnung brachten den Deutschen nichts ein. Durch Ultra-Nachrichten waren die Briten bis aufs

kleinste über deutsche Truppenbewegungen, Einsatzpläne und Kommandeure informiert.

Gallands ehemaliger Vorgesetzter in Spanien und Polen, General Wolfram von Richthofen, war für Ultra und den RAF-Nachrichtendienst kein Unbekannter. Als dieser tüchtige Kommandeur und sein 8. Fliegerkorps zur Unterstützung von 20 Heeresdivisionen von der Kanalküste nach Rumänien und Bulgarien verlegt wurden, war den Briten sicher klar, daß die Deutschen kein Manöver veranstalteten. Rußlands Botschafter in London, Ivan Maisky, wurde ins Foreign Office bestellt, wo ihm eine umfassende und eindrucksvolle Übersicht über die weitreichenden Bewegungen der Deutschen auf Rußlands Grenzen zu vorgelegt wurde.

Göring stellte seinen beiden Jagdfliegern gegenüber die Invasion Rußlands als Kinderspiel hin. Galland war nicht davon überzeugt. Ihm stand noch das Fernschreiben des Reichsmarschalls vom Adlertag vor Augen: »Bald werdet ihr die Britische Luftwaffe vom Himmel fegen.« Das war damals auch als leichte Aufgabe hingestellt worden. Ein verzweifelter, blutiger und nervenaufreibender Kampf sollte die Folge sein, der immer noch nicht endgültig entschieden war. Angesichts dieser Lage war Galland über die beabsichtigte Invasion Rußlands zutiefst erschüttert und konnte dieses Gefühl nicht wieder loswerden.

Mit seiner Logik, gesundem Menschenverstand und Sinn für den Luftkrieg sah er den Angriff auf Rußland als enormes Wagnis an. Noch düsterer waren die Aussichten für die Kanalfront. Nur zwei Geschwader sollten der ständig stärker werdenden RAF Paroli bieten — das bedeutete nicht mehr als eine hoffnungslos unterlegene Verteidigung.

Gallands Befürchtungen wurden durch die Tatsachen bestätigt. Am 1. April 1941 besaß die RAF 1200 Flugzeuge und 1700 Piloten. Das massive Empire Air Training System hatte mit der großangelegten Ausbildung von Flugzeugführern begonnen, während die Pilotenschulung der Luftwaffe immer noch wie ein armes Stiefkind behandelt wurde.

Das RAF Bomber Command wurde ebenfalls erweitert. Eine besorgniserregende Produktionsserie von viermotorigen strategischen Bombern war geplant. Gegen diese sich entfaltende Streitkraft hatte die Luftwaffe nur JG 2 und JG 26 einzusetzen — lediglich ein Fünftel der Jagdverbände, die in der Schlacht um England kämpften. Kesselring und seine Luftflotte 2 wurden an die Ostfront verlegt. Hugo Sperrle wurde in einsamer Herrlichkeit mit seinem Rumpfkommando, JG 2 und JG 26, und 4 von ehemals 44 Bombergruppen am Kanal zurückgelassen.

Als belagernde Macht von 1940 am Kanal sah die Luftwaffe 1941 die Rollen vertauscht. Der zahlenmäßige Anstieg der Briten wurde von einem aggressiven Kampfgeist getragen. Sie waren darauf aus, sich für 1940 zu revanchieren. Nun war es die Luftwaffe, die auf Angreifer von der anderen Seite des Kanals warten mußte. Blenheims, Bostons und Stirlings begannen, den Kanal in Gruppen von etwa zwei Dutzend Maschinen zu überqueren, mit einer dreifachen Anzahl von Begleitschutz fliegenden Jägern. Die Spitfires waren neuere Modelle, besser bewaffnet und gut geflogen.

Eisenbahnknotenpunkte, Flugplätze und strategische Industrieziele in Frankreich, bis Paris und Lille, sahen sich nun ständig RAF-Angriffen ausgesetzt. Die Jäger der Luftwaffe am Kanal gingen auf ein Alarmstartsystem über und stiegen den britischen Verbänden entgegen, wenn Vorwarnung, Wetter und Zeit es zuließen. Die zahlenmäßigen Chancen für die Luftwaffe standen schlecht und wurden schlechter.

Als Deutschland im Juni 1941 Rußland angriff, wurden die Bombereinsätze der RAF gegen Ziele in Nordfrankreich intensiviert. Galland sah sich gezwungen, von Einsätzen in Gruppenstärke auf Geschwaderstärke umzuschalten, um von der ständig wachsenden Anzahl von RAF-Jägern nicht überwältigt zu werden. Die Briten konnten ihre Verluste schnell ersetzen, während Galland mit seinen Verlusten leben mußte. Ersatzpiloten und Maschinen waren einfach nicht vorhanden. JG 2 und JG 26 verloren sichtbar an Stärke. Jedes Geschwader mußte froh sein, wenn es 50 einsatzfähige Maschinen zur Verfügung hatte, statt normalerweise 80.

Ein Teil von Adolf Gallands lebenslangem Respekt für die RAF geht auf diese Zeit zurück, als er die Rolle des verteidigenden Jagdfliegers spielen mußte. Die täglichen, oft zwei- und dreimaligen Angriffe der RAF waren die Ursache für eine Belagerungsmentalität innerhalb des JG 26. Britische Bomber und Jäger wurden zwar abgeschossen, aber ihre Angriffsstärke schien sich nicht zu vermindern. Verluste wurden offensichtlich umgehend ersetzt. Galland und seine Piloten fanden die Belastung für Mensch und Material wieder genau so hoch wie zur Zeit der Schlacht um England.

Die Abnutzung der Verteidiger wurde durch einige aufeinanderfolgende Befehle des Oberkommandos unterstrichen. Zuerst wurde den Piloten verboten, über England zu fliegen. Dann wurde ihnen untersagt, den Feind über die Kanalmitte hinaus zu verfolgen. Unter diesen Einschränkungen sollte es für OTL Galland keine »Hummern-und-Austernflüge« mehr geben. Seit August 1940 hatten sich die Dinge radikal geändert.

Am 21. Juni 1941 sah sich Galland um die Mittagszeit in einen Kampf mit einem Verband von Blenheim-Bombern nahe St. Omer verwickelt. Er überließ seiner eigenen Formation die Aufgabe, die begleitenden Jäger anzunehmen, und griff mit seinem Rottenflieger, Feldwebel Hegenauer, die Bomber an. In zwei Anflügen schoß er zwei Blenheims ab, Luftsiege 68 und 69. Aber die Spitfires mischten auf einmal mit. Galland spürte, wie seine Maschine verschiedene Einschüsse abbekam, und steuerte auf einen tiefliegenden Dunstschleier zu. Leuchtspurgeschosse zischten um sein Flugzeug herum, das eine schwarze Rauchfahne hinter sich herzog.

Er tauchte in den Dunst ein und war für den weißen Schleier zwischen sich und seinen Verfolgern dankbar. Seine Me 109 flog noch, aber die Temperaturanzeige befand sich bereits im roten Bereich. Kurz darauf lief der Motor fest. Seine Segelflugerfahrung aus der Borkenberger Zeit machte sich wiederum bezahlt. Als er im Sinkflug aus dem Dunst herauskam, befand er sich über dem Flugplatz Calais-Marck — welch ein Glück! Nach einer gelungenen Bauchlandung kletterte er unversehrt aus seiner Maschine, wurde innerhalb einer Stunde von einer Me 108 Taifun abgeholt und zu seinem Gefechtsstand nach Audembert zurückgeflogen.

Er konnte sich vorstellen, wie sich drüben in England ein paar Piloten die Köpfe darüber zerbrechen würden, wem sein Abschuß zuzuschreiben sei. Hegenauer war ebenfalls abgeschossen worden, aber sein verläßlicher Rottenflieger aus der Zeit der Schlacht um England war heil davongekommen. Die angriffslustige RAF würde bald zurück sein. Die Bomber und die sie begleitenden Jäger ließen nicht auf sich warten.

Am Nachmittag startete Galland alleine und stieg auf Abfanghöhe. Er hatte vor, sich während des Steigfluges mit der I/JG 26 zu treffen. Südöstlich von Boulogne entdeckte er die deutschen Jäger und eine Spitfire-Formation zu deren Linken mit einigen Nachzüglern. Der Jäger Galland vergaß den Grundsatz, daß ein Jagdflieger ohne seinen Rottenflieger weniger als die Hälfte wert ist. Er stieß auf seine Beute zu.

Als er die Spitfire, die er als den letzten Nachzügler sah, schwer getroffen hatte, wurde ihm bewußt, daß er keinen Rottenflieger hatte, der den Abschuß bestätigen konnte. Die britische Maschine stürzte ab. Dies war sein 70. Luftsieg.

Eine Salve von schnell aufeinanderfolgenden Treffern endete mit einer gewaltigen Explosion in seiner Me 109. Kopf und Arm wurden von schmerzhaften Schlägen getroffen. Die Tragflächen waren von Kanonenfeuer zerfetzt, und eine Rumpfseite wurde von Granaten so aufgerissen, daß sich der verwundete Kommodore in 6000 m Höhe halb im

Freien befand. Brennendes Benzin verbreitete sich im Cockpit, als Tank und Kühler seiner hart angeschlagenen Me 109 ausliefen.
Er hatte damit eine Lektion erteilt bekommen, die er seinen jungen Piloten ständig selbst predigte: sich niemals auf einen Luftkampf ohne Rottenflieger einzulassen. Dieser 70. Abschuß war nicht der letzte Nachzügler gewesen. Er war von einer noch dahinter fliegenden Spitfire, die seinem Augenmerk entgangen war, total zusammengeschossen worden.
Zum zweiten Mal an diesem Tag wollte er sich auf seine Segelflugerfahrung verlassen, als er nach Norden abdrehte und feststellte, daß sich sein Flugzeug auch in diesem trostlosen Zustand und mit stehendem Motor noch gerade fliegen ließ. Sein Arm und sein Kopf bluteten. Er hoffte, im Gleitflug vielleicht sogar bis nach Audembert zu kommen, wenn er bei Bewußtsein bleiben konnte. Ohne Motorengeräusch war es eigenartig ruhig in der Maschine — trotz des Fahrtwindes, der durch die vielen Löcher in den Tragflächen, in der Kabine und im Rumpf pfiff ... Er konnte es schaffen, er konnte es schaffen.
Eine scharfe Detonation riß ihn aus seinen Gedanken, als Massen brennenden Benzins in die Kabine eindrangen und er sich von Flammen umgeben sah. Aufgeregt betätigte er den Kabinennotabwurf. Der klemmte, verdammt! Und immer mehr Flammen, die ihn zu verschlingen drohten. Er riß seinen Anschnallgurt auf und stemmte sich gegen das Kabinendach. Der Fahrtwind drückte dagegen.
In der erstickenden Hitze von Angst und Panik getrieben, stemmte er sich mit seiner ganzen Kraft gegen das Dach. Jetzt oder nie! Und da klappte es auf und wurde vom Fahrtwind sofort weggerissen. Der Stoß nach oben hatte ihn schon halb aus dem Cockpit herausbefördert, aber er blieb erneut hängen. Sein Sitzfallschirm hatte sich im festen Teil des Kabinendachs verklemmt. Seine ganze Maschine stand jetzt in Flammen und stürzte mit ihm unaufhaltsam auf ein tödliches Ende zu.
Mit einem Arm um den Antennenmast versuchte er, sich mit den Füßen an irgend etwas abzustoßen. Ziehen, drehen, stoßen, nochmals ziehen — während die Erde schneller und schneller auf ihn zuraste. Irgendwie kam er frei, überschlug sich ein paarmal in der Luft, bevor er an seinen Fallschirm dachte. In der Aufregung hätte er anstelle des Öffnungsgriffes beinahe das Schnelltrennschloß betätigt — eine sichere Fahrkarte ins Jenseits. Er zog die Reißleine, und ein dumpfes Geräusch und ein in die Knochen gehender Schlag versicherten ihm, daß er überleben würde.
Er landete in einer sumpfigen Wiese und bekam prompt die Rechnung für den Adrenalinstoß präsentiert, der ihm durch diese »Feuer«-probe

geholfen hatte. Er klappte zusammen. Seine Schußwunden und Verbrennungen begannen zu schmerzen. Er war blutverkrustet, und ein verrenkter Knöchel schwoll in seinem Stiefel derart an, daß er noch nicht einmal stehen konnte.

Französische Bauern, die seinen Absprung beobachtet hatten, schleppten ihn aufgeregt zu einem nahe gelegenen Gehöft. Ein Wagen der Organisation Todt brachte ihn kurz darauf nach Audembert. In seinem Gefechtsstand wußte noch niemand von seinem Schicksal. Befürchtungen über seinen Tod waren bereits geäußert worden. Papi Causin stellte sich wiederum als zuverlässiger Helfer heraus, indem er seinen Kommodore mit einem tüchtigen Schluck Cognac und einer dicken, schwarzen Zigarre versorgte.

Im Hardinghemer Lazarett wurde er vom Marinearzt Dr. Heim wieder zusammengeflickt. Heim war ein guter Freund von Galland, der ihn in seiner jetzigen Situation um so mehr zu schätzen lernte. Nicht jeder Arzt konnte zugleich verantwortlicher Mediziner und Freund sein. Jagdflieger, die dem Tod ein Schnippchen geschlagen hatten, durften als »Wiedergeborene« gebührend Geburtstag feiern.

Galland organisierte die obligatorische Feier seiner Wiedergeburt und seines 70. Luftsieges in Audembert. Hitler gratulierte per Fernschreiben und verlieh ihm, als erstem Offizier der Wehrmacht, eine neu geschaffene Stufe des Ritterkreuzes. Zum Eichenlaub kamen die Schwerter hinzu. Die Schwerter wurden natürlich mit großen Mengen Champagner gefeiert. Dieser half ihm zwar, seine Wunden zu vergessen, vermochte aber nicht, einen Befehl Hitlers im selben Fernschreiben auszulöschen: OTL Galland war es untersagt, weiterhin Feindeinsätze zu fliegen.

Das Startverbot war anfangs sowieso überflüssig. Galland brauchte zwei Wochen, um nur wieder richtig gehen zu können, vom Fliegen ganz zu schweigen. In der Zwischenzeit erschien die RAF mit täglicher Regelmäßigkeit am Himmel. Galland konnte die Enttäuschung kaum aushalten. Er fing an, unter Vorwänden wieder in die Luft zu gehen.

Galland konnte es sich nicht verkneifen, wieder richtige Einsätze zu fliegen. Bei der ersten sich ergebenden Gelegenheit schwang er sich ins Cockpit seiner neuen Me 109, die von seinem Wart, Unteroffizier Gerhard Meyer, extra für ihn vorbereitet worden war. Meyer, der sich über die fast tödliche Kopfwunde seines Kommodore Sorgen machte, hatte ohne Gallands Wissen eine zusätzliche Panzerung unter dem Kabinendach angebracht. Der Kommodore bekam eine Beule ab, als er das veränderte Dach zuklappte, und der erschreckte Uffz. Meyer mußte einen Anpfiff einstecken.

Im darauffolgenden wilden Luftkampf mit Blenheims und den sie begleitenden Spitfires erlitt Galland wiederum Kopfverletzungen. Das Geschoß einer Spitfire zerschlug sein Cockpit, und Splitter trafen ihn am Kopf. Mit blutüberströmtem Gesicht landete er in Audembert, wo ihm der entsetzte Meyer aus der Maschine half. Galland hatte Glück gehabt. Meyers Kopfpanzerung hatte ein explosives Geschoß abgehalten, das sowohl sein Leben wie auch die Sorgen beendet hätte, die er sich jetzt wegen des Verstoßes gegen Hitlers Startverbot machen mußte.

Als Dank seines Kommodore erhielt Meyer 200 Mark und Sonderurlaub. Der verständnisvolle Dr. Heim nähte Gallands Kopf wieder mal zusammen, während er seinen eigenen nur ungläubig schütteln konnte.

Galland wurde zur Wolfsschanze befohlen, um seine Schwerter zu empfangen. Es war ihm durchaus nicht wohl, als er in Ostpreußen ankam, wußte er doch nicht, wie Hitler auf die Mißachtung seines persönlichen Befehls reagieren würde.

Dieser wußte die Leistungen von JG 2 und JG 26 bei der Verteidigung der Kanalküste zu würdigen. Er war sich der erhöhten Belastung dieser Verbände gewärtig. Er versprach, daß er schon bald 50 Heeresdivisionen im Osten demobilisieren würde und weitere Jagdgeschwader zum Kampf gegen die RAF freistellen könnte. Er erwähnte das Startverbot mit keinem Wort. Galland hatte trotzdem das Gefühl, daß Hitler wohl wußte, wie sehr er sich um seine Reaktion sorgte.

Als er sich von dem jungen As verabschiedete, stieg Hitler für einen kurzen Augenblick von seinem Führersockel herunter.

»Ich schätze Ihren Mut«, sagte er, »aber passen Sie bitte auf sich auf.«

Jeder Jagdflieger der Luftwaffe, der 1941 an der Kanalküste nicht auf sich aufpaßte, hatte eine kurze Lebenserwartung, und Galland liebte sein Leben zu sehr, um es wegzuwerfen.

Die ständigen Einsätze und die vielen Ziele, die die RAF an jedem Tag mit Flugwetter bot, machten 1941 zum erfolgreichsten Jahr in Gallands Jagdfliegerlaufbahn. Seine Sachkenntnis und sein Scharfsinn nahmen trotz der Erschöpfung zu. Seine Abschußliste wurde immer länger. Sein Jugendtraum, sich auszuzeichnen, wurde von ihm in diesem Kriegsgeschehen tagtäglich verwirklicht.

Soldaten sind schon seit jeher beispielhaften Führern gefolgt, und die Piloten des JG 26 wären für Galland durchs Feuer gegangen. Unter ihnen befanden sich 1941 auch seine Brüder Wilhelm, genannt Wutz, und Paul, Paulinchen. Kaum ein Tag verging, der nicht mindestens einen von ihnen im Einsatz sah, und oft waren sogar alle drei zur gleichen Zeit im Luftkampf. Paul benötigte etwas mehr Zeit, um in Luftkämpfen zum Erfolg zu kommen. Für den 21jährigen jungen Mann war dies eine besonders enttäuschende Phase, denn sein Bruder war nicht nur das berühmte Fliegeras, sondern auch sein Kommodore.

Paul fühlte sich verpflichtet, erfolgreich zu sein. Der Druck auf ihn wurde sogar noch stärker, als Wutz als Neuling zum JG 26 und sehr schnell zu Luftsiegen kam. Wutz zeigte ausgesprochenes Talent im Luftkampf, und Paul fühlte oft Enttäuschung und Kummer. Mit der Zeit wurde seine Zielstrebigkeit jedoch belohnt, und er wurde, wie seine Brüder Keffer und Wutz, ein As.

Gallands Führungsstil bedeutete, daß er immer als erster in der Luft war. Und wenn ein Pilot einmal schnell genug war, vor ihm zu starten, fand er seinen Kommodore dicht hinter sich. Taktiken wurden entwikkelt, um der RAF den größtmöglichen Schaden, unter bestmöglicher Schonung der eigenen, zahlenmäßig unterlegenen Kräfte, zuzufügen. Aggressive Verteidigung war der Schlüssel, der die Initiative auf seiten des JG 26 zu halten suchte.

Mit Schadenfreude stellte er fest, daß die britischen Jäger genauso an ihre Bomber gekettet waren, wie die meisten der deutschen während der Schlacht um England. Er konnte sich den Ärger der britischen Piloten lebhaft vorstellen. Sie verfluchten sicherlich den verdammten Befehl, genau wie er zu Zeiten des unmittelbaren Begleitschutzes. Sie sehnten sich sicherlich danach, dem JG 26 in freier Jagd zu begegnen.

Es war normalerweise Gallands Taktik, seine Jäger über und hinter die Bomberformation zu führen, wenn möglich mit der Sonne im Rücken. Durch die begleitenden Jäger stürzend, griffen sie die Bomber an, um dann mit Vollgas weiter nach unten wegzutauchen. Ursprünglich sollten sie nur die Bomber angreifen — Galland gelang es jedoch, diese Einschränkung aufheben zu lassen, um nicht einen Teil der Initiative zu verlieren.

Nach diesen Sturzflugangriffen wurden die Jäger des JG 26 von den Spitfires in wilder Jagd, und oft bis in Bodennähe, verfolgt. Sie lernten sehr schnell Respekt vor dem Kanonenfeuer dieser neuen Spitfire-Version. Die zahlenmäßige Unterlegenheit der deutschen Kräfte ließ die Zeit vorausahnen, in der sich die zahlenmäßige Überlegenheit der Alliierten über Deutschlands Luftraum ausweitete.

Galland entwickelte Taktiken, die Höchstleistungen von seinem ganzen Geschwader verlangten. Sie waren zwar gefährlich, aber wirksam. An Tagen mit Bewölkung brachte er seine Formation zuweilen zwischen die begleitenden Spitfires.

Die Ähnlichkeit zwischen den Silhouetten der Me 109 und der Spitfire war so groß, daß sie diese Taktik erlaubte. Falls der Feind nicht hundertprozentig auf Draht war, ließen sich Farbe und Markierungen bei diesen Geschwindigkeiten und diffusen Lichtverhältnissen ebenfalls nicht leicht auseinanderhalten. Indem er sich durch die Formation der Begleitjäger lavierte, erreichte Galland eine für den Angriff auf die Bomber vorteilhafte Position. Mit einem plötzlichen Sturzflug überraschte der deutsche Verband die Bomber und war auf und davon, oft noch bevor die Spitfires begriffen, was geschehen war. Diese Taktik setzte einen kühlen Kopf und stählerne Nerven voraus. Die Qualität von Gallands Piloten war ausgezeichnet, und es gelang ihnen, dieses Verfahren mit Erfolg zu wiederholen.

Ein weiteres, von ihm entwickeltes Angriffsverfahren setzte ihn zwar den Risiken des Einzelgängers aus, machte sich aber immer wieder bezahlt. Er ließ die anderen Jäger des JG 26 überhöht und hinter dem Bomberverband auf Position gehen, während er sich von unten alleine an den Feind heranmachte. Wolken waren für diese Taktik von Vorteil, jedoch nicht unbedingt erforderlich: Der Erfolg hing im wesentlichen von dem sich auffällig sammelnden Jägerverband ab, der die Aufmerksamkeit der Spitfires auf sich zog.

Wenn er es schaffte, ungesehen an die Bomber heranzukommen, verpaßte er einem der tieferfliegenden Bomber einen tödlichen Feuerstoß und tauchte dann schnell in die Wolken weg, bevor die Begleitjäger reagieren konnten. Das Risiko dieser Taktik war groß. Er war den Spitfires sowohl während seines Anfluges als auch beim Wegtauchen ungeschützt ausgesetzt. Galland ließ dieses Verfahren jedoch nie zur Routine werden. Änderungen und neue Varianten brachten die Begleitjäger immer wieder aus dem Konzept.

Der Druck der Verantwortung für ein überlastetes Jagdgeschwader wurde durch die Teilnahme seiner Brüder an Luftkämpfen noch größer. Galland war sicher kein Übermensch, aber die Anwesenheit seiner geliebten Brüder setzte ihn einer übermenschlichen Belastung aus. Es gab ständig Meldungen von Fallschirmabsprüngen, Bauchlandungen und rauchfahnenziehenden Abstürzen. Der entnervende Druck, seine eigenen Brüder unter seinem Befehl in Gefahr zu sehen, brachte ihn dazu, ihre Versetzung zu anderen Einheiten oder Frontabschnitten vorzuschlagen. Wutz und Paul verwahrten sich entschieden dagegen. Sie machten sich über die Risiken keinerlei Illusionen. Sie glaubten nicht daran, als alte, grauhaarige Jagdflieger ihren Enkelkindern die Geschichte dieses Krieges erzählen zu können.

Die zusammen verbrachten Abende und Freizeit waren für sie die kostbarsten Unterbrechungen. Das große und gemütliche Farmhaus in Audembert, in dem Galland und die anderen Piloten untergebracht waren, wurde ihnen zur zweiten Heimat. Der gute französische Wein half ihnen, die Erinnerung an die schönen Zeiten in Westerholt wiederaufleben zu lassen. Die Jugendzeit kam ihnen in ihrem Luxus-Luftschutzbunker am offenen Kamin noch näher. Galland hatte zur Erholung und Zerstreuung eine riesige elektrische Eisenbahn bei seinem Stab installiert, mit der sie oft stundenlang spielten. Damit verdrängten sie für kurze Zeit die harte Wirklichkeit, die morgen einen von ihnen — oder sogar alle drei — zum Wiedersehen mit anderen gefallenen Piloten in den Fliegerhimmel schicken konnte.

Nicht jeder Abend brachte indessen Entspannung und Freude. So zum Beispiel der 10. Mai 1941, als Gallands Telefon kurz nach Sonnenuntergang klingelte. Aufgeregt und mit hastiger Stimme meldete sich Reichsmarschall Göring.

»Galland, Sie müssen sofort mit Ihrem ganzen Geschwader starten. Mit Ihrem gesamten Geschwader, haben Sie verstanden?«

»Herr Reichsmarschall, uns liegen keine Berichte über einfliegende Flugzeuge vor.«

»Einfliegende? Einfliegende?« Görings Stimme überschlug sich fast hysterisch. »Was meinen Sie mit Einfliegende? Eine Maschine ist dabei auszufliegen. Der Stellvertreter des Führers ist verrückt geworden und ist in einer Me 110 nach England unterwegs. Er muß unbedingt abgeschossen werden. Rufen Sie mich sofort nach Ihrer Rückkehr persönlich an.«

Galland notierte den voraussichtlichen Kurs und Rudolf Heß' Startzeit — 18 Uhr — von Augsburg-Haunstetten, legte den Hörer auf und bemerkte, daß sich ein Teil von Görings Aufregung auch auf ihn übertragen hatte. Den Stellvertreter des Führers auf persönlichen Befehl des Reichsmarschalls abschießen? Galland war zwar an gelegentliche irrsinnige Befehle gewöhnt, dieser war allerdings total verrückt.

Die Nacht brach schnell herein. Es verblieben nur noch etwa zehn Flugminuten. Wenn er jetzt mit seinem ganzen Geschwader startete, um die Me 110 zu jagen, die Heß angeblich flog, fragte es sich, wie diese von den anderen Me 110 der Nachtjagdverbände zu unterscheiden war. Deren Flugzeuge waren in der Abenddämmerung bereits auf Testflügen und zur Einsatzabstimmung in der Luft. Selbst wenn sie Heß finden und abschießen sollten — die Chancen dafür standen vielleicht eins zu einer Million —, wie sollten sie selbst zurückkommen, ohne die Hälfte der Jäger des JG 26 aufs Spiel zu setzen? Ohne Führung und ungeübt nachts landen zu müssen, würde verheerende Folgen haben. Die ganze Angelegenheit war wahnwitzig.

Deshalb befahl Galland jeder Gruppe, nur eine oder zwei Maschinen in die Luft zu schicken, ein paar erweiterte Platzrunden fliegen und dann wieder landen zu lassen. Er gab seinen Untergebenen keine Erklärung für diesen Auftrag. Auch ohne den Befehl, den Stellvertreter des Führers abzuschießen, würden sie ihn aufgrund der Anordnung, in der Dämmerung herumzugurken, für leicht verrückt gehalten haben.

Nach einer angemessenen Pause rief Galland Göring an, um ihm zu melden, daß die Suche nach der Me 110 erfolglos geblieben war. Göring war immer noch aus dem Häuschen. Galland versuchte ihm klarzumachen, wie gering die Chancen für Heß standen, nach Schottland durchzukommen oder den Spitfires auf dem Flug dorthin zu entkommen. Der Reichsmarschall ließ sich nicht beschwichtigen.

Heß gelang es, wie er es seit langem geplant hatte, die Nordsee erfolgreich zu überqueren. Er schüttelte eine Spitfire ab und sprang in der Nähe des Gutes des Herzogs von Hamilton mit dem Fallschirm ab. Einigen prominenten britischen Historikern zufolge wurde er in dieser Nacht auf einem vorher vereinbarten Landeplatz von Vertretern des britischen Geheimdienstes erwartet. Von offizieller Seite wurde ein Sicherheitsschleier über die ganze Affäre gebreitet. Die Wahrheit bleibt weiterhin verborgen. Heß starb in einem alliierten Gefängnis in Spandau, zum Schweigen verurteilt.

Offizielle Fehlinformationen und Geheimniskrämerei führten zu ausholenden Spekulationen über die Heß-Affäre. Einige Autoren behaupteten, daß Galland mehr darüber wisse, als er zugibt. All die von verschiedenen Berichterstattern aufgeworfenen Fragen über seine angebliche Rolle wurden ihm von den Autoren persönlich und ohne Umschweife gestellt. Die einfache Wahrheit ist, daß Göring ihm einen verrückten Befehl in einer bizarren Situation gab. Diesen Befehl konnte er nicht ausführen, ohne seine Piloten und Flugzeuge ernsthaft zu gefährden. Deshalb führte er ihn nur zum Schein aus.

Nach der Invasion Rußlands drehten sich die Unterhaltungen der drei Galland-Brüder und ihrer Kameraden um die Nachrichten von der Ostfront. Die Luftwaffe hatte sich neuen Ruhm erworben, wie es Göring vorausgesagt hatte. In der Geschichte des Luftkampfes zählt der 22. Juni 1942 als der größte Eintagserfolg, indem die Luftwaffe mit der Zerstörung von etwa 2000 russischen Maschinen in einem Überraschungsangriff über die sowjetische Luftmacht triumphierte. Weder die über diplomatische Kanäle laufenden Warnungen an die sowjetische Regierung noch Churchills persönliche Warnung an Stalin über den bevorstehenden Angriff hatten erhöhte Wachsamkeit ausgelöst.

Dr. Goebbels wußte, was man mit solchen Siegesmeldungen machen konnte. Die Bildberichte in der deutschen Presse und die Wochenschauen, die die Zerstörung drastisch darstellten, machten die Siege der Luftwaffe in Rußland für Galland und seine Piloten nur schwer verständlich. An der Kanalküste unter Beschuß, zahlenmäßig unterlegen und gegen einen Gegner kämpfend, der tüchtig und aggressiv war und mit der Zeit an Stärke gewann, führten sie einen völlig anderen Krieg.

Bald schon liefen Berichte von Luftsiegen der Ostfrontjäger ein. Im Gefechtsstand in Audembert wunderte man sich über die unglaublichen Abschußzahlen in Rußland. Mölders erreichte schnell 100 Luftsiege, bis dato in der Geschichte des Luftkrieges unerreicht. Hitler verlieh ihm die Brillanten zum Ritterkreuz, die höchste Stufe dieser Auszeichnung, als erstem Soldaten.

Andere Piloten schossen pro Tag vier und fünf sowjetische Flugzeuge ab; 20 Luftsiege im Monat standen in scharfem Kontrast zum Schneckentempo ihrer eigenen Erfolge gegen die RAF. Im Mai 1941 hatte Feldmarschall Sperrle Galland und dem JG 26 zum Geschwaderrekord des 500. Luftsieges gratuliert. Das war damals als außerordentliche Leistung betrachtet worden. Mit der Abschußrate an der Ostfront konnte ein Geschwader dort in ein paar Monaten auf 500 Luftsiege kommen. Was schossen die Jäger in Rußland ab: Flugzeuge oder Enten?

Galland und sein JG 26 hatten am 9. August 1941 die Gelegenheit, sich von der Qualität ihrer eigenen Gegner selbst ein Bild zu machen. Wing Commander Douglas Bader von der RAF erschien bei ihnen, wörtlich »von oben« mit dem Fallschirm, nach einem heftigen Luftkampf über dem Pas de Calais.

Horst Barth, der erfahrene Sprachenspezialist, wußte auf seinem Funkabhörposten in einem alten Bauernhaus als erster von der bevorstehenden Ankunft Baders. Er war den Einsätzen von Baders Verband gefolgt und kannte dessen Stimme und Spitznamen gut — »Stationmaster« der RAF-Station Tangmere. Sowie er hörte, daß Bader mit dem Fallschirm abspringen mußte, setzte er sich mit dem Hauptquartier in Verbindung, um eine Suchaktion nach dem berühmten RAF-As in Gang zu bringen. Barth wußte zu diesem Zeitpunkt nicht, daß Bader bei einem Unfall 1931 beide Beine verloren hatte.

Bader glaubte, mit einer Me 109 oder vielleicht sogar einer Spitfire seiner eigenen Staffel zusammengestoßen zu sein, als er plötzlich das Leitwerk seiner Maschine verlor. (Er erfuhr erst Jahre nach dem Krieg, daß ihn ein Jagdflieger der Luftwaffe aus nächster Nähe erwischt hatte.) Er stieg aus. Als er von den Deutschen gefunden wurde, stellten sie voller Überraschung fest, daß er nur ein Bein hatte, das obendrein noch eine Prothese war. Das andere hatte sich in der abstürzenden Spitfire verklemmt. Als Bader auf seinem verbleibenden künstlichen Bein landete, rammte es sich in seinen Brustkorb und fügte ihm eine schmerzhafte Verletzung zu. Er wurde ins Hospital von St. Omer gebracht.

Gallands Warte bargen Baders anderes Bein aus dem Wrack der Spitfire, reparierten es und brachten es ihm ins Hospital. Das britische As war dankbar. In der Zwischenzeit wurde Horst Barth aufgetragen, sich um Bader zu kümmern, bis dieser in ein normales Kriegsgefangenenlager eingeliefert werden konnte. Tapferkeit und Mut sind für deutsche Soldaten bewundernswerte Tugenden, und die Piloten des JG 26 fanden die Tatsache faszinierend, daß das britische As keine Beine hatte. Das brachte ihm ihren Respekt ein.

Sobald Bader imstande war, sich etwas zu bewegen, lud ihn Galland nach Audembert ein, um sich den Platz anzusehen und den Stab sowie einige der Piloten des JG 26 kennenzulernen. Als Teil seiner Privilegien als Kommodore hatte Galland von der Luftwaffe einen prächtigen Horch-Sedan zur Verfügung gestellt bekommen. Der Horch war jedoch für Gallands Dienstfahrten zu protzig und auffällig und wurde deshalb nur selten benutzt. Aber nun ergab sich die Gelegenheit, den großen Wagen angemessen einzusetzen. Bader wurde im Hospital von einem Begleitoffizier, einem Feldwebel und einem Kraftfahrer des JG 26 abgeholt. Der Stationmaster kam vornehm in Audembert an.

Baders beschädigte Blechbeine quietschten, als brauchten sie Öl, als er zu seinem Empfang humpelte. Der Jafü, Oberst Joachim Huth, war aus Le Touquet gekommen, und mit Barth als geschicktem Dolmetscher verschwand Baders anfängliches Mißtrauen bald. Es wurde ihm klar, daß Galland ihm keine Falle stellen wollte, um Informationen aus ihm herauszuholen, sondern ihm eine soldatische Ehre erwies. Eine von Gallands großen Zigarren half dabei noch etwas nach.

Bader bekam die Anlagen des Platzes zu sehen und unterhielt sich mit Galland bis in Einzelheiten über Jagdmaschinen und die Fliegerei. Galland erlaubte seinem englischen Gast sogar, sich in die persönliche Me 109 des Kommodore zu setzen. Bader wurde fotografiert, wie er in der Maschine saß, während der Kommodore der Abbéville Boys ihm das Cockpit-Layout erklärte. Baders bekannter Mumm hatte durch seine Verletzungen und seinen Kriegsgefangenenstatus nicht gelitten. Er fragte Galland tatsächlich, ob er mit der Me 109 nicht ein paar Platzrunden drehen dürfe.

Obwohl Galland seinem bewundernswerten Gegner einen Flug in der Me 109 gegönnt hätte, mußte diese Bitte natürlich abgewiesen werden. Allerdings fragte Galland auf Baders Wunsch bei Göring nach, ob die Möglichkeit bestünde, Baders Ersatzprothesen, seine Pfeife und seinen

Lieblingstabak aus England zu beschaffen. Göring beschwor den ritterlichen Geist des Ersten Weltkriegs herauf und versprach sicheres Geleit für eine Maschine mit dieser besonderen Fracht. Die RAF wurde auf der internationalen Seenotfrequenz benachrichtigt, ging jedoch nicht auf Görings ritterliche Geste ein.

Die Beine kamen in einer besonders markierten Kiste während eines Bombenangriffs auf einen Platz des JG 26 an. Die Briten waren offenbar nicht gewillt, ihre Nonstop-Offensive von örtlichen Waffenstillständen oder gesellschaftlichen Formalitäten unterbrechen zu lassen. Bader bekam seine Prothesen und seine Pfeife, hatte jedoch in der Zwischenzeit versucht, auf seinen alten Beinen zu fliehen. Der furchtlose Brite ließ sich an zusammengeknoteten Bettüchern vom oberen Stockwerk des Hospitals in St. Omer herab. Er konnte seine Freiheit nur für eine Nacht genießen. Er wurde unter einem Heuhaufen gefunden und wieder festgesetzt.

Galland kam wegen dieses Fluchtversuches unter Beschuß. Das Oberkommando der Luftwaffe stellte Ermittlungen über Baders Empfang an und war ziemlich ungehalten über diesen Vorfall. Es zeigte sich so stur wie die RAF. (Die beiden großen Fliegerasse wurden zu Legenden. Sie bedauerten niemals die Menschlichkeit ihrer ersten Kriegsbegegnung, die schließlich zu einer dauerhaften Freundschaft führte. 1982 in Kalifornien erreichte einen trauernden Galland die Nachricht vom Tode Douglas Baders. Sie hatten sich aufgrund von Entscheidungen und Taten anderer nur für kurze Zeit als Feinde betrachtet und wurden aus eigenem Antrieb Freunde fürs Leben.)

Vier Monate vor dem Ereignis mit Bader startete eine Heinkel, die Deutschlands großen technischen Vorsprung in der Entwicklung von Jagdmaschinen demonstrierte. Diese He 280 war eine schnittige, zweistrahlige Düsenmaschine mit Bugradfahrwerk. Die vorgesehene Bewaffnung bestand ursprünglich aus drei 20-mm-Kanonen. Eine geplante Variante, die He 280B, sollte mit sechs 20-mm-Kanonen ausgerüstet werden. Das Luftfahrtministerium war an der Entwicklung dieses revolutionären Jägers jedoch nicht genügend interessiert.

Zur Zeit von Baders Besuch bei Galland war die He 280 bereits geflogen. Acht dieser Jagdmaschinen wurden tatsächlich gebaut. Im Frühjahr 1942 bewiesen Scheinluftkämpfe mit der ehrfurchtgebietenden FW 190 die klare Überlegenheit dieses Düsenjägers. (Diese Abschweifung sei hier aus chronologischen Gründen erlaubt, denn noch viel wird über Messerschmitts Düsenjäger, die Me 262, mit der Galland so eng verbunden war, zu sagen sein.)

Das Jahr 1941 zog sich dahin, ohne daß sich der aufreibende Kampf an der Kanalküste abschwächte. Aber selbst inmitten der Anstrengung und Spannung verlor Galland nie die Fähigkeit, Humor auch in irritierenden Dingen zu finden. Als Beweis diene dieser Bericht vom Kommodore des JG 26 an das Hauptquartier über Luftwaffenpersonal, das nicht zu wissen schien, daß sich Deutschland im Krieg befand.

JAGDGESCHWADER »SCHLAGETER« Nr. 26 Gefechtsstand,
1. 10. 1941
Kommodore

Betr.: Abfertigung und Wahrnehmung fremder Besatzungen und Maschinen auf den deutschen Heimathorsten.

An den
Jagdfliegerführer 2
Gefechtsstand

Bei Dienstflügen ins Reichsgebiet wurden auf den Heimathorsten Zustände angetroffen, die hiermit, ohne bestimmte Horste zu nennen, generell zur Kenntnis der höheren Dienststelle gebracht werden sollen. Eine Abstellung erscheint im Sinn der militärischen Disziplin und Manneszucht in der Heimat dringend erforderlich.

Es wurden folgende Beobachtungen gemacht:

1. Durchweg wird jede Landung eines fremden Flugzeuges zum Zwecke der Betankung als ruhestörend und lästig empfunden.
2. Das Starthilfspersonal und insbesondere das Tankpersonal ist in Faulheit und unmilitärischem Auftreten nur noch von dem Flugleitungspersonal zu überbieten.
3. Öl wird grundsätzlich nicht an der Tankstelle, sondern in der entferntesten Halle bereitgehalten. Nach 17.00 Uhr ist diese Halle verschlossen.
4. Das Personal der Flugleitung macht den Eindruck einer Hilfspolizei. Ehrenbezeugungen oder sonstiges militärisches Benehmen sind fast ganz außer Kurs geraten. Im übrigen wird auch hier so langsam wie nur möglich und fast ausschließlich mit einer Zigarette im Mund gearbeitet.
5. Die Wetterdienststellen sind fast ausschließlich mit Beamten auf Kriegszeit besetzt, die von zahlreichen Mädchen unterstützt werden. Hier gewinnt man den Eindruck, daß man in ein Kraft-durch-Freu-

de-Reisebüro geraten ist. In bezug auf das Streckenwetter ist fast ausschließlich Pessimismus zu erwarten, und der sogenannte »Meteorologe vom Dienst« ist grundsätzlich dagegen. Er erkundigt sich umständlich nochmals bei der Wetterleitstelle, um dann abzuraten. Inzwischen bitten die Damen um Autogramme, die nicht direkt beteiligten Hilfsmeteorologen knittern mit Stullenpapier.

6. Die Kontrolle der Flugbefehle liegt auf manchen Fliegerhorsten in den Händen des zivilen Tankpersonals. »Ihren Flugbefehl muß ich sehen, sonst kriegen Sie kein Benzin.«
7. Wenn die Landung nach 17.00 Uhr erfolgt, gewinnt man den Eindruck, daß der Fliegerhorst seit Tagen geräumt ist. Die Möglichkeit einer Sabotage bietet sich förmlich an, wenn man vollkommen vereinsamt an der Tankstelle oder an den Hallen der Dinge harrt.

Unter diesen Umständen stehen alle Frontflugzeugführer mit einer gewissen Abneigung vor Flügen ins Reichsgebiet. Es sind nicht die Schwierigkeiten, die durch Personalmangel so abstoßend wirken, sondern es sind die Einstellung und das Auftreten der Soldaten und der Angestellten.

gez. Galland
Oberstleutnant und Geschwaderkommodore

Etwa zur gleichen Zeit, in der Galland die obige »Beschwerde« verfaßte, war er bei einem Flug ins Reichsgebiet im Elchswald in Ostpreußen auf die Jagd gegangen, einem weiteren Revier, das sich Göring als Reichsjägermeister für seinen eigenen Gebrauch vorbehalten hatte. Gallands Jagdgefährte war Ernst Udet, Generalluftzeugmeister der Luftwaffe, mit dem ihn eine enge persönliche Zuneigung verband. Sie hatten sich angefreundet, als Galland erfolgreiches junges Mitglied des Tontaubenteams der Luftwaffe war, das Udet selbst in den Anfangsjahren der Luftwaffe gegründet hatte.
Udet wurde von den jungen Jagdfliegern bewundert. Er verkörperte die Eigenschaften, die von einem forschen Flieger jener Tage erwartet wurden. Udet war ein humorvoller, charmanter und sorgloser Mann, der Flugzeuge, Frauen, Champagner und Frohsinn liebte. In seiner bunten Karriere zwischen den Kriegen verdiente er sich seinen Lebensunterhalt mit Rund- und Kunstflügen, Erprobungsflügen und Auftritten in Filmen. Für kurze Zeit ging er mit seinem »Udet Flugzeugbau« in München sogar unter die Flugzeughersteller. Er war mit 62 Luftsiegen der erfolgreichste überlebende Jagdflieger der deutschen Fliegertruppe und zweifellos der populärste aktive Pilot in Deutschland. Seine Per-

sönlichkeit und seine Frohnatur machten ihn zu einem beliebten Gefährten.

Als sich die jungen Asse der neuen Generation seiner Abschußzahl von 62 näherten, »ermahnte« er sie freundlich, ihn auf keinen Fall zu überholen. In seiner Junggesellenwohnung in Berlin bewirtete er sie mit Champagner und forderte sie zum Pistolenwettschießen in seiner Wohnung auf. Udet versorgte sie so lange mit Cognac, bis ihre Treffsicherheit in Mitleidenschaft gezogen wurde, und übertraf sie dann im Wettbewerb.

Ein Mann mit einer solchen Frohnatur paßte nicht in den von Intrigen durchzogenen Strudel der Luftwaffenproduktion. Er war für die Rolle eines hohen Amtsinhabers oder Militärs nicht der Richtige. Er war der Rücksichtslosigkeit, ohne die ein militärisches Beschaffungsprogramm nicht lief, einfach nicht fähig. Aber sein ehemaliger Kommandeur beim Richthofen-Zirkus bestand trotzdem darauf — aus politischen und Werbegründen —, daß Udet der Luftwaffe beitrat. Udet verlor schließlich seine Seelenruhe, als er Aufgaben erfüllen mußte, denen er nicht gewachsen war.

Als Generalluftzeugmeister war er nicht in seinem Element. Er hatte Untergebene, die unehrlich und unzuverlässig waren. (Görings selbstzerstörerische organisatorische Anordnungen, die Staatssekretär Milch, den Generalstab der Luftwaffe und Udet mit einbezogen, wurden bereits erwähnt. Udet bekam die Schuld für die materiellen Folgen der gespaltenen Luftwaffenhierarchie zugeschoben. Und Adolf Galland sollte sich in Kürze selbst mit vielen dieser Folgen auf einem Posten hoher Verantwortung auseinandersetzen müssen.)

Das Stuka-Fiasko in der Schlacht um England hatte Udet schwer zugesetzt. Ihm wurde der Stuka aufs Schuldkonto geschrieben, und er wurde dafür kritisiert, die Flugzeugproduktion während und nach der Schlacht um England nicht erhöht zu haben. Man machte ihm die Hölle heiß, weil er verbesserte Flugzeugtypen nicht schnell genug zum Einsatz brachte. Im Oktober 1941 — das deutsche Heer stand in einem kritischen Wettlauf mit dem russischen Winter — fand sich Udet zusehends von Göring und anderen hohen Offiziellen unter Druck gesetzt. Die meisten von ihnen waren zu einem gewissen Grade dafür verantwortlich, daß die Dinge jetzt schief liefen. Udet wurde sozusagen beschuldigt, Ernst Udet zu sein und sich nicht auf magische Weise in einen Produktionszauberer verwandelt zu haben. Ihm wurde die ganze Schuld in die Schuhe geschoben.

Als Galland den normalerweise heiteren, kleinen Dynamo in Elchwald traf, war Udet in einer düsteren Stimmung. Der lächelnde Charme und der warme Humor waren verflogen. Depression und Schuldgefühle hatten sich breitgemacht. Immer wieder erzählte er Galland, daß Deutschland einige tausend Jagdflugzeuge brauche. Er beschuldigte sich selbst, nicht in der Lage zu sein, alleine die Verluste der bestehenden Verbände ausgleichen zu können. Udets Verzweiflung hatte erheblich auf Gallands Stimmung gedrückt, als er den Elchwald verließ.

Als der Rundfunk am 17. November 1941 berichtete, daß Udet »bei der Erprobung einer neuen Waffe den Tod« gefunden habe, fühlte Galland den starken Schmerz der Trauer. Solch ein Freund, solch eine historische Persönlichkeit konnte nie wieder ersetzt werden. Kurz danach wurde Galland zu Udets Staatsbegräbnis nach Berlin beordert.

Acht führende Jagdflieger, alle Träger des Ritterkreuzes oder seiner höheren Stufen, in Paradeuniform mit Stahlhelm und dem massiven Luftwaffenschwert, bildeten die Ehrenwache. Gerüchte wurden hörbar, daß Udet Selbstmord begangen habe. Galland erinnerte sich an Udets Litanei von Versagen, Verzweiflung und Schuld. Göring folgte dem Sarg bis zum Invalidenfriedhof zu Fuß, in einer nicht ehrlichen Bezeugung von Respekt für seinen ehemaligen Kameraden. (Udet wußte es besser. Bevor er sich das Leben nahm, hatte er auf das Kopfende seines Bettes geschrieben: »Eiserner, warum hast du mich im Stich gelassen?« Udet behielt recht. Göring inszenierte eine Untersuchung, um ein posthumes Kriegsgerichtsverfahren gegen den toten Udet zu unterstützen. Zutage kam politischer Sprengstoff, und Göring ließ die Idee fallen.)

Werner Mölders hätte eigentlich an der Beerdigung teilnehmen sollen. Er hatte zu Udet aufgesehen. Von Göring zum Obersten befördert und danach zum »General der Jagdflieger« ernannt, war er erst kürzlich auf die Krim geflogen, um sich selbst ein Bild von den dringenden Problemen zu machen, mit denen sich die Jäger in jenem Abschnitt herumschlagen mußten. Obwohl ihm ein striktes Startverbot auferlegt wurde, hatte er noch einige Gegner abgeschossen. Er verpaßte Udets Begräbnis, weil das schlechte Wetter auf der Krim einen Start nicht zuließ. Einen Tag danach bestand Mölders darauf, nach Berlin zurückzufliegen, um über die Lage auf der Krim zu berichten. Der Ausfall eines Motors bei schlechtestem Wetter führte zu einem für ihn tödlichen Absturz der He 111 in Breslau-Gandau. Mölders war dabei, seinen Wunsch, der Boelcke der Luftwaffe zu werden, in Erfüllung gehen zu sehen. Er war zum General der Jagdflieger aufgestiegen und mußte nun bei einem Unfall als Passagier den Fliegertod sterben.

Galland kehrte mit Walter Oesau, dem Kommodore des JG 2, der ebenfalls zu Udets Ehrenwache gehört hatte, per Zug an die Kanalküste zurück. In Lippe wurde der Zug auf einer kleinen Station angehalten und Gallands Name vom Stationsvorsteher ausgerufen. Ein Telefonanruf aus Berlin erwartete ihn. General Karl Bodenschatz, Görings Adjutant, übermittelte ihm die schreckliche Nachricht von Mölders' Tod. Auf Görings Befehl sollte Galland sofort nach Berlin zurückkehren. Ein Zug in der Gegenrichtung werde ihn in einer Stunde aufnehmen.

Für Galland war es wie eine deprimierende Wiederholung des Begräbnisses von Udet, als er sich abermals als Mitglied der Ehrenwache fand. Diesmal hieß es, von einem Rivalen und Freund Abschied zu nehmen, einem Mann, der ihm zum ersten Mal gezeigt hatte, wie man Flugzeuge abschießt. Und nun wurde Mölders auf dem Invalidenfriedhof beigesetzt, nicht weit von den Gräbern Udets und von Richthofens. Als die Salutschüsse und Reden verklungen waren, standen Galland und fünf andere Asse mit Stahlhelmen und gezogenen Schwertern am Grab.

Die Erinnerungen an den verunglückten Kameraden zogen Galland durch den Sinn: sein großes Geschick als Lehrer, seine Führungseigenschaften, sein unvergleichliches Kampftalent und seine moralische Größe. Von medizinischer Untauglichkeit für die Flugzeugführerausbildung hatte Mölders in den wenigen Jahren seit der Legion Condor den Aufstieg zur höchsten Position in der Jagdwaffe geschafft. Ihm war die Zeit nicht gegönnt, diesen Posten mit seiner Begabung auszufüllen …

»Galland! Galland!«

Göring unterbrach mit seinen Rufen Gallands traurigen Rückblick. Er schaute auf und sah den Reichsmarschall, der ihm mit seinem goldenen Marschallstab winkte. Es war ihm peinlich, die Ehrenwache zu verlassen, und etwas unbeholfen mit dem ungewohnten Schwert ging er auf Göring zu.

»Jetzt sind Sie an der Reihe«, sagte der Reichsmarschall. »Ich ernenne Sie hiermit zum Nachfolger von Mölders als General der Jagdflieger.«

Auf die schrecklichste Art und Weise hatte Galland schließlich seinen Rivalen eingeholt. Das Schicksal hatte ihm jetzt die Boelcke-Herausforderung auferlegt.

8

»General der Jagdflieger«

Widersprüchliche Gedanken schwirrten Galland durch den Sinn, als ihm die Bedeutung seiner Ernennung langsam bewußt wurde. Er reagierte widerwillig auf den Gedanken, sein geliebtes Geschwader aufgeben zu müssen. Er war stolz und glücklich, diesen Eliteverband führen zu dürfen. General der Jagdflieger? Das bedeutete Schreibtisch, Papierkrieg, Telefone, Stabsoffiziere — aber keine Luftkämpfe.
Als er dies Göring gegenüber erwähnte, schob der das einfach beiseite. Der Führer hatte seine Ernennung genehmigt. Einem Mann mit seinen Fähigkeiten mußte mehr Spielraum gegeben werden. Mölders Tod war tragisch für die Jagdwaffe, aber Galland hatte sein Werk fortzuführen. Der Posten hatte, so Göring, bereits neue und umfassende Verantwortungsbereiche bekommen.
Der Reichsmarschall dämpfte Gallands Unbehagen über die Aufgabe seines JG 26 mit dem Versprechen, seinen Männern die Abschiedsgrüße ihres ehemaligen Kommodore persönlich zu übermitteln. Göring hatte sowieso vor, in ein paar Tagen das Grab seines Neffen in Abbéville zu besuchen, und Audembert war ganz in der Nähe. Peter Göring hatte im Luftkampf als Gallands Rottenflieger den Tod gefunden.
Göring verlas Gallands Abschiedsrede, seinen letzten Appell an das Geschwader:
»Über 15 Monate hinweg habe ich das JG 26 durch die härtesten Kämpfe als Kommodore geführt. Der Oberbefehlshaber der Luftwaffe hat mich mit sofortiger Wirkung zum General der Jagdflieger in seinem Hauptquartier ernannt. Der Tod von Oberst Mölders hat uns alle sehr hart getroffen.
Ich verlasse dieses Geschwader mit gebrochenem Herzen. Die stolze Erinnerung an die mit Ihnen, Ihr großen Jagdflieger, erfolgreich durchgeführten Einsätze sowie die Verpflichtung gegenüber unseren gefallenen Helden gibt mir die Stärke für eine neue und große Aufgabe.
Sie werden unter Ihrem neuen Kommodore weiterkämpfen und siegreich sein. Meine Gedanken werden immer bei Ihnen sein. Der Name unseres Geschwaders soll ehrenhaft in die Kriegsgeschichte eingehen.«
Gallands Beförderung zum Oberst wurde bei diesem Abschied ebenfalls gefeiert. Inmitten der Toasts und dem Austausch von Erinnerun-

gen dachte Galland daran, wie gut ihm seine tüchtigen Gruppenkommandeure im JG 26 gedient hatten. Pingel war bei der Verfolgung von Stirlings über England abgeschossen worden und befand sich in Gefangenschaft. Adolph war im Luftkampf gefallen. Müncheberg war ans Mittelmeer versetzt worden. Hier im Raum verblieben Seifert und der kleine »Fips« Priller. Der dunkelhaarige und verläßliche Gerhard Schöpfel war zu seinem Nachfolger ernannt worden. Keinem Kommodore war je besser gedient worden als von Männern wie diesen.

Galland lächelte, während er seine ewigen Zigarren rauchte und sein Quantum an Champagner trank, aber innerlich war er aufgewühlt. Die Ehre, das JG 26 zu führen, war ihm just zu einer Zeit entrissen worden, als er sich auf dem Höhepunkt als Gefechtsführer und Fliegeras wußte. Was hatte er sich dafür eingehandelt? Einen Stabshut, einen Schreibtisch in Berlin und Berge von Papier. »General der Jagdflieger« war der höchste für einen Jagdflieger erreichbare Posten, auf dem man noch ausschließlich mit der Jagdfliegerei zu tun hatte. Der Umfang seines Verantwortungsbereiches war überwältigend. Obwohl er einen Riesensprung nach oben bedeutete, bekam er den neuen Posten zu einem hohen Preis: den Aufgabenbereich des Kommodore, den er mit leidenschaftlichem Interesse ausgefüllt hatte, mußte er aufgeben.

Durch die Geräuschkulisse der Gespräche in dem mit Zigarrenrauch gefüllten Raum konnte Galland verschiedentlich hören, was die anderen dachten. »Mufti wird wissen, wie man Dinge in Berlin erledigen kann, und er wird uns hier helfen«, und: »Wenn Mufti schon von uns weggehen muß, dann Gottseidank wenigstens auf einen Posten, auf dem er der Jagdfliegerei helfen kann.« Er machte sich darüber Gedanken, wie es ihm, dem Jäger und Jagdflieger, im Berliner Ameisenhaufen ergehen würde. Seine Erinnerungen an die bedrückende Atmosphäre nach seiner Rückkehr aus Spanien waren noch nicht verblaßt.

Gallands Unbehagen über seine neue Position wurde durch die nur vagen Vorstellungen verstärkt, die er von ihrem Wesen und Umfang hatte. Göring hatte das nicht mit ihm besprochen. Dem Reichsmarschall war mehr daran gelegen gewesen, Gallands Einwände gegen sein Verlassen der Front zu entwerten. Die dem General der Jagdflieger zugeteilte Dienststelle in der Berliner Lindenstraße ließ ihn innerlich stöhnen. Es war eine typische Papiermühle des Luftfahrtministeriums, besetzt mit lethargischen, altmodischen Bürokraten klassischen Beamtenstils.

Nachdem Mölders am 7. Juli 1941 zum General der Jagdflieger ernannt worden war, verbrachte er nur eine kurze Zeit in der Dienststelle in Berlin, bevor er sich auf Inspektionsreisen zu den Jagdverbänden begab. Er wollte sich ein genaues Bild von den Bedingungen an der Front machen. Das war für den analytischen Mölders typisch. Galland kannte seinen Rivalen gut genug, um zu wissen, daß dieser Teil des Luftfahrtministeriums weitreichenden Änderungen unterzogen worden wäre, wenn Mölders Gelegenheit gehabt hätte, sich in seine Aufgabe einzuarbeiten. Jetzt lag es an Galland, einen modernen, vorausschauenden Stab aufzubauen.

Von Anfang an hatte die Luftwaffe einen Inspekteur der Jagdflieger mit der Dienststellenbezeichnung »Inspektion 3 der Jagd- und Schlachtflieger«. Udet war der erste auf diesem Posten, gefolgt von Robert Ritter von Greim und Bruno Lörzer, beide Jägerasse des Ersten Weltkriegs. Raithel, Werner Jungk und von Massow — alle aus der Frühzeit der Jagdfliegerei — waren die nächsten. Generalmajor Kurt von Döring war Mölders Vorgänger. Zum Zeitpunkt von v. Dörings Ernennung 1941 wandelte Göring die Dienststelle in »General der Jagdflieger« um.

Die Inspektionsfunktionen, mit denen sich die Dienststelle bisher beschäftigt hatte, wurden durch neue Führungsvollmachten, Vorspracherecht und Mitwirkung in Fragen technischer Entwicklung, des Einsatzes, der Personalauswahl und der Planung erweitert. Dies waren Schritte, die schon vor dem Krieg nötig gewesen wären. Der Aufgabenbereich wurde damit zumindest nominell erweitert; aber als neuer Bereich innerhalb der Luftwaffenhierarchie würde er zum großen Teil von der für ihn verantwortlichen Person geprägt werden.

Mölders besaß Voraussicht, kam aber ums Leben, bevor er der Dienststelle seinen Stempel aufdrücken konnte. Alle anderen Vorgänger Gallands strahlten weder Vorstellungskraft noch Begeisterung aus. Das paßte gut zu der zweitrangigen Rolle, die der Jagdfliegerei in der Luftwaffe ursprünglich zugewiesen worden war. Görings administratives Talent zeigte sich in der Art, in der er den Verantwortungsbereich des Generals der Jagdflieger im Vergleich zu der hauptsächlich zeremoniellen Position des Inspekteurs erweiterte. Aber die von den Ereignissen aufgezwungenen Änderungen kamen spät.

Göring schreckte nicht davor zurück, seine 1940 entwickelte Richtlinie, junge, erfolgreiche Jagdflieger in wichtige Führungspositionen zu bringen, konsequent durchzusetzen. Mölders und Galland waren beide noch nicht einmal 30, als sie zum General der Jagdflieger ernannt wurden. Solche Beförderungen wären in der Luftwaffe vor dem Krieg nie in Frage gekommen. Göring fügte dem noch etwas hinzu: Galland war dem Generalstabschef der Luftwaffe gegenüber in Einsatzfragen, dem Oberbefehlshaber der Luftwaffe gegenüber in Disziplinarangelegen-

heiten verantwortlich. Dies bedeutete, daß Adolf Galland, noch keine 30 Jahre alt, nur zwei Vorgesetzte hatte — Göring und Hitler.
Den Bürokraten des Luftfahrtministeriums und anderen »hohen Tieren« der Luftwaffe paßte diese Anordnung verständlicherweise ganz und gar nicht. Die Strömungen von Mißtrauen und Argwohn, die alle bürokratischen Institutionen bei der Einführung von Erneuerungen durchlaufen, erhielten frische Antriebskraft. Jeder war sich bewußt, daß dieser junge Oberst sowohl Hitlers Unterstützung genoß, als auch Görings Wahl war. Ein 29jähriger Offizier mit einer enormen Verantwortung und ohne jegliche Stabsausbildung wurde als ausgesprochenes Phänomen betrachtet. Sein direkter Zugang zu den beiden mächtigsten Männern Deutschlands erregte auf höherer Ebene erhebliche Besorgnis.
Diese Mißtrauensreaktionen wurden für Galland offensichtlich, als er sich in die Berliner Szene einzuarbeiten begann. Er machte mit Anstandsbesuchen die Runde durch Büros und Dienststellen. Obwohl er die Vorteile seiner Berühmtheit, seiner hervorragenden Verdienste im Kriegsgeschehen und der Schwerter zum Ritterkreuz auf seiner Seite hatte, ging ihm auch der Ruf voraus, kein Blatt vor den Mund zu nehmen. Ein paar hohe Amtsträger waren erfreut, Deutschlands erfolgreichsten Jagdflieger kennenzulernen. Ansonsten war Kühle an der Tagesordnung, und er wurde mit unverbindlicher, offizieller Korrektheit begrüßt.
Seine schwarzen Zigarren waren für sein Erscheinungsbild ein ähnliches Statussymbol geworden wie die Churchills auf der anderen Seite des Kanals. Gallands Beförderung zum General der Jagdflieger bedeutete eine goldene Gelegenheit für Deutschlands Zigarrenhersteller. Er war ein charismatischer Zigarrenraucher, mit dem ungeheure Werbung getrieben wurde. Sein Konterfei war überall zu sehen. Fünf Firmen bewarben sich bei ihm um die Ehre, sein exklusiver Zigarrenlieferant zu werden. Seine persönlichen Zigarren würde er gratis bekommen. Es wird gesagt, daß Galland alle fünf Angebote großherzig angenommen hat, »damit sich niemand benachteiligt fühlte«. (Bei seiner Gefangennahme 1945 besaß er noch 60 Kisten.)
Zigarren waren für Hitler immer ein Stein des Anstoßes. Galland war es nie erlaubt, in Gegenwart des Führers zu rauchen. Hitler monierte immer wieder, wie unerwünscht diese Angewohnheit aus Gesundheits- und Erziehungsgründen war. Einen Helden von Gallands Bedeutung mit einer Zigarre in der Hand oder im Mund zu sehen, setzte der deutschen Jugend, so der Führer, ein schlechtes Beispiel. Trotz dieser Mahnungen brachte es Galland einfach nicht über sich, gute Zigarren weg-

zuwerfen, wann immer sich ein Fotograf näherte, selbst wenn sie gratis waren. So war es nicht zu vermeiden, daß er oft mit Zigarren fotografiert wurde. (Hitler verbot ihm schließlich, sich rauchend oder mit Zigarre in der Hand fotografieren zu lassen.)

Sowie er seine Runden in Berlin im Dezember 1941 beendet hatte, flog Galland nach Goldap in Ostpreußen. Das Hauptquartier der Luftwaffe war hier in einem besonders ausgerüsteten Zug mit dem guten englischen Namen »Robinson« eingerichtet worden. Ein angemessen ausgestatteter zusätzlicher Waggon wurde für die ausschließliche Nutzung des Generals der Jagdflieger gebaut und angekuppelt. Er hatte damit in Goldap zu jeder Zeit eine Unterkunft mit Fernsprechverbindungen und Stab zur Verfügung, in nächster Nähe zum Chef des Generalstabs der Luftwaffe. Die Entfernungen zu Göring in der Rominter Heide und zu Hitler in der Wolfsschanze östlich von Rastenburg waren ebenfalls kurz.

Seinen ersten offiziellen Besuch in Goldap stattete der General der Flieger Hans Jeschonnek, dem Chef des Generalstabs der Luftwaffe, ab. Als einer der Architekten der Luftwaffe war er nur 42 Jahre alt, als er seinen hohen Posten bekleidete. Seine glänzende Karriere versinnbildlichte sowohl die Stärken als auch die Schwächen der Luftwaffe.

Als Galland sich mit Jeschonnek traf, wußte er noch nicht, daß er als General der Jagdflieger eine komplizierte Hinterlassenschaft geerbt hatte, die zum großen Teil auf Jeschonneks früherer Tätigkeit beruhte.

Der Chef des Generalstabs der Luftwaffe hatte sein Leben dem Militärdienst gewidmet. 1915, noch nicht einmal 16 Jahre alt, kam er vom Preußischen Kadettenkorps zur Infanterie. Wie Göring und viele andere meldete er sich freiwillig zum Fliegerkorps, wurde mit 17 Pilot und schoß vor dem Waffenstillstand 1918 zwei alliierte Flugzeuge ab. Er wurde für den Dienst in der 100 000 Mann zählenden Reichswehr, die Deutschland nach dem Ersten Weltkrieg erlaubt war, ausgewählt. Ein wichtiger Schritt in seiner Laufbahn war seine Berufung als Adjutant von Luftfahrtstaatssekretär Erhard Milch. Er half bei der Organisation des Luftfahrtministeriums und nahm an den geheimen Vorbereitungen für die neue Luftwaffe teil.

Jeschonneks intellektuelle Kapazität und seine Energie schienen ihn für eine wichtige Rolle in der Luftwaffe zu prädestinieren. Nach der offiziellen Enttarnung der Luftwaffe wurde er zum Kommodore des Lehrgeschwaders ernannt und wurde regelmäßig bei Einsatz-, technischen und Ausbildungsfragen zu Rate gezogen. Die Vorstellungen von Luftmacht waren zu dieser Zeit noch größtenteils Theorie. Einsatzanforderungen und Ziele für die geplanten massiven Luftflotten waren nicht klar definiert. In dieser Entwicklungszeit waren Jeschonneks Fähigkeiten sehr geschätzt, und am 1. Oktober 1937 wurde er zum Chef der Abteilung I, der Einsatzabteilung des Generalstabs der Luftwaffe, ernannt.

Als aufgehender Stern mit Zugang zu dem angesehenen General Walter Wever, dem ersten Chef des Generalstabs, wurde Jeschonnek trotz seiner Jugend als dessen Nachfolger betrachtet. Schnelle Beförderungen in verantwortliche Positionen ließen ihn mit 38 Jahren zum Oberst aufsteigen, zu einer Zeit, in der praktisch alle anderen Obersten älter als 50 waren. Am 1. Februar 1939 wurde Oberst Hans Jeschonnek zum Chef des Generalstabs der Luftwaffe ernannt.

Die Kette der ersten Luftwaffensiege, an denen Galland als Einsatzpilot beteiligt gewesen war, hatten Jeschonneks Ansehen noch weiter angehoben. Er wurde mit 42 Jahren als jüngster Offizier dieses Ranges in der Wehrmacht zum Generaloberst befördert. Wie Gallands, so war auch sein Aufstieg kometenhaft gewesen. Jeschonnek war so schnell vorwärtsgekommen wie die Luftwaffe selbst. Er war an allen wichtigen Entscheidungen seit dem Ende von Wevers strategischem Bomberprogramm entweder direkt oder indirekt beteiligt.

Nach Wevers Tod war Jeschonnek für eine ausschließlich taktische Luftwaffe eingetreten. Er stellte sich mit Bekehrungseifer hinter das Stuka-Konzept. Er setzte seine ganze Energie ein, um Deutschland in der kürzestmöglichen Zeit die wirksamste und schlagkräftigste Luftwaffe zu geben. Er setzte Hitlers Wünsche in Waffen um. Die wirksame taktische Luftwaffe von 1939 verdankte vieles der Hingabe und den Fähigkeiten Jeschonneks.

Der Einfluß auf Gallands Karriere lag in der Interesselosigkeit Jeschonneks allen Dingen gegenüber, die nicht dem Ziel der größtmöglichen Luftmacht dienten. Lediglich die unmittelbar vorhersehbare Zukunft der Luftwaffe zählte. Ausbildungsprogramme in der Größenordnung, wie Hitler sie im Oktober 1938 verlangt hatte, wurden nicht aufgestellt. Es war unglaublich, daß es überhaupt keine Reservepiloten gab, als die Luftwaffe 1939 in den Krieg zog. Jeschonnek hatte weder Vorkehrungen getroffen noch Anstrengungen unternommen, um die Ausbildung zu erweitern. Zu Beginn des Krieges, 1939, gab es nur eine einzige Jagdfliegerschule — ein Kardinalfehler.

Im Organisationsplan der Ausbildung in der Luftwaffe fanden sich die Kommandeure der Fliegerschulen den Luftflotten untergeordnet. Die Folgen waren verheerend. Die Befehlshaber der Luftflotten zogen den Ausbildungseinheiten ständig Piloten und Flugzeuge ab. Für Ausbildungsflüge benötigte Ju 52 wurden durch Luftflottenbefehle für

Transportaufgaben requiriert. Der Lufttransport war im sturen Bestreben, die Einsatzkomponente zu stärken, auf ähnliche Weise vernachlässigt worden. Deutschland mangelte es deshalb ständig an Lufttransportkapazität. Erfahrene Fluglehrer wurden als Ersatz für Bomberbesatzungen während der Schlacht um England eingesetzt und wurden für Unternehmen wie die Schlacht um Kreta für den unterstützenden Lufttransport abgezogen.

Jeschonneks Verdienste wurden so durch viele Fehlentschlüsse und Mängel vermindert oder zunichte gemacht, die aufgrund der Anfangserfolge der Luftwaffe noch nicht sichtbar zutage traten. In vielen Schlüsselbereichen hatten sich jedoch Jeschonneks Fehler eingenistet, wie Galland zusehends erfahren sollte. Obwohl rechtschaffen, war Jeschonnek ein Einzelgänger ohne enge persönliche Freunde. Er war seelisch nicht stark genug, um einem unwiderstehlichen Befehlshaber wie Göring die Stirn zu bieten. Zu Hitler sah Jeschonnek mit Ehrfurcht auf.

Jeschonneks Position nahe dem Herzen der Luftwaffe machten ihm bewußt, daß Hitlers Vorkriegserfolge auf die Trumpfkarte der Luftwaffe zurückzuführen waren. Er sah in Hitler den Retter Deutschlands und hielt ihn für ein Genie mit unfehlbarem Scharfblick. Trotz dieser verblendeten Verehrung des Führers war der intelligente Jeschonnek beruflich realistisch. Er wußte, daß Deutschland schnell siegen mußte. Der Luftwaffe ging es schon vom ersten Kriegstag an an die Substanz. Sein berufliches Leben wurde deshalb zum Glücksspiel. Jeschonnek setzte auf den Führer — alles oder nichts.

Als Adolf Galland diesem unglücklichen Mann in seinem Sonderzug in Goldap gegenübersaß, begann Jeschonneks Welt bereits aus dem Leim zu geraten. Amerika war in den Krieg eingetreten. Der Konflikt hatte jetzt weltweite Ausmaße angenommen. Selbst ohne amerikanische Mitwirkung fand sich die Luftwaffe am Kanal festgenagelt und im Mittelmeer einer entschlossenen RAF ausgesetzt. Die pausenlosen Schlachteinsätze in Rußland rieben die Luftwaffe dort auf. Ein strenger Winter sollte der Sowjetunion zum grausamen Verbündeten werden.

Galland wurde höflich von Jeschonnek empfangen; seine Einstellung war hilfreich. Unglücklicherweise war der Chef des Generalstabs der Luftwaffe nicht in der Lage, dem verdienten Neuankömmling guten Rat mit auf den Weg zu geben. Jeschonnek stand offensichtlich unter großem Druck. Seine schlimmsten Befürchtungen schienen Wirklichkeit zu werden. Obwohl er in ihrer korrekten und professionellen Unterredung nichts davon durchblicken ließ, bekam Galland doch eine Ahnung von der inneren Unruhe, die Jeschonnek bewegte. Der Mann hatte offensichtlich größere Sorgen als die Jagdwaffe.

Genau wie in seinem Hauptquartier in Berlin, fühlte er sich auch hier falsch am Platze, und er verließ Goldap mit einem Gefühl des Unbehagens. Er vermißte die ehrliche Kameradschaft des JG 26. Er benutzte seine neuen Kompetenzen als General der Jagdflieger, um auf direktem Wege nach Audembert zu fliegen. Er wollte Weihnachten 1941 mit den Männern verbringen, die er gut kannte. In der Atmosphäre seines geliebten JG 26 konnte er seine Perspektive zurückgewinnen. Sein neuer Posten gab ihm die Möglichkeit, Männern wie diesen, mit denen er so oft in den Kampf geflogen war, zu helfen. Er faßte den Neujahrsvorsatz, sich in seinen neuen Aufgabenbereich zu stürzen und sein Bestes darin zu tun.

Die byzantinische Welt des Luftfahrtministeriums mit ihren Intrigen, der Bürokratie, den politischen Machenschaften und ehrgeizigen Aufsteigern aller Couleurs war Oberst Galland völlig fremd. In den ersten Wochen fragte er sich oft, ob er nicht auf magische Weise in eine geheimnisvolle, bizarre Welt versetzt worden war — so grundsätzlich unterschied sich seine Rolle von der des Geschwaderkommodore. Er besaß keinerlei Stabsausbildung. Das sollte, den geflüsterten Bemerkungen der Bürokraten nach, zu seinem Versagen führen. Es gab niemanden in der Luftwaffe mit mehr Erfahrung in Fragen der modernen Jagdfliegerei. Seine Logik und sein gesunder Menschenverstand machten zusammen mit seiner Erfahrung den Mangel an Stabsausbildung wieder wett. Sein typischer Drang, der Beste zu sein, nahm eine neue Richtung an.

Um seine Arbeitsbelastung zu verringern, wurden bestimmte Inspektionsfunktionen in der Jagdwaffe prompt auf andere delegiert. Er setzte Oberstleutnant Lützow, seinen Kameraden von der Legion Condor, als Inspekteur der Jagdverbände ein. Da die Schlachtflieger ebenfalls zu seinem Verantwortungsbereich gehörten, ernannte er Oberst Weiß, einen Veteranen der Schlacht um England, zu ihrem Inspekteur. Aus diesen Anfängen entwickelte sich der Stab, der für ihn und seine Leidenschaft, die Jagdwaffe, treu und ergeben arbeitete.

Galland mußte des öfteren für seine Berufungen Kritik hinnehmen. Nicht jeder der von ihm eingesetzten Offiziere erfüllte seine Erwartungen. Die erfolgreichen wurden eine Elitegruppe (und die Überlebenden sollten bis ins hohe Alter stolz darauf bleiben, Mitglieder in Gallands Stab gewesen zu sein). Diese Elite umfaßte Lützow, Trautloft, Brustellin, Seitz, Schmoller-Haldy, von Maltzahn und Andres, der auf dem Gebiet der Ausbildung Unwahrscheinliches leistete. Anneliese Stiller, die nimmermüde Chefsekretärin, trug ebenfalls zur guten Stimmung im Hauptquartier der Jagdwaffe bei. Sie hatte bereits seit 1936 für die

Dienststelle gearbeitet. (Nach dem Krieg wurde sie Sekretärin in Ludwig Erhards Wirtschaftsministerium.)

Galland verkehrte nun auf einer höheren Ebene, wo drei oder vier Jagdgeschwader als kleine Fähnchen auf einer Landkarte bewegt wurden. Bis dahin hatte für ihn die Verlegung eines Geschwaders nur das Durcheinander bedeutet, das der Transport von etwa 80 Jagdflugzeugen und drei Gruppen von einem Standort zum anderen mit sich brachte. Für den Kommodore war das noch ein gewaltiges Unternehmen gewesen, jetzt war es für ihn einfach, ein paar Stecknadeln aus der Karte zu ziehen und irgendwo anders wieder hineinzustecken.

Der entscheidende Frühjahrsvorstoß gegen die Sowjetunion stellte an die Jagdflieger hohe Ansprüche. Wiederum wurden Piloten von den Fliegerschulen abgezogen. Besprechungen mit Jeschonnek, in denen Galland gegen diese Aktionen protestierte, vermittelten dem General der Jagdflieger einen Eindruck von dem Konzept, das das Oberkommando für diesen Krieg hatte.

Jeschonnek war Gallands Wunsch gegenüber aufgeschlossen, die Zukunft der Jagdwaffe zu sichern, da der junge Oberst seine Ansicht mit Tatsachen und Logik untermauern konnte. Trotzdem schloß sich Jeschonnek der Ansicht des Führers an, daß der Krieg gegen Rußland so gut wie gewonnen war. Eine massive Frühjahrsoffensive würde eine vorteilhafte Entscheidung herbeiführen. Ein Sieg über Rußland würde den Osten sichern, Deutschland Zugang zu Rußlands Bodenschätzen und Hilfsquellen gestatten und damit den Sieg im Westen gleichermaßen ermöglichen.

Demzufolge machte Jeschonnek alle verfügbaren Kräfte mobil, um den Sieg im Frühjahr sicherzustellen. Eine rasche Niederlage Rußlands war dafür lebenswichtig. Galland sah die Konsequenzen eines sich in die Länge ziehenden Kampfes mit der Sowjetunion klar voraus. Jeschonnek ließ sich darüber in seiner einsilbigen und professionellen Art aus und hörte Gallands Ausführungen aufmerksam und höflich zu.

Dem General der Jagdflieger blieb nichts anderes übrig, als den »Raubzügen« auf die Fliegerschulen und anderen Notlösungen zuzustimmen, um die Ostfront zu stärken. Göring stand hinter Jeschonnek, so daß ein Appell an ihn fruchtlos geblieben wäre. Gallands Einblick in die wirklichen Zustände der Jagdwaffe machten ihm die Fehler, Versehen und Versäumnisse, die ihm die Vergangenheit vererbt hatte, deutlich sichtbar.

Die ernste Situation im Osten ließ ihn allerdings die Gefahr aus dem Westen nicht vergessen. Als Einsatzführer am Kanal hatte er die wachsende Stärke der RAF selbst beobachtet. Die amerikanische Luftmacht

5 Kurz nach dem Abschuß:
. C. Douglas Bader als
ser Gast. Rechts: Jafü 2
berst J. Huth

Wing Commander
uglas Bader in Gallands
109

27 Staatsbegräbnis für Udet, 1941

28 Die Verleihung der Schwerter an Galland. Danebe Wilcke (†), Lützow (†), Peltz (von rechts)

29 Sorgengequälter General der Jagdflieger angesichts der alliierten Luftmacht

30 Gallands Brüder »Wutz« († 1943) und »Paulinchen« († 1942)

31 Mit Walter Kienzle nach Luftkampf über England

32 Eine Rotte Me 109

würde sich mehr und mehr in den Kampf einschalten und damit den Druck aus dem Westen erhöhen. Die Aussichten für den Osten wie den Westen waren düster. Ein Grundsatz erhob sich jedoch über alle anderen schemenhaften Unwägbarkeiten: Jäger würden in einem noch nie vorausgesehenen Ausmaße gebraucht werden. Egal, in welcher Richtung sich der Krieg auch bewegte, die Luftwaffe würde Tausende und Abertausende von Jägern benötigen.

Galland suchte den Mann auf, der für die Produktion der Jagdmaschinen verantwortlich war: Feldmarschall Milch. Er hatte Udets Funktionen als Generalluftzeugmeister übernommen und war damit zum Zaren der deutschen Flugzeugproduktion geworden. Ein freundschaftliches Verhältnis zwischen Galland und Milch entwickelte sich rasch. Er war in Amerika gewesen und hatte dort die Leistungsfähigkeit der Massenproduktion erlebt. Vor dem Krieg hatte er England besucht und sich lange mit Churchill, Viscount Swinton und dem Ahnen der RAF, »Boom« Trenchard, unterhalten. Milch war sich über die Bedrohung aus dem Westen voll im klaren und wußte, daß Jagdflugzeuge en masse benötigt wurden. Er kannte Jeschonnek gut, war er doch dessen Staffelkapitän im Ersten Weltkrieg und Vorgesetzter in den Tagen der Schwarzen Luftwaffe gewesen. Milch betrachtete Jeschonnek jetzt mit einiger Geringschätzung.

Galland und Milch planten, die Produktion von Jagdflugzeugen bis Mitte 1943 von zur Zeit 250 auf über 1000 im Monat zu steigern. Milch besaß das Wissen und den Antrieb, um dieses Ziel zu erreichen. Er veranlaßte, daß Galland an den Besprechungen des Generalluftzeugmeisters teilnehmen und die Ansichten der Jagdwaffe vorbringen konnte. Diese regelmäßigen Konferenzen brachten Milch und seinen Stab mit Herstellern, Ingenieuren und Konstrukteuren zusammen. Galland sah mit Erstaunen, wie die Professoren Heinkel und Messerschmitt bei einigen dieser Treffen wie Bulldoggen aneinandergerieten. Milchs Realismus wirkte auf Galland erfrischend, und Milch vertraute auf den jungen Fliegergeneral. Ihr Verhältnis kam der Jagdwaffe zugute.

Galland war jetzt in der Lage zu sehen, wie Göring sich auf höchster Luftwaffenebene bewegte. Seine bisherigen Kontakte mit dem Reichsmarschall während der kurzen Begegnungen an der Front, im Hauptquartier oder bei der Jagd hatten ihm diesen Einblick nicht gestattet. Görings Mangel an technischem Wissen und Verständnis war erschrekkend. Dieser Mangel wurde von dem ihn umgebenden Kreis von Speichelleckern schamlos ausgenutzt. Galland verabscheute die Art und Weise, in der diese Offiziere vor dem Reichsmarschall katzbuckelten

und ihm schmeichelten. Sie brachten ihm Geschenke und befriedigten sein unersättliches Geltungsbedürfnis mit endlosen Komplimenten.
Galland mußte sich schnell entscheiden, wie er mit Göring und dessen Schwächen umgehen sollte. Wenn er ihm ein wenig schmeichelte, könnte das zu Vorteilen für die Jagdwaffe führen. Als Mittel zum Zweck wäre das nützlich. Aber Gallands eigener Charakter ließ diese Methode nicht zu. Er entschloß sich deshalb, mit Göring in jeder Situation nur auf der Grundlage von Tatsachen und Logik zu verkehren. Davon wich er nie ab und bereut diesen Standpunkt bis heute nicht.
Die Wochen nach seiner Ernennung vergingen wie im Fluge. Als ihm Umfang und Gewicht seiner Verantwortung klarer wurden, betrachtete er die Erwartungen, die an ihn, einen noch nicht einmal 30jährigen Offizier, gestellt wurden, mit einigem Erschrecken. Die verschiedenen Befugnisse und Funktionen des Generals der Jagdflieger sahen etwa wie folgt aus:

1. Inspektion der Jagdverbände und der Ausbildungseinheiten durch Waffengeneral und Inspekteure.
2. Kurzschlußverbindung zwischen Truppe und Führung und umgekehrt.
3. Auswertung von taktischen und technischen Truppenerfahrungen.
4. Aufstellen von Kampfanweisungen für die verschiedenen Aufgaben und Fronten.
5. Überwachung der personellen und materiellen Rüstung in Verbindung mit dem Generalquartiermeister.
6. Vorschläge für Organisation der Jägerführung.
7. Vorschläge für Organisation der Neuaufstellungen.
8. Vorschläge für Stellenbesetzung in der Jägerführung und in der Verbandsführung vom Kommodore bis zum Staffelkapitän.
9. Überwachung der Ausbildung, besonders der Ergänzungseinheiten.
10. Steuerung des personellen Ersatzes.
11. Vorschläge für die Steuerung und Umrüstung des Flugzeugnachschubs (Flugzeugverteilungsplanung und Umrüstungsplanung).
12. Technisch-taktische Forderungen für die Rüstung, bezogen auf Jäger, Zerstörer und Nachtjäger, deren Bewaffnung, Ausrüstung etc.
13. Forderungen an den Ausbau des Flugmeldedienstes, der Jägerleitorganisation und der Bordfunkmeßgeräte, Radar.
14. Auswertung der Truppenerfahrung auf diesem Gebiet in Zusammenarbeit mit dem General Nafü bzw. dem Chef des Nachrichtenverbindungswesens.
15. Aufstellen von Forderungen für die Truppenerprobung und deren Überwachung.

16. Karteiführung über das fliegende Personal der Tag- und Nachtjagd und der Zerstörer.
17. Vorschlagswesen für persönliche Tapferkeitsauszeichnungen vom Ritterkreuz an aufwärts.
18. Versorgung der Truppe mit Vorschriften und Ausbildungsmaterial.
19. Versorgung der Truppe mit neuer oder Engpaßausrüstung.
20. Beratung der Führung in allen Dingen, die die Tag- und die Nachtjagd angehen.
21. Zusammenarbeit in aktuellen Fragen mit dem Chef der technischen Luftrüstung, dem Rüstungsstab, dem Chef der personellen Ausbidung, dem General der Fliegerausbildung, dem Kommando der Erprobungsstellen, dem Luftwaffenwehramt etc.
22. Durchführung von Sonder-Führungs-Aufträgen, z. B. Kanal-Durchbruch der Schlachtschiffe, Jägerführung Sizilien während der alliierten Invasion, Überprüfung der Taktik in der Reichsluftverteidigung, Aufstellen der Jägerreserven etc.

Eine nüchterne Auswertung dieser Verantwortlichkeiten nach fast 50 Jahren ergibt, daß es weder in der Wehrmacht noch bei den Alliierten Streitkräften einen 30jährigen Offizier gab, dem so viel aufgebürdet wurde. Die Gewißheit der alten Bürokraten im Luftfahrtministerium, daß Galland scheitern würde, ist leicht zu verstehen. Ein erfolgreicher Jagdfliegerkommodore konnte nicht das Zeug haben, die Dinge in Berlin zu beeinflussen, wo die Unerfahrenen und Inkompetenten auf ganz andere Weise abgeschossen wurden.

Galland wurde am 28. Januar 1942 mit den Brillanten zum Eichenlaub mit Schwertern zum Ritterkreuz ausgezeichnet. Er war nach Mölders der zweite Offizier der Wehrmacht, dem diese Ehre zuteil wurde. Als Mölders an der Kanalfront die Brillanten erhielt, wurde er von Hitler mit Startverbot für Einsätze belegt. Mölders hatte 100 Luftsiege erreicht. Da Galland zum Zeitpunkt von Mölders Auszeichnung 94 Abschüsse hatte, hörte er heimlich auf, seine Luftsiege zu zählen und zu melden, um nicht aus dem Einsatz gezogen zu werden. Damit war es ihm möglich, bis zu seiner Beförderung zum Oberst und Ernennung zum General der Jagdflieger weiterhin Einsätze zu fliegen.

Hitler wußte durch sein Netz von Informanten natürlich, was vorging. Er war sich bewußt, daß ihn ein mit der Ernennung zum General der Jagdflieger verbundenes Startverbot um die Erreichung von 100 Luftsiegen bringen würde. Hitler schätzte überdies Abschüsse im Westen höher ein als die in Rußland. Deshalb zeichnete er seinen neuen General der Jagdwaffe mit Deutschlands höchstem Tapferkeitsorden aus. Ende Januar 1942 war er Deutschlands höchstdekoriertes lebendes

Fliegeras. Zu diesem Zeitpunkt wurde ihm ein wichtiger Auftrag erteilt: »Den britischen Löwen auf eine Art am Schwanz zu ziehen«, die in den letzten zwei Jahrhunderten keine Parallele hatte.

Befehlsgewalt über Einsätze wurde dem General der Jagdflieger auf Görings Anordnung hin nicht gewährt. Galland paßte diese Eingrenzung ganz und gar nicht. Seine Berufung auf diesen hohen Posten hatte er aufgrund seines Einsatzerfolges als Jagdflieger und Kommodore erhalten, und doch konnte er an der Spitze der Jagdwaffe noch nicht einmal einer einzigen Staffel den Befehl zum Einsatz geben. Ausnahmen wurden nur bei besonderen Aufträgen vom Reichsmarschall persönlich genehmigt. Eine wichtige Ausnahme ergab sich schon früh in Gallands hoher Position. Göring trug ihm auf, Planung und Führung der Luftwaffenverbände zu übernehmen, die den Kanaldurchbruch der Schweren Kriegsschiffe *Scharnhorst, Gneisenau* und *Prinz Eugen* von Brest aus aus der Luft sichern sollten.

Der britische Geheimdienst hatte fortwährend strategische Falschmeldungen über Norwegen betreffende britische Pläne verbreitet. Eine Invasion in Skandinavien warf unüberwindbare logistische Probleme auf, und die Briten hatten für solch ein Unternehmen keinerlei Einsatzplan entwickelt. Sie hielten die Gerüchte mit einer Vielzahl von Täuschungsmanövern warm und waren dadurch in der Lage, erhebliche deutsche Kräfte, die sonst an aktiven Fronten eingesetzt worden wären, in Erwartung einer Invasion zu binden. Vor allem wurde Hitler an der Nase herumgeführt. Er allein gab den Ton an. Er wollte, daß die Schlachtschiffe nach Norwegen zurückkehrten, um dort vor einer Invasion abzuschrecken und alliierte Konvois auf ihrem Weg nach Rußland von gesicherten Basen aus abzufangen.

So lange sie sich in Brest befanden, bedeuteten die schweren deutschen Schiffe eine ständige Bedrohung von Britanniens atlantischem Versorgungsweg. Sie hielten die Force H der Royal Navy von wichtigen Aufgaben im Mittelmeer ab und schränkten dadurch Britanniens Bewegungsfreiheit im Nahen Osten ein. *Scharnhorst* und *Gneisenau* waren aus diesem Grunde militärisch wertvoll, selbst wenn sie den Hafen nicht verließen. Am Dock in Brest stellten sie jedoch Dauerziele für das Bomber Command dar und wurden ständig von neuem beschädigt. Die Schadensberichte und die Furcht vor einer Invasion in Norwegen veranlaßten Hitler Ende 1941, die Schiffe aus Brest so schnell wie möglich abzuziehen.

Am 12. Januar 1942 wurde Galland zusammen mit Jeschonnek in die Wolfsschanze beordert. Hitler hatte eine Besprechung von Marine- und Luftwaffenführern einberufen, um den Durchbruch zu planen. Göring schob die Verantwortung für die Beteiligung der Luftwaffe auf Jeschonnek ab. Damit konnte er sich von einem möglichen Fehlschlag distanzieren. Er wies Jeschonnek an, Galland als Führer der Jagdschutzverbände einzusetzen. Die Popularität des jungen Jagdfliegergenerals bedeutete für Göring zusätzliche Abschirmung für den Fall, daß etwas schieflaufen sollte. Der Verlauf der Besprechung bestätigte Görings Ansicht, daß der Luftwaffe im Falle eines Fehlschlags die Schuld zugeschoben werden würde.

Göring war es gelungen, sich von dieser Konferenz fernzuhalten. Admiral Raeder, der Oberbefehlshaber der Kriegsmarine, besaß jedoch nicht den gleichen politischen Einfluß und mußte teilnehmen. Der Verlust der *Bismarck* hatte ihn in Hitlers Ansehen sinken lassen, und er teilte durchaus Görings Wunsch, sich so fern wie möglich von heiklen Unternehmen zu halten. Raeder unterstrich deshalb bei dieser Besprechung, daß er den Durchbruch weder vorgeschlagen noch befürwortet hatte. Vizeadmiral Otto Ciliax, der Befehlshaber der Schlachtschiffe, und Kommodore Ruge, Befehlshaber der Minensucher, wurden angewiesen, Einsatzpläne auszuarbeiten. Mit Raeders Worten sollte das »Ihre Entscheidung erleichtern, mein Führer«.

Auf diese Art und Weise machten es die obersten militärischen Führer Hitler einfach, ihnen ins Handwerk zu pfuschen. Wenn sie wichtigen Einsätzen gegenüber eine höfliche »Hände weg«-Einstellung zeigten, nahm Hitler selbst das Heft in die Hand, so wie er es mit Deutschland bereits politisch getan hatte. Jede Lücke, von einem hohen Offizier in der Einsatzplanung offengelassen, wurde alsbald von Hitler ausgefüllt. Was zunächst als Einmischung angefangen hatte, führte über kurz oder lang zur direkten Kontrolle der gesamten Kriegsführung durch einen Mann. Galland sah diese unheilvolle Tendenz bereits am Anfang der Durchbruchsbesprechung.

Für die Schiffe, die sich bei Tageslicht durch den Ärmelkanal bewegten, war Begleitschutz aus der Luft taktisch unerläßlich. Die Hauptsorge der Marine drehte sich darum, ob die Luftwaffe einen genügend starken Jagdschutz liefern konnte. General Jeschonnek machte klar, daß die 250 an der Kanalfront verfügbaren Jäger nicht genügten, um von Sonnenauf- bis Untergang hinreichenden Schutz zu gewährleisten — insbesondere unter dem Gesichtspunkt der vielfältigen Probleme, die sich durch Reichweite, Auftanken, Aufmunitionieren und mögliche Verluste ergaben. Die Forderungen der Ostfront ließen keinerlei Verstärkung zu. Die Nachtjäger konnten in der Morgen- und Abenddämmerung zwar aushelfen, aber damit war die Grenze der verfügbaren Kräfte erreicht. Die zahlenmäßige Unterlegenheit der deutschen Jäger

im Vergleich zu ihren RAF-Gegnern ließ sich nicht beheben. Ununterbrochener Schutz der Schiffe konnte nicht gewährleistet werden.
Trotzdem beschloß Hitler, die Operation durchzuführen. Der Ausbruch aus Brest sollte bei Dunkelheit stattfinden. Die Straße von Dover würde bei Tageslicht passiert werden. Die verfügbaren Kräfte mußten den bestmöglichen Jagdschutz liefern. Der Führer befahl absolute Geheimhaltung. Mit ihrer Unterschrift unter ein von Hitler herumgereichtes Schriftstück mußten sich alle Teilnehmer zum Stillschweigen verpflichten.
Galland hörte dem Für und Wider der Besprechung aufmerksam zu. Sie wurde von hochrangigen Offizieren geführt, die ihm im Alter um einige Jahre voraus waren. Zu gegebener Zeit äußerte er seine Meinung. Seine Kenntnisse der Kampfbedingungen und Jagdeinsätze am Kanal waren nicht zu überbieten und auf dem neuesten Stand. Damit war sein Mangel an Dienstalter mehr als ausgeglichen, was Hitler schnell mitbekam. Der Führer nahm seinen jungen General danach zur Seite und fragte ihn nach den Erfolgschancen im Hinblick auf die Abhängigkeit dieser Operation vom Begleitschutz aus der Luft. Galland hatte die betreffenden Faktoren bereits erwogen.
»Alles hängt von der Zeit ab, die die Engländer zur Verfügung haben, um die RAF gegen die Schiffe zu mobilisieren«, sagte er zu Hitler. »Wir müssen das Überraschungsmoment und auch eine Portion Glück auf unserer Seite haben. Meine Jagdflieger werden ihr Bestes tun, wenn sie wissen, was davon abhängt.« Das sollte sich als gute, vorausschauende Einschätzung herausstellen.
Galland wählte den Decknamen »Donnerkeil« für die Operation, während die Planungen der Kriegsmarine unter dem Namen »Cerberus« vorangingen. Die von Hitler angeordnete Geheimhaltung wurde strikt eingehalten. Den Jagdfliegern wurde gesagt, bei »Donnerkeil« handele es sich um eine neue Bomberoffensive gegen Großbritannien. Spione in Brest meldeten den Briten ihre Beobachtungen von erhöhter Aktivität an den Docks. Ultras lange elektronische Ohren hörten den deutschen Fernmeldeverkehr ab, der keine Zweifel über die deutschen Absichten offenließ.
Ronald Lewin beschreibt die sich entwickelnde Situation der britischen Entschlüsselungsspezialisten in seinem Buch »Ultra Goes to War«:
Ultra setzte Spekulation in Wirklichkeit um. All die kleinen Vorbereitungen, die für die heimliche Bewegung einer ansehnlichen Kriegsflotte nötig waren, wurden von Denning und seinen Kollegen im Operational Intelligence Centre identifiziert — die besonderen Anordnungen für die U-Boote und die Jäger der Luftwaffe, die verstärkte und heimliche

Aktivität der Minensucher entlang bestimmter Fahrwässer, die Ansammlung von zusätzlichen Zerstörern als Begleitschiffe für den Durchbruch. Admiral Pound bekam eine vollständige Auswertung, und schon am 2. Februar ließ die Admiralität in ihrer Schlußfolgerung verlauten: »Bei der Abwägung aller Faktoren scheint es, daß die Deutschen mit dem Passieren des Kanals nach Osten ein geringeres Risiko eingehen, als wenn sie den Weg über den Ozean wählen würden.« Das Coastal Command der RAF schloß sich dieser Meinung an.

Die britische Admiralität unterstützte damit unfreiwilligerweise den Kanaldurchbruch, den Hitler seinen zögernden Marinebefehlshabern aufgezwungen hatte. Die britischen Kryptoexperten in Bletchley Park knackten weiterhin die ungesicherten Chiffren der Luftwaffe und den Hydra-Kode der Kriegsmarine. Das Operational Intelligence Center der Admiralität setzte all dies in konkret faßbare Informationen um, auf denen die Kommandeure ihre Pläne aufbauen konnten, durch die der Durchbruch in einen deutschen Fehlschlag verwandelt werden sollte.

Kodebrecher liefern Informationen. Wie diese Information für Planung und Ablauf von Einsätzen verwandt werden, fällt der Verantwortlichkeit der dafür zuständigen Befehlshaber zu. Die Information bekommt also erst dann ihren Wert, wenn sie in Aktionen und Befehle umgesetzt wird. Die Rechnung wird in der Schlacht präsentiert; was den Durchbruch angeht, so wurden die hervorragenden und in Fülle zur Verfügung stehenden Kryptoinformationen vom britischen Oberkommando nicht optimal genutzt.

Die Briten hatten ihre Channel Stop Force bereits einsatzfertig. Sie bestand aus einer Staffel von Blenheim-Bombern, die in Manston in Kent stationiert waren, und Torpedobooten, die von Dover aus operierten und die Aufgabe hatten, den deutschen Schiffsverkehr in der Straße von Dover zu unterbinden. Stop Force-Einsätze wurden durch tägliche Aufklärungsflüge des RAF Bomber Command über Brest und nächtliche Erkundungsflüge über die schweren Schiffe durch das Coastal Command erweitert.

Das Bomber Command richtete sich auf einen Tagesangriff ein, denn bei voller Geschwindigkeit konnten die deutschen Schiffe bei Nacht nur die halbe Entfernung zwischen Brest und einem deutschen Hafen zurücklegen. Um die Straße von Dover vor Tagesanbruch am nächsten Morgen zu passieren, mußte Brest vor 13.00 Uhr verlassen werden. Das erlaubte den RAF-Bombern etwa drei Stunden Zeit, die Schiffe anzugreifen, nachdem ihr Auslaufen aus Brest entdeckt worden war. Der Deckname der gesamten englischen Operation war »Fuller«. Die Vorbereitungen hießen »Executive Fuller«. Viele wichtigen der an diesem kommenden Einsatz beteiligten Offizieren kannten diesen Decknamen nicht. Schon acht Monate vor den hektischer werdenden Aktivitäten in und um Brest im Januar 1942 waren die Vorkehrungen bereits abgeschlossen.

Kurze Probeläufe, die von den schweren Schiffen im Golf von Brest unternommen wurden, ließen den geplanten Ausbruch ahnen. RAF- und Luftwaffenjäger gerieten sich hoch über diesem Geschehen in die Wolle. Das Wetter und die Gezeiten waren günstig, mit Neumond am 15. Februar. Die Briten konnten sich alle diese Faktoren ebenso leicht ausrechnen wie die Deutschen. Als die Admiralität davon überzeugt war, daß ein Ausbruch unmittelbar bevorstand, wurde »Executive Fuller« am 4. Februar 1942 per Alarmstufe angekurbelt. Weil die britische Admiralität nicht willens war, die schweren Schiffe der Home Fleet in Reichweite der deutschen Bomber zu bringen, beorderte sie zusätzlich sechs alte Zerstörer nach Harwich und sechs weitere Torpedoboote nach Ramsgate. Sechs Swordfish-Torpedobomber der 825. Staffel des Fleet Air Arm wurden in Manston stationiert. Das S-Klasse U-Boot *Sealion* wurde zur Verstärkung von zwei Unterseebooten geschickt, die bereits vor Brest patrouillierten. Die Royal Navy war auf die Deutschen vorbereitet, egal, ob sie den Kanal oder die Route über den Ozean für ihren Durchbruch wählen würden.

Neben den Marineeinheiten hielten sich noch massivere britische Verbände bereit. Das RAF Coastal Command hatte die 86. Staffel nach St. Eval in Cornwall, gegenüber von Brest, verlegt. Dort waren zwölf Beaufort-Torpedobomber, verstärkt durch drei zusätzliche Flugzeuge der 217. Staffel, die mit ihren sieben Torpedobombern auf Torney Island in der Nähe von Portsmouth lag. Das Coastal Command verlegte die 14. Staffel mit 14 weiteren Beauforts von Schottland nach Manston in Kent.

Damit waren alle drei Beaufort-Staffeln entlang der gesamten Durchbruchsstrecke stationiert. Ein gemeinsamer Angriff konnte, wenn es die Lage erforderte, von allen drei durchgeführt werden. Im Zuge der normalen Überwachung deckten sie Hunderte von Quadratkilometern des Ärmelkanals und der anliegenden Gewässer ab.

Die RAF stellte für »Fuller« 300 Bomber ab. Lediglich Tagesangriffe waren möglich, aber ein konzentriertes Bombardement der deutschen Schiffe im kritischen Gewässer zwischen Brest und Dover konnte ihr Schicksal besiegeln. Am 6. Februar 1942 verringerte die RAF die Anzahl der versprochenen Bomber auf 100, trotz der hohen Wahrscheinlichkeit, daß der Durchbruch zwischen dem 10. und 15. Februar zu erwarten war. Dies war ein klarer Fehler, da vorhandene Erkenntnisse über die Absichten des Feindes mißachtet wurden, selbst wenn 100 Flugzeuge immer noch eine ansehnliche Streitkraft darstellten, um die Schiffe zu versenken.

Das RAF Fighter Command hatte zu diesem Zeitpunkt 600 Jagdflugzeuge zur Verfügung. Die erprobte 11th Fighter Group, Gallands Gegner in der Schlacht um England, sollte die RAF-Bomber gegen die erwarteten deutschen Begleitjäger schützen. Von ihren Basen in Kenley, Hornchurch, Debden, Biggin Hill und Tangmere sollte die 11th Fighter Group ihre Staffeln gegen ihren alten Gegner auf der anderen Kanalseite einsetzen.

Die deutschen Vorbereitungen für den Durchbruch liefen im Januar auf Hochtouren. Die Schiffe und Docks, wie auch die Zufahrtsstraßen nach Brest und die umgebenden Gewässer, sahen ein derart geschäftiges Treiben, daß Geheimhaltung und Sicherheit keine Rolle mehr spielten. Solche umfassenden Vorbereitungen zu tarnen, war praktisch unmöglich. Die Deutschen versuchten ein Täuschungsmanöver, indem sie Gerüchte von einem Durchbruch in den Pazifik in Umlauf brachten und vor den Augen der Spione auf den Docks von Brest Netzladungen von Tropenhelmen und -uniformen auf die Schiffe brachten.

Der Einbau von zusätzlichen 20 mm-Vierlingen, die eine Hochseereise offensichtlich nicht überstehen konnten, machten dem Pazifikgerücht den Garaus. Die Gerüchte, die auf den Docks ausgestreut wurden, stimmten mit denen, die an die Besatzungen ausgegeben wurden, nicht überein. Die Querulanten und Hängemattenstrategen waren über die Absichten ihrer eigenen Seite total verwirrt. Ein Durchbruch durch den Kanal war für die Schlachtschiffbesatzungen die unwahrscheinlichste aller Möglichkeiten.

Achtzig Minensucher stampften durch die eisigen Nächte, um entlang der besten Fluchtroute drei Minenfelder zu räumen. Die schweren Einheiten benötigten eine Mindestwassertiefe von 25 Metern. Eine Route wurde festgelegt und markiert. Die dem Vizeadmiral Ciliax unterstellten Kommandanten waren Kapitän z. S. Kurt Hoffmann (*Scharnhorst*), Kapitän z. S. Otto Fein (*Gneisenau*) und Kapitän z. S. Helmuth Brinkmann (*Prinz Eugen*).

Die komplizierte Planung für den Jagdschutz kam unter Galland schnell voran. »Donnerkeil« war für einen General auf der Suche nach einem herausfordernden Einsatzkommando geradezu maßgeschneidert. Die Kontrolle über Jagdverbände, Nachrichten- und Bodenorganisation der Luftflotte 3 und Luftflotte Reich lag in Gallands Hand. Dies stellte eine bedeutende Schmälerung der Verantwortungsbereiche der beiden Luftflottenchefs, Feldmarschall Sperrle und Generaloberst Weise, dar — aber sie verzichteten beide gern. Sie teilten wahrscheinlich Gallands Befürchtungen, und, auf einen Fehlschlag gefaßt, konnten sie zusehen, wie Galland sich mit Enthusiasmus und Energie in die Aufgabe stürzte. (Galland meinte in späteren Jahren, daß Sperrle und Weise mit »heimtückischer Freude« zusahen, wie er seinen Kopf in die Schlinge steckte.)

Drei Jägerführungszentralen wurden eingerichtet, um die Route laufend abzudecken. Der Abschnitt Abbéville—Lille—Calais hatte sein Hauptquartier in Le Touquet, der Abschnitt Schelde—Rhein—Zuider See in Amsterdam—Shiphol. Für den letzten Abschnitt Jever—Wilhelmshaven wurde die Führungszentrale in Jever eingerichtet. Eine gute Planung muß mit Änderungen des normalen Ablaufs rechnen. Galland nahm an, daß eine Verzögerung zu Beginn des Unternehmens am wahrscheinlichsten sei, und schuf für diesen Fall einen zusätzlichen Abschnitt in der Gegend von LeHavre—Caen—Cherbourg mit der Zentrale in Caen.

Da der Erfolg von Nachrichtenverbindungen abhing, wurde eine Serie von Radio-Querverbindungen erstellt. Ultra-Kurzwellen wurden durch Langwellenverbindungen ergänzt, über die Galland mit den Befehlshabern der Flotten in Kontakt bleiben konnte. Unterschiede in den Funkspruchverfahren, im Sprechverkehr und der Ausdrucksweise zwischen Marine und Luftwaffe mußten ausgebügelt werden. Galland hielt es für unerläßlich, einen Jagdfliegerführer an Bord der Schiffe zu haben. Er schickte seinen alten Kommandeur aus dem Frankreichfeldzug, Oberst Max Ibel, mit einem kleinen Stab auf die *Scharnhorst.* Ibel stand sowohl mit den Begleitschutz fliegenden Jägern als auch mit Galland in direkter Funkverbindung. Jägerverbindungsoffiziere, die ausgebildete Piloten waren, wurden zusammen mit Luftwaffenfunkern auf der *Prinz Eugen* und der *Gneisenau* stationiert.

Ein ständiger Begleitschutz über der Flotte erforderte eine komplexe Planung. Galland und sein Stab rechneten aus, daß nicht mehr als 16 Maschinen für den Jagdschutz ständig in der Luft gehalten werden konnten. Jede Welle von 16 Jägern konnte sich 35 Minuten über den Schiffen aufhalten; ohne Feindberührung konnte die Zeit auf 45 Minuten verlängert werden. Jede ablösende Welle überschnitt sich mit der abfliegenden um zehn Minuten. Das bedeutete, daß sich für 20 Minuten jeder Stunde 32 Maschinen als Schutzschild über der Flotte befinden würden.

All dies setzte hervorragende Führung, gute Navigation, eisernes Durchhaltevermögen der Piloten und außerordentliche Anstrengungen des Bodenpersonals voraus. Galland sah sich gezwungen, die Zeit am

Boden für Betankung, Munitionierung und Wartung auf nur 30 Minuten herunterzudrücken. Selbst wenn alles genau nach Plan lief, standen immer noch nicht genügend Jäger zur Verfügung, um der Kriegsmarine den Schutz zu gewähren, den die Admirale sich gewünscht hätten.

Gallands beschränkte Mittel kamen hauptsächlich vom JG 2 und JG 26, den altgedienten Geschwadern der Kanalfront, mit je 90 Maschinen. Zusätzlich konnten 60 Flugzeuge vom JG 1 für den Morgen des Durchbruchs abgestellt werden. Sie standen allerdings für den Nachmittag nicht zur Verfügung, da sie für den Schutz der Schiffe am nächsten Morgen verantwortlich sein sollten, wenn diese in die Deutsche Bucht einlaufen würden.

Galland kratzte noch ein zusätzliches Dutzend Me 109 von der Jagdfliegerschule in Paris zusammen und verlegte sie nach LeHavre. Er setzte 30 zweimotorige Me 110 von der Nachtjagdwaffe für die Zeit um Sonnenauf- und Untergang ein. Sie waren den Spitfires bei Tage nicht gewachsen, konnten aber die Lücke zwischen Tag und Nacht gut überbrücken. Gallands gesamte Streitmacht kam auf maximal 252 Flugzeuge, wovon weniger als 200 für den Nachmittag nach dem Ausbruch verfügbar waren.

Galland ordnete strikte Funkstille an. Die deutschen Jagdflieger waren in der Luft bekanntermaßen geschwätzig. Während normaler Einsätze riß der Strom von Kommentaren, Bemerkungen, Warnungen und Befehlen nie ab. Absolute Funkstille war notwendig, zumindest bis Galland sicher sein konnte, daß die Briten den Durchbruch entdeckt hatten. Der Befehl »Offenes Visier« würde die Funkstille aufheben. Den Piloten wurde aufgetragen, tief zu fliegen, um dem britischen Radar so wenig wie möglich Angriffsfläche zu bieten. Darüber hinaus würde es elektronischen Störmaßnahmen ausgesetzt werden.

General Martini, der Chef des Nachrichtenverbindungswesens der Luftwaffe, hatte elektronische Täuschungs- und Störmittel zur Verfügung, mit denen das britische Radarsystem irregeführt werden sollte. Diese technischen Fortschritte waren geheimgehalten worden, um bei solch einer Operation angewendet werden zu können. An jedem Tag im Januar 1942 wurde das britische Radar im Morgengrauen für nur einige Minuten vorsichtig General Martinis Störmitteln ausgesetzt.

Die britischen Bildschirme schienen eine Menge Echos zu verlieren. Indem sie die Zeitspannen der Störungen langsam erhöhten, gewöhnten die Deutschen das britische Radarpersonal allmählich daran. Da die Auswirkungen nicht anhielten, nahmen die Briten an, es handele sich um Feindaktionen oder atmosphärische Bedingungen, und maßen ihnen nach einiger Zeit keine Bedeutung mehr bei. Sie besaßen einige im

7—8 cm-Bereich arbeitende K-Radars, die Martini nicht stören konnte. Die meisten ihrer Stationen entlang der Südküste konnten jedoch zur Zeit des Durchbruchs elektronisch außer Gefecht gesetzt werden.
Galland verteilte die Einsatzbefehle an Geschwader-, Gruppen- und Staffelführer in versiegelten Umschlägen, die nur bei Erhalt des Decknamens »Donnerkeil« geöffnet werden durften. Den Jagdfliegern war gesagt worden, daß eine neue große Bomberoffensive gegen England unmittelbar bevorstehe. Ihre Stationierung in voller Stärke entlang der französischen Küste war mit solch einem Blitz durchaus zu vereinbaren.
Trotz einer ungünstigen Wettervorhersage gab Admiral Alfred Saalwächter vom Oberkommando West am 11. Februar 1942 um 20 Uhr den Befehl, das Unternehmen anlaufen zu lassen. »Donnerkeil/Cerberus« rollte an. Galland flog von Paris aus direkt zum Pas de Calais, um sich mit den Führern seiner fliegenden Verbände zu besprechen — durch die Bank Männer, die ihn kannten, ihm vertrauten und ihn respektierten.
Als diese verdienten Jagdfliegerführer ihre Einsatzbefehle öffneten und studierten, schlugen ihre Herzen höher. Es wurde verlangt, Feindflugzeuge unmittelbar und aus jeder Lage anzugreifen — genau die »aggressive Verteidigung«, die Galland schon immer gepredigt hatte. »Angriff« war das Schlüsselwort. Jede britische Maschine, die sich auf Schußweite näherte, mußte mit allen Mitteln zerstört werden — wenn nötig durch Rammen. Feindflugzeuge, die das Zielgebiet verließen, ohne eine weitere Gefahr darzustellen, sollten in Ruhe gelassen werden. Der Erfolg von »Donnerkeil« würde nicht an der Zahl der abgeschossenen Maschinen gemessen werden. Das Ziel des Unternehmens war der Schutz und die Sicherheit der schweren Schiffe.
Die Jagdfliegeroffiziere, die »Donnerkeil« in der Luft auszuführen hatten, freuten sich über die klaren, aggressiven Befehle eines Vorgesetzten, dem sie vertrauen konnten. Mit dem Morgengrauen erwartete sie ein historischer Auftrag. Voller Erwartung gingen sie zu Bett, eine ruhelose Nacht vor sich. Galland konnte vor Spannung nicht schlafen — seine Gedanken wirbelten um den kommenden Einsatz. Seine ganze Erfahrung, seine Sachkenntnis und sein Eifer waren in die Planung von »Donnerkeil« geflossen, dem bisher größten und wichtigsten Einsatz seiner Karriere. Seine Fähigkeit, ein hohes Einsatzkommando auszuüben, würde hier auf die Probe gestellt werden.
Am 12. Februar 1942 gegen Mitternacht umrundeten die schweren Schiffe mit ihrem Schutzgeleit Ushant und fuhren in den Ärmelkanal ein. Trotz einer durch einen RAF-Angriff verursachten Verzögerung

von zwei Stunden beim Auslaufen aus Brest war das Glück auf ihrer Seite. Das Unterseeboot *Sealion,* das normalerweise die Zufahrt nach Brest bewachte, befand sich aufgetaucht etwa 45 Kilometer entfernt, um seine Batterien aufzuladen. Der deutsche Verband dampfte mit fast 30 Knoten durch den Kanal, mit allen Besatzungen, von Admiral Ciliax abwärts, nach britischen Kriegsschiffen und Flugzeugen Ausschau haltend.

Entlang des Kanals und in der Luft darüber setzte nun eine unglaubliche Kette von britischen Fehlentscheidungen und unglücklichen Abläufen ein. In allen drei Abschnitten, in die das Coastal Command den Kanal aufgrund sich überschneidender Radarabdeckung eingeteilt hatte, wurden die britischen Flugzeuge von Schwierigkeiten verfolgt. Mechanische, elektronische und Wetterprobleme unterbrachen den normalen Patrouillendienst. Die schweren Schiffe der Deutschen konnten so durch die dabei entstehenden Lücken schlüpfen. Um 7.30 Uhr passierten sie Cherbourg und trafen sich mit der zu ihrer Begleitung eingeteilten Torpedobootflottille, ohne daß die Briten ahnten, daß sie Brest verlassen hatten.

Die Störungsmanöver von General Martinis Radarexperten hatten schon lange vor Sonnenaufgang mit dem Aufstieg von zwei He 111 Radar-»Lockvögeln« von einer Basis im Norden von Paris begonnen. Jede dieser Maschinen simulerte elektronisch 25 kreisende Flugzeuge. Sie flogen parallel zur englischen Küste, um die Aufmerksamkeit der britischen Radarbeobachter von der Brest-Flotte abzulenken. Die schweren Schiffe konnten so die Seinemündung erreichen, ohne eine Reaktion der Briten feststellen zu können. Die für den Kanal zuständigen Streitkräfte der Royal Navy durchliefen um 5.00 Uhr einen routinemäßigen Probealarm, der um 8.35 Uhr wieder abgeblasen wurde, ohne zu ahnen, daß die Deutsche Kriegsmarine unter ihrer Nase durch den Kanal rauschte.

Bei Büchsenlicht um 7.50 Uhr erschienen die ersten Me 110-Nachtjäger unter einer 500 m tiefen Wolkendecke über der deutschen Flotte. Diese Maschinen flogen höher, als es ihnen vorgeschrieben worden war. Auf der anderen Kanalseite in Beachy Head wurden sie von einem der 7 cm-K-Radargeräte erfaßt, das die Deutschen nicht hatten stören können. Beachy Head meldete über Schiffen kreisende Flugzeuge mit einer Marschgeschwindigkeit von etwa 25 Knoten. Sowohl die RAF als auch die Royal Navy wurden benachrichtigt, reagierten jedoch nicht.

Um 8.24 Uhr entdeckte eine zweite K-Radarstation die kreisenden Jagdflugzeuge ebenfalls und wertete die Information ähnlich wie Beachy Head aus. Wiederholt wurden Positionsbestimmungen durchgeführt. Andere Radareinrichtungen meldeten Störungen, als die He 111-Lockvögel sich am Kanal entlang bewegten. Das Fighter Command in Stanmore erhielt all diese wichtigen Informationen. In einer Absprache mit dem diensthabenden Jagdfliegerführer der 11th Fighter Group in Hornchurch wurde der Schluß gezogen, daß ein deutscher Seenotrettungseinsatz anliefe. Die deutschen Schlachtschiffe indessen pflügten weiterhin unbelästigt durch feindliche Gewässer.

Galland hatte den Fortschritt der Schiffe anhand von regelmäßigen Positionsmeldungen des deutschen Küstenradars während der Nacht verfolgt. Seine Erregung nahm sichtlich zu, als die Flotte um 9.00 Uhr die Zeit, die sie bei der Ausfahrt aus Brest verloren hatte, fast wieder wettgemacht hatte. Mit dem anbrechenden Tag war die Gefahr eines britischen Nachtangriffs vorüber. Der junge Oberst fand sich weiterhin ermutigt, weil sich die Wettervorhersage für diesen Zeitraum als falsch herausgestellt hatte. Die Jägerplätze auf der Ostseite des Kanals behielten relativ gutes Wetter, während die englische Küste unter einer tiefen Wolkendecke mit schlechter Sicht lag.

Squadron Leader William Igoe war der dienstälteste RAF-Jagdfliegerführer in Biggin Hill, der wichtigsten RAF-Jägerbasis in Südengland. Die Auswertung von Radarechos machte einen wichtigen Teil seines Aufgabenbereiches aus. Igoe verfolgte eine Kette von Flugzeugechos von Contentin zum Kanal und errechnete eine Geschwindigkeit von mehr als 25 Knoten — typisch für den Jagdschutz für Schlachtschiffe. Um 9.05 Uhr rief er das Hauptquartier der 11th Fighter Group in Uxbridge an und sagte: »Ich glaube, es ist Fuller.« Dieses kritische Kodewort schien das Personal in Uxbridge, wo die Fuller-Unterlagen aus Sicherheitsgründen in einem Panzerschrank aufbewahrt wurden, nicht im geringsten zu beeindrucken. Die RAF-Geheimhaltung von Fuller war so streng, daß viele Personen, die an entscheidenden Punkten damit zu tun haben würden, noch nicht einmal den Decknamen kannten.

Igoes Gegenüber in Stanmore, Wing Commander Davies, war um 10.00 Uhr ebenfalls davon überzeugt, daß die schweren Schiffe Brest verlassen hatten und jetzt den Kanal heraufkamen. Und wie Igoe war er nicht in der Lage, das Hauptquartier der 11th Fighter Group von seinen Schlußfolgerungen zu überzeugen. Zu diesem Zeitpunkt erreichte die erste Welle von Gallands Me 109 die Schlachtschiffe, und das britische Radar erfaßte ihren Auftritt in diesem Drama.

Jeden Tag bei Sonnenauf- und Untergang schickte die 91. Staffel in Hawkinge unter Squadron Leader Robert Oxspring zwei »Jim Crow«-Spitfires auf Patrouille. Ihre Aufgabe war es, die Gegenden vor den französischen Häfen und weiter draußen auf See aufzuklären. Am

13. Februar 1942 entdeckte die Spitfire, die den Abschnitt Gris Nez—LeHavre abflog, eine Flottille von Torpedobooten, die Boulogne verließ. Diese deutschen Einheiten waren den schweren Schiffen als Geleitschutz durch die Straße von Dover zugeteilt worden. Ihr Auftauchen und ihre Marschrichtung wurden prompt gemeldet und dem Mosaik hinzugefügt.

Als Squadron Leader Igoe in Biggin Hill feststellen mußte, daß man im Hauptquartier der 11th Fighter Group in Uxbridge keinen blassen Dunst von Fuller hatte, rief er Oxspring in Hawkinge an und bat ihn, einen zweiten Patrouillenflug durchführen zu lassen. Oxspring versprach, selbst zu fliegen. Von Igoe über den starken deutschen Flugbetrieb gewarnt, nahm er einen Rottenflieger mit. Sergeant Beaumont hatte zuvor auf Schnellbooten der RAF Marine Section Dienst getan und kannte seine Schiffe. Sie starteten um kurz nach 10.00 Uhr und flogen auf die Waschküche am Kanal zu.

Ein paar Minuten später startete eine weitere, ganz und gar inoffizielle Rotte von Spitfires von Kenley aus. Group Captain Victor Beamish und Wing Commander Fibley Boyd waren zwei der Stars des Fighter Command. Als Einsatzoffizier der 11th Fighter Group benutzte Beamish jeden Vorwand, um ins Cockpit einer Jagdmaschine zu kommen. Da das Wetter für weniger erfahrene Piloten zu schlecht war, wurde dies eine spezielle »Beamish Mission«, als das As der Schlacht um England seine Spitfire in den Nebel steuerte. Für den Kanal galt strikte Funkstille, und so verschwanden Beamish und Boyd am Horizont, nicht ahnend, daß Oxspring und Beaumont in derselben Suppe herumkurvten.

Um 10.20 Uhr waren die schweren deutschen Einheiten fast elf Stunden unterwegs, ohne auf dem Wasser entdeckt worden zu sein. Sie näherten sich rasch der Straße von Dover. Galland folgte dem ablaufenden Drama mit großer Spannung in seiner Kommandozentrale in Le Touquet. Der Lautsprecher, der die Radioverbindung mit den Flugzeugen übertrug, war zur Zeit noch still. Wetterberichte, Radarinformationen und abgehörter britischer Nachrichtenverkehr wurden mittels Lichtsignalen weitergegeben. Anstatt zu sprechen, schrieb Galland seine Befehle auf ein Stück Papier, das er dann einem Stabsoffizier zur weiteren Veranlassung zuschob.

Beide Spitfire-Rotten entdeckten die deutschen Schiffe fast gleichzeitig etwa 25 Kilometer westlich von Le Touquet. Sie wurden beide von deutschen Jägern angegriffen und von der Schiffsflak unter Beschuß genommen. Beim Abflug hätten Oxspring und Beaumont ihre Kameraden Beamish und Boyd, deren Spitfires sie bei der miserablen Sicht für Me 109 hielten, fast in einen Luftkampf verwickelt.

Trotz der lebenswichtigen Bedeutung dieser Entdeckung hielt sich Group Captain Victor Beamish an die befohlene Funkstille und flog mit Boyd zurück nach Kenley. Squadron Leader Oxspring besaß genügend Initiative, um zu wissen, wann Anordnungen nicht befolgt werden durften. Um 10.35 Uhr brach er die Funkstille und meldete Schlachtschiffe und Geleitzug vor Le Touquet mit Richtung auf Dover.

Der deutsche Horchdienst fing diesen Funkspruch auf. Galland hatte ihn fast unmittelbar darauf vor sich liegen. Die Schlachtschiffe waren entdeckt und identifiziert worden. Galland mußte nun entscheiden, ob er Funkstille und Tiefflüge fortsetzen oder aufheben sollte. Durch die Funkstille war ihm ein direkter Kontakt mit Ibel, der ihm von der *Scharnhorst* einen Lagebericht hätte geben können, nicht möglich. Die Luftwaffenjäger würden Spitfires ausgesetzt sein, die sich aus den Wolken über die Schlachtschiffe hermachten. Jeder Mann in einer hohen Führungsposition kommt schließlich an solch einen kritischen Punkt, wo Menschenleben und die Folgen wichtiger Entscheidungen auf dem Spiel stehen. Galland entschloß sich, die Katze noch nicht aus dem Sack zu lassen.

Die Briten reagierten auf Squadron Leader Oxsprings Entdeckung nicht sofort, sondern warteten, bis er gelandet war. Nachdem er seine Meldung persönlich gemacht hatte, unterstützt von Beaumont, der die *Scharnhorst* zu Friedenszeiten aus nächster Nähe gesehen hatte, glaubte man ihm immer noch nicht ganz. Ein Erkennungsbuch mit Kriegsschiffsilhouetten wurde bestellt. Nach einer weiteren Verzögerung — der Kurier machte eine Teepause — identifizierten Oxspring und Beaumont die großen Schiffe. Während sich all dies abspielte, gewann Galland weitere Kilometer für die Flotte in Richtung Sicherheit. Er behielt seine Nerven und hielt Funkstille ein. Squadron Leader Oxspring versuchte persönlich, sich mit Air Vice-Marshall Leigh-Mallory, dem Kommandeur der 11th Fighter Group, in Verbindung zu setzen, wurde jedoch abgewiesen. Leigh-Mallorys Stab weigerte sich, dessen Inspizierung belgischer RAF-Einheiten in Nordholt zu unterbrechen. Die Einsatzoffiziere konnten sich für Oxsprings Bericht einfach nicht erwärmen. Sie versprachen lediglich, den bereits in Vorbereitung befindlichen Angriff auf die aus Boulogne auslaufenden Torpedoboote zu intensivieren.

Oxspring rief Jagdfliegerführer Igoe in Biggin Hill wieder an. Er bestätigte ihm, daß die schweren deutschen Schiffe den Kanal hochkamen. Group Captain Beamish landete um 11.10 Uhr und bestätigte Oxsprings Beobachtungen. Sowohl Beamish als auch Oxspring versuchten nun unabhängig voneinander, Leigh-Mallory zu erreichen, ohne dessen

Anordnung sich die 11th Fighter Group weigerte, Entscheidungen zu fällen und zu handeln.
Während die Spitfires ihre Entdeckungen machten, erfaßte das Radar in Swingate die deutlichen Echos der schweren Schiffe um 10.16 Uhr etwa 90 Kilometer entfernt. Gallands kreisender Jagdschutz wurde von anderen Küstenradarstationen erfaßt und als Torpedobootverkehr interpretiert. Als der Kommandant der Swingater Radarstation das Hauptquartier der Royal Navy in Dover Castle benachrichtigen wollte, konnte er wegen einer defekten Nachrichtenverbindung erst nach einer halben Stunde durchkommen.
Der Bericht aus Swingate und andere Radarmeldungen überzeugten Admiral Ramseys Verbindungsoffizier in Dover, daß *Scharnhorst* und *Gneisenau* dabei waren, den Kanaldurchbruch zu erzwingen. Wing-Commander Constable-Roberts war für die Verbindung mit der 11th Fighter Group zuständig, hatte jedoch auch nicht mehr Glück als Beamish, Oxspring und Igoe mit seinem Versuch, den Stab in Uxbridge davon zu überzeugen, daß die Schlachtschiffe tatsächlich aufgetaucht seien. Beunruhigt und entschlossen, bis an die Grenze seiner Befugnisse zu gehen, rief Constable-Roberts in Manston an und verlangte von Lt-Commander Esmonde, seine sechs Fairey Swordfish-Torpedobomber in Alarmbereitschaft zu versetzen. Er gab dem Coastal Command ähnliche Anweisungen für die Beauforts in St. Eval und für die Beauforts der 42. Staffel, die sich zu diesem Zeitpunkt verspätet auf dem Flug von Schottland nach Coltishall in Norwich befanden.
Diese von Constable-Roberts unternommenen Schritte waren die ersten wichtigen Maßnahmen, die die britischen Streitkräfte gegen *Scharnhorst* und *Gneisenau* ergriffen hatten. Constable-Roberts war in Aktion getreten, ohne zu wissen, daß Oxspring, Beaumont, Beamish und Boyd die Schlachtschiffe mit eigenen Augen gesehen hatten. Gallands Einhaltung der Funkstille verlängerte die Ungewißheit der Briten während der kritischsten Phase des Durchbruchs der deutschen Flotte.
Gegen 11.30 Uhr war es Group Captain Beamish endlich gelungen, zögernde Adjutanten dazu zu zwingen, Air Vice-Marshal Leigh-Mallorys Inspizierung der Belgier zu unterbrechen und ihn ans Telefon zu bringen. Leigh-Mallory erkannte die Wichtigkeit der Nachricht seines Einsatzoffiziers von der 11th Fighter Group sofort. Damit kam endlich Bewegung in die britischen Reihen, sowohl bei der RAF als auch bei der Royal Navy. Operation Fuller lief an. Mehr als drei Stunden waren vergeudet worden, seit Squadron Leader Igoe den Offizier vom Dienst der 11th Fighter Group auf Fuller aufmerksam gemacht hatte. Diese drei Stunden bedeuteten mindestens 75 Seemeilen ungestörter Fahrt für die

deutschen Schlachtschiffe. Vor zwölf Uhr mittags befanden sich die deutschen Einheiten bereits an der engsten Stelle des Ärmelkanals.

Die britischen Gegenmaßnahmen waren hauptsächlich gegen eine nächtliche Durchfahrt größerer deutscher Flotteneinheiten geplant. Die auf den wahrscheinlichsten Ablauf abgestimmten britischen Pläne sahen vor, die hell beleuchteten deutschen Schiffe mit Küstenartillerie, Torpedoflugzeugen und Bombern sowie Torpedobooten und Zerstörern anzugreifen. Das Bomber Command würde dann bei Tagesanbruch dem aus der Nacht übriggebliebenen Rest den Garaus machen. Als die Deutschen gegen alle Erwartungen den Durchbruch durch die Meerenge um die Mittagszeit erzwangen, wurde die britische Reaktion von Überraschung, Verwirrung und ungeschicktem Einsatz beeinträchtigt.

Um 12.25 Uhr rumpelten die sechs Fairey Swordfish-Doppeldecker über das schneebedeckte Flugfeld in Manston und erhoben sich in die Luft. Sie stellten das einzige verfügbare Angriffsmittel dar, das zu diesem Zeitpunkt auf die Schlachtschiffe angesetzt werden konnte. Fünf Jagdstaffeln waren als Begleitschutz zugeteilt, aber nur eine davon schloß über Manston zu den Torpedobombern auf. Esmonde ging auf seine Angriffshöhe von 15 Metern herunter und führte seine sechs hölzernen, stoffbespannten Krähen auf den Kanal hinaus und dem sicheren Tod entgegen.

Torpedoboote waren bereits dabei, sich den Deutschen zu nähern. Die Beauforts des Coastal Command, die zusammen mit den Swordfishs angreifen sollten, waren zu weit entfernt, um eine gemeinsame Attacke durchzuführen. Der Beschuß durch die britische Küstenbatterien blieb wirkungslos, so daß die veralteten Swordfishs den ersten Angriff darstellten. Der Feuersturm der deutschen Schiffe würde sie unvermeidlich aus der Luft blasen, selbst wenn die Stoffbespannung von Rumpf und Tragflächen viele Kugeln und Kanonengeschosse mehr oder weniger harmlos durchlassen sollte. Mit einer Fluggeschwindigkeit von nur 90 Knoten stellten sie wenig mehr als Schleppziele für Gallands Jäger dar, die sich von den zehn begleitenden Spitfires nicht einschüchtern lassen würden.

In seiner Kommandozentrale in Le Touquet erhielt Galland kurz nach 12.00 Uhr die Meldungen über den Beschuß durch die britischen Küstenbatterien aus der Gegend von Dover. Die Schlachtschiffe hatten noch keine Treffer abbekommen, aber die Briten wußten jetzt über die entkommenden Schiffe Bescheid und traten in Aktion. Er schrieb den Befehl »Offenes Visier« aus, der sofort an Oberst Ibel auf der *Scharnhorst* sowie an alle Jagdverbände und Jägerführungszentralen weitergegeben wurde. Galland und die Luftwaffenoffiziere um ihn herum waren von der britischen Trägheit begeistert.

Alle deutschen Jagdfliegereinheiten waren in Alarmbereitschaft und hatten noch keine Verluste erlitten. Der Jagdschutz für die Passage der Flotte durch die Meerenge konnte deshalb verdoppelt werden. Das Wetter verschlechterte sich, und eine Wolkenuntergrenze von etwa 300 Metern machte aufgrund der vertikalen Staffelung der Jäger einen Überraschungsangriff der Briten aus den Wolken heraus weniger wahrscheinlich.

Die über den Schiffen kurvenden deutschen Jagdmaschinen machten sich ernsthaft an ihre Aufgabe, die Angreifer abzuwehren. Fünf Torpedoboote machten den ersten Versuch. Die deutschen Schnellboote gingen zum Gegenangriff über, und Jagdmaschinen stürzten sich auf die kleinen britischen Schiffe. Den britischen Booten gelang es trotzdem, ihre Torpedos abzufeuern und dadurch *Scharnhorst* und *Gneisenau* zu Ausweichmanövern zu zwingen. Mehrere MTB (Motorized Torpedo Boat) schafften es durchzubrechen, konnten sich aber der in voller Fahrt befindlichen deutschen Flotte wegen Maschinenschadens nicht weiter nähern.

Die MTBs waren gerade im Dunst verschwunden, als die Swordfishs zur Überraschung der Deutschen auftauchten. Es kam Gallands Piloten vor, als ob man sie in die Vergangenheit zurückbefördert hätte, als sie sich über die klapprigen alten Leinengespenster hermachten, die ein paar Meter über der Wasseroberfläche versuchten, ihre Torpedos ins Ziel zu bringen. Die Swordfishs flogen in ein Höllenfeuer hinein.

Alle sechs wurden von dem Geschoßhagel verschlungen, der ihnen von Schiffen und Jagdflugzeugen entgegengeschickt wurde. Sie konnten keinen einzigen Treffer erzielen, und Esmondes Maschine wurde in der Luft durch einen direkten Flaktreffer zerrissen. 18 Besatzungsmitglieder waren von Manston aus in den Swordfishs gestartet — nur fünf von ihnen überlebten. Ihre außergewöhnliche Tapferkeit beeindruckte die deutschen Offiziere, die als Zeugen dabeiwaren, zutiefst, und erfüllte Galland noch 50 Jahre später mit Respekt.

In Le Touquet konnte Galland jetzt den Verlauf des sich ständig ändernden Luft-See-Kampfes an seinem Lautsprecher verfolgen. Ausrufe und herausgequetschte Befehle, Fliegerjargon und Flüche, die ihm so geläufigen Redensarten und der Tumult bewiesen ihm, daß der Kampf begonnen hatte. Er sehnte sich danach, dort oben mitzumischen. Aber mit gestutzten Flügeln am Boden blieb ihm nichts anderes übrig, als sich eine Zigarre nach der anderen anzuzünden und angespannt alles zu verfolgen.

Um 14.00 Uhr ließen die Schlachtschiffe die Straße von Dover hinter sich, erwarteten aber immer noch einen Bombenangriff der RAF. Durch Nebel, Wolken und Regen suchten aller Augen den Himmel nach feindlichen Silhouetten ab. Von den Schiffen aus war die Aktivität in der Luft nur schwer zu beobachten, aber ab und zu fanden Luftkämpfe nahe genug statt, um Flugzeuge in Flammen ins Meer stürzen zu sehen.

Die *Scharnhorst* lief um 14.32 Uhr auf eine Mine und verlor ihre Stromversorgung, als Wasser in ihren Kesselraum eindrang. Sie stieß schwarze Rauchwolken aus und zog einen Ölteppich hinter sich her, als sie schließlich zum Stillstand kam. Ohne auf eine vollständige Schadenseinschätzung zu warten, stiegen Admiral Ciliax, Ibel und ein Teil ihrer Stäbe auf den Zerstörer Z-29 um. Dem Einsatzbefehl zufolge war die *Scharnhorst* als getroffen anzusehen und mußte deshalb zurückgelassen werden. Zwei Zerstörer und zwei Schnellboote blieben als Schutz zurück, während die meisten von Gallands Jägern dem Hauptkonvoi folgten und ihn beschützten.

Die RAF führte nur einen wirkungslosen Angriff auf die *Scharnhorst* aus, hatte aber gegen 15.00 Uhr den Hauptteil der Flotte unter schwerem Druck. Wellen von Whirlwinds, Blenheims, Beauforts, Hudsons, Wellingtons und Hampdens tauchten aus dem Nebel auf, um ihre Bomben abzuliefern. Jeder der RAF-Angriffe wurde von der Flak begrüßt und von den Jägern aufs Korn genommen.

Um 15.40 Uhr war die Wolkendecke auf 150 Meter abgesunken, und peitschender Regen verringerte die Sicht auf kaum mehr als 2,5 Kilometer. Galland hörte in seiner Gefechtszentrale, wie seine Jagdflieger in dieser Suppe nach den britischen Bombern suchten. Aufgrund der geringen Sicht überschossen sie ihr Ziel immer wieder. Es gab zahlreiche Beinahezusammenstöße, sowohl zwischen Freund und Feind als auch zwischen den eigenen Maschinen auf beiden Seiten. Britische Bomber beschossen oft die sie begleitenden Spitfires. Über 100 Flugzeuge kurbelten in der Waschküche herum, während die Schiffe unter dem grauen Schleier mit Volldampf auf Deutschland zuliefen.

Der verzweifelte Wirbel in der Luft, in dem auf alles geschossen wurde, was sich bewegte, hatte sein Gegenstück unten auf dem Wasser. *Gneisenau* und *Prinz Eugen* nahmen britische Zerstörer unter Beschuß. Als sie die HMS *Worcester* in Brand geschossen und damit außer Gefecht gesetzt hatten, eilten ihr zwei andere britische Zerstörer zu Hilfe. Britische Bomber behämmerten darauf diese drei britischen Schiffe, unterstützt vom Bordfeuer der Luftwaffe. Der deutsche Zerstörer *Hermann Schömann* wurde ebenfalls von Jagdflugzeugen der Luftwaffe beschossen. Weit zurück in der grauen Suppe hatte ihre Besatzung es fertiggebracht, wieder Leben in die *Scharnhorst* zu bringen und sie wieder flottzumachen. Sie versuchte nun mit Volldampf, zum Hauptverband wieder aufzuschließen.

Galland sah sich wiederum zu schwerwiegenden Entscheidungen gezwungen, als sich die Einsatzbedingungen für seine Jäger verschlechterten. Das schwindende Tageslicht um 15.00 Uhr, die 150 m-Wolkenuntergrenze, Regen und die verminderte Sicht von oft weniger als zwei Kilometern reduzierten die Wirksamkeit des Jagdschutzes. Start und Landung auf den französischen Plätzen erfolgten weiterhin ungestört, aber die Entfernung zwischen diesen Plätzen und den Schiffen vergrößerte sich ständig.

Galland mußte seine Jäger in Holland landen lassen, wo sich die tiefen Wolken bereits über weite Gebiete ausbreiteten. Das Problem, Wellen von Jagdflugzeugen in die Luft zu schicken, ohne ihnen sichere Landeplätze zuweisen zu können, setzte ihn unter erheblichen Druck. Aber die andauernden britischen Luftangriffe auf die Schiffe ließen ihm keine Wahl. Er behielt seine Jäger Welle auf Welle im Einsatz, entschlossen, sich den bereits errungenen Erfolg nicht wieder nehmen zu lassen.

Galland kannte seine Piloten gut. Er hatte viele von denen, die sich jetzt über den Schiffen befanden, und die er an ihren Stimmen wiedererkannte, selbst geführt. Obwohl er mit ihren Fähigkeiten vertraut war, überraschten sie ihn doch mit ihrem Geschick und Einfallsreichtum bei Notlandungen. Wenn der Treibstoff verbraucht war oder sie die angewiesenen Landeplätze nicht erreichen oder finden konnten, brachten sie ihre Maschinen herunter, wo immer sie konnten. Die Verluste blieben weit hinter Gallands Schätzungen zurück, die er bei der Planung dieses Einsatzes aufgestellt hatte.

Der letzte britische Bombenangriff fand um 18.00 Uhr, als es praktisch schon dunkel war, statt — ein verbissener Schlag, ausgeführt von Wellingtons, der mehrere Flugzeuge kostete. Fünfzehn Minuten später hatte die letzte britische Maschine abgedreht, und die deutschen Tagjäger setzten im schwindenden Zwielicht recht und schlecht auf ihren holländischen Landeplätzen auf. Die Nachtjäger übernahmen jetzt den Schutz, während Galland sich auf den Weg in die Jägerleitzentrale in Jever machte. Er hatte seine erste hohe Kommandoaufgabe mit Erfolg erledigt. Der Schild in der Luft hatte die Kriegsmarine beschützt.

Später in der Nacht, und in relativer Sicherheit vor der holländischen Küste, liefen sowohl *Scharnhorst* als auch *Gneisenau* bei Terschelling auf Minen. Sie schafften es beide, trotz dieses letzten Mißgeschicks, unter eigener Kraft ihren Hafen anzulaufen. (Die Briten wußten durch Ultra-Entschlüsselungen, daß beide Schiffe von Minen getroffen waren, aber ein verärgerter und vom Durchbruch gedemütigter Churchill wollte diese Nachricht nicht veröffentlichen. Eines der großen Geheimnisse des Krieges mußte geschützt bleiben, selbst wenn die Briten ihre umfassende Niederlage schmerzte.)

In ihren offiziellen Verlautbarungen spielten beide Seiten die Bedeutung von »Donnerkeil« herunter. Die Deutschen wollten nicht herausstreichen, daß sie aus Brest entkommen waren, was die automatische Schlußfolgerung gezeitigt hätte, daß sie den Luftraum und das Seegebiet vor der französischen Küste nicht unter Kontrolle hatten. Die Briten hatten einen ungeheueren Schock und eine nationale Demütigung erlitten. Seit zweieinhalb Jahrhunderten war es keinem feindlichen Marineverband gelungen, den Ärmelkanal zu durchfahren.

Das offizielle Britannien behandelte »Donnerkeil«, indem es das Unternehmen in ein trügerisches, strategisches Licht setzte und es damit der entrüsteteten Öffentlichkeit gänzlich unverständlich machte. Die Schiffe aus Brest herauszulassen sei für Britannien von »äußerstem Vorteil«. Die britische Öffentlichkeit schluckte die ganze Affäre gleichmütig und führte den Krieg weiter, während eine offizielle Untersuchung angeordnet wurde.

Aus der heutigen Perspektive — 50 Jahre später — gesehen, war die Luft-Operation »Donnerkeil« ein Meisterstück einsatzmäßiger Planung und Ausführung Adolf Gallands. Major Hans-Heinrich Brustellin, der ihn bei der Planung für »Donnerkeil« unterstützt und in seinem Stab bis zum Kriegsende gedient hatte, bezeichnete es gegenüber den Autoren als Gallands größte Stunde in hoher Führungsposition. An seinem Lebensabend zählt Galland »Donnerkeil« zu den größten Augenblicken seines Lebens.

Die beispielhafte Zusammenarbeit zwischen Kriegsmarine und Luftwaffe muß hauptsächlich Gallands Eigenschaften als Führer und Planer zugeschrieben werden. Alles war dem Einsatzerfolg untergeordnet. Professionelle Kompetenz und seine lange Erfahrung mit modernen Luftkampfmethoden flossen in die Einsatzplanung ein. Sein Wissen und Können versetzten ihn in die Lage, jede etwaige Möglichkeit vorauszusehen und die entsprechenden Vorkehrungen zu treffen. »Donnerkeil« war mehr oder weniger fehlerfrei.

Galland erreichte seinen »Donnerkeil«-Sieg mit 252 Jagdflugzeugen verschiedener Typen. Diese, mit der RAF verglichen, zahlenmäßige Unterlegenheit wurde durch die ausgezeichnete Planung und die übermenschlichen Leistungen der deutschen Jagdflieger und der Mechaniker ausgeglichen. Gallands Entscheidungen, von der Planungsphase bis zum Ende, bewiesen den kühlen Kopf und die Entschlußfestigkeit, die für ein hohes Kommando erforderlich sind. Die Luftwaffe verlor 17 Flugzeuge und 11 Piloten, die Briten mehr als 60 Maschinen aller Typen.

Die *Gneisenau* ging nie wieder auf See. Das RAF Bomber Command beschädigte sie in ihrem Kieler Trockendock keine zwei Wochen später. Sie wurde schließlich mit Beton gefüllt und als Flakbasis in der Danziger Bucht benutzt. *Scharnhorst* wurde über Monate hinweg repariert und erreichte Altenford in Norwegen im Frühjahr 1943. Als sie von Admiral Dönitz am Weihnachtstag 1943 auf See beordert wurde, um den Konvoi JW55B anzugreifen, hörte Ultra die ganze Vorbereitungsphase und die endgültigen Einsatzbefehle mit. Admiral Fraser auf HMS *Duke* wurde sofort benachrichtigt. Die *Scharnhorst* wurde am 26. Dezember 1943 von Royal Navy-Geschützen versenkt.

Obwohl der Kanaldurchbruch einen taktischen Erfolg und eine strategische Niederlage darstellte, stärkte das Unternehmen Hitlers Ansehen bei seinen Admiralen. Der Führer hatte britische Trägheit und die Unfähigkeit, angesichts von Überraschungen improvisieren zu können, korrekt eingeschätzt. Gallands persönliche Einschätzung der Erfolgsaussichten von »Donnerkeil«, die er Hitler während der ersten Besprechung mitgeteilt hatte, stellte sich als erstaunlich genau heraus. Gallands Ansehen stieg bei Hitler, und für eine relativ kurze Zeit war er einer der Lieblingsoffiziere des Führers. Nach dem erfolgreichen Abschluß von »Donnerkeil« wandte Oberst Galland seine Aufmerksamkeit den dringenden Problemen zu, mit denen die weit verstreute Jagdwaffe zu kämpfen hatte.

9

An sechs Fronten

Hitler hatte während seines Aufstiegs zur Macht und danach beteuert, daß Deutschland nie wieder dem tödlichen Druck eines Zweifrontenkrieges ausgesetzt werden würde. Galland konnte im Frühjahr 1942 von seiner Warte aus sehen, wie grundlegend Hitler dieses Versprechen gebrochen hatte — besonders was die Jagdwaffe anging. Deutsche Jagdflieger waren an sechs verschiedenen Fronten im Einsatz.

JG 5 operierte über Skandinavien und der Arktis, hauptsächlich von norwegischen Basen aus. Die meisten seiner Einsätze bestanden aus Jagdschutz für die Marine und Unterstützung bei Angriffen auf alliierte Konvois auf ihrem Weg nach Rußland. Vier weitere Geschwader lagen, mit großen Abständen, zwischen Baltikum und Kaukasus. Sie sorgten für örtliche Luftüberlegenheit und Heeresunterstützung entlang einer Front von nie dagewesener Länge.

JG 2 und JG 26 mühten sich unter Sollstärke an der Kanalfront ab, um der Nonstop-Offensive der RAF Paroli zu bieten. JG 27 und JG 53, das letztere durch eine Gruppe des JG 3 Udet verstärkt, kämpften auf einem anderen Zweifrontenschauplatz. Im Mittelmeer gegen Malta und über der nordafrikanischen Wüste waren sie erfolgreich geblieben — jedenfalls für den Augenblick.

Die sechste Front für die Jäger befand sich nachts über der Heimat und dem Reichsgebiet selbst. Die RAF hatte seit der Schlacht um England Deutschland nachts bombardiert und die Einsätze 1942 ausgeweitet. Das Oberkommando der Luftwaffe hatte sich gezwungen gesehen, eine völlig neue Jagdwaffenorganisation und Jägerführung zu schaffen. Die Nachtjagd erforderte speziell entwickelte Taktiken und neue elektronische Mittel der Erfassung und Führung. Diese Art der Jagd war in der kurzen Friedensperiode der Luftwaffe nicht ernst genommen worden. Diese sechste Jägerfront verschlang enorme Mittel, um mit den britischen Nachtangriffen einigermaßen fertig zu werden.

Jede dieser sechs Fronten hatte ihre besonderen Forderungen, aber alle teilten sich gemeinsame Probleme: zahlenmäßige Unterlegenheit, Ersatzmaschinen, Pilotennachschub und die mannigfachen Probleme der Logistik. Die Nachtjäger waren Galland zunächst nicht unterstellt, aber der Rest seines Jägerbereichs erstreckte sich von der Arktis bis zum

Nahen Osten und vom Ärmelkanal bis zum Kaukasus. Die Verantwortung wirkte auf den gerade 30 Jahre alt gewordenen Mann ernüchternd. Die Dynamik des Krieges hatte ohne jeden Zweifel gezeigt, daß kein größeres militärisches Unternehmen ohne Jagdflugzeuge durchgeführt werden konnte.

Der erfolgreiche Jagdschutz, der von der Jagdwaffe für die örtlich begrenzten und kurzen Offensiven in Polen, Norwegen, Frankreich und auf dem Balkan geliefert wurde, war nun in alle Richtungen ausgeweitet worden. JG 5 und JG 27 lagen Tausende von Kilometern auseinander. Die schützende Stärke dieses Schildes wurde dadurch stark herabgesetzt und war darüber hinaus relativ empfindlich und verwundbar. Die wichtigste Einzelmaßnahme in Gallands Bestreben, dieses Schutzschild intakt zu halten, war die Erhöhung der Anzahl von Jagdflugzeugen und einsatzbereiten Piloten.

Galland hatte mit Milch bereits erreicht, daß die Produktion von Jagdflugzeugen erheblich gesteigert wurde. Um mehr Piloten zu bekommen, organisierte er die von ihm geschaffenen Ergänzungsgruppen (vergleichbar den englischen Operational Training Units, OTU) grundlegend neu. Dieses System, das er als Kommodore des JG 26 eingeführt hatte, wonach frisch ausgebildete Jagdflieger unter die Fittiche von Einsatzverbänden genommen und mit den neuesten Fronterfahrungen vertraut gemacht wurden, hatte die Jagdwaffe übernommen. Die Vorteile dieses Systems waren wohlbekannt.

Im JG 26 hatte Galland die Ergänzungsgruppe administrativ absichtlich klein gelassen. Seine Mittel dort waren begrenzt, und er wollte nicht, daß die Gruppe zum Papierkrieg beitrug. Als er die Ergänzungsgruppen nun im Frühjahr 1942 kritisch unter die Lupe nahm, mußte er feststellen, daß sich um die Einheiten herum eine ausgedehnte und schwerfällige Bürokratie etabliert hatte. Hilfsquellen wurden strapaziert, Hilfsmittel verschluckt. Der Nutzeffekt war niedrig. Ausbildungsrichtlinien und -methoden der Gruppen wiesen große Unterschiede auf. Galland faßte alle Einheiten in drei Großgruppen zusammen — für den Osten, Westen und Süden. Durch diese Neuorganisation wurden fünf Gruppen für die Front freigesetzt. Ein Teil dieser Verbände wurde als Jagdgeschwader 1 konstituiert, das für Holland und die Deutsche Bucht zuständig war und damit JG 2 und JG 26 Einsatzerleichterung verschaffte. Anderes aus der Umorganisation hervorgegangenes Personal und Flugzeuge trugen zur Bildung von zwei neuen Zweimot-Jägereinheiten und einem Jagdbomberverband für die Ostfront bei. Damit hatte Galland seinen Kampf um die Vergrößerung der Jagdwaffe begonnen.

Selbst zu diesem Zeitpunkt machte er sich ständig Gedanken über die gewaltige Produktionskapazität der Alliierten. Seit seiner Jugend an der Fliegerei interessiert, hatte er großen Respekt vor der amerikanischen Flugzeugindustrie. Die Amerikaner waren Menschen, die den Wettbewerb liebten und auf allen Gebieten die Weltbesten sein wollten. Im Hinblick auf sein eigenes Streben, immer der Beste zu sein, konnte Galland sich ausmalen, was von dieser Eigenart des amerikanischen Charakters zu erwarten war.

Gallands frische Erfahrung im Kampf gegen die wachsende Macht der RAF an der Kanalfront ließen ihn mit Besorgnis an die Luftbedrohung aus dem Westen denken. Die Geheimdienstberichte, die er als General der Jagdwaffe nun regelmäßig erhielt, beschäftigten sich des öfteren mit Produktionszielsetzungen der amerikanischen Flugzeugindustrie. Mit ihren überlegenen Hilfsquellen würden die Amerikaner die britische Flugzeugproduktion bald in den Schatten stellen. Der gemeinsame Ausstoß dieser beiden mächtigen Verbündeten würde dann über den Kanal und von Süden angeflogen kommen. Dieses Schreckgespenst der feindlichen Luftmacht ließ ihn nicht los, denn er wußte aus Erfahrung, daß eine überstarke Jagdwaffe nötig war, um solch einen Ansturm abzuwehren.

Japan hatte den Vereinigten Staaten zu dieser Zeit eine Reihe von Niederlagen beigebracht, war aber nicht imstande gewesen, einen vernichtenden Schlag zu landen. Nach Gallands Einschätzung bedeutete Japans Versagen, einen entscheidenden Sieg zu erringen, daß sich die Amerikaner mit der Zeit erholen und zurückschlagen würden. Die kontinentalen USA waren vom Kriegsgeschehen unberührt geblieben und besaßen ein riesiges Potential an Menschen und Material. In seinen »Reden am Kaminfeuer«, die in deutschen Zeitungen nachgedruckt wurden, hatte Roosevelt mächtige Bomberflotten versprochen. Die viermotorige B 17 Fortress und die B 24 Liberator wurden bereits produziert, waren erprobt und einsatzbereit. Die britische Produktion von viermotorigen Bombern lief ebenfalls auf Hochtouren. Hierbei handelte es sich um strategische Bomber, die von Douhet vorgeschlagene Hauptoffensivwaffe.

Die deutsche Presse machte die amerikanischen Produktionsziffern lächerlich, aber die auf Gallands Schreibtisch landenden Geheimberichte vermittelten die ernüchternden Tatsachen ohne politische Phrasen und Wunschdenken. Seine eigene Logik und Berufserfahrung erlaubten es ihm, sich die Situation in der Luft von morgen auszumalen: ein wahrhaftiger Sturm von Flugzeugen, die Deutschland von britischen Basen aus angreifen würden. Der Sturm würde wahrscheinlich losbrechen, bevor er eine Luftverteidigung mit der Jagdwaffe ausbauen konnte, mit der er in der Lage wäre, die Heimat wirksam zu schützen.

Die deutschen Jäger konnten sich zur Zeit in Rußland behaupten und hatten im Mittelmeer zeitweise die Oberhand, fanden sich jedoch an der Kanalfront bereits überfordert. Eine potentielle Katastrophe bahnte sich an. Galland mußte mit Bestürzung feststellen, daß sogar einige verantwortliche, hochrangige Angehörige des Oberkommandos die amerikanische Bedrohung als Bluff ansahen.

Je mehr er über die wirklichen Verhältnisse in der Jagdwaffe erfuhr, um so mehr war er davon überzeugt, daß übermenschliche Anstrengungen erforderlich waren. Diese Anstrengungen mußten rechtzeitig gemacht werden. Er war sich sicher, daß die derzeitigen Modelle der Me 109 mit ihrem DB 605-Motor und die FW 190 der Bedrohung aus dem Westen am Tage gewachsen waren — wenn sie in genügender Anzahl mit gut ausgebildeten Ersatzpiloten zur Verfügung standen. Die Maßnahmen, die er ergriffen hatte, mußten weit ausgedehnt werden, um der Bedrohung durch die USAAF-RAF zu begegnen. Die Aufrechterhaltung des elastischen Schutzschildes verschluckte indessen alles, was er auftreiben konnte.

Als Galland mit Göring über die Auswirkungen sprach, die eine USAAF-Verstärkung der RAF-Offensive auf die Jagdwaffe im Westen haben würde, winkte der Reichsmarschall mit seinem goldenen Stab einfach ab.

»Die Amerikaner?« sagte Göring gelassen. »Sie werden von den Japanern geschlagen. Darüber hinaus, Galland, sollten Sie sich daran erinnern, daß die Amerikaner zwar gute Luxusautos und Kühlschränke bauen können, aber das heißt noch lange nicht, daß sie auch gute Flugzeuge herstellen können. Sie bluffen. Sie können hervorragend bluffen.«

Diese Unterredung fand im März oder April statt. Noch beim Erntedankfest im Oktober 1942 wiederholte Göring diese abgedroschenen Ideen in einer öffentliche Rede. Das war drei Monate, nachdem die USAAF ihre ersten Bomben auf dem Kontinent ausgeklinkt hatte. Mit kindischen Worten tat der Oberbefehlshaber der Luftwaffe sowohl die US-Luftfahrtindustrie als auch die USAAF ab. Galland war von dieser Verantwortungslosigkeit einer nationalen Gefahr gegenüber schockiert.

Nach einigen Monaten als General der Jagdflieger hatte Galland bereits eine Menge von Görings Reaktionen auf wichtige technische Probleme erlebt. Sie waren nicht dazu angetan, Vertrauen zu erzeugen. Die Bombardierung Deutschlands bei Tage durch die USAAF war vorauszusehen — technisch, taktisch und strategisch —, aber Göring konnte

eine solche Entwicklung politisch nicht akzeptieren. Wenn Göring zu diesen ernsten Fragen abfällige Bemerkungen machte, fand er jedoch bei den Mitgliedern seiner Clique meistens Zustimmung.
Was der Reichsmarschall an Herabwürdigendem über die Jagdwaffe zu sagen hatte, wurde innerhalb seiner Clique gutgeheißen. Galland fand das mehr als ärgerlich. Junge Offiziere der Bomberwaffe nutzten ihre Gunst, um eine zersetzende Polarisierung der Luftwaffe herbeizuführen. Die Jagdwaffe fand sich damit in einem zerstörerischen Wettbewerb mit der Bomberwaffe um Görings Anerkennung. Galland ließ nichts auf die Jagdwaffe kommen, aber er betrachtete die Bomber- und Jagdwaffe als notwendige Ergänzung, die eine übermächtige Allianz auf Leben und Tod zu bekämpfen hatte. Görings Speichellecker zogen dem die trennende, zerrüttende Rivalität vor.
Görings große Eitelkeit, sein Egoismus und seine Unfähigkeit förderten diesen inneren Bruch und seine verheerenden Folgen. Seine besten Führer waren gezwungen, sich gegenseitig zu bekämpfen.
Diese verrückten Rivalitäten verdarben die besten Anstöße und Einfälle, und Gallands Gedanken gingen zur Legion Condor zurück. Dort hatten alle zusammengearbeitet. Im Verlauf des Jahres 1942 bereits wurde das für ihn die »gute, alte Zeit«.
Galland fand sich nun Problemen gegenüber, denen er als Einsatzkommodore nie begegnet war. Wie konnte er mit seinen Ideen bei einem Mann wie Göring ankommen? Der Reichsmarschall war eine dominierende Persönlichkeit, die ihre eigenen Führungsmängel nicht zur Kenntnis nehmen wollte und ständig von einer Gruppe von Ja-Sagern, unter ihnen kaum ein Jagdflieger, bestätigt wurde. Der Einsatz, die technische Leistung und die Ausbildung der Jagdwaffe, setzten praktisches, realistisches und umfassendes Wissen voraus, das gleichzeitig das kritische menschliche Element gebührend berücksichtigte.
Göring liebte es, zu Beginn seiner Ausführungen zu betonen, selbst »ein erfolgreiches Jägeras« gewesen zu sein. Damit verschaffte er sich zumindest zeitweise den Anschein von Sachkenntnis. Aber die Westfront des Ersten Weltkrieges lag hinter dem gegenwärtigen Kampf in der Luft um Lichtjahre zurück. Görings Kreis von Bewunderern war nicht fähig, dem Reichsmarschall nützliche technische Hilfe zu geben, und unterstützte statt dessen seine ausufernde Eitelkeit. Diese Offiziere waren einzig und allein daran interessiert, ihren persönlichen Einfluß auszuweiten und ein gutes Leben zu führen — und Göring hielt ihre Eintrittskarten in der Hand.
Galland fand die Kleinkariertheit dieser Offiziere widerlich. Ihr Einfluß war ein zusätzliches, bedauerliches und überflüssiges Problem, mit dem

er bei der Führung der Jagdwaffe fertig werden mußte. Was ihn in den ablaufenden Wochen am härtesten traf, war die erhebliche Anzahl von hohen Luftwaffenoffizieren, die sich gegen eine starke Erweiterung der Jagdwaffe stemmten. In Görings und auch in anderen Kreisen war man gegen die Expansion der Jagdwaffe, die Galland als lebenswichtig für Deutschlands Zukunft betrachtete. Damit hatte er sich seinen eigenen Zweifrontenkrieg geschaffen.

Während der streng geheimen Vorbereitungen für das Unternehmen »Donnerkeil«/»Cerberus«, dem geplanten Kanaldurchbruch der Kriegsmarine, mußte sich Galland gleichzeitig mit der Situation in Malta beschäftigen. Nach dem Abschluß von »Donnerkeil« rückte die Insel in den Mittelpunkt seiner Aufmerksamkeit. Von ihr aus bedrohten die Engländer die Nachschublinien der Achsenmächte in Nordafrika. Die Luftoffensive gegen Malta ließ viele Erinnerungen aus der Schlacht um England wach werden. Eine davon war die Gegenwart von Gallands Luftflottenbefehlshaber aus der Schlacht um England, Feldmarschall Kesselring. Er sollte die Luftkampagne inszenieren.

Kesselring hatte Hitler und Göring schon seit 1941 gedrängt, Malta zu besetzen. Die Einnahme der Insel war für den erfolgreichen Nordafrikafeldzug der Achsenmächte unbedingt notwendig. (Mit einer Fläche von etwa 390 Quadratkilometern liegt Malta 90 km südlich von Sizilien, eine Entfernung, die für einen Luftangriff nicht wesentlich größer ist als die zwischen Frankreich und England. Die afrikanische Küste in Tunis liegt etwa 360 km weit weg. Diese einmalige und isolierte Lage erlaubte es britischen Flugzeugen und U-Booten, den Nachschubschiffsverkehr der Achsenmächte von Italien und Sizilien nach Nordafrika zu kontrollieren.)

Indem es Rommels lebenswichtige Versorgung unterbrach, war Malta gegen das Afrikakorps wirkungsvoller als mehrere Divisionen im Feld. Von Malta aus durchgeführte Einsätze versenkten im Oktober 1941 mehr als 60 Prozent der für Rommel bestimmten Nachschubgüter. Im November erhöhte sich dies um 15 Prozent. Daraufhin wurde Feldmarschall Kesselring mit einem Teil seiner Luftflotte 2 von Rußland nach Sizilien verlegt, um Gegenmaßnahmen einzuleiten.

Der deutsche Geheimdienst hatte keine Informationen über größere Luft-, Marine- oder Heeresstreitkräfte auf Malta. Galland wunderte sich darüber, wie eine solch bescheidene Streitmacht den Konvois der Achsenmächte einen derartigen Schaden zufügen konnte. Er vermochte den Berichten keinen Glauben zu schenken. (Ultra-Entschlüsselungen waren auch für Maltas Wirksamkeit verantwortlich. Kesselrings detaillierte Berichte nach Berlin und an Rommel über Ladungen, Routen und geschätzte Ankunftszeiten der Konvois wurden prompt entschlüsselt und wahrscheinlich in London schon gelesen, bevor Rommel seine Kopie bekam.)

Da sie schnell in den Besitz all dieser Informationen kam, war es der RAF möglich, die für Rommel bestimmten Versorgungsschiffe abzufangen und zu versenken. Um Ultra nicht preiszugeben, wurde den Aufklärungspiloten der RAF aufgetragen, sich absichtlich von den Konvois entdecken zu lassen. Diese Anordnung verblüffte die britischen Piloten zwar, aber sie mußten zugeben, daß sich die Meldungen des britischen Geheimdienstes immer wieder bestätigten, wenn sie wiederholt in Abschnitte geschickt wurden, in denen die Konvois auftauchten.

Der Einsatz von Malta aus erwies sich deshalb als äußerst wirkungsvoll. Die kleine, auf der Insel stationierte RAF-Einheit konnte dank Ultra konzentriert auf Ziele angesetzt werden. Innerhalb der Konvois konnten bestimmte Schiffe besonders aufs Korn genommen werden, wenn sie kritische Güter wie Treibstoff, Panzer oder Ersatzteile transportierten. Kesselring hatte diese Einzelheiten unfreiwilligerweise geliefert. Die Deutschen schoben die Schuld für den Geheimnisbruch fälschlicherweise dem Nachrichtendienst der italienischen Marine und britischen Spionen zu.

Die aus Rußland abgezogene Jägerkomponente der Luftflotte 2 wurde von Günther von Maltzahn, dem unermüdlichen Major des JG 53, kommandiert. Galland kannte ihn aus der Zeit der Schlacht um England gut. Unter »Henri« von Maltzahn war das JG 53 zum erfolgreichsten Geschwader der Luftwaffe geworden. Ihm standen jetzt vier Me 109 F-Gruppen — unter Sollstärke — und eine Gruppe mit Me 110 zur Verfügung. Dieser Tagjägerverband bestand aus nicht mehr als 80 einsatzbereiten Maschinen. Von Maltzahn hatte den Auftrag, die Bomber zu begleiten und zu schützen, die Malta den Garaus machen sollten.

Der Hauptverband der Bomber bestand aus fünf Gruppen mit der schnellen Ju 88A4 und einer Gruppe von Stukas zur Unterstützung. Trotz vieler Abschüsse durch das JG 53 liefen die Angriffe auf Malta im Frühjahr 1942 nicht sonderlich gut. Aufgrund von Anordnungen des an der fixen Idee des Sturzflugverfahrens festhaltenden Oberkommandos wurde diese Methode immer noch angewandt. Die tüchtige Flak in Malta und die britischen Jäger schossen zu viele deutsche Maschinen ab. Göring schob Galland und den deutschen Jägern die Schuld für diese Verluste zu.

Kesselring und seinem Chef des Stabes, Oberst Paul Deichmann, gelang es im März 1942 schließlich, das Oberkommando von dem hohen

Aufwand der unwirksamen Sturzflugbomberei zu überzeugen. Fortlaufend konzentrierte Angriffe auf die RAF-Jägerbasis in Ta Kali, die Bomber- und Torpedobomberbasen in Hal Far und die Docks im Hafen von Valetta wurden genehmigt. Statt im Sturzflug durften die Angriffe im Horizontalflug ausgeführt werden. Galland verfolgte die Berichte aus diesem Abschnitt mit begrenzter Genugtuung.

Die Kombination von konzentriertem Flächenbombardement und der aggressiven Tätigkeit des JG 53 brachte die britischen Jägereinsätze praktisch zum Erliegen. Ende März 1942 erreichte die Luftwaffe Luftüberlegenheit über Malta und hatte vor Mitte April die britische Kriegsmarine praktisch vertrieben. Die Einsätze der britischen Bomber und Torpedoflugzeuge wurden ebenfalls unterdrückt. Britische Versorgungskonvois wurden auf dem Weg nach Malta verstärkt aus der Luft angegriffen, und Tausende von Tonnen an Lebensmitteln, Munition und Treibstoff wurden von der Luftwaffe versenkt.

Vor Ende April hatten von Maltzahns Jäger bereits über 5000 Einsätze geflogen. Die deutschen Bomber waren erfolgreich beschützt worden und hatten auf Malta fast soviel Sprengstoff abgeworfen wie die gesamte Bomberwaffe über England im September 1940. Malta hatte seine Zähne verloren. Rommel erhielt seinen Nachschub wieder. Die Jagdwaffe hatte einen harten Sieg über ihren alten RAF-Gegner errungen.

Sowohl Hitler als auch Mussolini waren sich über eine Invasion von Malta monatelang unschlüssig gewesen. Aber jetzt hatte die Luftwaffe die Luftüberlegenheit über der Insel und entlang ihrer langen Küste hergestellt. Deutschlands auserlesenes XI. Fallschirmjägerkorps mit seinen erfahrenen Truppen stand bereit, über Malta abgesetzt zu werden. Sie sollten von italienischen Fallschirmjägern, die von den Deutschen ausgebildet und den maltesischen Verteidigern zahlenmäßig überlegen waren, unterstützt werden. Darüber hinaus waren 70 000 Mann weiterer italienischer Truppen für die Invasion vorgesehen.

Hitler traute den Italienern die Fähigkeit nicht zu, ihren Teil zum Unternehmen »Herkules«, der Eroberung Maltas, beizutragen. Der Schatten des Pyrrhussieges der Fallschirmjäger in Kreta vom Vorjahr stand ihm noch vor Augen. Damals war ein Preis bezahlt worden, der, wie die Entwicklung zeigen sollte, die Kosten nicht wert war. Göring bestärkte Hitler in seinen Befürchtungen, da er persönlich gegen eine Invasion von Malta war.

Nach zweitägigen Besprechungen mit ihren Befehlshabern auf dem Obersalzberg entschlossen sich Hitler und Mussolini am 30. April 1942, den Angriff auf Malta um drei Monate hinauszuschieben. Dies stellte sich als schicksalsschwere Entscheidung für das Kriegsglück der

Achsenmächte im Mittelmeerraum heraus. Rommel wollte die Briten sofort angreifen, bevor sie Zeit hatten, eine Wüstenoffensive zu starten, die den Druck auf Malta mindern konnte. Die beiden Führer ließen Rommel gewähren. Nach seinem erfolgreichen Angriff auf Tobruk sollte Rommel am Halfaya-Paß an der ägyptischen Grenze warten, während das Unternehmen »Herkules« Malta kassierte. Nachschub und Versorgung wären damit gewährleistet gewesen, und der Wüstenfuchs hätte weiterpreschen, Alexandria einnehmen und dadurch die Macht der Alliierten im Mittelmeer brechen können.

Mit der Verschiebung von »Herkules« verloren die Deutschen ihre goldene Chance. Der dynamische Krieg im Mittelmeer bewies einmal mehr die Abhängigkeit von der Luftüberlegenheit, ein Drehpunkt, um den sich alles bewegte. Am 9. Mai 1942 starteten bei einem zweiten Versuch 61 Spitfires vom Flugzeugträger *Wasp,* um die Malteser Jagdwaffe massiv zu verstärken. Ein hervorragend ausgeklügelter Empfang erlaubte ihnen, nach wenigen Minuten aufgetankt wieder in der Luft zu sein. Sie stürzten sich auf einen anfliegenden Luftwaffenverband, der sie zum Zeitpunkt ihres Angriffs am Boden gewähnt hatte. Damit zeigten Jagdflieger wiederum, daß sie in der Lage waren, eine militärische Situation umzudrehen.

Als die Luftwaffe ihre Bombenangriffe am 10. Mai 1942 wieder aufnahm, wurden ihre Bomberformationen von den Spitfires zu Kleinholz gemacht. In der Nähe ihrer Basen waren diese in ihrem Element und fügten den Deutschen in den folgenden drei Tagen mehr Verluste zu, als Kesselring in den gesamten fünf Wochen der Offensive erlitten hatte. Nachdem er seinen Vorgesetzten gemeldet hatte, daß Malta ausgeschaltet worden sei, fand sich Kesselring auf einmal nur noch mit der Hälfte seiner Jäger wieder, da ihm drei Gruppen abgezogen wurden — zwei nach Rußland und eine nach Nordafrika. Der elastische Schild sah sich durch den fortwährenden Einsatz gegen Ziele zu sehr strapaziert, die der Befehlshaber Süd bereits als »ausgeschaltet« gemeldet hatte. Bomber wurden Kesselring ebenfalls weggenommen und nach Rußland, Griechenland und Nordafrika verlegt.

Die drastische Umkehr des Kriegsglücks über Malta war für das Hauptquartier der Luftwaffe im ostpreußischen Goldap niederschmetternd. Von der Höhe des Triumphes und der hart errungenen Luftüberlegenheit über der lästigen Insel stieg die Luftwaffe wieder in wochenlange, aufreibende Kämpfe und Verluste ab. Galland war über die steigende Abnutzung der Jagdverbände beunruhigt, hielt sie aber im Hinblick auf die Aufgabe, Malta als Schlüssel zum Erfolg in Nordafrika auszuschalten, nicht für unangemessen hoch.

3 Kanaldurchbruch,
ı.—13. Februar 1942

Unternehmen
onnerkeil«/»Cerberus«

35 Besprechung beim General der Jagdflieger: Neben Galland Trautloft, Oberst Oesau (v. l. n. r.)

IM NAMEN
DES DEUTSCHEN VOLKES
VERLEIHE ICH
DEM OBERST
ADOLF GALLAND
DAS EICHENLAUB MIT
SCHWERTERN UND BRILLANTEN
ZUM RITTERKREUZ
DES EISERNEN KREUZES

FÜHRERHAUPTQUARTIER
DEN 28. JANUAR 1942

DER FÜHRER
UND OBERSTE BEFEHLSHABER
DER WEHRMACHT

36 Verleihungsurkunde für das Eichenlaub mit Schwerter und Brillanten zum Ritterkreu des Eisernen Kreuzes, 28. Januar 1942

·37 Der »Jagdflieger-Virtuose«
·I. J. Marseille (†)

·8 Mit Oberst Günter
·ützow in Sizilien

39 Ein ganz Großer unter den Jagdfliegern: Hauptmann Walter Nowotny (†)

40 »Stürmen statt rammen!« Major von Kornatzki, Hauptmann Krupinski, Hauptmann Albrecht (v. l. n. r.) beim General der Jagdflieger

Inmitten der Wende des Kriegsglücks der Luftwaffe über Malta erlebten die deutschen Städte und die Zivilbevölkerung die ersten großen Hammerschläge, ausgeführt bei Nacht vom RAF Bomber Command. Air Marshal A. T. »Bomber« Harris befahl den Beginn einer Serie von Flächenbombardements, die ihren vorläufigen Höhepunkt in der Nacht vom 30./31. Mai 1942 auf Köln fand. Zum ersten Mal in der Geschichte des Luftkrieges überhaupt wurden mehr als 1000 Flugzeuge für einen Angriff eingesetzt. Der Stadtkern brannte aus, und die überforderten Nachtjäger waren nur in der Lage, 41 von 1046 Bombern abzuschießen.

Offensichtlich sahen sich die Nachtjäger ernsthaften Schwierigkeiten gegenüber. Massive Bomberströme erforderten neue Taktiken und Führungsverfahren. Genau die Situation war nun eingetreten, vor der Galland Göring bereits gewarnt hatte — der Sturm aus dem Westen. Die ersten Löcher zeigten sich im Schutzschild.

Bestürzt über die sarkastischen und unverzeihlichen Kommentare Hitlers nach dem Kölner Debakel und wütend über die Bomberverluste über Malta, berief Göring eine Lagebesprechung in Neapel ein. Der Reichsmarschall war dort mit seiner Frau Emmy zu Besuch. Jeder Kommodore und Gruppenkommandeur von den Jagdgeschwadern der Südfront hatte zu erscheinen. Galland flog in seiner persönlichen He 111 dorthin. Auf eine andere Art und Weise schien hier das Gespenst der Schlacht um England wiederaufzuerstehen.

Im warmen italienischen Klima heizte Göring der Jagdwaffe zusätzlich ein. Er ließ eine beleidigende Tirade vom Stapel, die Galland zum Kochen brachte. Er konnte sehen, wie von Maltzahn, Neumann, Lützow und andere vor Ärger rot anliefen, als Göring sie der Feigheit beschuldigte. Galland hielt sich zurück, bis er an die Reihe kam. Er sprang auf und konterte jede Anschuldigung Görings mit Logik, Tatsachen und der Sachkenntnis, die er aus der persönlichen Führung von Jagdverbänden geschöpft hatte. Der junge General der Jagdflieger sprach für alle anwesenden Kameraden im Raum. Ein lautstarkes und bitteres Streitgespräch mit Göring folgte. Der Reichsmarschall brach die Besprechung schließlich ab, indem er Galland befahl, nach Sizilien zu fliegen, dort die Jagdverbände zu inspizieren und ihnen »das Rückgrat zu stärken«.

Er nahm »Franzl« Lützow mit, um sich auf den staubigen und glühendheißen sizilianischen Plätzen über die Situation der Jagdwaffe zu informieren. Der harte Einsatz bei Begleitschutzaufträgen und die ungewohnte Hitze hatten Piloten und Maschinen einen Tribut abverlangt. Aber die Kampfmoral war gut, wenn auch die offene Entrüstung über

Görings per Fernschreiben übermittelte Vorwürfe von Feigheit sich negativ bemerkbar machte.

In Taormina fand Galland Kesselring in seiner üblichen optimistischen Stimmung. Er war der erste hohe Luftwaffenoffizier gewesen, der Hitler zur Invasion von Malta geraten hatte. Vergebens hatte er in den vergangenen Tagen Vorbereitungen für die Eroberung Maltas durchgeführt. Er wußte jedoch zu diesem Zeitpunkt, daß dies mit Luftunterstützung allein nicht zu schaffen war, und schon gar nicht mit den reduzierten Kräften, die ihm noch zur Verfügung standen.

Galland war über den Abgrund besorgt, der Kesselring von der gegenwärtigen Realität des Jagdeinsatzes an dieser Front trennte. Der optimistische Kesselring erwartete von seinen Jagdfliegern einfach zuviel. Er überschätzte die Möglichkeiten von Jagdverbänden, die unter Sollstärke und geographisch weit voneinander entfernt operieren mußten. Sein Teil des Schutzschildes war zu dünn. Statt seine Jagdverbände auf die wichtigsten Einsätze zu konzentrieren, teilte Kesselring sie auf und erwartete, daß sie trotz ihrer Schwächen alle Anforderungen erfüllten.

Kesselring kam auf die Punkte zu sprechen, die ihn von Rommel unterschieden. Die Verbandsführer des JG 27 hatten Galland bereits berichtet, daß Rommel von den Jagdverbänden mehr verlangte, als diese zu geben imstande waren. Rommels Genie und sein Sinn für Mobilität konnten ihm die Grenzen der Wirksamkeit der Jagdwaffe nicht vor Augen führen. Er betrachtete Jagdflieger aus der Sicht des Ersten Weltkriegs — als Jungen, die sich in der Luft austobten. Diese Berichte und Kesselrings scheinbares Unvermögen, einen Schwerpunkt für seine Einsätze zu bilden, waren für die Luftwaffe an der Südfront von schlechter Vorbedeutung.

Galland flog nach Berlin zurück, um neue taktische Vorschriften für den Begleitschutz von Bombern zu entwerfen und um andere dringende Aufgaben zu erledigen. Die Folgen, die sich daraus ergaben, Rommel freie Hand zu lassen und die Invasion von Malta zu verschieben, machten sich schnell bemerkbar. Nachdem ihm in Tobruk am 21. Juni 1942 erhebliche Vorräte für den Nachschub in die Hände gefallen waren, besaß er seiner eigenen Meinung nach genug, um Alexandria zu erreichen. Am 26. Juni 1942 fand die (mittlerweile berühmte) »Feldmarschallbesprechung« in Sidi Barrani statt. Gegen Kesselrings stärksten Widerstand überzeugte Rommel die italienischen Marschälle Bastico und Cavallero, daß er in zehn Tagen in Kairo sein könne.

Obwohl Kesselring ein harter Treiber war, bereit, seine Luftwaffeneinheiten an ihre absoluten Grenzen heranzubringen, stellte er sich dem Stoß auf Alexandria entgegen. Nachschubprobleme waren noch nicht gelöst. Das Schutzschild der Jagdwaffe drohte zu zerbrechen. Die Feindstärke nahm nicht nur zu, sie wurde durch den Vormarsch der Achsenmächte auf ihre Hauptbasen mehr und mehr komprimiert. Kesselring nannte Rommels Plan, voranzupreschen, »Irrsinn«, aber die Italiener waren von ihm überzeugt. Hitler befahl Kesselring, seine Einwände zurückzustellen.

In der Folge wurde Rommel bei Alam El Halfa und El Alamein zum Stehen gebracht, wobei Ultra-Entschlüsselungen wesentlich zur Vereitelung seines Vorstoßes beitrugen. Rommels Traum vom Nil wurde durch einen Alptraum ersetzt. Als Galland nach Afrika flog, um die Lage selbst zu prüfen, erwartete ihn Oberst Hoffmann von Waldau in Fuka. Als »Fliegerführer Afrika« hatte von Waldau das Letzte aus der Luftwaffe herausgeholt, um Rommel beizustehen. Als einer der fähigsten Offiziere der Luftwaffe machte sich von Waldau über die gegenwärtigen Schwierigkeiten der deutschen Streitkräfte keine Illusionen. Gallands alter Freund aus der Zeit der Legion Condor, Major Eduard Neumann, fügte als Kommodore des JG 27 der düsteren Zusammenfassung von Waldaus weitere Einzelheiten hinzu.

Das größte deutsche As des Nordafrikafeldzuges, Hauptmann Hans-Joachim Marseille, war bei einem Absturz am 30. September 1942 ums Leben gekommen. Ihm wurden 158 Luftsiege zugesprochen, und er war mit den Brillanten zum Ritterkreuz ausgezeichnet worden. Sein Tod hatte die Jagdflieger des JG 27 bestürzt und betrübt.

Erschöpfte Männer und ausgedientes Gerät stellten nur einen Aspekt der Krise in der Wüste dar. Luftaufklärung und Fotos zeigten riesige feindliche Luftflotten, die in die Nähe der Front verlegt worden waren. Gallands Beunruhigung bei der Betrachtung der Luftaufnahmen wandelte sich in Alarm um. Ein Angriff dieser Armada von 800 Flugzeugen würde Rommels erschöpfte Luftstreitkräfte in kürzester Zeit ausradieren.

Getrieben von der Notwendigkeit, ohne Verzögerung zu handeln, schrieb Galland einen realistischen und bitter-pessimistischen Bericht an Göring und das Oberkommando. Er warnte vor dem Debakel, das eine alliierte Luftherrschaft mit sich bringen würde. Obwohl Tausende von deutschen und italienischen Soldaten dabei waren, die alliierte Peitsche aus der Luft zu spüren zu bekommen, waren Göring und das Oberkommando mehr über den Ton als über die Tatsachen besorgt, den Galland in seinem Bericht angeschlagen hatte. Kesselring war über Gallands »unbefugte Einmischung« in seinen Autoritätsbereich aufgebracht. Als Galland nach Deutschland zurückflog und Göring die Luftaufnahmen vorlegte, zeigte der Reichsmarschall wieder einmal, wie man mit solchen Problemen fertig wurde. Er blätterte mit seinen kräftigen Händen in den Fotos und lächelte triumphierend. »Attrappen«, sagte er. »Attrappen und nichts als Attrappen!«

Ohne Befehlsgewalt konnte Galland an der Situation in Afrika nichts ändern. Andere Ereignisse drängten sich ihm auf. Er mußte damit anfangen, die Jagddivisionen zu organisieren, einen Schritt, den er vorgeschlagen und den das OKL genehmigt hatte. Die Jagddivisionen faßten Tagjäger, Nachtjäger, Nachrichten- und Flugmeldedienst in einer Organisation für jeden Abschnitt zusammen. Dadurch konnte Personal wirtschaftlicher eingesetzt, die Einsatzbereitschaft erhöht und die Führung verbessert werden.

Hierfür war erhebliche Stabsarbeit erforderlich (sie dauerte bis 1943 an), und der Mangel an Offizieren der Jagdwaffe mit Generalstabsausbildung machte sich deutlich spürbar. Die Tatsache, daß der Bomberwaffe in den Geburtsstunden der Luftwaffe Vorrang gegeben wurde, schlug sich in der geringen Anzahl von Jagdfliegern an der Kriegsakademie nieder, wo sie zumeist nicht besonders gut abschnitten.

In seiner neuen Stellung mit ihrer hohen Verantwortung erkannte er die Notwendigkeit der Generalstabsausbildung. Organisches, systematisches und in Einzelheiten gehendes Management hätte die Aufstellung der Jagddivisionen erleichtern können. Trotzdem war er davon überzeugt, daß das geübte Auge eines erfahrenen Einsatzführers viele Dinge sehen konnte, die den Stabstypen entgingen. Beide waren für eine erfolgreiche Jagdwaffe nötig. Eine Annäherung an die Kriegsakademie war erforderlich, aber er zögerte noch damit.

In der Zwischenzeit wurden die Bomber der USAAF von ihren eigenen Kampfbesatzungen über den Atlantik nach England geflogen. Zu Tausenden kam USAAF-Personal per Schiff und Flugzeug in England an. Am 18. Juni 1942 veröffentlichten die Briten eine Liste von 87 Flugplätzen, die der USAAF zur Verfügung gestellt wurden. Ende August hatte die USAAF bereits einen Bombenangriff gegen die Potez-Flugzeugwerke in Meaulle geflogen, die als Instandsetzungsdepot für Flugzeuge der Luftwaffe diente. Das war näher, als es schien. Jagdmaschinen von Gallands ehemaligem JG 26 wurden in Meaulle überholt.

Die Schlacht von El Alamein am 23. Oktober 1942 leitete das Ende des Afrikakorps ein, und die Katastrophe, vor der Galland gewarnt hatte, nahm bald ihren schrecklichen Verlauf. JG 27 sah sich von alliierten Jägern, die den Wüstenhimmel bevölkerten, überwältigt und pausenlos verfolgt. Fast jede deutsche Maschine, die gesichtet wurde, wurde vom Himmel geholt. Die Amerikaner machten sich mit ihrem Bordwaffenbeschuß über alles her, was sich auf der schmalen Küstenpiste oder in der Wüste bewegte, und unterstrichen damit die wahre Bedeutung von Luftherrschaft.

Am 8. November 1942, als die Reste von Rommels Streitkräften sich von Ägypten nach Libyen zurückzogen, schlugen die Amerikaner mit dem Unternehmen »Torc« im westlichen Mittelmeer zu. Eine frische Flotte von Flugzeugen beteiligte sich hier am Getümmel. Damit war an einer neuen Front zu kämpfen, und während das JG 27 um seine Existenz rang, sank die Kampfmoral der Luftwaffe weiter. Der elastische Schild fing in Afrika an, sich aufzulösen.

Wie Galland befürchtet und vorhergesagt hatte, war zuviel von der Jagdwaffe, die total überfordert war, verlangt und erwartet worden. Weder die wörtliche noch die militärische Mißhandlung der Jagdverbände hatten der deutschen Sache gedient. Die düsteren Meldungen aus Afrika ließen ihn über die Tatsache, recht behalten zu haben, keineswegs Zeit zur Freude. Er kannte zu viele der tapferen Piloten persönlich, die hier gefallen waren.

Ein weiterer mutiger Jagdflieger, der Gallands Herzen nahestand, war am 31. Oktober 1942 gefallen. Sein jüngster Bruder Paul, ein vielversprechendes As mit 17 Luftsiegen, war über der Kanalfront abgeschossen worden und hatte den Fliegertod gefunden. Das betreffende Fernschreiben verursachte einen unsagbaren Schmerz. Seine geliebten Brüder Paulinchen und Wutz hatten im JG 26 oft mit ihm gescherzt, daß es »für uns kein ›nach dem Krieg‹ geben« würde. Nichts konnte den tiefen persönlichen Schmerz lindern.

Am 19. November 1942 wurde ihm per Telefon von Göring seine Beförderung zum Generalmajor mitgeteilt. Göring hob voller Stolz heraus, daß er den jüngsten General der deutschen Streitkräfte in »seiner« Luftwaffe habe. Ansonsten war der November durch Angriffe von schweren USAAF-Bombern gekennzeichnet, die U-Bootbunker an der französischen Küste, Flugplätze und Reparaturwerften bekämpften.

Nordafrika sorgte dafür, daß die Kette von Mißgeschicken nicht abriß. Der elastische Schild hatte an seiner südlichsten Kante nachgegeben. Galland konnte nur mit Widerwillen an die weiteren Folgen denken. Schwerwiegende und unterschiedliche Probleme kamen auf ihn aus allen Richtungen zu. Zur Weihnachtszeit 1942 war er wiederum reif, in seiner zweiten Heimat, dem JG 26 am Kanal, für kurze Zeit Zuflucht zu suchen.

Das Weihnachtsfest verlief wesentlich ernster als im vorhergegangenen Jahr. Die Fröhlichkeit von damals konnte nicht aufkommen. Darüber hinaus war Galland jetzt General. Das änderte das Verhältnis ein wenig, dessen er sich bisher mit den ihm gut bekannten Piloten und Führern erfreut hatte. Die Änderung hatte nichts mit dem Bestehen auf Förmlichkeiten zu tun; sie tranken zusammen ihren Wein wie in alten Tagen. Die Änderung machte sich am deutlichsten bemerkbar, als sie ihm von ihren Schwierigkeiten und Problemen berichteten. Sie reichten von der Zahlenstärke und Qualität des Gegners über Material- und Versorgungsengpässe bis hin zu Taktik, Waffen und Ausbildung. An diesem Endpunkt kamen alle Fehler zusammen, die »weiter oben« begangen wurden. Es war hier, wo gelitten und geblutet wurde.

Feinsinnig, respektvoll und ernsthaft erwarteten diese tapferen Männer, daß Galland ihnen helfen würde, daß er die Fäden fest in seiner Hand hielt. Er war von ihnen weg unter die großen Götter der Luftwaffe berufen worden. Seine Ethik und die Disziplin ließen es nicht zu, diesen Verbänden zu erläutern, wie die Lage im Pantheon in Wirklichkeit aussah. Statt dessen faßte er einen Neujahrsvorsatz für sich selbst: Er würde sich 1943 mit aller ihm zu Gebote stehender Kraft in seine Aufgaben stürzen. Die Einsatzpiloten verdienten das.

10
Die alliierten Bomber kommen

Galland setzte seinen Neujahrsvorsatz in die Tat um, indem er im Januar 1943 alle Kommodores der Jagdwaffe zu einer Besprechung nach Berlin befahl. Diese Männer stellten die Elite der Jagdfliegerführung dar — sie alle waren erfahrene Fliegerasse. Zusammengenommen besaßen sie einen ungeheuren Schatz an aktueller Facherfahrung. Der Zweck der Besprechung war es, Wissen und Erfahrung zusammenzubringen und damit neue Ideen zu entwickeln. Als Ergebnis sollten dabei neue taktische Erkenntnisse und Initiativen gewonnen werden.
Fünf Tage lang diskutierten die zusammengekommenen Kommodores über Waffen und Taktik, Weiterentwicklungen, Ergebnisse der Erprobungsstellen, Logistik, Ausbildung, Personal und den Gegner. Jeder Kommodore hielt einen einstündigen Vortrag über die wichtigsten Erkenntnisse und Forderungen seines Geschwaders. Mit gefestigter Moral und einem erneuerten Verständnis für seine Aufgabe sowie einer Vorstellung von den Herausforderungen, denen sich die Jagdwaffe als Ganzes gegenübersah, verließ jeder die Zusammenkunft. Die Erörterungen waren stenografisch festgehalten worden, und Galland ließ sie als Rundschreiben an alle Geschwader an der Front verteilen.
Am 21. Januar 1943 beschlossen die alliierten Führer in Casablanca, Deutschland rund um die Uhr zu bombardieren. Die von den gemeinsamen Stabschefs der Alliierten herausgegebene Casablanca-Direktive sollte Gallands Laufbahn und Leben stark beeinflussen. Die Ziele der auf den britischen Inseln stationierten amerikanischen und britischen Luftstreitkräfte wurden folgendermaßen definiert:

1. Zerstörung des deutschen Militär-, Wirtschafts- und Industriepotentials.
2. Unterminierung der Moral der deutschen Bevölkerung.

Als hauptsächliche Ziele wurden U-Bootwerften, Flugzeugwerke, Transportwesen, Treibstoffherstellung und andere kriegswichtige Industrien aufgeführt. General Ira Eaker, der tüchtige Kommandeur der 8th USAAF, war während der Konferenz der wichtigste Befürworter der Tagesbombardierung. Eaker überzeugte Churchill von seiner Ansicht. Das RAF Bomber Command würde die deutschen Städte fortan bei Nacht mit Bomben belegen, während Eakers Kolosse die strategische

Offensive bei Tage übernehmen sollten. Gallands Jäger stellten den Hauptwiderstand dar.

Die deutschen Jagdwaffenverluste an der Südfront übertrafen im Frühjahr 1943 die Verluste am Kanal oder an der riesigen Ostfront erheblich. In Nordafrika, Tunesien und Sizilien kämpften JG 27, JG 53 und JG 77 nicht nur gegen übermächtige alliierte Luftstreitkräfte, sondern auch gegen den Zusammenbruch der nordafrikanischen Aktionen der Achsenmächte. Die Verluste der Luftwaffe stiegen dementsprechend an. Galland sah diese Verschwendung als hoffnungslos an. Er war dafür, unersetzbare Piloten und Besatzungen für die absehbaren Schlachten aufzusparen.

Hitler hielt an seinen »Sieg oder Tod«-Anordnungen fest. Jede Stellung wurde entweder verloren oder erst im letztmöglichen Augenblick aufgegeben.

Bodengerät, Ersatzteile, Treibstoff und Versorgungsgüter sowie nicht einsatzfähige Flugzeuge wurden vor den näher rückenden Alliierten gesprengt. Ihre Verbände wurden deshalb immer wieder mit neuen Flugzeugen aus Deutschland versorgt. Diese Vergeudung brachte einfach nichts ein, obwohl die Piloten bis zur Erschöpfung kämpften.

An der Ostfront verteilten sich fünf Geschwader über das Gebiet von Norwegen und Finnland bis zum Kaukasus. Mit ungebrochener Kampfmoral und unter hervorragender Führung waren sie wie eine Art Feuerwehr imstande, örtlich und zeitlich begrenzte Luftüberlegenheit für das Heer zu erkämpfen. Sie machten Galland weniger Sorgen als die Geschwader an den anderen Fronten. Anforderungen im Mittelmeerraum hatten die Entwicklung von Eakers 8th USAAF gebremst, aber ihre Unternehmen mit jagdgeschützten Tagesangriffen über Frankreich liefen weiter. Ähnliche Angriffe auf Deutschland würden aus diesen Anfängen erwachsen, falls sie nicht gestoppt werden konnten. Gallands Besorgnisse wuchsen, als sich die amerikanischen Aktivitäten steigerten.

Am 3. Januar 1943 luden 68 schwere amerikanische Bomber ihre Last über den U-Bootbunkern von St. Nazaire ab. Sie wurden von einem starken Jagdverband der Luftwaffe in Empfang genommen. Sieben Bomber wurden abgeschossen, weitere 47 beschädigt. Die Amerikaner mußten 70 tote oder vermißte Besatzungsmitglieder hinnehmen, bevor sie auf ihre britischen Basen zurückkehrten. Die Luftwaffe hatte ihnen einen zehnprozentigen Verlust zugefügt.

Amerikanische Führer wurden zu dieser Zeit von komplizierten Einsatzproblemen und -entscheidungen geplagt. General Eaker war weiterhin davon überzeugt, daß die B-17 Fortress bei Tage auch ohne Begleitschutz in großen Verbänden fliegen konnte. Eakers Vorgesetzter, General »Tooey« Spaatz, war sich nicht so sicher, blieb aber optimistisch, daß die schweren amerikanischen Bomber deutsche Jägerangriffe abwehren konnten, ohne sich auf Jagdschutz verlassen zu müssen. Während der Schlacht um England wurde in Blut geschrieben: Bombereinsätze bei Tageslicht benötigen in Gegenwart einer feindlichen Jagdwaffe den Begleitschutz von Jägern.

General James H. Doolittle hatte in Nordafrika den Wert seiner P 38-Begleitjäger deutlich bewiesen. Seinen Erfahrungen wurde nicht genügend Beachtung geschenkt, als sich die alliierten Befehlshaber mit ihren Problemen herumschlugen.

Im Januar 1943 war der unbekannte Faktor in der B-17-Begleitschutzfrage die Fähigkeit, sich selbst zu verteidigen, noch offen. Nie zuvor hatte es solch stark bewaffnete Bomber gegeben. Die Einsatzerfahrungen mit leicht bewaffneten deutschen und britischen Bombern konnten nicht unbedingt auf die amerikanischen B-17-Formationen übertragen werden, die mit Hunderten von MGs ausgerüstet waren.

Gallands Bruder Wutz war einer der deutschen Piloten, die mit ihrem Frontalangriff Erfolg beim Abschuß der B-17 hatten. Der vordere Halbkreis war der relativ schwache Punkt der B-17, aber angreifende Jäger mußten bei jedem Anflug durch einen einschüchternden Hagel von Leuchtspurgeschossen fliegen. Geschicklichkeit, Wagemut und Erfolg bei solchen Angriffen brachten Wutz Galland das Kommando über die II/JG 26 ein. Sein berühmter Bruder schickte ihm, zusammen mit seinen Glückwünschen, schriftlich ein paar gute Ratschläge vor der Verlegung an die Ostfront:

Adolf Galland. 11. Januar 1943

Lieber Wutz! — Dank für Deinen Brief, über dessen Inhalt und Einstellung ich mich gefreut habe. — Meine Glückwünsche zu Deiner Beförderung und Ernennung.

In Fortsetzung unserer damaligen Unterredung noch ein paar Hinweise: Es ist ganz klar, daß vor allem in der ersten Zeit alles mehr oder weniger kritisch auf Deine Leistungen als Kommandeur schauen wird. Nachfolger eines Führers zu werden, der nichts tat, ist nun ziemlich leicht, wenn man nur etwas tut. Ich möchte Dich aber noch einmal bitten, wie ein Löwe zu arbeiten für Deine Gruppe. Der letzte Mann muß fühlen, daß nun ein Führer da ist, dann werden sie auch für Dich durchs Feuer gehen. Es darf und kann jetzt keine anderen Interessen mehr geben als Deine Gruppe. Du mußt sie voll in der Hand haben, denn Ihr steht vor gänzlich neuen und schweren Aufgaben. Nichts ist selbstver-

ständlich, und nichts läuft allein. Alles muß 100x durchredet werden, und jeder Erfolg muß erarbeitet werden. — Du ahnst noch gar nicht, wieviel Arbeit ein Mann vertragen kann. Es kann und darf keinen Fehlschlag geben, den man durch bessere Überlegung, klarere Befehlsgebung und saubere Durchführung hätte vermeiden können.
Es ist nicht ratsam, mit den Kapitänen und übrigen Offizieren auf »Du« zu stehen. Trotzdem kann man ihr bester Kamerad sein. Die Sorge und Fürsorge hat keinesfalls bei den »Kavalieren« aufzuhören. Gerade die Unteroffiziere und der Mann zeigten sich hier dankbarer. Oberster Grundsatz muß sein: Unser Kommandeur kennt die Sorgen und Nöte auch des letzten Mannes, er ist für jeden zugänglich, was er verlangt, ist nötig, und er verlangt nie mehr, als er selbst jederzeit zu leisten bereit ist.
Gerade im Osten wird dieses von größter Wichtigkeit sein. — Auch die persönlichen Abschußerfolge sind dem Gesamteinsatzerfolg der Gruppe nunmehr absolut untergeordnet. Es fällt schon genügend dabei ab. — Es ist möglich, daß schon die erste Aufgabe im Osten als ein selbständiger Einsatz der Gruppe, räumlich weit getrennt vom Geschwader, erfolgt. Gerade dann ist die peinlichste Vorbereitung dringend erforderlich. Alles wird neu für Euch sein, und jeder muß mit ganzem Herzen bei der Sache sein, sonst muß es erschütternde Fehlschläge geben.
Nun noch ein Wort zu Deinem neuen Kommodore. Es gibt nur eine Einstellung der bedingungslosen treuen und aufrichtigen Gefolgschaft, und ohne diese geht es nicht. Es ist ganz klar für Dich, daß es für Dich nur diese Einstellung geben darf. Er trägt die Gesamtverantwortung, und er kann nur führen, wenn er sich bedingungslos auf seine Kommandeure verlassen kann, sonst versagt das ganze Geschwader. Die parlamentarischen Führungskommissionen mit ihren freien und wilden Meinungsäußerungen der letzten Zeit existieren nicht mehr. Es gibt nur eine Auffassung, das ist die des Kommodore und damit die des ganzen Geschwaders. Ich werde nie zulassen, daß mein Geschwader, JG 26, das unter meiner Führung sich seinen Namen erkämpfte, kümmert.
Du weißt jetzt ganz klar, was ich von Dir erwarte. Ich bin jederzeit für Dich mit Rat und Tat da. Ich wünsche Dir vollen Erfolg in Deiner schönsten militärischen Stellung und überhaupt, daß Du es schaffst.

Hals- und Beinbruch gez. Dein Keffer

Die USAAF erlitt ihre Verluste in der »Probezeit« von 1942 und Anfang 1943. Sie hatte absolutes Vertrauen in ihre schweren Bomber.

Am 27. Januar 1943 griff sie Deutschland schließlich bei Tag an. In einem nicht von Jägern geschützten Einsatz von 53 schweren Bombern auf U-Booteinrichtungen in Wilhelmshaven gingen nur drei Maschinen verloren. Das war die Eröffnung einer neuen Phase in diesem Krieg.

Hitler bestellte Galland daraufhin in die Wolfsschanze. Er sah sich dem schweren Druck der Ereignisse ausgesetzt. Eine fast vollständige Niederlage in Nordafrika und eine nationale Tragödie in Stalingrad passierten zur selben Zeit. Unbegleitete amerikanische Bomber bei Tage über dem Reichsgebiet machten alles nur noch schlimmer. Galland wurde gefragt, was erforderlich wäre, um diese Angriffe vollständig zu stoppen. Er antwortete, daß die Tagjagdverbände der Luftwaffe erheblich verstärkt und vermehrt werden müßten.

»Um wieviel vergrößert?« wollte der Führer wissen. »Wie viele? Ist es nötig, den Feind zahlenmäßig zu übertreffen?«

Galland hatte dieses Problem bereits studiert und war davon überzeugt, daß die westliche Luftoffensive die Hauptbedrohung für Deutschlands Kriegspotential darstellte.

»Für jeden nicht begleiteten Bomber muß ich drei oder vier einmotorige Jagdflugzeuge in der Luft haben.«

»Und wenn Sie diese Anzahl von Maschinen zur Verfügung hätten, welches Resultat könnte ich erwarten?«

»Die Tagangriffe würden wegen der hohen Verluste, die der Feind hinnehmen müßte, aufhören.«

Galland brachte unaufgefordert einen anderen Faktor ins Spiel.

»Falls die amerikanischen Bomber mit Jagdschutz auftauchen, muß ich noch einen zusätzlichen einmotorigen Jäger für jede feindliche Jagdmaschine in der Luft haben.«

Hitlers Ausdruck verdunkelte sich. »Die Frage von feindlichem Jagdschutz über dem Reichsgebiet stellt sich nicht. Reichsmarschall Göring hat mir versichert, daß es technisch nicht möglich ist, derartige Jagdmaschinen zu bauen.«

Daraufhin konnte Galland gehen.

Die Ereignisse der nächsten beiden Jahre sollten die Richtigkeit von Gallands Schätzungen in dieser Besprechung mit Hitler bestätigen. Gallands Bewertung zog die spätere Einführung von Radar-Bombenabwürfen, die er nicht voraussehen konnte, nicht in Betracht. Er kalkulierte ebenfalls nicht den beträchtlichen Rückgang in der Fliegerausbildung oder den durch strategische Bombardierung verursachten Treibstoffmangel ein.

Wenn ihm die Kräfte, deren Beschaffung er Hitler im Februar 1943 vorgeschlagen hatte, selbst um die Mitte des Jahres zur Verfügung gestanden hätten, wären den Amerikanern die Tagangriffe auf Deutschland mit größter Wahrscheinlichkeit zu teuer zu stehen gekommen. Das Kommando der 8th USAAF war über Personal- und Flugzeugverluste in dieser höchst ungewissen Zeit zutiefst besorgt. Im Frühjahr 1943 waren defensive und Begleitschutzverfahren vom 8th USAAF Fighter Command noch nicht entwickelt worden. Eine umfassende Jägerverteidigung des Reiches durch die Luftwaffe hätte die alliierten Ansichten über strategische Bombenangriffe bei Tage wahrscheinlich geändert.

Görings Versicherung Hitler gegenüber, daß ein Langstreckenjäger mit der Fähigkeit, in den deutschen Luftraum einzudringen, nicht gebaut werden könnte, war ein dummer, folgenschwerer Irrtum. Während dieser Zeit machte der Reichsmarschall infolge seiner Unfähigkeit noch weitere Fehler. Als Milch die Jägerproduktion erhöhte, verteilte Göring Hunderte dieser lebenswichtigen neuen Maschinen an Verbände außerhalb der Jagdwaffe. Flugzeuge wurden Jaboverbänden für unnütze Langstreckeneinsätze gegen die Schiffahrt an der Kanalfront und der Bucht von Biscaya zugewiesen. Wieder andere gingen an Aufklärungsverbände in Rußland und an Heeresunterstützungseinheiten. All diese Einsätze waren zwar, für sich selbst genommen, wichtig, aber sie verschlangen die für die Luftüberlegenheit über Deutschland absolut notwendigen Me 109 und FW 190.

Trotz des von Milch erzielten Ausstoßes von 7600 Jagdflugzeugen in den ersten acht Monaten des Jahres 1943 fand sich Galland immer noch ohne die erforderlichen Kräfte, mit denen er der Bedrohung am Tage entgegentreten konnte. Göring hatte die zahlenmäßige Unterlegenheit durch die unangebrachte Verteilung der Jagdmaschinen selbst verursacht. Er versuchte nun, dies durch einen verstärkten Einsatz der in Deutschland stationierten Jäger auszugleichen.

Abwerfbare Zusatztanks für die Me 109 und die FW 190 an der Kanalfront hätten ihre Flugdauer auf zwei Stunden erhöht. Damit hatten sie es schwer, nach dem Alarmstart auf Kampfhöhe zu steigen, um den Gegner abzufangen. Gegen Gallands heftigen Einspruch fand Göring eine Methode, um die Flugdauer noch weiter zu erhöhen.

Der Reichsmarschall befahl, daß seine Jagdflugzeuge ihre Zusatztanks nur dann abwerfen durften, wenn sie feindliche Treffer erlitten. Görings Nervosität über die politischen Folgen, die die Tagangriffe für ihn haben würden, war enorm. Dies führte zu solch einer unmenschlichen und dummen Anordnung. Das Mißtrauen zwischen den Jagdfliegern und ihrem Oberbefehlshaber wuchs aus diesem Befehl und aus anderen Fehlentscheidungen. Als sich Berichte häuften, daß tüchtige junge Jagdflieger in der Luft zerfetzt wurden oder verbrannten, wenn ihre Zusatztanks explodierten, widerrief ein erschütterter Göring seinen Befehl. Zum Glück gab es kaum Nachschub an Zusatztanks.

Galland wurde seiner Verantwortung gerecht, indem er Göring und andere in hohen Positionen vor der Gefahr der Tagangriffe aus dem Westen warnte. Als Rüstungsminister Albert Speer ihn über die Möglichkeit von Bombenangriffen auf das Ruhrgebiet bei Tag befragte, sagte ihm Galland schlicht die Wahrheit. Diese Art Angriffe mußte erwartet werden, und zwar bald. Als Speer später seine Besorgnis über die Folgen dieser Angriffe auf die Rüstungsproduktion Göring gegenüber äußerte, geriet der aus dem Häuschen. Er ließ Galland zu sich kommen und befahl ihm, solche Fragen in Zukunft weder mit Speer noch mit anderen zu besprechen. Die Tagangriffe waren für Göring ein politischer Alptraum. Er versuchte, diesen Alptraum einfach wegzubefehlen.

In einem weiteren Versuch, die Anzahl der am Tage zur Verfügung stehenden Jäger zu erhöhen, wurden die Nachtjäger herangezogen. Mit schwererer Bewaffnung und längerer Flugdauer konnten die Nachtjäger die einmotorigen Tagjäger ergänzen — zumindest theoretisch. Im normalen Nachteinsatz flogen sie einzeln, von einem Radarlotsen am Boden geführt. Die Verwendung dieser Besatzungen in den Luftschlachten der Tageinsätze war verheerend.

Die Nachtjägerbesatzungen waren nicht gewohnt, im Verband zu fliegen oder konzentrierte Angriffe auszuführen. Sie waren nicht in ihrem Element und erlitten durch amerikanisches Abwehrfeuer hohe Verluste. Sie waren den wendigeren US-Begleitjägern nicht gewachsen, wo immer diese auftauchten. Dieser kurzlebige Versuch des Oberkommandos, die deutsche Tagjagdverteidigung zu stärken, kostete vielen gutausgebildeten und erfolgreichen Nachtjägerbesatzungen das Leben. Viel Nachtjagderfahrung ging damit verloren.

Die Nachtjagdwaffe betrachtete die Tageinsätze mit Unmut. Obwohl die Einsätze offiziell befohlen worden waren, wurden die Nachtjägerverbände von ihrer eigenen Führung angehalten, nicht die besten Besatzungen für die Tageinsätze abzustellen. Das Oberkommando begann einen Rückzug, indem es den bei Tage eingesetzten Nachtjägern befahl, nur die Bomber anzugreifen, die sich aus ihrer Formation gelöst hatten. Letzten Endes wurde der teure Mißbrauch der Nachtjäger bei Tage eingestellt.

März 1943 sah die Aufführung der letzten Szenen der Tragödie von Stalingrad. Trotz des Drucks der Ereignisse in seinem eigenen Verantwortungsbereich fühlte Göring sich durch den katastrophalen Verlust der 6. Armee völlig niedergeschlagen. Sein übereiltes Angebot, die 6. Armee aus der Luft zu versorgen, war einer der Hauptgründe für das Debakel gewesen. Die Stunde der Wahrheit in Tunesien folgte Stalingrad auf den Fersen. Galland fand sich wiederum auf dem Flug nach Süden, um sich den wachsenden Scherbenhaufen selbst anzusehen.

JG 27 und JG 53 waren in Tunesien bis zur Kampfunfähigkeit aufgerieben worden. Sie hatten hart zu kämpfen, nur um zu überleben. Sie konnten den Achsenmächten beim Rückzug noch nicht einmal zeitweilige und lokale Luftüberlegenheit verschaffen. Das Afrika Korps war, wie jede Armee ohne Schutzschild in der Luft, dem Untergang geweiht — vorgeprescht, gestoppt, aufgerollt und zurückgeschlagen von alliierten Flugzeugschwärmen und den Armeen, die sie zu beschützen hatten.

Vor Gallands Augen spielte sich nun das Drama ab, vor dem er Göring und das Oberkommando vor noch nicht einmal sechs Monaten von Fuka aus gewarnt hatte. Abgemagerte, verhärmte und nervöse Piloten versuchten, ihm ihre Kampferfahrungen zu schildern, wobei ihre Worte oft im Lärm der überfliegenden alliierten Bomber untergingen. Besorgte, gehetzte Führer mit verschlissenen und ramponierten Flugzeugen, geplagt von Versorgungs- und Treibstoffknappheit, berichteten ihm über die vom Winde verwehte Luftüberlegenheit und die an ihre Stelle getretene Luftherrschaft des Gegners. Als er diese Zustände vorausgesagt hatte, war Galland für den scharfen und pessimistischen Ton seines Berichtes gerügt worden.

Galland war es überaus peinlich, als General vor seinen alten Kameraden zu stehen, ohne ihnen befehlen zu können, sich aus Afrika sofort zurückzuziehen. Sizilien hätte zumindest als vorläufiger Zufluchtsort dienen können. Aber Rückzug war nicht erlaubt.

Der Evakuierungsbefehl ließ bis zum bitteren Ende in Tunesien auf sich warten. Die überlebenden deutschen Piloten flogen ihr eigenes Bodenpersonal heraus, indem sie es schafften, zwei bzw. drei Männer in die engen Rumpfhinterteile der Me 109 und der FW 190 zu stopfen. Die Piloten machten wiederholte Flüge, um ihr Bodenpersonal zu evakuieren, und bestätigten damit die enge Bindung zwischen den Männern der Jagdwaffe. Angesichts der Luftherrschaft des Gegners zu starten, war an sich schon ein gewagtes Unternehmen.

General von Arnim kapitulierte mit den Resten des Afrika Korps am 7. Mai 1943, nachdem Hitler abermals versucht hatte, eine belagerte Armee aus der Luft zu versorgen. Alliierte Flugzeuge schossen Dutzende von deutschen Flugzeugen wie Tauben auf der Stange ab. Durch Ultra-Informationen bekamen die alliierten Luftwaffen die Zeitpläne der deutschen Tansportmaschinen zugespielt, um dann ein furchterregendes Gemetzel anstellen zu können.

Nach der tunesischen Kapitulation wurde Galland sein zweites Einsatzkommando übertragen. Göring machte ihn persönlich für die Führung der in Sizilien verbleibenden deutschen Jäger verantwortlich. Dies stellte sich als ein hektischer, ständig unter Druck stehender Auftrag heraus, da die Alliierten die deutschen Basen pausenlos bombardierten und beschossen.

Da sie ihr bestes Bodengerät in Afrika verloren und nicht ersetzt bekommen hatte, fand sich die Jagdwaffe in Sizilien mit dem Rücken zur Wand. Indem er seine kleine Streitmacht in der Folge von Trapani, Comiso und Catania aus führte, setzte Galland seine ganze Erfahrung ein, um sie im Einsatz zu halten und ihr durch die Alliierten möglichst geringe Verluste zufügen zu lassen. Er hätte wahrscheinlich mehr Jagdflugzeuge zur Verfügung gehabt, wenn Hitler sich nicht durch britische Täuschungsmanöver hätte überrumpeln lassen, Sardinien und Griechenland auf Kosten von Sizilien zu verstärken.

Die Geschichte von »Major Martin«, dem gefeierten »Mann, den es nie gegeben hat«, wurde nach dem Krieg allgemein bekannt. Die Briten steckten einen Toten in die Uniform eines Majors der Royal Marines mit gefälschten Meldungen von höchster Ebene. Sie setzten die Leiche in einer bekannten Meeresströmung aus, um sie in der Nähe von Huelva in Spanien antreiben zu lassen. Gefälschte Meldungen an General Alexander und Admiral Cunningham identifizierten Sardinien und Griechenland als Schauplätze der alliierten Invasion.

Als dies von anderen irreführenden Meldungen bestätigt wurde, war Hitler überzeugt. Seine Direktive vom 12. Mai 1943 setzte die Bedeutung Siziliens herab und ordnete an, daß Maßnahmen auf Sardinien und dem Peloponnes oberster Vorrang gebühre. Panzer-Divisionen wurden von Frankreich nach Griechenland, ja selbst von Rußland nach Griechenland verlegt. Nach Sardinien wurden Verstärkungen geschickt. Die 400 Flugzeuge, die nach der Kapitulation von Afrika in Sizilien verblieben, waren strategisch und taktisch am richtigen Platz. Auf Kreta und in Griechenland befanden sich nur 125 Luftwaffenflugzeuge. Als Hitler mit seiner Umdirigierung fertig war, hatte Sizilien weniger als 300, Kreta und Griechenland mehr als 300 Flugzeuge. Das war einer der Gründe, warum sich Galland in Sizilien mit so geringen Mitteln ausgestattet sah.

Eine anschauliche Darstellung über die Mühen der Jagdflieger in Sizilien findet sich in Johannes Steinhoffs »Straße von Messina«. Steinhoff macht den Druck, unter dem Galland stand, mit großer Einsicht deutlich. Er erinnert sich, wie sich die Belastung für den jungen General durch ein verwirrtes Fernschreiben von Göring erhöht. Indem er sich auf einen vor kurzem stattgefundenen erfolglosen Jägereinsatz auf Bomber in der Straße von Messina bezieht, befiehlt Göring, daß ein Pilot jeder beteiligten Gruppe wegen Feigheit vor dem Feind vor ein Kriegsgericht gestellt werden solle.

Dieser berüchtigte Befehl wurde nie ausgeführt, aber er wirkte verheerend auf die Moral der erschöpften jungen Piloten, die gerade dem Zusammenbruch in Afrika entkommen waren. Galland mußte zumindest den Anschein von Treue für seinen Oberbefehlshaber an den Tag legen, trotz des tiefen Abscheus, den dieser Befehl in ihm auslöste. Er versuchte den verärgerten jungen Steinhoff zu beschwichtigen, indem er ihm versicherte, daß Göring den Befehl »gar nicht so gemeint« habe. Während Galland auf der Seite der Piloten stand, machte er Steinhoff klar, daß er in erster Linie ein General sei, der einen Auftrag auszuführen habe. Er beschwor Steinhoff mit Nachdruck, die B-17 frontal anzugreifen.

»Während er sprach«, schreibt Steinhoff, »schob er seine schwarze Zigarre von einem Mundwinkel in den anderen und sah mich unfreundlich an.«

Kein General vor Ort oder gehässige Vergeltungsmaßnahmen von Berlin konnten die Tatsachen in Sizilien ändern. Überwältigende alliierte Kräfte konzentrierten sich auf die Insel mit dem unausweichlichen Resultat. Einmal mehr mußten die Reste der Jagdwaffe ihr Bodenpersonal in den Rümpfen ihrer Maschinen verstauen. Sie ließen alles andere zurück, und entkamen nach Viterbo in Süditalien. Die Genehmigung zum Rückzug kam in der letzten Minute.

Innerhalb von 24 Stunden nach diesem Rückzug schickte das deutsche Oberkommando die erschöpften Sizilienjäger von ihrer italienischen Basis aus wieder in die Luft. Doch die USAAF kam ihnen zuvor. Ein massiver amerikanischer Bombenangriff auf die entkommenen Luftwaffenverbände ließ deren Flugzeuge in Viterbo in Rauch und Flammen aufgehen. (Das Mittelmeer verlor danach zusehends an Bedeutung als Einsatzraum für die Jagdwaffe.)

Als Göring 1943 von Hitler immer mehr unter Druck gesetzt wurde, versuchte er ständig, einfachen Jagdfliegern die Schuld an dem Versagen der Luftwaffe zuzuschieben. Görings Antwort auf Hitlers bitterer werdende Vorhaltungen war: »Ich bin dafür nicht verantwortlich. Das Versagen liegt bei den feigen Jagdfliegern.«

Bei einer Besprechung der Jagddivisions- und Luftgaukommandeure

1943 in Schleißheim beschloß der Reichsmarschall, den Schwarzen Peter, den ihm Hitler in die Hand gedrückt hatte, weiterzureichen. Galland war dabei. Görings Eröffnungsrede befaßte sich mit der Schlacht um England, aber er beschäftigte sich nicht mit den Folgen seiner Einmischungen. Er kam auf das Versagen und den Schwindel der Jagdflieger zu sprechen.

»Und dann gibt es in der Jagdwaffe Helden der Schlacht um England«, sagte Göring, »die sich mit Lügen gegenseitig ihre Luftsiege bestätigten — falsche Luftsiege —, nur um das Ritterkreuz zu erhalten.«

Galland sah rot. Er wollte sich auf Göring stürzen und ihn an der Gurgel packen; statt dessen faßte er sich an seine eigene. Er riß sich sein Ritterkreuz mit Eichenlaub, Schwertern und Brillanten — Deutschlands höchste Tapferkeitsauszeichnung — herunter und schmetterte es vor Göring auf den Tisch. Galland blieb stumm, aber seine Handlung hatte alles ausgedrückt. Seine Jägeraugen starrten Göring an. Im Raum herrschte Totenstille.

Um Worte nur selten verlegen, sah sich der Reichsmarschall durch Gallands Demonstration total verwirrt. Er fuhr stotternd fort und milderte seine Kritik merklich. Viele andere Jagdflieger wollten ihre Orden und Ehrenzeichen aus Protest und Solidarität mit Galland ebenfalls ablegen. Aber Galland wollte das nicht zulassen. Als sich dieser Zwischenfall in den Einsatzverbänden herumsprach, wollten sich viele Jagdflieger diesem Protest anschließen. Galland genehmigte das nicht.

Die Entfernung seines eigenen Ritterkreuzes wurde für ihn zu einem dauerhaften Symbol. Obwohl sich Göring später für seine Ausfälle entschuldigte, trug der General der Jagdflieger das Ritterkreuz zumindest während der nächsten sechs Monate nicht mehr. (Fotos in diesem Buch, die in dieser Zeit aufgenommen wurden, zeigen ihn ohne Ritterkreuz am Hals. Als Hitler schließlich darauf aufmerksam wurde, ließ er durch seinen Luftwaffenadjutanten nachforschen, warum General Galland seine Auszeichnungen nicht trug. Galland war nicht umsonst als das enfant terrible der Luftwaffe bekannt.)

Seine Anwesenheit als Einsatzführer in Sizilien konnte am Ergebnis nichts ändern. Kein Befehlshaber einer zahlenmäßig weit unterlegenen Streitkraft konnte einen Zermürbungskrieg gewinnen. Selbst als Krise um Krise im Luftkrieg eintrat, fühlte der junge General der Jagdflieger immer noch, daß er wußte, was zu tun war, um sein Land zu schützen. Seine Heimat und seine Landsleute mußten vor dem Hammer aus der Luft bewahrt werden, dessen Schläge er in Nordafrika und Sizilien gesehen hatte. Alles Menschenmögliche mußte getan werden, um die kommende Feuertaufe nicht ausarten zu lassen. Er kehrte mit verstärkter Entschlossenheit nach Deutschland zurück. Ein blutiger Sommer war im Anzug.

Galland wurde 1943 nicht müde, rechtzeitige und starke Jagdeinsätze gegen die bedrohlichen amerikanischen Tag-Bombenangriffe zu fordern. Göring und das Oberkommando der Luftwaffe, Jeschonnek eingeschlossen, zogen es weiterhin vor, an die Gefahr nur halb zu glauben. Einige hohe Offiziere verwiesen auf den Mißerfolg der Luftwaffe bei Tagangriffen auf Britannien und behaupteten, daß es den Amerikanern beim Angriff auf Deutschland auch nicht besser gehen würde. Im Gegensatz zu ihnen sah Galland die unaufhaltsame Verlagerung des Schwerpunkts dieses Luftkrieges auf den deutschen Himmel zu voraus. Wenn dieser Prozeß nicht aufgehalten werden konnte, war die unermeßliche Zerstörung Deutschlands unvermeidbar.

Galland ließ von seinen Forderungen nach einer schnellen und wirksamen Verstärkung der Jagdverbände an der Westfront 1943 nicht ab. Nur dadurch konnten den Amerikanern gleich zu Beginn ihrer strategischen Offensive hohe Verluste zugefügt werden. Es war besser, den US-Einsatz im Keime zu ersticken, als später mit ihm fertig werden zu müssen, nachdem er sich voll entfaltet hatte.

Gallands Analyse hört sich knapp fünf Jahrzehnte später fast prophetisch an, besonders wenn man bedenkt, daß er im Frühjahr 1943 von den Mühen der amerikanischen Gegner noch keine Ahnung hatte. Zu diesem Zeitpunkt war sich in der USAAF noch niemand über die praktischen Methoden sicher, mit denen strategische Bomber erfolgreich eingesetzt werden konnten. Kriegsspiele und Lehrmeinungen waren zwar schön und gut, aber der richtige Krieg war doch ganz anders. Massive und unverzügliche Jagdabwehr durch die Luftwaffe hätte die Entscheidung sehr wohl zu Ungunsten der Bombenangriffe bei Tag ausfallen lassen können.

Auf höchster politischer und militärischer Ebene der Alliierten gab es heftige Kritik an diesen strategischen Bombenangriffen bei Tage. Auf dem Spiel stand die Grundsatzfrage, die den amerikanischen Befehlshabern ans Herz gewachsen war: Waren B-17- und B-24-Bomber in der Lage, unbegleitet in den deutschen Luftraum einzufliegen?

Das Studium von Schrifttum und offiziellen Berichten aus dieser Periode, die das damalige Denken von solch berühmten Generälen wie Eaker, Spaatz, Arnold, Stratemeyer, Anderson und Hunter widerspiegelten, macht in dramatischer Weise die zahlreichen Unwägbarkeiten sichtbar, mit denen die amerikanische Führung zu ringen hatte. Die Hauptunbekannte in dieser Rechnung, der Faktor, der die größte Verunsicherung auslöste, war die potentielle Fähigkeit der deutschen Jagdwaffe, die Tageinsätze zu teuer werden zu lassen. Galland traf mit seinen Vorschlägen, die Jagdwaffe an der Westfront dringend zu verstärken, den Kern der Sache.

Wenn sich die schweren USAAF-Bomber bei ihren ersten Einsätzen einer Opposition von vier oder fünf statt nur halb so vieler von Gallands Jagdgeschwadern gegenübergesehen hätten, wären ihre Verluste zweifellos erheblich gewesen. Geht man von den damals herrschenden Umständen und dem psychologischen Klima aus, so kann man annehmen, daß sich die alliierte Luftoffensive ausschließlich bei Nacht abgespielt hätte. Zum Glück für die Alliierten wurde Gallands Vorschlägen nicht gefolgt. Hunderte von deutschen Jägern gingen statt dessen im Mittelmeerkrieg verloren, wo die alliierten Luftstreitkräfte bereits den entscheidenden Faktor darstellten. Lediglich nach den Feuerstürmen in Hamburg im Juli 1943 erkannten Göring und das Oberkommando die Gefahr der westlichen Bombergeschwader in ihrem wirklichen Ausmaß.

Die Führung der amerikanischen Luftstreitkräfte hielt stur an der Hoffnung fest, daß ihre schweren Bomber ungeschützt und mit vertretbaren Verlusten Einsätze nach Deutschland fliegen konnten. Diese Hoffnung war selbst im Mai 1943 noch wach. Von der USAAF war bisher noch keine offizielle Forderung oder Spezifizierung für einen Langstrecken-Begleitjäger entwickelt worden: Der Zusammenstoß zwischen den Jägern der Luftwaffe und den schweren US-Bombern auf ihren ersten, unbegleiteten Einsätzen über Deutschland wurde in der 8th USAAF als der »blutige Sommer« bekannt.

Bereits in der ersten Maiwoche war abzusehen, wie sich die Dinge entwickeln würden. Am 4. Mai 1943 griff ein Verband von 65 amerikanischen Bombern die Ford- und General Motors-Werke im belgischen Antwerpen an. Ohne ihre Zusatztanks konnten die P-47 Thunderbolts sie nur etwa 280 km weit begleiten. Ein USAAF-Ablenkungsangriff auf die französische Küste zog mehr als 100 deutsche Jäger auf sich und ließ dadurch den Angriff auf Antwerpen zu einem Erfolg werden. Jagdschutz und Ablenkungstaktiken hatten dazu beigetragen, daß nicht ein einziger Bomber verlorenging. Die Amerikaner waren begeistert.

Drei Tage später schlug das Pendel zugunsten der Luftwaffe aus. Deutsche Jagdflieger schossen 7 von 31 schweren Bombern ab, die St. Nazaire als Ziel hatten. Unbegleitete Fortress- und Liberator-Bomber machten häufigere Vorstöße in den deutschen Luftraum. Bei Angriffen auf Kiel mit 126 und am 19. Mai mit 102 schweren Bombern verlor die USAAF insgesamt nur 14 Maschinen. Als die Amerikaner jedoch am 13. Juni mit einem noch größeren Verband von 182 Bombern Kiel angriffen, schoß die Luftwaffe 26 davon vom Himmel — eine Verlustrate, die die Amerikaner auf die Dauer nicht ertragen konnten.

Am 18. Mai 1943 wurde der »Alliied Combined Bomber Offensive Plan« für die Rund-um-die-Uhr-Bombardierung Deutschlands von den Joint Chiefs of Staff genehmigt. Damit wurde Eakers 8th USAAF gestattet, mit der strategischen Offensive gegen Schlüsselziele zu beginnen. Wenn Galland die Einzelheiten des vorgesehenen Programms hätte studieren können, wäre ihm sicher mit bitterer Genugtuung aufgefallen, daß die Zerstörung der Jagdwaffe die Liste der Prioritäten anführte.

Am 29. Mai setzten die Amerikaner ihre ersten zur YB 40 umgebauten B-17 als Zwischenlösung ein, um das Begleitschutzproblem zu lösen. Diese Maschinen — schwer gepanzerte B-17 mit zusätzlicher Bewaffnung und Munition anstelle von Bomben — waren ein operativer Fehler. Sie waren zu schwer und zu langsam, um mit den B-17-Formationen Schritt halten zu können, und ihre erhöhte Feuerkraft machte ihre Nachteile nicht wett. Die B-17-Formationen waren ohne sie besser dran. Etwa zur Zeit des YB-40-Versuchs wurden einige der sie abfangenden FW 190 mit 30 mm-Kanonen ausgerüstet. Ihre Angriffe hatten verheerende Folgen.

Mitte Juni waren die Alliierten davon überzeugt, daß die Jagdwaffe der Luftwaffe bezwungen werden mußte, damit die strategische Bomberkampagne erfolgreich sein konnte. Da die meisten der wichtigen strategischen Ziele jenseits der Reichweite der begleitenden Jäger, selbst mit Zusatztanks, lagen, fand sich nun das amerikanische Oberkommando von vergangenen Fehlern und Versäumnissen eingeholt. Ein Langstrekken-Begleitjäger war absolut notwendig. Ein technisches Wunder mußte geschehen.

General Henry »Hap« Arnold hatte am 28. Juni ein umfassendes Programm gestartet, um Begleitjäger für alle US-Bomber zu produzieren, die von England und später von Italien aus über Deutschland eingesetzt werden sollten. Die Industrie hatte, wenn nötig, ganz vorne anzufangen. Arnold war es egal, wie die Aufgabe gelöst wurde, solange er seine geforderten Maschinen bekam. Präsident Roosevelt unterstützte ihn. (Es ist historisch bewiesen, daß die Jagdverteidigung der Luftwaffe ihrem USAAF-Gegner ein massives technisches Entwicklungsprogramm aufzwang. Der Bedarf dafür war nicht vorausgesehen worden, was verständlich war. Die meisten Luftfahrtingenieure waren davon überzeugt, daß solch ein Langstreckenjäger außerhalb der bestehenden technischen Möglichkeiten lag. Auch Göring hatte Hitler so unterrichtet. Die hervorragende P-51 Mustang war das Resultat dieser Eilentwicklung.)

Deutschland war den USA Mitte 1943 technologisch immer noch

überlegen. Inmitten der heftiger werdenden Kämpfe mit den amerikanischen Bombern wurde Galland vor Augen geführt, was die Zukunft der Jagdwaffe bringen würde. Am 22. Mai 1943 wurde er eingeladen, einen Prototyp von Messerschmitts Me 262 zweistrahligem Düsenjäger zu fliegen. Dies war für den General der Jagdflieger ein unvergeßlicher Augenblick — militärisch, technisch und gefühlsmäßig gesehen.
Von Dezember 1941 an, als er zum ersten Mal von der neuen Antriebsmethode hörte, hatte sich Galland für die Düsenjägerentwicklung eingesetzt. Ein düsengetriebener Schnellbomber wurde bei der ersten Rüstungskonferenz besprochen, an der er auf Einladung Milchs im Frühjahr 1942 teilnahm. Der junge General schlug sofort vor, daß Jagdflugzeuge in diese Entwicklung einbezogen werden sollten. Indem er auf die unerschöpflichen Hilfsmittel der Amerikaner hinwies, zeigte er die dringende Notwendigkeit für einen überlegenen Jäger auf, der den anzunehmenden alliierten Fortschritt in Leistung und Anzahl ausgleichen konnte.
Messerschmitt stimmte seinen Ansichten zu. Er bat um die Genehmigung, einige Düsenjäger als auch -bomber zu bauen. Galland blieb seit diesem Zeitpunkt an seiner Vorstellung eines Düsenjägers unerbittlich hängen. Er war bereit, seine Karriere aufs Spiel zu setzen, um seinen Jagdfliegern ein überlegenes Flugzeug in die Hand zu geben. Albert Speers Stellvertreter, der nimmermüde Karl-Otto Saur, nannte Galland später den »Vater der Me 262«. Ohne dessen unnachgiebige Entschlossenheit hätte es wahrscheinlich keine Me 262-Düsenjäger im Einsatz gegeben.
Am 22. Mai 1943 setzte sich Galland in Lechfeld in das ihm unvertraute Cockpit des schnittigen, propellerlosen Flugzeugs. Er beobachtete mit angespanntem Interesse, wie das Bodenpersonal die erste Turbine startete. Als man die andere Turbine anließ, fing sie Feuer, typisch für die noch nicht ausgereiften Jumo 004-Triebwerke. Wie jeder andere gute Einsatzpilot, schwang sich Galland aus dem Flugzeug heraus und in den als Ersatzmaschine für den Fall eines technischen Versagens bereitstehenden zweiten Prototyp hinein.
Der Start in dieser Me 262 ließ ihm die Haare zu Berge stehen. Ohne Bugrad fand er sich in einem unangenehmen Winkel zurückgelehnt, wie ein Mann, der im Friseurstuhl auf seine Rasur wartet. Nach vorne konnte er nichts sehen. Als er die 50 m breite Lechfelder Startbahn hinunterraste, hielt er die ihm fremde Maschine, seinen Kopf hin- und herbewegend, mit federleichten Bremsdrücken auf dem Beton. Als er 130 km/h erreichte, hatte das Heck noch nicht vom Boden abgehoben. Wieviel Startbahn hatte er noch übrig? Er brachte den Schwanz in die

Höhe, indem er die Bremsen mit einem leichten Druck betätigte, der eine Eierschale nicht zerbrochen hätte. (Vierzig Jahre später wird er seinen Zuhörern bei Vorträgen in den USA sagen: »Es ist gut, daß wir dies mit unseren Jumbo-Jets heutzutage nicht mehr tun müssen.«)
Mit dem Schwanz endlich gelüftet, beschleunigte der Jet rasch. Bei 190 km/h fand sich der ehemalige Pilot des Gelsenkirchener Segelfliegerclubs nicht nur in der Luft, sondern auch am Anfang einer neuen Epoche der Fliegerei. Der Antrieb durch die Turbinen vermittelte das Gefühl, geschoben zu werden, mit einer Laufruhe, die nach dem Krach, der Vibration und dem Gegendrehmoment der Propellermotoren kaum zu glauben war. Die Me 262 pfiff durch die Luft. Galland beschrieb das Gefühl seines ersten Düsenflugs später mit den Worten: »Es war so, als ob ein Engel schiebt.«
Da dies für den General der Jagdflieger kein Vergnügungs-, sondern ein Erprobungsflug war, testete Galland die Flugeigenschaften mit dem fachmännischen Geschick des alten Hasen. Bei einer Geschwindigkeit im Geradeausflug von etwa 850 km/h ließ sich die Maschine leicht handhaben — die Ruder waren gut aufeinander abgestimmt. Professor Messerschmitt hatte seit den ersten Tagen der Wasserkuppe ebenfalls einen weiten Weg zurückgelegt. Sein Konstruktionsgeschick hatte ihn in ein neues Zeitalter befördert. Die Me 262 war sensationell.
Während dieses Testfluges mit der Me 262V4 überflog der Prototyp der Me 264, des Ultralangstrecken-»Amerika-Bombers«, den Platz in Lechfeld. Galland vertauschte im Geiste den freundlichen viermotorigen Bomber mit einer B-17 und flog einen Scheinangriff. Geschwindigkeit und Flugeigenschaften, verbunden mit der schweren Bewaffnung, für die die Me 262 ausgelegt war, würde sie zu einem schrecklichen Gegner für viermotorige Bomber und propellergetriebene Jagdflugzeuge machen. Daran denkend, daß die Jagdwaffe mit ihrem Rücken zur Wand stand, freute sich Galland über die taktischen Möglichkeiten, die dieser Düsenjäger eröffnete. Hier hatte er das Resultat des dringend benötigten technischen Vorsprunges in der Hand.
Als der Lärm der Turbinen auf dem Lechfelder Vorfeld verklungen war, stieg Galland in freudiger Erregung aus dem Cockpit. Der Enthusiasmus, der ihm durch die vielen Rückschläge der Jagdwaffe und seine eigenen Auseinandersetzungen mit Göring zum großen Teil verlorengegangen war, brach wieder über ihn herein. Mit der Me 262 konnten seine Piloten die Luftüberlegenheit wieder erringen, wenn sie unverzüglich in großen Stückzahlen gebaut wurde.
Drei Tage später berichtete Galland über die Me 262 an Feldmarschall Milch:

1. Dieses Modell bedeutet einen ungeheuren Glücksfall für uns; es verschafft uns einen erheblichen Vorsprung, vorausgesetzt, daß der Gegner weiterhin Kolbentriebwerke benutzt.
2. Soweit ich feststellen konnte, ist die Zelle zufriedenstellend.
3. Die Triebwerke liefern das, was von ihnen behauptet wurde, mit Ausnahme des Verhaltens bei Start und Landung.
4. Das Flugzeug eröffnet völlig neue Möglichkeiten, was die Taktik anbetrifft.

Galland schlug darüber hinaus vor, daß die Produktion der Me 209, einem Nachfolgemuster der Me 109, eingestellt werde. Professor Messerschmitt war trotzdem entschlossen, seiner Me 209 trotz der alliierten Jägern gegenüber schlechteren Leistung zum Erfolg zu verhelfen. Darüber hinaus war er noch nicht angewiesen worden, der Me 262 Vorrang zu geben. Die Düsenmaschine hatte lange im Hintergrund geschlummert. Galland schlug vor, die einmotorige Jägerproduktion auf die FW 190D zu beschränken und die dadurch freiwerdende Kapazität zur Massenherstellung der Me 262 zu benutzen. Er bestand ebenfalls auf einigen wichtigen Konstruktionsänderungen, wie z. B. einem Bugradfahrwerk.

Ein Vorschlag wurde entwickelt, um die für die Massenproduktion der Me 262 benötigte Zeit drastisch zu verkürzen: 100 Me 262 sollten unverzüglich in die Serienherstellung gehen. Diese Maschinen sollten dann gleichzeitig sowohl technisch als auch taktisch erprobt werden. Diese unorthodoxe Methode würde es gestatten, Testergebnisse in Entwurfsänderungen umzusetzen, bevor die Massenproduktion anlief. Sowohl Göring als auch Milch stimmten dem zu — von Gallands Enthusiasmus ebensosehr beeinflußt wie von den amerikanischen Tagangriffen.

Gallands Begeisterung wuchs. Auf einmal stimmten alle wichtigen Männer überein. Göring brauchte nur noch Hitlers Genehmigung, und den zwei schnittigen Silberpfeilen in Lechfeld würden sich bald 100 mehr zugesellen. Aber Hitler würgte diese kühne Idee sofort ab.

Er führte zahlreiche Enttäuschungen an, die er durch die Luftwaffe erlitten hatte, und erinnerte an den immer noch nicht verfügbaren viermotorigen He 177-Bomber als ein Beispiel für Görings unerfüllte Versprechungen. Wegen der He 177 und anderer Versäumnisse der Luftwaffe beharrte Hitler darauf, daß die Me 262 nicht bevorzugt vorangetrieben werden sollte. Hitler berief eine Besprechung mit Messerschmitt und all den für den Me 262-Vorschlag verantwortlichen Leuten ein, bei der er alle überstimmte. Er machte sie alle herunter und verbot ausdrücklich, die Me 262 in die Massenproduktion gehen zu lassen. Lediglich Erprobungen mit einigen Prototypen waren gestattet.

Galland war zu dieser Besprechung nicht eingeladen. Der einzige anwesende Luftwaffenoffizier war Göring, und Hitlers Mißtrauen Göring gegenüber war mittlerweile in den höchsten Kreisen bekannt.

All dies spielte sich ab, als die Amerikaner durch die Ereignisse gezwungen wurden, einen Langstreckenjäger zu entwickeln. Sie hatten ihre Fehler und Irrtümer begangen, genau wie die Deutschen. Aber die Amerikaner sahen ihre Fehler rechtzeitig ein und handelten dementsprechend. Welch ein Unterschied tut sich bei den Reaktionen auf Krisen zwischen der deutschen und der amerikanischen Führung auf! Hitlers übertriebene Vorsicht verschwendete wiederum sechs kritische Monate in der Entwicklung der Me 262. Während dieser sechs Monate lernten die P 51 Mustangs das Einfliegen in den deutschen Luftraum. Die Me 262 war noch nicht in der Lage, den anglo-amerikanischen Jägern die Luftüberlegenheit streitig zu machen. Dies war für Galland und die Jagdwaffe eine bittere Pille.

Milch stimmte mit Gallands Forderung nach unverzüglicher Massenproduktion der Me 262 persönlich überein. Unglücklicherweise jedoch sah er sich in seinem Einfluß mehr und mehr eingeschränkt. Für Göring war er oft ein weiterer Sündenbock. Deshalb konnte Milch einen Bruch mit dem Führer nicht wagen und führte seinen Befehl für eine begrenzte Entwicklung der Me 262 aus. Milchs Ankündigung eines Produktionszieles von monatlich 4000 Jagdflugzeugen am 17. August 1943 bezog sich nur auf existierende, kolbengetriebene Modelle.

Galland verlangte, daß 1000 dieser Jäger Me 262 sein sollten. Milch lehnte das ab, weil andere Entwicklungen nicht zugunsten der Me 262 verlangsamt oder aufgegeben werden konnten. Er betonte Galland gegenüber ebenfalls, daß er Hitlers Anordnungen, die Me 262 vorsichtig anzugehen, als treuer Soldat befolgen werde. Galland konnte Milchs Standpunkt nicht ändern, hoffte aber, daß der Reichsluftzeugmeister seinen Einfluß später für die Me 262 geltend machen würde.

Der junge General spürte, daß ihm die Wunderwaffe just in der Zeit aus der Hand glitt, in der sich der Terror aus der Luft und die Qualen der Zivilbevölkerung verschlimmerten. Viele Wochen waren seit seinem ersten Düsenflug vergangen, und das Projekt lag praktisch gelähmt am Boden. Galland betrachtete die Weigerung der deutschen Führung, die Me 262 zu bauen, als kriminelle Nachlässigkeit.

Gallands Vorhersage von Tagbombenangriffen gegen das Ruhrgebiet traten am 22. Juni 1943 ein, als sich 182 schwere USAAF-Bomber durch die Reihen deutscher Jäger kämpften, um Chemie- und Gummiwerke in Hüls zu bombardieren. Vor Anfang Juli waren die Amerikaner in der Lage, über 200 viermotorige Bomber für Tageinsätze in die Luft zu bringen, trotz hoher Verluste, die ihnen von der Jagdwaffe zugefügt wurden.

Galland konnte absehen, daß binnen kurzer Zeit 300, 500 oder 700 Bomber Deutschland bei Tage angreifen würden. Er bestand auf einer starken und zentralisierten Jagdabwehr, die konzentriert eingesetzt werden mußte, nicht verstreut, wie Göring und sein Einsatzstab es befohlen hatte. Zentralisierte Verteidigung bedeutete Maximierung der Angriffskraft für die Jagdwaffe, mit überlegener Jägerführung und verbesserter Logistik. Göring klebte an der politisch wünschenswerten Vorstellung, die Bomber zu stoppen, bevor sie deutsches Gebiet erreichten. Eine derartige Verteidigung an der Peripherie mußte aufgrund der geographischen Verteilung der Jagdverbände naturgemäß schwach sein.

Die ersten drei Juliwochen sahen nur einige wenige Tagangriffe der USAAF auf Nordwestdeutschland. Aber das war nur die Ruhe vor dem Sturm, dem zu jenem Zeitpunkt heftigsten der Militärgeschichte. In der Nacht vom 24./25. Juli 1943 setzte Air Marshal Arthur Harris vom Bomber Command die Operation »Gomorrha« gegen Hamburg in Gang. Vier furchtbare RAF-Angriffe, die bei Nacht ausgeführt wurden und am 4. August endeten, zerstörten die Hälfte der Stadt und töteten mehr als 50 000 Zivilpersonen. Über 9000 Tonnen Bomben wurden abgeworfen. Schwere Bomber der USAAF schlugen während dieses Unternehmens am 25. und 26. Juli bei Tage zu.

In der Nacht vom 24./25. Juli erreichten 728 RAF-Bomber Hamburg, nachdem sie deutsche Radargeräte, sowohl in der Luft als auch am Boden, mit in Intervallen abgeworfenem »Chaff« geblendet hatten. Chaff stellte das britische Äquivalent zum deutschen Düppel dar; das waren auf die Wellenlänge des deutschen Radars zugeschnittene Stanniolpapierstreifen. Diese Streifen produzierten Echos, die in keinem Verhältnis zu ihrer wahren Größe standen. Dadurch kamen die Daten für die Jägerführung total durcheinander. Da dieselben Daten von der Flak benutzt wurden, verloren Hunderte von Flakgeschützen in Hamburg ihre elektronischen Augen.

Aus diesen Gründen richtete der Angriff auf Hamburg bei nur minimalen Verlusten für die RAF unglaubliche Zerstörungen an. Der zweite Angriff in der übernächsten Nacht rief einen Feuersturm hervor, der alle vorhergegangenen Unmenschlichkeiten in den Schatten stellte. Dutzende von Einzelfeuern vereinigten sich zu einem mächtigen, rasenden Feuersturm, der sich selbst aufrechterhielt und verstärkte. Aufsteigende, überhitzte Luft bildete vulkanartige Aufwinde, die die frische Bodenluft aus der Umgebung ansaugte und die Flammen zur Heftigkeit und Hitze von Schweißbrennern entfachten.

Tausende von Menschen wurden durch den Feuersturm auf der Stelle verbrannt, viele wurden praktisch ins Feuer hineingezogen. Alles Brennbare wurde zu Asche, und alles Nichtbrennbare schmolz. Ganze Häuserblocks und Wohnviertel wurden von diesem Inferno verschluckt, als es sich mit entsetzlicher Dynamik ausbreitete. Temperaturen von weit über 500° C ließen alles Leben sofort erlöschen. Hunderte von Unglücklichen, die in Hamburgs unterirdischen Luftschutzbunkern Zuflucht gesucht hatten, wurden dort geradezu zu Tode geröstet. Noch nie zuvor in der Geschichte der Menschheit wurde eine Stadt von derartiger Zerstörung, derartigem Unglück und Elend heimgesucht.

Mit den Flüchtlingen, die aus den Trümmern strömten, erreichte Hamburgs grauenhaftes Entsetzen den letzten Winkel Deutschlands. (Ganze Bände sind bereits erschienen, die sich bis in die Einzelheiten mit dem Alptraum dieser Katastrophe befassen. Deshalb soll an dieser Stelle nur festgestellt werden, daß Hamburg für Deutschland eine nationale Tragödie darstellte und für die Luftwaffe einen vereinigenden Effekt zur unmittelbaren Folge hatte.)

Das Hamburger Feuer ließ die kleinen und großen Unterschiede zwischen den verschiedenen Rängen der Luftwaffenführung schmelzen. Von Göring abwärts wurde allen die zwar unfaßbare, aber unbestreitbare Wahrscheinlichkeit weiterer Schläge dieser Art klar. Wenn nicht jede größere Stadt in Deutschland auf ähnliche Weise in Schutt und Asche gelegt werden sollte, mußte unverzüglich gehandelt werden.

Außer Kapitulation gab es nur eine vernünftige Lösung: die aggressive Verteidigung des Reichs durch eine stärkere Jagdwaffe. Die Ereignisse hatten Galland eine Hauptrolle in der Luftwaffenhierarchie aufgedrängt. Träume von Vergeltungsangriffen gegen Britannien, Hoffnungen auf Superwaffen und Forderungen nach einer massiven Bomberwaffe schienen alle in dem Feuersturm von Hamburg unterzugehen. Göring berief eine Besprechung der Luftwaffenführung in seinem Quartier in Hitlers Führerhauptquartier Rastenburg ein.

Fast das gesamte Pantheon der Luftwaffe war versammelt. Ein kleinmütiger Jeschonnek, endlich von der Bedrohung durch viermotorige Bomber aus dem Westen überzeugt, erschien mit vielen seiner Stabsoffiziere. Erhard Milch war herzitiert worden. Er und Galland waren sich schon seit jeher über eine starke Jägerverteidigung der Heimat einig gewesen. Oberst Dietrich Peltz, General der Bomberwaffe und ein Günstling Görings, saß mit anderen von Görings engsten Ratgebern ernst und schweigend zusammen. Die Generäle Weise, von Axthelm, Kammhuber und Martini sowie zahlreiche andere wichtige Befehlshaber nahmen an dieser Nach-Hamburg-Besprechung teil.

Einmütig wurde beschlossen, daß sich die Luftwaffe auf die Heimatverteidigung konzentrieren solle. Göring betonte in seiner Zusammenfassung, daß es in der Geschichte des deutschen Volkes nie wieder ein zweites Hamburg geben dürfe. Eine defensive Rolle für die Luftwaffe war nun unbedingt erforderlich, um den Rest des Kriegspotentials der Nation zu erhalten. Göring war es mit Hilfe der Hamburger Katastrophe gelungen, die gesamte Luftwaffenhierarchie zumindest bei dieser Gelegenheit zu einigen. Gallands Erwartungen stiegen, als sich Göring in gehobener Stimmung auf den Weg zum nahegelegenen Führerbunker begab, um sich Hitlers Zustimmung zu den neugesetzten Prioritäten zu holen. Die Wiedererlangung der Luftüberlegenheit über dem Reichsgebiet sollte die höchste Dringlichkeitsstufe bekommen.

Als Göring vom Führer zurückkam, durchschritt er den Raum wie eine wandelnde Leiche, ohne ein Wort zu sagen. Er ging in ein anliegendes Zimmer, schloß die Tür hinter sich und symbolisierte damit, was soeben geschehen war: Hitler hatte allen neuen Prioritäten die Tür verschlossen.

Als Galland und Peltz kurz danach zu ihm bestellt wurden, fanden sie sich einem unbeherrscht schluchzenden Reichsmarschall gegenüber. Mit dem Kopf zwischen seinen Armen auf dem Schreibtisch stellte Göring eine peinliche und bemitleidenswerte Figur dar. Hitler hatte wütend auf den Vorschlag reagiert, die Luftwaffe auf eine defensive Rolle umzustellen. Er ließ keine Verteidigung zu, es sei denn, sie konnte durch Angriff erledigt werden. Britischem Terror würde mit Luftwaffenterror geantwortet werden. Eine neue Bomberflotte sollte zusammengestellt werden, um Vergeltungsschläge gegen England auszuführen — als Abschreckung gegen ein zukünftiges Hamburg. Als er sich von seiner Erregung erholt hatte, ernannte er Peltz zum »Angriffsführer England« und beendete das Gespräch.

Gallands Gedanken überschlugen sich. Inmitten der grotesken Unwirklichkeit der Situation tauchten seine persönlichen Alternativen vor seinen Augen auf. Sollte er seinen Posten aufgeben? Das schien für ihn die einzige Lösung zu sein. Ohne Luftüberlegenheit war nichts zu erreichen. Die Jagdwaffe war der Schlüssel zum Überleben. Er entschloß sich, auf seinem Posten zu bleiben in dem Glauben, daß Hitler eine solche Entscheidung nicht unwiderruflich getroffen haben konnte. In der Zwischenzeit war es seine Pflicht, sein Bestes für die Verteidigung Deutschlands zu tun.

Ein vorläufiger Schlag gegen die Nachtangriffe wurde von Major Hajo Herrmann ausgeführt, der sich seit einiger Zeit für den Einsatz von einmotorigen Jägern bei Nacht in flakfreien Abschnitten über Deutschland eingesetzt hatte. Diese Maschinen konnten auf Sicht an ihre Ziele herangeführt werden, da die RAF-Bomber für längere Zeit im Licht der Suchscheinwerfer gehalten werden konnten. Hermanns »Wilde Sau«-Nachtjägertaktik schloß zeitweilig eine ernste Lücke in Deutschlands Nachtverteidigung, bis deutsche Radarfachleute in der Lage waren, Gegenmaßnahmen für den alliierten Gebrauch von Düppel zu entwickeln. Gute Wetterbedingungen waren für »Wilde Sau« Voraussetzung, aber jetzt im Sommer waren viele Nächte klar genug dafür.

Der Bomberfachmann Oberst Viktor von Lossberg überzeugte das Oberkommando zu dieser Zeit ebenfalls, daß Nachtjäger sich in britische Bomberpulks einschleusen lassen und ihnen während des An- und Rückflugs schwere Verluste beibringen konnten. Ähnlich der »Wilden Sau«-Methode über erleuchteten Städten hingen von Lossbergs Infiltrationsangriffe davon ab, daß die Nachtjäger ihre Gegner sichten konnten. Während des Wartens auf Radar-Gegenmaßnahmen erlaubten »Wilde Sau« und Infiltrationstaktiken zumindest eine teilweise Wiederherstellung der Nachtverteidigung.

General Kammhubers Nachtjagdsystem baute auf der sogenannten »Himmelbett-Taktik« auf, mit der ein Nachtjäger von einem Radarlotsen innerhalb eines bestimmten Operationskreises geführt wurde. Düppel und britische Bomberstrom-Taktik hatten Kammhubers Einsatztaktik einfach überwältigt. Trotzdem war der Chef der Nachtjäger sowohl gegen »Wilde Sau« als auch gegen die Infiltrationstaktik eingestellt. Galland war froh, daß ihm nicht auch noch die Verantwortung für die Nachtjagd übertragen worden war. Er und Kammhuber kamen nicht gut miteinander aus.

Im Sommer 1943 hatte sich die deutsche Zivilbevölkerung mit den Nachtangriffen abgefunden. Sie zeigte damit eine ähnliche innere Kraft wie die Bevölkerung von London im Jahre 1940. Der Anblick der bei Tage einfliegenden amerikanischen Bomber überstieg allerdings das Widerstandsvermögen der Menschen. Dieser wichtige Moralfaktor erhöhte die strategische Wirksamkeit der Tagbombardierung von Punktzielen.

Gallands Hauptsorge war es, der USAAF bei Tage Einhalt zu gebieten. Die Amerikaner drangen laufend mit unbegleiteten Angriffen in den deutschen Luftraum ein. Görings ständiges Drängen auf drei tägliche Einsätze pro Jagdflieger trug am 17. August 1943 Früchte. Ein Doppelangriff wurde von 315 Fortress-Bombern tief ins Reichsgebiet vorgetragen. Die Ziele waren die Kugellagerfabriken in Schweinfurt und die Messerschmitt-Werke in Regensburg. Schweinfurt stand bevor, als Schauplatz der blutigsten und bedeutungsvollsten Luftschlachten in die Kriegsgeschichte einzugehen.

Die Messerschmitt-Werke wurden schwer getroffen. Mehr als 400 Arbeiter kamen ums Leben. Luftaufnahmen von Schweinfurt zeigten mehr als 80 Treffer auf die dortigen Ziele, aber die Jagdwaffe ließ die US-Bomber nicht ungestraft entkommen: 60 amerikanische Bomber wurden abgeschossen, dazu kam der Verlust der meisten ihrer 600 Besatzungsmitglieder. Über 100 weitere Bomber erlitten schwere Beschädigungen, ihre Besatzungen ernsthafte Verletzungen; 17 Fortress-Bomber, die es nach England zurückschafften, waren nicht mehr zu reparieren.

Gallands Reaktion auf Schweinfurt hatte persönliche und berufliche Aspekte. An einem Tag 60 schwere Bomber abzuschießen bewies, daß energische und hartnäckige Angriffe eines großen Jagdverbandes den Amerikanern unerträgliche Verluste zufügen konnten. Die zahlenmäßige Verstärkung der Jagdverbände wurde über Schweinfurt durch mehrfache Einsätze erzielt, was die Jagdflieger an die Grenzen ihrer Belastbarkeit brachte. Diese Art von Stärke konstant aufrechtzuerhalten, würde viel mehr Flugzeuge und Piloten erfordern.

Auf der anderen Seite des Kanals leckten die Amerikaner ihre Wunden. General Eaker fand sich durch den Mangel an ausgebildeten Besatzungen in Bedrängnis. Schweinfurt schlug eine große Kerbe in die Expansion der 8th USAAF. (Die Schilderungen aus dieser Zeit in Eakers Schriftverkehr und anderswo bezeugen den nachteiligen Einfluß, den Schweinfurt auf die amerikanischen Befehlshaber hatte: an einem Tag 60 schwere Bomber zu verlieren, hinterließ bei den überlebenden Besatzungen zweifellos einen schockierenden und nachhaltigen Eindruck. Gallands frühe Forderung nach massiven Angriffen auf die Amerikaner findet darin ihre historische Bestätigung.)

Für Galland persönlich brachte Schweinfurt am 17. August 1943 eines der tragischsten Ereignisse seines Lebens. Sein Bruder Wutz führte die II/JG 26 gegen die Bomber auf ihrem Rückflug von Schweinfurt. Wutz hatte soeben eine B-17 erwischt, als er in der Nähe von St. Trond selbst von einer P-47 abgeschossen wurde. Der frühe Tod von Paul war bereits ein bitterer Schlag gewesen; jetzt auch noch Wutz zu verlieren, zerriß ihm das Herz. Die Welt würde von nun an ohne den lächelnden, charmanten und glücklichen Wutz auskommen müssen. Aber der Gefechtslärm in der Luft übertönte Adolf Gallands Seelenqual. Er mußte weitermachen.

Nach dem Angriff auf Regensburg kehrte das 4th Bombardment Wing nicht nach England zurück, sondern flog in verminderter Stärke nach Nordafrika. Das stellte eine weitere unheilvolle Entwicklung in diesem blutigen Sommer dar – Bombardierung im Pendelverkehr. Am 13. August 1943, vier Tage vor Schweinfurt, sandte die 9th USAAF vom Mittelmeer aus 61 Liberators gegen die Messerschmitt-Werke in Wiener-Neustadt und griff damit das Reich aus dem Südosten an. Überlebende Bomber des Regensburger Angriffs flogen später von Italien zu ihren britischen Basen zurück und griffen unterwegs U-Booteinrichtungen in Bordeaux an. Die Jagdwaffe sah sich gezwungen, die Verteidigung ihres Luftraums abermals auszuweiten.

Schweinfurt wurde zum *bête noir* der 8th USAAF. Selbst nach den schweren Verlusten an Besatzungen und Flugzeugen, die Eakers verfügbare Kräfte und Mittel ernsthaft strapazierten, starb die Idee von tief nach Deutschland eindringenden und unbegleiteten Angriffen nicht. Bis in den Herbst hinein hielten die Amerikaner an einer Methode fest, die nicht mehr zeitgemäß war. Nach weiteren schweren Verlusten in der ersten Oktoberhälfte bei Angriffen auf Bremen, Marienburg, Danzig und Münster erteilte der zweite Angriff auf Schweinfurt den Amerikanern schließlich ihre letzte blutige Lektion.

Am 14. Oktober 1943 starteten 229 schwere Bomber mit fast 200 Begleitjägern von ihren Plätzen in England und nahmen Kurs auf Schweinfurt. Die Jäger legten die ersten 400 km mit den Bombern zurück, um dann umzudrehen und aufzutanken. Die Luftwaffe hatte den Verband beschattet und auf diesen Augenblick gewartet.

Bevor die Bomber ihr Ziel erreichen konnten, wurden sie von Luftwaffenjägern in Formationen von vorne und hinten angegriffen. Gruppen zwischen 7 und 15 deutschen Jägern schossen mit Raketen, Kanonen und MGs auf die schweren Bomber ein. Aus fast senkrechten Sturzflügen heraus versuchten andere, die vorderen Geschütztürme der Fortress-Bomber auszuschalten.

Die Amerikaner hielten ihren Kurs auf Schweinfurt durch Jagd- und Flakabwehr ein, bevor sie sich auf dem Rückflug noch mal durch den gleichen Feuerzauber schlagen mußten. Genau wie beim ersten Angriff auf Schweinfurt wurden auch diesmal 60 Fortress abgeschossen, der den Verlust von 600 erfahrenen Besatzungsmitgliedern bedeutete.

Auf amerikanischer Seite sollte dieser Tag als »Black Thursday« ewig in Erinnerung bleiben. »Schwarz« war auch deshalb angebracht, weil er den Tod für unbegleitete Tagesangriffe auf Deutschland bedeutete. Gallands Jäger hatten zwar diese Runde gewonnen, aber auf der alliierten Seite unternahm man positive Schritte. Mit einem großen Aufwand wurde versucht, die Reichweite der P-47 und P-38 zu erhöhen. Noch mehr Energie wurde in das P-51-Projekt gesteckt. Und bereits im Dezember 1943 flogen P-51 mit den schweren Bombern bis zu ihren Zielen in Deutschland.

Von Mai 1943, als er die Me 262 zum ersten Mal flog, bis zum zweiten Angriff auf Schweinfurt im Oktober desselben Jahres hatte Galland erleben müssen, wie sich die Luftkriegslage für Deutschland drastisch verschlechterte. In dieser Zeit hatte das technische Gegenmittel zu den Tagangriffen, die Me 262, nur ein Randdasein geführt. Obwohl er diese Ereignisse voll bewußt miterlebt hatte, kam Galland die ganze Geschichte wie ein Alptraum vor, aus dem er nicht erwachen konnte. Selbst 50 Jahre später, als er all die zusammenhängenden und zum Teil verdeckten Aspekte der Entwicklung der Me 262 aus dem Abstand betrachten und analysieren konnte, sollte es ihm noch immer wie ein Alptraum vorkommen. Die Wirklichkeit war unglaublicher als jeder Traum gewesen.

11
Fliegende Festung, Thunderbolt und Mosquito

Während die Me 262 in der Entwicklungsphase das meistversprechende Jagdflugzeug war, gab es im offiziellen Programm noch mehr Maschinen, die Verbesserungen gegenüber der Me 109 und der FW 190 darstellten. Diese Flugzeuge hätten etwa zu der Zeit in Produktion gehen sollen, als die strategische Bombenoffensive der USAAF in Schwung geriet. Eines der Hauptziele der USAAF war es, die deutsche Jagdflugzeugproduktion zum Stillstand zu bringen. Galland bekam diese neuen Jäger für seine bedrängten Piloten immer wieder in Aussicht gestellt. Diese Aussicht bewahrheitete sich jedoch nicht.

Die Do 335 »Pfeil« sollte im Herbst 1943 in Serie gehen. Galland hatte vor, die weit überforderten schweren Jagdverbände mit diesem vielversprechenden, 660 km/h schnellen Flugzeug auszustatten. Aber die Entwicklung dieser Maschine, die von zwei Motoren und je einem Zug- und Schubpropeller angetrieben wurde, verzögerte sich auf dem Weg zur Serienreife. Schwingungsüberlagerungen durch die beiden Triebwerke verursachten komplizierte technische Probleme. Die Hoffnung auf baldige Auslieferungen schwand schnell dahin.

Ebenfalls für den Einsatz bei den schweren Jagdverbänden vorgesehen war Professor Kurt Tanks zweimotorige Focke-Wulf Ta 154 »Moskito«, ein schnelles und schwer bewaffnetes Gegenstück zur RAF Mosquito. Wie die Mosquito war auch Tanks Flugzeug zu einem wesentlichen Teil aus Holz gebaut. Aus einer Forderung des Luftfahrtministeriums von 1942 hervorgehend, flog der Prototyp im Juli 1943, allerdings mit geringer Wahrscheinlichkeit, vor Mitte 1943 in Produktion gehen zu können. Als Bewaffnung waren 30 mm-MK 103-Kanonen mit großer Reichweite und gestreckter Ballistik vorgesehen, um die amerikanischen Bomber aus größerer Entfernung abschießen zu können.

Entwicklungsprobleme mit Motoren und Flugzeugen schienen kein Ende zu nehmen. Da Galland die Leistungserhöhungen, auf die sich die neuen Taktiken stützen sollten, vorenthalten wurden, mußte er sich mit den vorhandenen Flugzeugen recht und schlecht durchschlagen. Der technische Wettlauf mit den Alliierten ging vor seinen Augen verloren. Der Me 262-Düsenjäger wurde für die Luftwaffe zur quälenden Vision einer wiederhergestellten Luftüberlegenheit. Fehler, Mängel, Intrigen

1 Nicht mehr als ein Traum: lie Me 262 als Jagdflugzeug

2 Feldmarschall Milch . v. l.), ein Fürsprecher für e Verwendung der Me 262 s Jäger

Der Oberbefehlshaber der Luftwaffe
General der Jagdflieger

Berlin, den 25. Mai 1943.

Hochverehrter Herr Generalfeldmarschall!

Am Sonnabend, dem 22.d.M. habe ich im Beisein des Oberst Petersen und verschiedenen Herren des Amtes in Augsburg die Me 262 nachgeflogen.

Ich wollte Herrn Generalfeldmarschall gern hierüber persönlich Meldung erstatten und auch noch andere Dinge vorgetragen haben. Ich wurde jedoch nach meiner Sizilien-Reise derartig herumgeworfen, dass ich es nicht schaffen konnte. Für heute hat mich der Herr Reichsmarschall bestellt.

Bezüglich der Me 262 bitte ich folgendes vortragen zu dürfen: 1.) Das Flugzeug stellt einen ganz grossen Wurf dar, der uns im Einsatz einen unvorstellbaren Vorsprung sichert falls der Gegner noch länger beim Kolbentriebwerk bleibt.

2.) Fliegerisch macht die Zelle einen sehr guten Eindruck.

3.) Die Triebwerke überzeugen restlos, ausser bei Start und Landung.

4.) Das Flugzeug eröffnet völlig neue taktische Möglichkeiten.

Ich bitte folgenden Vorschlag anbringen zu dürfen: Wir haben die Fw 190 D in Entwicklung, die in allen Werten etwa der Me 209 ebenbürtig sein dürfte. Beide Muster werden leistungsmässig die Feindmuster insbesondere in der Höhe nicht übertreffen. Lediglich waffenmässig und in der Geschwindigkeit werden Fortschritte erzielt werden.

Daher: a) Muster Me 209 einstellen
b) ganze Jägerserie auf Fw 190 mit BMW 801 und Fw 190 mit DB 603 bezw. Jumo 213 umstellen
c) Freiwerdende Konstruktions- u. Fabrikations-Kapazität ab sofort auf Me 262 umlegen

Nach Rückkehr werde ich mich sofort melden.

Heil Hitler! Herrn Generalfeldmarschall gehorsamer

43 Gallands schriftlicher Bericht vom 25. Mai 1943 an GFM Milch über seinen Erstflug mit der Me 262. Dieser Bericht enthält auch Vorschläge über Prioritäten für die weitere Jagdflugzeug-Rüstung. Die Fehlentscheidung Hitlers zu Gunsten des Schnellbombers machte aus dem besten Jäger der Welt den schlechtesten Bomber

44 Zwei Pulks B 17 — und da
tausendmal am Ta

45 Die mächtige B 17 »Flying Fortress«

46 Galland mit »Franzl« Lützow

und sinnlose Projekte waren bei der deutschen Luftfahrtindustrie an der Tagesordnung. Diese Situation wurde durch die rund um die Uhr laufenden Bombenangriffe noch verschlimmert.
Professor Tanks Ta 152, die langnasige Version der FW 190, war ein weiteres, langerwartetes Jagdflugzeug, das unter häufigen Verzögerungen litt. Professor Messerschmitt bemühte sich, die Me 209 zu einer würdigen Nachfolgerin der Me 109 zu machen. Trotz erheblicher Mittel, die diesem Projekt zur Verfügung gestellt wurden, blieb der Erfolg aus. Messerschmitts zweimotorige Me 210 und Me 410 waren Ableger des Me 110-Konzepts des schweren Jagdflugzeugs. Aber dies waren keine erfolgreichen Einsatzmaschinen. Bei Tagangriffen gegen US-Bomberverbände mußten ihnen einmotorige Jagdmaschinen zum Schutz mit auf den Weg gegeben werden.
Die vielen verschiedenen Varianten der Hauptflugzeugtypen verursachten Einsatzprobleme, die oft in Gallands Dienststelle landeten. Während eines Zeitabschnitts waren vier Me 109-, und fünf FW 190-Versionen im Einsatz. Jedes Geschwader, das nominell denselben Flugzeugtyp flog, hatte deshalb mit erheblichen Leistungsunterschieden zu kämpfen. Von Galland herausgegebene Kampfanweisungen verlangten, daß die Jagdflugzeuge zusammenbleiben mußten. Dadurch wurden die höheren Leistungen der überlegeneren Versionen praktisch zunichte gemacht, weil sie sich der geringeren Geschwindigkeit der älteren Typen anpassen mußten. Die logistischen Anforderungen stiegen mit jeder neuen, in den Einsatz kommenden Version an.
Wenn neue Modelle nicht in Serie gingen, beschleunigte Galland die Verbesserung der Bewaffnung, um die Wirksamkeit im Einsatz zu steigern. Die Hauptaufgabe war es, Bomber abzuschießen. Waffenexperten und Tüftler in den Verbänden konzentrierten sich auf die Erhöhung der Feuerkraft. In Rumpfmitte eingebaute schwerkalibrige Waffen wurden bevorzugt. Die an oder in Tragflächen montierten schweren Waffen beeinträchtigten die Wendigkeit. Um sich gegen die immer tiefer nach Deutschland eindringenden US-Jäger behaupten zu können, wurde Wendigkeit zur Überlebensfrage.
Die Deutschen hatten zünderlose Brandmunition von erbeuteten amerikanischen .50 Kaliber-Geschossen kopiert. Der Einbau der 20-mm-MG 151-Bordkanone als serienmäßige Bewaffnung in die Me 109 und die FW 190 von 1942 an hatte sich als vernünftiger Schritt herausgestellt. Das MG 151 war zuverlässig und besaß eine höhere Mündungsgeschwindigkeit und Schußfolge als die Oerlikon MG FF-20 mm-Kanone, die sie ersetzte.
Die Vernachlässigung der Erschließung und Anlage von Flugplätzen in

den Jahren 1940 bis 1942 in Deutschland hatte 1943 ernsthafte Folgen, als die Tagesbombenangriffe auf das Reichsgebiet heftiger wurden. Bei zwei Einsätzen pro Tag und der Verfolgung der schweren US-Bomber verstreuten sich die Jäger über weite Gebiete. Sie landeten oft weit von ihren Heimatplätzen entfernt und mußten nicht selten mit entlegenen Pisten und Behelfsflugplätzen vorliebnehmen.

Jagdflugzeuge, die auf abgelegenen und nicht betriebsfähigen Plätzen herunterkamen, gingen dem Einsatz zunächst einmal verloren. Wenn sie darüber hinaus noch den letzten Tropfen Sprit bei der Landung verbraucht hatten, sahen sie sich an den Boden gekettet, nicht in der Lage, das nächste Treibstoffdepot zu erreichen. Galland nahm dieses Problem mit der Luftflotte »Reich« und dem I. Jagdkorps in Angriff.

Indem er sich auf die kritischen Gebiete für Jäger konzentrierte, die zurückkehrende feindliche Bomber verfolgten — das westliche Deutschland, Holland, Belgien und Nordfrankreich —, richtete Galland Hilfsbasen ein. Munitionierungs- und Betankungseinrichtungen wurden erstellt, zusammen mit einem Luftlageraum, medizinischer Betreuung, Wetterberatung und Kantine. Eine Telefonverbindung zum nächsten Jagd-Divisionsgefechtsstand vervollständigte die Ausrüstung. Galland gab Anweisungen für die Benutzung dieser Kleinbasen heraus, und langsam wurden das Chaos und die Ungewißheit bei diesen Außenlandungen ausgeschaltet.

Flugzeugführer verschiedener Verbände, die sich auf einem Platz zusammenfanden, standen unter dem Kommando des ranghöchsten Piloten. Dieser Offizier oder Unteroffizier hatte seine bunte Formation wieder in die Luft zu bringen und gegen die Bomber zu führen. Sobald sie in der Luft war, hatte sie auf die Reichsjäger-Funksprechwelle zu schalten, die fortwährend Berichte über die deutsche Luftlage ausstrahlte.

Diese Formationen mußten versuchen, die Eindringlinge zu finden und zu bekämpfen, indem sie den Berichten über Position, Kurs, Geschwindigkeit und Höhe der gegnerischen Verbände folgten. Zweiteinsätze dieser Art waren erfolgreich, wenn der Sammelverband nicht auf massiven Widerstand amerikanischer Jäger stieß. In den sich daraus entwickelnden Luftkämpfen waren die deutschen Piloten ihren wohlvorbereiteten amerikanischen Gegnern gegenüber im Nachteil, weil sie ihre neuen Führer bzw. Rottenflieger nicht kannten. Zusammenhang und einsatzmäßige Wirksamkeit in einem Jagdverband ergeben sich aus gemeinsamer Erfahrung, gemeinsamem Wissen und gegenseitigem Vertrauen der Piloten.

Sobald sich die Stärke und Reichweite der US-Begleitjäger erhöhte, wuchsen die Verluste bei Zweiteinsätzen dieser Sammelverbände. Galland wußte, warum, denn er hatte als Führer selbst die Wirksamkeit von der Staffel- bis zur Geschwaderstärke verbessert. Er war deshalb nicht überrascht, als die Jagddivisionen gegen das Bestehen des Oberkommandos auf Zweiteinsätzen unter allen Umständen rebellierten. Die Jagddivisionen befahlen, daß Zweiteinsätze nur dann auszuführen waren, wenn ein Verband von mindestens 20 Jägern zusammengestellt werden konnte. Darunter lohnte es sich nicht.

Die taktische Entwicklung 1943 verlangte außergewöhnlich flexibles Denken und die Erfahrung, diese Taktik richtig anzuwenden. Obwohl es ihm verboten war, Einsätze zu fliegen, besaß Galland das Vertrauen jedes Verbandsführers in der Jagdwaffe. Sie wurden zu seinen Händen, Füßen und Augen in der Luft, als verschiedene Methoden ausgetüftelt und erprobt. Sie wußten auch alle, daß ihr Chef ab und zu heimlich seine eigenen Anweisungen für den Angriff auf schwere Bomber selbst erprobte. Galland hielt sich über Luftkampfbedingungen auf dem laufenden, indem er 1943 drei Fortress-Bomber abschoß.

Der junge General hatte empfohlen, jede anfliegende US-Formation durch Flugzeuge beschatten zu lassen. Das Oberkommando der Luftwaffe stimmte zu. Zweimotorige Jäger mit ausreichender Reichweite wurden dafür eingesetzt. Die beschattenden Flugzeuge meldeten den Status der Bomberformation und berichteten ausführlich über abgeschossene Bomber oder Flugzeuge, die die Formation verlassen hatten. Diese Fühlungshalter setzten laufende Kommentare über die Auswirkungen der deutschen Jägerangriffe, Aktionen von US-Begleitjägern und Wetterverhältnisse ab. Sie blieben von Nutzen, bis verstärkte US-Jägerformationen den Luftraum weit vor und um den Bomberverband herum abzusuchen begannen. Schwere Verluste waren der Grund, warum die Fühlungshalter 1944 nur noch zur Wetterbeobachtung eingesetzt wurden.

Das war für das taktische Hin und Her des Luftkriegs typisch. Eine Methode, die im Frühjahr noch gut funktionierte, konnte im Sommer schon nutzlos sein. Aufgeschlossenes Denken war unbedingt notwendig. Taktische Starrheit führte schnell zu Verlusten und Einsatzfehlschlägen. In diesem Geiste widersetzte sich Galland dem Befehl des Oberkommandos für die Jagdwaffe, nur Bomber anzugreifen. Amerikanische Jäger sollten nicht angegriffen werden, es sei denn, sie nahmen die Deutschen selbst aufs Korn.

Die deutschen Piloten hüteten sich anfangs vor den P-47. Als die Thunderbolts nicht angriffen und sich eng an die Bomber hielten, wurden die deutschen Jäger aggressiver. Galland behauptete, daß ausschließlich gegen die Bomber geflogene Angriffe die P-47 zu gegebener Zeit aus ihrer passiven Verteidigung der schweren Maschinen herauslocken würde. Er betonte, daß die Thunderbolts, wenn sie sich einmal aus ihrem passiven Modus gelöst hatten, auf eine aggressive Verteidigung umschalten würden. Als Hoherpriester der aggressiven Verteidigung beschwor Galland das Oberkommando, diesen Wechsel in der amerikanischen Begleitschutztaktik nicht zu provozieren. Das Oberkommando ließ sich nicht überzeugen. Der Befehl »nur Bomber« stand.

Wie Galland vorausgesagt hatte, erkannten die amerikanischen Jagdflieger schnell die Bedeutung ihrer Situation, als sie von den Deutschen links liegengelassen wurden. Sie brachen aus ihrer passiven Verteidigung aus und warfen das ihnen durch Befehl verordnete defensive Denken über Bord. Der Schutz der Bomber ging über alles. 1943 in der USAAF wie 1940 in der Luftwaffe, fühlten sich die Bomberbesatzungen beruhigt, wenn sie einen »kleinen Freund« an ihrer Tragfläche in Sicht hatten.

Die amerikanischen Jäger stürzten sich auf die angreifenden Deutschen, die sich befehlsgemäß und auf Teufel-komm-raus über die Bomber hermachten. Damit nahmen die Amerikaner den Deutschen die Initiative aus der Hand. Wie Galland das Oberkommando vorgewarnt hatte, gingen die US-Jäger schnell vom unmittelbaren Jagdschutz auf die Jagd und Verfolgung ihrer Gegner über. Diese Aktionen kamen für die deutschen Verbände oft überraschend. Nicht selten versuchten Luftwaffenjäger ihr Heil in der Flucht, wenn sie angegriffen wurden.

Der psychologische Vorteil ging auf die Amerikaner über, die frisch und gut ausgebildet waren. Zu Gallands Bestürzung gingen die deutschen Jäger dazu über, den Amerikanern mit Abschwüngen und Wegtauchen aus dem Weg zugehen. Die vertraute heimatliche Landschaft lag unter ihnen. Die deutschen Piloten fingen an, im Sturzflug an den Boden heranzukommen, als ob er wirklich die Erdmutter sei, warm und sicher. Die amerikanischen Jäger machten es umgekehrt. Alle amerikanischen Jagdflugzeuge stürzten schneller als die deutschen, insbesondere als die Me 109, die aus Strukturgründen auf etwa 600 km/h beschränkt war. Die Amerikaner überholten ihre stürzenden Gegner von hinten und schossen sie in Stücke.

Diese psychologische Krankheit, unter der einige deutsche Jagdflieger litten, wurde »Jägerschreck« genannt. Kampferprobte Verbände wie JG 2 und JG 26 waren davon weniger befallen. Andere Einheiten mit zahlreichen jungen und unerfahrenen Piloten wurden angesteckt. In solchen Verbänden wurden zeitweise auch alte Hasen zu Opfern. Bis die Jagdwaffe aus dieser beschämenden Situation herauskam, beleidigte Göring eine Anzahl Jagdflieger mit einiger Berechtigung als Feiglinge.

»Jägerschreck« hatte seinen Ursprung in falschen Taktiken und zeigte, wie gefährlich es ist, Einsatzbefehle von Offizieren erteilen zu lassen, die noch nie einen modernen Luftkampf miterlebt hatten. Eine Moralkrise und schwere Verluste waren die Folge. Obwohl die ganze Kette von Ereignissen dadurch ausgelöst wurde, daß die taktischen Anweisungen des Generals der Jagdflieger in den Wind geschlagen wurden, schob Göring die Schuld an dem Debakel Galland zu. Der Reichsmarschall tat so, als habe Galland, und nicht der Einsatzstab, die Befehle gegeben.

Galland wich nie von seiner Überzeugung ab, daß nur eine aggressive Verteidigung Erfolg haben könne. Er beschwor Göring und das Oberkommando von neuem, ein gewisses Kontingent jedes Geschwaders für den Angriff auf US-Begleitjäger einzuteilen. Göring blieb stur bei seinem »Nur Bomber«-Befehl. Der Großteil der Kampfinitiative wurde damit den Amerikanern überlassen.

Nachdem er mit dieser Idee nicht durchgekommen war, schlug Galland vor, JG 2 und JG 26 an der Kanalküste die Begleitjäger angreifen zu lassen, wenn die Bomber ihren Luftraum durchflogen. Galland glaubte, daß derartige Angriffe die amerikanischen Jäger zwingen würden, ihre Zusatztanks abzuwerfen, um sich am Luftkampf beteiligen zu können. Das wiederum würde es ihnen unmöglich machen, die Bomber weit über deutsches Gebiet zu begleiten, wo diese sich dann der deutschen Jagdabwehr ungeschützter ausgesetzt sehen würden.

Diese Taktik wurde vom Oberkommando für einen Versuch genehmigt. Der Plan war erfolgreich. Die USAAF-Bomber kamen über Deutschland ohne die meisten ihrer Begleitjäger an. Trotzdem ließ das Oberkommando die Anwendung dieser wirksamen Methode mit der Begründung nicht weiter zu, daß Frankreich und die Niederlande durch die Abwesenheit der beiden Geschwader Bomben- und anderen Angriffen ausgesetzt sein würden. Das wollte das Oberkommando nicht zulassen. Galland traute bei dieser Antwort seinen Ohren nicht. Die RAF hatte Ziele in diesen Gebieten seit 1941 ständig angegriffen. Er hatte dabei selbst Dutzende von ihnen abgeschossen.

Daraufhin gab er taktische Anweisungen heraus, die aggressive Verteidigung wieder ins Spiel brachten. Diese Anweisungen widersprachen dem »Nur Bomber«-Einsatzbefehl des Oberkommandos. Andere widersprüchliche Befehle gingen von den Hauptquartieren der Jägerdivision und des Jagdkorps aus. Die Einsatzführer konnten die Streitigkeiten um Grundsätze auf hoher Ebene klar an den gegensätzlichen Befehlen erkennen. Die Uneinigkeit auf dieser Ebene war für Männer, denen in der Luft Tag für Tag Blei und Leuchtspurgeschosse um die Ohren flogen, äußerst beunruhigend. Die Moral hatte unter der offensichtlichen Kluft zwischen Galland und dem Oberkommando zu leiden. Deshalb schlug jeder Kommodore den Kurs ein, den er für den wirksamsten hielt. Manche kümmerten sich um die Befehle von oben überhaupt nicht und taten mit den von ihnen geführten Geschwadern, was sie wollten.

Gallands taktische Fachkenntnis wurde vom Oberkommando zum großen Teil nicht beachtet. Offiziere ohne jegliche Kampferfahrung in diesem Krieg waren berechtigt, Einsatzbefehle zu erteilen. Galland hätte es vorgezogen, den Wert seiner taktischen Vorschläge persönlich und im Cockpit einer Jagdmaschine zu demonstrieren. Da ihm dies nicht erlaubt war, mußte er mit seiner Enttäuschung fertigwerden. Er war sich seiner Verantwortung zutiefst bewußt, das taktische Wissen, das mit Blut und dem Leben vieler Piloten bezahlt worden war, den Kameraden zugänglich zu machen, die die Herausforderung in der Luft täglich anzunehmen hatten.

Er versuchte, Göring zu einer Änderung seines Verantwortungsbereiches zu bewegen. Er erbat sich insbesondere mehr Einsatzbefehlsgewalt über die Jagdwaffe. Er wollte diese Befugnis hauptsächlich deshalb haben, um mit den amerikanischen Bombern fertig zu werden.

»Das ist absolut nicht nötig«, sagte Göring mit Nachdruck. »Wenn bei der Jagdwaffe irgendwo eine Büroklammer auf den Boden fällt, erfahren Sie das sofort. All Ihre ausgezeichneten Ratschläge werden in Betracht gezogen. Deshalb besteht kein Grund, Ihnen mehr Befehlsgewalt über Einsätze zu übertragen.«

Die bizarre und unrealistische Befehlsstruktur der Jagdwaffe wurde beibehalten und trug damit zu ihrer Zerstörung bei. Göring sollte in dieser Frage nie nachgeben.

Galland kannte die technischen Grenzen der Jagdwaffe. Er lehnte es deshalb ab, die Einflüge von RAF-Mosquitos zu bekämpfen, die schneller als alle einsatzfähigen deutschen Jäger waren. Göring provozierten diese bei Tag und Nacht durchgeführten Störflüge über Deutschland zu Wutausbrüchen, besonders als Mosquitos während einer seiner kämpferischen Reden über Berlin erschienen. Der Reichsmarschall wurde zum Gegenstand von Spott und Witzen, die in weiten Kreisen der Bevölkerung umliefen.

Die Deutschen lernten zu ihrem Erstaunen, daß die hölzernen Mosquitos eine schwerere Bombenlast als die B-17 mit höherer Geschwindigkeit und nur zwei Besatzungsmitgliedern tragen konnten. Die Mosquito konnte in 11 500 m Höhe fliegen, war aber in Baumwipfelhöhe genauso zu Hause. Im Tiefflug überflog sie die deutsche Landschaft, griff Luftwaffenbasen an und machte Präzisionsangriffe auf kleinere, aber wichtige Ziele. Die Mosquito stellte für Göring ein technisches Rätsel und eine politische Peinlichkeit dar.

Göring gab sich mit Gallands Erklärung nicht zufrieden, daß die hohe Geschwindigkeit des Eindringlings ein Abfangen unmöglich machen würde. Die hölzernen Mosquitos erzeugten nur ein schwaches Radarecho und waren schwer zu erfassen, wenn sie tief einflogen. Dies bedeutete unzureichende Vorwarnzeiten, um deutsche Jäger in die Luft zu bringen. Treibstoffknappheit schloß Sperrflüge mit dem Zweck, auf Mosquitoangriffe zu warten, aus. In größeren Höhen flog die Mosquito den bis dato vorhandenen deutschen Jagdflugzeugen davon.

Der verärgerte Göring richtete die Jagdgruppe 25 und Jagdgruppe 50 als spezielle Anti-Mosquitoverbände ein. Zwei bekannte Jägerasse, Major Herbert Ihlefeld und Major Hermann Graf, wurden als Kommandeure dieser in Neubiberg und Wiesbaden stationierten Einheiten ausgewählt. Über fünf Monate hinweg schlugen sich diese beiden hochdekorierten Führer mit dem Mosquitoproblem herum. Versuche, die Motorenleistung ihrer Me 109G6 zu erhöhen, sowie andere Methoden brachten keinen Erfolg. Inmitten dringender Forderungen nach Jagdflugzeugen und Führungspersonal wurden JG 25 und JG 50 aufgelöst, ohne eine einzige Mosquito abgeschossen zu haben.

Die technischen Schwierigkeiten hatten sich genauso entwickelt, wie Galland sie beschrieben hatte. Aber Göring war nicht eher zufrieden, bis übermäßig viel Arbeitskraft, Material, technischer Aufwand und Treibstoff in diesem nutzlosen Unternehmen verschwendet wurden. Ein deutlicheres Beispiel von technischem Analphabetentum auf höchster Kommandoebene war schwer zu finden.

Galland schuf das Erprobungskommando 25 als eine besondere technisch-taktische Einheit, die ihm direkt unterstand. Versuche und erfinderische Aktivitäten blühten in den Jagdverbänden, als Einsatzpiloten neue und zusätzliche Waffen einbauten und verbesserte Zielvorrichtungen entwickelten und in ihren eigenen Verbänden selbst herstellten, was sie brauchten. Das Erprobungskommando 25 mit seinen zwei Einsatzstaffeln siebte die nützlichen Neuerungen heraus. Anfangs unter dem Befehl von Hauptmann Eduard Tratt, einem Me 110-As, und kurz danach unter Hauptmann Horst Geyer testete das Erprobungskommando 25 Erfindungen und Neuerungen im Einsatz, indem es, wie andere Jagdverbände, Bomber angriff. Luft-Luft-Bomben, Raketen, Kabelbomben und Lichtzellenzünder waren nur einige der getesteten Waffen.

Die Entwicklung einer Tragflächenaufhängung der 21 cm-Heeresrakete war erfolgreich und wurde im Luftkampf vom Erprobungskommando positiv getestet. Dieselbe große Rakete wurde vom Rumpf der FW 190 nach hinten abgefeuert und ihr Zünder zeitlich so eingestellt, daß sie inmitten der B-17-Formation explodierte. »Krebs« hieß diese Sonderbewaffnung. Das Kommando entwickelte und erprobte diese Waffe. Die R4M-Rakete, die am Schluß des Krieges in Salven von der Me 262 abgefeuert wurde, ging beim Erprobungskommando 25 ebenfalls durch ihr Versuchsstadium. Alle Testergebnisse gingen direkt an Gallands Dienststelle, und die erfolgreichen wurden von dort an die betreffenden Jägereinheiten weitergegeben.

Galland konnte sich von einem Grundsatz nicht trennen, den er in der Jagdwaffe eingeführt hatte: der Führer von Jagdfliegern muß selbst ein erfolgreiches Fliegeras sein, und er muß mit denen zusammen fliegen, die er führt und in den Kampf schickt. Deshalb flog er weiterhin heimlich Einsätze und vergatterte seinen Stab zu absoluter Geheimhaltung, wenn jemand wissen wollte, wo Galland sich aufhielt. 1944 flog er etwa 10 Einsätze, indem er von Berlin-Staaken aus mit oft verschiedenen Begleitern startete.

Galland richtete einen »Wanderzirkus« mit alliierten Beuteflugzeugen ein, die sich in flugfähigem Zustand befanden. Er erinnerte sich, wie hilfreich es gewesen war, eine der ersten abgeschossenen B-17 wieder einsatzbereit zu machen und sie von Jagdfliegern fliegen zu lassen. Bei Scheinangriffen von Luftwaffenjägern wurde ihnen der Blickwinkel vermittelt, unter dem die amerikanischen Bordschützen ihren Gegner betrachten und bekämpfen mußten. Das stärkte die Moral. Der Wanderzirkus baute diese Idee aus.

Unter dem Kommando von Hauptmann Rosarius besuchte der seltsame »Zirkus« mit seinen zusammengeschusterten alliierten Maschinen aller Typen Jagdfliegerschulen, Ergänzungs-Jagdverbände und Jägerbasen. Deutsche Piloten flogen diese Maschinen. In Bombern probierten sie die verschiedenen Positionen aus und wurden so aus erster Hand mit den Flugzeugen vertraut gemacht, die sie abzuschießen hatten. Rosarius' Wanderzirkus erweiterte ihre Erfahrung und verringerte ihre Bedenken, was ihre Gegner anbetraf.

Galland war sich über Jahre hinweg bewußt, daß die Schießausbildung für Jagdflieger unzureichend war. Jagdausflüge 1941/42 in Frankreich hatten darüber hinaus erwiesen, daß zu viele Jagdflieger zwar gute Piloten, aber schlechte Schützen waren. Gallands Vorgänger hatten sich um dieses Problem nicht gekümmert. Wegen Treibstoffknappheit konnten Luft-Luft-Schießübungen auf Schleppziele und Scheinkämpfe mit

durch MG-synchronisiertem Film und Robot-Kameras kaum durchgeführt werden.
Galland organisierte sechs Schießlehrstäbe. Diese Stäbe machten die Runde durch die Jagdverbände wie der Wanderzirkus. Waffenexperten führten die neuesten Waffen vor, lehrten Waffenpflege und -wartung, und mit Hilfe von speziellen Visiereinrichtungen und Lehrmitteln paukten sie die Grundsätze der Luft-Luft-Schießkunst ein. Eine Verbesserung der Treffsicherheit war das Resultat.
Das menschliche Element in der Jagdwaffe war Gallands stetige Sorge. Das Problem lag darin, die richtigen Männer in genügender Zahl für die Fliegerlaufbahn zu finden. Die Erfahrung hatte gezeigt, daß sich erfolgreiche von durchschnittlichen Jagdfliegern im Naturell deutlich unterschieden. Alle, die Asse wurden, waren ungeheuer erfolgreich. Etwa 45 % aller Luftsiege wurden von nur 5 % der Piloten errungen. Galland schloß daraus, daß es einen Weg geben müsse, um den Anteil der erfolgreichen Piloten durch eine gewisse Vorauswahl zu erhöhen.
1943 schlug er psychologische Tests für alle Flugschüler vor, egal ob Offizier oder Unteroffizier. Diese Tests sollten vor Beginn der fliegerischen Ausbildung bereits bestimmen, ob ein Flugschüler für Bomber, Jäger, Aufklärer oder andere Verwendungen eingeteilt wurde. Die Ausbildung zum Jagdflieger sollte sich schon vom ersten Flug an spezialisieren. Galland unterstützte seinen Vorschlag mit dem Angebot, Experten als Lehrpersonal zur Verfügung zu stellen. Zwölf normale Fliegerschulen sollten in Jagdfliegerschulen umgewandelt werden. Drei neue Luftkriegsschulen sollten für Jagdfliegeroffiziere eingerichtet werden.
Gallands Vorschlag starb auf höherer Luftwaffenebene. (An dieser Stelle sollte erwähnt werden, daß 34 Jahre später von der US Defense Advanced Research Projects Agency eine Studie über die Auswahl von Piloten erstellt wurde. In seinem 1977 erschienenen Bericht kam das amerikanische Forschungsteam zu dem Schluß, daß für die Jagdfliegerei nicht geeignete Piloten schon früh durch psychologische und andere Tests ausgesondert werden konnten. Kampfeignung und das Potential zum Fliegeras waren zu einem bestimmten Grad vorherbestimmbar. Genau das war der Grundgedanke von Gallands Vorschlag an seine Vorgesetzten im Kriegsjahr 1943.)
Die Treibstoffknappheit schränkte die Ausbildung ernsthaft ein. Aus diesem Grunde schlug Galland die Versetzung von Reservepiloten anderer Waffen zur Jagdwaffe vor. Er richtete eine Dienststelle in seinem Stabsquartier ein, die die Eignung dieser Piloten bewertete. Geeignete Kandidaten wurden umgeschult. Auf diese Weise kamen erfahrene Offiziere zur Jagdwaffe. Selbst wenn sie es nicht schafften, erfolgreiche

Jagdflieger zu werden, konnten sie in der Führung der Jagdverbände behilflich sein.

Die Reaktionszeiten dieser ansonsten fähigen Offiziere waren in den meisten Fällen zu lang, um den Forderungen der hohen Geschwindigkeiten im Luftkampf gerecht zu werden. Aber Ende 1943 war Galland froh, überhaupt Führer für seine bedrängten Verbände zu bekommen. Bis Ende 1944 liefen 12 000 Piloten durch das Auswahlprogramm; 8000 wurden in die Umschulung zum Tagjäger, Nachtjäger oder Schlachtflieger genommen. Dieses Programm lieferte Piloten und Führungspersonal und brachte wirtschaftliche Effizienz.

Die Verfügbarkeit von Verbandsführern war für Galland ein besonders unangenehmes Problem, weil es erst spät angegangen worden war. Seine eigene Einsatzerfahrung hatte ihm gezeigt, daß sich Führer aus den Rängen aktiver Jagdflieger durch Verdienst und Erfahrung selbst herausschälten. Die Verluste an erfahrenen Verbandsführern 1942/43 waren jedoch so hoch, daß sie durch den Prozeß der natürlichen Auswahl nicht wettgemacht werden konnten.

Galland hatte dieses Problem nicht erkannt, bis es kritische Ausmaße angenommen hatte. Durch die Einrichtung von Verbandsführer-Lehrgängen in Königsberg-Neumark im Herbst 1943 versuchte er, der Krise Herr zu werden. Seine Erfahrungen mit den ersten Ergänzungsgruppen im JG 26 zeigten die Richtung an. Drei Lehrgänge wurden angeboten. Einer war für zukünftige Kommodores und Gruppenkommandeure bestimmt. Ein zweiter war auf angehende Staffelkäpitäne zugeschnitten. Und ein dritter Kurs faßte die Offiziere zusammen, die eine Ergänzungsgruppe verließen, damit alle in die Einsatzverbände versetzten neuen Offizier-Piloten die Grundlagen der Verbandsführung beherrschten. Sie bildeten eine Art von Staffelkapitänreserve in jedem Geschwader.

Der Mangel an Verbandsführern wurde weiterhin verringert, indem die Sollstärke der Geschwader erhöht wurde. Die Anzahl der Flugzeuge, normalerweise 124 in den Jagdgeschwadern, wurde auf 160 geschraubt, indem jede Staffel vier zusätzliche Flugzeuge erhielt. Ende 1943 wurde jeder Gruppe noch eine vierte Staffel zugeteilt. Bis zum November 1944 wurden die Geschwader auf 288 Flugzeuge aufgestockt. Diese Vergrößerung erlaubte den gemischten Verband von leichten und schweren Jagdflugzeugen, die zur Bekämpfung der amerikanischen Großbomber und ihrer Begleitjäger eingesetzt werden mußten. Überlebende Führer sahen ihre Verbände ständig wachsen — der einzige Weg, um aus der Notlage herauszukommen.

Eine systematische Anwerbung für die Jagdwaffe existierte nicht, ein weiteres Erbe, das ihm von seinen nicht gerade unternehmerischen Vorgängern hinterlassen worden war. Galland versuchte, flugbegeisterte Jugendliche zu rekrutieren, sowie sie alt genug geworden waren. Sowohl die Marine als auch die Waffen-SS hatten bereits Programme dieser Art. Ihre Rekrutierungsfachleute besuchten die Lager des Arbeitsdienstes, der für alle deutschen Jungen Pflicht war.

Als Berühmtheit in Deutschland wurde Galland mit begeisterten Briefen von Jungen überhäuft, die Jagdflieger werden wollten. Als er sich die Situation näher ansah, war er über die unterschiedlichen und selbstzerstörerischen Anordnungen entsetzt, die zwischen diesen Jungen und der Jagdwaffe, wo ihr Elan dringend benötigt wurde, existierten. Die Fliegerjugend und das Nationalsozialistische Fliegerkorps (NSFK) stellten die augenscheinlichen Bindeglieder zwischen der Luftwaffe und hoffnungsvollen Jugendlichen dar, aber sie konkurrierten miteinander. Beide lagen abwechselnd mit der Luftwaffenbürokratie in Fehde. Kleinkarierte Eitelkeit und Kompetenzstreitigkeiten ließen den Fluß von hervorragenden Jugendlichen zur Jagdwaffe zum Rinnsal werden.

Das Rekrutierungssystem der Luftwaffe war selbst ein einziges Durcheinander. Ein General der Nachwuchsluftwaffe war dafür zuständig. Es gab keine Dienststelle, die sich ausschließlich auf fliegendes Personal konzentrierte. Es wurden Lager eingerichtet, um den Jungen körperliches und vorfliegerisches Training zuteil werden zu lassen. Man hoffte, daß dies ein annehmbarer Ersatz für den Arbeitsdienst darstellte. Hitler schoß die Idee ab. Die Jugendlager der Luftwaffe verschwanden, und Galland sah sich einem Nachwuchsproblem gegenüber, das er nicht lösen konnte.

Nachdem ihm der politische Wirrwarr klargeworden war, der mit den jugendlichen Hoffnungen auf eine fliegerische Laufbahn verbunden war, wich Galland dem Problem aus. Göring hätte mehr tun können, um die besten Jugendlichen für die Jagdwaffe zu bekommen, aber er vermied das Thema, um sich nicht Hitlers Zorn zuzuziehen. Das weitreichende Abhörsystem des Reichsmarschalls hielt ihn über alle Machenschaften auf dem Laufenden. Dadurch war er in der Lage, viele Pläne der SS zu blockieren, die Himmlers Status auf seine Kosten angehoben hätte.

Himmler wollte Übermenschen züchten und sie von der Wiege bis zur Bahre mit SS-Dogmen füttern. Galland erfuhr davon auf Umwegen. Er war ganz und gar gegen Heiratspläne von jungen Jagdfliegern und machte die Jagdwaffe mit seinen Gründen vertraut. Er ging davon aus, daß Jagdflieger nur ihre tödliche Aufgabe im Kopf haben sollten, mit einem Minimum an Ablenkung. Sein Widerstand gegen Jagdfliegerehen beruhte auch auf der hohen Wahrscheinlichkeit, daß Witwen und vaterlose Kinder das Resultat sein würden.

Menschliche Rücksichten dieser Art komplizierten Himmlers Ansichten nie. Göring brachte das Gespräch während eines Jagdaufenthalts in Karinhall auf das Thema. In seiner Pferdekutsche gab er sich von seiner besten väterlichen Seite. Der Mensch Göring schälte sich aus der Figur des Reichsmarschalls heraus. Er bezweifelte, daß Gallands ehefeindliche Einstellung in einem größeren Zusammenhang wohl richtig war.

Göring ließ sich voller Geringschätzung und Verachtung über Himmlers Ideen von einem »Gestüt« aus, in dem die neuen Deutschen gezüchtet werden sollten.

»Wir dürfen die deutsche Jugend von morgen nicht Leuten wie Himmler überlassen«, sagte Göring. »Wir müssen auf herkömmliche Art dafür sorgen, daß unsere Art nicht ausstirbt.«

Der erstaunte Galland dachte über Görings Rat nach. Er sah seinen Wert ein. Trotzdem hielt er an seinem Widerstand gegen Jagdfliegerehen als bestem Grundsatz für Jagdwaffe und Piloten fest. Während ledige Offiziere für Positionen wie Geschwaderkommodore ihren verheirateten Kollegen bei sonst gleichen Qualifikationen kaum vorgezogen wurden, waren die Forderungen des Kriegsgeschehens wichtiger als Gallands Grundsatz. Er war sich dessen bewußt. Kein fähiger Führer wurde in der Jagdwaffe je zurückgesetzt, weil er verheiratet war.

Verschiedene Schritte und Maßnahmen, die von anderen unternommen wurden, beeinflußten 1943 Gallands Verantwortungsbereich. Die Schlachtflieger waren unnatürlicherweise seiner Dienststelle zugeordnet. Schlachtfliegerverbände, die das Heer direkt unterstützen, befanden sich in einer völlig anderen taktischen Welt als die Jagdeinheiten. Im Verlauf des Krieges wurde jede Phase anspruchsvoller und mehr und mehr spezialisiert. Aus diesem Grund war Galland froh, als im Oktober 1943 ein »General der Schlachtflieger« ernannt wurde.

Durch Oberst Dr. Kupfer wurde ihm die Verantwortung für die Schlachtflieger abgenommen. Aber seine Erleichterung über die Abgabe der Schlachtfliegerwaffe war nur kurzlebig. Im November 1943 wurden die Nachtjäger seinem Verantwortungsbereich zugefügt. General Josef Kammhuber hatte dieses komplizierte und weitreichende Verteidigungsimperium geschaffen und führte seine Nachtjäger mit dem XII. Fliegerkorps.

Kammhuber war bekannt für organisatorisches Talent, starre Denkweise und hohe Ansprüche an Ausrüstung. Göring beschrieb ihn Galland gegenüber als den teuersten General der Luftwaffe. Kammhubers

»Himmelbett«-System, mit dem ein einziger Nachtjäger innerhalb der Reichweite einer Radarstation geführt wurde, war zum Scheitern verurteilt, als die Briten Bomberströme einsetzten. Nachdem die Nachtjäger während der Katastrophe von Hamburg geblendet und überwältigt worden waren, war Kammhubers Abgang unvermeidbar.

Gallands Beziehung zu ihm war immer schwierig und unbefriedigend gewesen. Göring machte Kammhuber in einer leeren Geste zum General der Nachtjäger, kurz bevor er ihn als Kommandeur der Luftflotte 5 nach Norwegen verbannte. Gallands Verantwortungsbereich erstreckte sich von nun an rund um die Uhr, genau wie die alliierten Bombenangriffe. Trotz der Hingabe seines Stabes fühlte er sich überlastet: Er wollte die Nachtjäger nicht. Wie die Schlachtfliegerwaffe war dies eine andere Welt, technisch und einsatzmäßig. Aber Befehlen mußte gehorcht werden.

Er fügte seiner Dienststelle einen Nachtjagdstab hinzu und setzte Major Hajo Herrmann, den Erfinder der »Wilden Sau«, als Inspekteur der Nachtjäger ein. Hermann erledigte die ihm zugewiesene Aufgabe mit einigem Geschick. Sein Nachfolger auf diesem Posten war Oberstleutnant Werner Streib, der legendäre »Vater der Nachtjagd«. Miserables Wetter, ernsthafte elektronische Probleme und die RAF-Nachtoffensive gegen Berlin belasteten die Nachtjäger im Herbst und Winter 1943. Der Schwerpunkt des Luftkrieges lag über dem Reich, wie Galland das vorausgesagt hatte.

Dieses Kapitel konnte nur eine skizzenhafte Übersicht über Gallands wichtigste Verantwortungsbereiche vermitteln, als er 1943 in seine neue Position hineinwuchs. Ganze Bücher könnten über Einzelheiten und Phasen von Gallands Leben während dieser Zeit geschrieben werden, in der übermenschliche Forderungen an ihn gestellt wurden. Der ehemalige Segelflieger aus Westerholt unternahm jeden ihm möglichen Schritt und jede Maßnahme gegen die Lawine aus der Luft.

Schlechtes Wetter verhinderte die vollständige Durchführung der amerikanischen strategischen Bomberoffensive im November 1943 und schränkte die Tagangriffe bis Anfang 1944 ein. Während dies eine Erleichterung für die Zivilbevölkerung bedeutete, sah Galland die Jägerverluste ansteigen. Görings Anordnung, jeden alliierten Angriff mit allen verfügbaren Jägern abzuwehren, verursachte ernsthafte, wetterbedingte Verluste. Die Amerikaner erlitten keinen vergleichbaren Schaden. Galland widersetzte sich dieser ständigen Vergeudung von Piloten und Flugzeugen.

Die Jagdflieger der Luftwaffe hatten keine planmäßige Instrumentenflugausbildung oder -erfahrung. Sie mußten sich diese Fähigkeiten selbst beibringen. Die Vernachlässigung der Ausbildung und der Zeitdruck in der Aufbauphase der Luftwaffe schlossen die Einrichtung von Blindflugschulen für Jagdflieger aus. Als Galland versuchte, in dieser Richtung etwas zu unternehmen, machte Treibstoffmangel seine Bemühungen zunichte. Zahlreiche deutsche Jäger stürzten in schlechtem Wetter ab, ohne von alliierten Geschossen getroffen worden zu sein. Tödliche Abstürze durch Bodenberührung in bergigen Gebieten sowie Unfälle durch Vereisung und Notlandungen waren an der Tagesordnung. In extremen Fluglagen sprangen desorientierte Piloten zeitweilig mit dem Fallschirm ab und ließen ihre Maschinen zu Bruch gehen. Galland sah in dieser Art von Aufreibung absolut keinen Nutzen. Seine Vorschläge aber, durch den sparsamen und konzentrierten Einsatz die effektive Stärke der Jäger zu erhöhen, wurden nicht beachtet.

Das scheußliche Wetter im Winter 1943/44 war für alle, ausgenommen die besten und unter einem Glücksstern stehenden deutschen Jagdflieger, einfach zuviel. Selbst die talentierten Piloten der einmotorigen »Wilden Sau«-Nachtjagd, einige davon sogar mit Lufthansaflugerfahrung, hatten in diesem Winter Verluste dieser Art zu verzeichnen. Die Nachtjäger fanden sich im bitteren Kampf mit dem RAF Bomber Command, als Air Marshal Harris es darauf anlegte, mit den durch das RAF-Oboesystem ins Ziel getragenen Flächenbombardierungen Berlin zu zerstören.

Die Nachtjäger der Luftwaffe warfen sich jedem Angriff entgegen. Sie ließen der RAF den Nachtkrieg teuer zu stehen kommen, erlitten aber selbst hohe Verluste. Daß Harris die Schlacht um Berlin nicht gewann, ist nur der Opferbereitschaft der Verteidiger zuzuschreiben. Die Verluste der »Wilden Sau« führten schließlich zur Aufgabe von einmotorigen Nachtjagdeinsätzen. Im Frühjahr 1944 gelang es Galland, die »wilden Säue« als Schlechtwettereinheiten zu den Tagjagdverbänden zu versetzen. Er schätzte, daß die »Wilde Sau« von ihrem Anfang bis zum Ende die Luftwaffe über 1000 Flugzeuge und Hunderte von erfahrenen Piloten gekostet hatte.

Anfang Dezember hinkte die gemeinsame Bombenoffensive gegen die deutsche Flugzeugindustrie — Kodename »Operation Point-Blank« — bereits drei Monate hinter ihren Zeitplan her. Das strategische Ziel des Unternehmens war die Zerstörung von deutschen Jägern vor der Invasion, die für den 1. Mai 1944 vorgesehen war. General Eaker fand sich unter hohen Druck gesetzt, die deutsche Flugzeugindustrie auszuschalten. Nur das Wetter und die Jagdwaffe standen ihm im Weg. Mit radargeleiteten Bombenabwürfen, die technisch im Frühjahr möglich waren, konnten selbst die Gefahren des Wetters abgeschwächt werden. Aber der alliierte Zeitplan hatte sich Weihnachten 1943 bereits stark verspätet.

Die 8th Air Force hatte zu diesem Zeitpunkt 26 Gruppen schwerer Bomber, jede Gruppe aus vier Staffeln mit je 16 Flugzeugen bestehend. Elf Jagdgruppen standen unter dem Kommando des 8th Air Force Fighter Command. Die Amerikaner waren damit in der Lage, 600 bis 700 Bomber für einen von Begleitjägern geschützten, massiven Angriff auf deutsche Ziele in die Luft zu bringen. Galland wußte durch sein Studium von Geheimdienstmeldungen, daß sich die Stärke bei Tageinsätzen im kommenden Jahr verdoppeln und verdreifachen würde. Die 13 142 Tonnen an Bomben, die von US-Flugzeugen im Dezember 1943 über europäischen Zielen abgeworfen wurden, vermittelten eine Vorstellung von der wachsenden Stärke der Amerikaner. Die USAAF hatte die monatliche Abwurfleistung der RAF zum ersten Mal übertroffen.

Die Wintermonate 1943/44 bedeuteten für Deutschland, das bald Angriffen von bis dahin nicht gekannter Intensität ausgesetzt sein sollte, eine Atempause. Diese Pause war sowohl eine letzte als auch eine verpaßte Gelegenheit. In diesen kritischen Winterwochen verursachten grobe Fehler auf höchster Ebene erhebliche Verzögerungen im Me 262-Programm.

Galland versuchte, selbst über die theoretischen Grenzen seines Verantwortungsbereiches hinaus, Dampf hinter die Entwicklung der Me 262 zu bringen. Keine Gelegenheit wurde von dem jungen General ausgelassen, um sich für die höchste Priorität des Düsenjägers einzusetzen. Das Flugzeug stellte aus seiner Sicht die letzte Chance für die Jagdwaffe dar, die kommende Lawine aufzuhalten. Nur dieser technische Riesensprung konnte das Kräfteverhältnis am deutschen Himmel ändern.

Hitler bekam die Me 262 am 26. November 1943 anläßlich einer Luftwaffen-Vorführung auf dem ostpreußischen Fliegerhorst Insterburg zum ersten Mal zu Gesicht. Er wußte sehr wohl von der Existenz des Düsenjägers. (Seine übervorsichtige Reaktion auf Gallands kühnen Vorschlag im Mai, die Me 262 beschleunigt zu entwickeln und zu produzieren, wurde bereits erwähnt. Die spätere Starrheit des Diktators, mit der er darauf bestand, daß dieses revolutionäre Flugzeug nur als Blitzbomber produziert werde, wird allgemein als der Ruin von Deutschlands letzter Chance im Luftkrieg angesehen.)

Historisch weniger bekannt ist die Art und Weise, wie Hitler auf den Blitzbomber stieß und wie dieses Konzept für ihn zur fixen Idee wurde. Obwohl er von Luftfahrttechnik keine Ahnung hatte, war er schon seit langer Zeit für einen Schnellbomber für die Luftwaffe eingetreten. Ohne die technischen Schwierigkeiten in Betracht ziehen zu können, stellte sich Hitler einen Bomber vor, der schneller als die abfangenden Jäger war. Der RAF-Mosquito-Bomber bewies, daß Hitlers Konzept durchführbar war, sogar mit Hilfe einer anachronistischen Holzbauweise. Die deutschen Ingenieure entwickelten keinen vergleichbaren Schnellbomber, aber Hitler vergaß seine Vision nicht.

Die Idee, die Me 262 als Bomber zu verwenden, kam direkt vom Konstrukteur des Jägers, Professor Messerschmitt. Er machte Hitler damit bei einer Besprechung am 7. September 1943 vertraut. Der Professor versuchte wahrscheinlich mit einiger Hinterlist, seinen kolbengetriebenen Me 209-Jäger am Leben zu halten, den sowohl Galland als auch Milch als nicht leistungsstark genug abgelehnt hatten. Messerschmitts Konzept für diese schicksalsträchtige Besprechung mit Hitler überlebte auf den Seiten 102 und 103 in zwei dicken Aktenordnern mit den persönlichen Papieren des Professors, die sich im Imperial War Museum in London befinden.

Unter Punkt 5 dieses Papiers hielt Messerschmitt für Hitler fest, daß Oberst Peltz von der Bomberwaffe in einem Bericht aus Rechlin den Düsenbomber für Einsätze gegen England »dringend verlangt« habe. »Die schnellste Lösung für diese Aufgabe ist die Me 262«, lautete das Messerschmitt-Konzept. Eine weitere Suche nach dem Ursprung von Hitlers verrückter Idee, Düsenjäger in Düsenbomber umzuwandeln, ist überflüssig. Messerschmitt selbst verursachte das Debakel.

Für Messerschmitt hatte Hitler immer ein offenes Ohr. Er vertraute dem Professor. Und was Messerschmitt am 7. September 1943 jenen offenen Ohren zu sagen hatte, entfachte Hitlers starke Einbildungskraft. Er sah das bis dahin unerfüllte Schnellbomberkonzept bereits vor sich. Dieses Phantom verschmolz mit der wirklichen Me 262 und besaß obendrein noch Professor Messerschmitts Siegel der Durchführbarkeit. So entwickelte sich Hitlers Blitzbomberphantasie mit all ihren unmeßbaren Auswirkungen für die Luftverteidigung Deutschlands und die Hoffnungen General Gallands, die Tagbombenangriffe zu stoppen.

Am 28. Oktober 1943 beschrieb Hitler Göring seine Vision eines Düsenjagdbombers. Mit je zwei kleinen Bomben würden diese revolutionären Maschinen über die Invasionsstrände rasen und den landenden Gegner unter Beschuß nehmen. Demoralisierung, Panik und Tod wären die Folge. Hitler trennte sich nicht von dieser eigenartigen und beschränkten Vorstellung von Düsenjägereinsätzen, bis es zu spät war.

Am 2. November 1943, weniger als zwei Monate, nachdem ihm Messerschmitt die Me 262 als Schnellbomber empfohlen hatte, sandte Hitler Göring nach Augsburg in die Messerschmitt-Werke. Der Reichsmarschall war beauftragt, die Bomberversion der Me 262 mit dem Professor zu besprechen. Die Frage nach Bombenaufhängungen kam auf. Messerschmitt versicherte Göring fälschlicherweise, daß Bombenabwurfvorrichtungen im ursprünglichen Entwurf enthalten seien. Der Düsenjäger könne entweder zwei 250 kg-Bomben oder eine 500 kg-Bombe tragen.

Hitlers Forderung nach ein paar kleinen Bomben war, gemessen an den Bombenzuladungen aller anderen Flugzeuge der Luftwaffe, sehr bescheiden. Als Göring von Messerschmitt wissen wollte, wann die ersten Maschinen mit Bombenaufhängungen fertig sein würden, mußte der Professor zugeben, daß sie noch nicht konstruiert waren. Als Göring, der erwartete, von Hitler später über das ganze Thema befragt zu werden, weiterbohrte, versicherte ihm Messerschmitt leichtfertig, daß die Bombenträger in etwa zwei Wochen hergestellt werden könnten. Dies waren trügerische Versicherungen.

Am selben Tag, dem 2. November 1943, wurde eine Spezialkommission eingesetzt, um die Entwicklung der Me 262 zu überwachen. Oberst Edgar Petersen, der Chef der Erprobungsstelle, leitete dieses Gutachtergremium. Als Kommodore des KG 40 hatte er in der viermotorigen FW 200 weitreichende Aufklärungseinsätze über dem Atlantik geflogen und danach erbeutete alliierte Flugzeuge in Rechlin begutachtet. Die anderen Kommissionsmitglieder waren Triebwerkskonstrukteur Dr. Franz vom Junkers Motorenbau, Messerschmitt selbst, der Chef der Technischen Entwicklungsabteilung, Knemeyer, und eine Gruppe von Spitzeningenieuren und Industriekapitänen. Galland wurde nicht in diese Gruppe berufen, obwohl seine Soldaten das neue Flugzeug bekommen würden. Die Jagdwaffe war in der Kommission nicht vertreten.

Damit war die Bühne für die Vorführung in Insterburg vorbereitet. Die meisten der hohen Gäste wußten nicht, welchen Stein Messerschmitt bei Hitler im September ins Rollen gebracht hatte. Galland hatte von der sich zusammenbrauenden Situation keine Ahnung. Unter den berühmten Gesichtern in Insterburg waren Galland, Göring, Bodenschatz, Milch, Speer, Himmler, Peltz, Kurt Tank, Claudius Dornier und der Chef des Generalstabs der Luftwaffe, Günther Korten, zu finden. Messerschmitt stand mit Hitler, Göring und Galland zusammen, als die Me 262 zu ihrem Demonstrationsflug startete.

Als die Düsenmaschine vorbeipfiff, hörte Galland, wie Hitler Göring fragte, ob diese Maschine Bomben tragen könne. Bevor Göring antworten konnte, erklärte Messerschmitt sofort, daß das Flugzeug genügend Leistung habe, um 500 kg, vielleicht sogar 1000 kg an Bombenlast zu schleppen. Die letztere Zahl war mehr als das zwölffache von dem, was sich der Führer ursprünglich für den Düsenjagdbomber vorgestellt hatte.

Hitler nickte zustimmend und wandte sich an die versammelten Luftwaffenexperten.

»Seit Jahren habe ich von der Luftwaffe einen Blitzbomber gefordert, der sein Ziel trotz feindlicher Jagdabwehr erreichen kann. In der Maschine, die sie mir als Jagdflugzeug präsentieren, sehe ich den Blitzbomber, mit dem ich die Invasion in ihrer ersten und schwächsten Phase abschlagen werde ... Er wird die soeben gelandeten Massen von Material und Truppen angreifen und Panik, Tod und Zerstörung verursachen.«

Hitler hielt inne, während er seine schockierten Kommandeure anstarrte.

»Natürlich ist niemand von Ihnen auf die Idee gekommen!«

Gallands Herz sank tiefer. Eine unglaublich bizarre Entwicklung lief vor seinen Augen ab. Was immer jetzt den Kampfeinsatz der Me 262 verzögerte, kam dem Gegner zugute. Nur dieses Waffensystem konnte die Massen von Tagbombern abschrecken. Galland wußte nur zu gut, wie die Umwandlung von Jägern in Bomber die Leistung herabsetzte. Die zusätzlichen komplizierten Faktoren, die sich mit der revolutionären Me 262 aufwarfen, überstiegen fast die Vorstellungskraft. Es gab kein Bombenzielgerät. Hoher Treibstoffverbrauch in niedriger Höhe begrenzte die Reichweite ernsthaft. Bei über 1000 km/h war die Me 262 nicht mehr steuerbar, was Bombenabwürfe im Sturzflug unmöglich machen würde. Ohne Zweifel würde es bei der Bomberversion komplizierte Schwerpunktprobleme geben.

Galland sah ebenfalls ernsthafte Ausbildungsprobleme für die Bomberpiloten voraus. Die defensive Einstellung von Bomberpiloten gegnerischen Jägern gegenüber konnte nicht ausgemerzt werden. Nur die besten Jagdflieger konnten mit der Me 262 erfolgreich sein. All diese dornigen technischen und menschlichen Probleme sprachen gegen einen Me 262-Blitzbomber, aber unglücklicherweise flog diese Variante bereits in Hitlers Vorstellungswelt herum.

Am 5. Dezember 1943 ließ Hitler durch seinen Luftwaffenadjutanten, Oberst Nikolaus von Below, ein Telegramm an Göring schicken, in dem Hitler die Dringlichkeit betonte, mit der er den Düsenjagdbomber betrachtete. Von Belows Worte waren unmißverständlich:

ES IST DRINGEND NOTWENDIG, DASS DIE LUFTWAFFE BIS ZUM FRÜHJAHR 1944 EINE ANZAHL VON BLITZBOMBERN FÜR DEN FRONTEINSATZ BEREIT HAT ... DER FÜHRER IST DER ANSICHT, DASS EINE VERZÖGERUNG IM DÜSENJABOPROGRAMM UNVERANTWORTLICHER FAHRLÄSSIGKEIT GLEICHKOMMT.

Göring wurde angewiesen, zweimal monatlich Berichte über die Me 262 und die Parallelentwicklung des düsengetriebenen Aufklärungsflugzeugs Arado 234 direkt an Hitler zu schicken. Damit war es klar, daß Hitler sich die Me 262 nur in der Jagdbomberrolle vorstellte. Trotzdem konzentrierte sich die Arbeit in den Messerschmittwerken auf die Jägerversion in dem Bemühen, die erste Serie von Prototypen fertigzustellen. Lediglich der für Mai 1944 vorgesehene Prototyp V 10 hatte Versuchs-Bombenaufhängungen.

Zu diesem Zeitpunkt waren die Deutschen bereits dabei, das Rennen zwischen der Düsenjägerproduktion und der 8th Air Force zu verlieren. Das strategische Bombenprogramm der Alliierten sah vor, die Messerschmitt-Werke auszuradieren. Anfang des Jahres 1944 wurde die P 51 bei der 8th Air Force eingesetzt, und ihre Produktion in den Vereinigten Staaten stieg unter höchster Priorität kometenhaft an. 1944 sollten weitreichende Einflüge in den deutschen Luftraum über ihre gesamte Strecke von Hochleistungsjägern geschützt werden, die den deutschen Verteidigern zahlenmäßig überlegen waren. Nur das Düsenjagdflugzeug konnte zu dieser Zeit eine abschreckende Wirkung auf die Tagangriffe haben.

Am 6. Januar 1944 bekam die 8th Air Force einen neuen Befehlshaber, einen Flieger, der mit Galland in Krieg und Frieden auf lange Zeit verbunden bleiben sollte. Es war Generalmajor James H. Doolittle, dessen Angriff auf Tokio 1942 die Moral der Amerikaner gestärkt hatte. Doolittle hatte dann die 12th Air Force in Nordafrika mit Erfolg geführt. Seine Karriere als Luftfahrtpionier, Schneider-Pokal-Rennflieger und Geschäftsmann hatte ihm Scharfsinn, Voraussicht und die Fähigkeit gegeben, Probleme zu meistern. Doolittle war moralisch wie körperlich beherzt und war, nach Gallands Meinung, der scharfsinnigste alliierte Fliegerbefehlshaber.

Der Nachrichtendienst der 8th Air Force übergab Doolittle bei Antritt seines Kommandos einen Bericht, der die wichtigsten Punkte der Luftkriegssituation im Januar 1944 hervorhob. Das strategische Bomberprogramm und seine kritische Rolle bei einer alliierten Invasion war gefährdet, wenn die deutsche Jagdwaffe nicht unterdrückt werden konnte.

Erhöhte Jagdflugzeugproduktion, mehr auszubildende Jagdfliegerkandidaten, verbesserte deutsche Bewaffnung und die Verlegung zusätzlicher Jäger von anderen Fronten zur Verteidigung Deutschlands wurden als Gründe für die wachsende Stärke der Luftwaffe angegeben. Als der Bericht am 5. Januar 1944 vorgelegt wurde, unterstrich der Abschuß von 25 amerikanischen Großbombern seine Bedeutung.

Der Deckname für die Zerstörung der Jagdwaffe und ihrer industriellen Infrastruktur hieß »Argument«. In amerikanischen Führungskreisen bestanden Meinungsverschiedenheiten über den Einsatz der 8th Air Force, denn das Hauptziel war die alliierte Luftherrschaft über der Invasionsküste und dem unmittelbaren Hinterland. Es wurde ein gewisser Druck ausgeübt, um die 8th Air Force mehr zur Unterstützung von taktischen Angriffen gegen französische Ziele einzusetzen. Das hätte Galland geholfen, seine Jägerreserven für die Verteidigung Deutschlands weiter aufzubauen.

Doolittle sah den Krieg in größerem Rahmen als einen Kampf zwischen Produktionspotentialen. Der Weg zur Luftherrschaft über der Normandie führte seiner Meinung nach über die Zerstörung der deutschen Produktionszentren für Jagdflugzeuge, der synthetischen Treibstoffindustrie und dem aggressiven Kampf gegen die existierenden Jäger. Hätte Galland in Doolittles Schuhen gesteckt, hätte er sicherlich denselben Kurs eingeschlagen.

In der Art, wie Doolittle dieser Herausforderung begegnete, spiegelten sich Gallands harte Erfahrungen aus der Schlacht um England wider. Beim Ausbau der 8th Air Force zu einer massiven Kriegsmaschine hatte Generalleutnant Eaker die Rolle der US-Jäger definiert: Die schweren Bomber zu begleiten und sie vor Jägerangriffen zu schützen. Die Ausführung dieses Auftrags führte zum gleichen unmittelbaren Begleitschutz, unter dem Galland während der Schlacht um England gelitten, und der den britischen Verteidigern geholfen hatte.

Doolittle analysierte das Wesentliche in derselben Weise wie Galland 1940. Allerdings unterschied sich seine Position von der Gallands insofern radikal, als er die Befugnis besaß, weitreichende einsatzmäßige Änderungen anzuordnen. Doolittle befahl seinen Jagdgruppen, die Luftwaffenjäger zu vernichten — sie zu finden und abzuschießen oder am Boden zu zerstören. Die deutschen Jäger mußten abgefangen und abgeschossen werden, bevor sie die Bomber finden konnten. Die Kommandeure des 8th Fighter Command begrüßten diese Befehle mit Begeisterung, genau wie Galland und seine Piloten in der Schlacht um England reagiert hätten, wenn man sie damals von der Leine gelassen hätte.

Galland von der deutschen Jagdwaffe und Doolittle von der amerikanischen 8th Air Force schienen die Visionäre des Luftkriegs zu sein. Von anderen, die sich für Fachleute hielten, aus allen Richtungen angegangen, sahen diese beiden Generale ein, daß Angriff der wichtigste Faktor einer erfolgreichen Verteidigung war.

»Nur der Angriffsgeist, der aus einem mutigen Herzen entspringt, kann einem Jagdflieger Erfolg bringen, egal, wie hoch entwickelt auch sein Flugzeug sein mag«, so drückte Galland seine Überzeugung aus. Es besteht kein Zweifel, daß Doolittle sich genau derselben Philosophie verschrieben hatte, als er befahl, die 8th Air Force-Jäger von der Kette ihrer engen Formation beim Begleitschutz der Bomber zu befreien.

Die Verbandsführer der US-Bomberformationen über die Umkehr der eingespielten Einsatztaktik nicht glücklich. Sie fühlten sich mit dem unmittelbaren Jagdschutz wohl. Seine Jagdflieger frei jagen und Gallands Jäger vernichten zu lassen, trug dem neuen Boß der 8th Air Force den Spottnamen »Killer Doolittle« ein, der sogar in seiner Gegenwart benutzt wurde. Aber Doolittle stand zu seiner Entscheidung, trotz der Kritik von einigen hohen Offizieren. Im heißen Krieg über Deutschland bewiesen seine Jäger, daß er recht hatte. Der klassische Erfolg, dessen sich Doolittle erfreuen konnte, bewies ebenfalls, daß Galland 1940 Göring und dem Oberkommando den richtigen taktischen Einsatz von Jägern empfohlen hatte — allerdings vergebens.

Indem sie den Bomberpulks weit vorausflogen — normalerweise außer Sichtweite — und den Luftraum auf jeder Seite der gewaltigen Formationen absuchten, brachten die amerikanischen Jäger den Kampf zur Luftwaffe. Gallands Verbandsführer meldeten bald erhebliche Schwierigkeiten beim Sammeln ihrer Formationen, wenn sie von US-Jägern angegriffen und beschossen wurden. Galland hatte diese Taktik der amerikanischen Begleitjäger schon lange befürchtet.

Die deutschen Jägerformationen wurden zerstreut und durcheinandergewirbelt, bevor sie sich sammeln konnten. Selbst wenn sie sich sammeln konnten und auf ihre Chance lauerten, die Großbomber zu überraschen, wurden sie von den Mustangs angegriffen. Die der »Bomber Box« und ihrem Begleitschutz eigene Defensivkraft wurde durch diese Taktik kilometerweit vor die Bomberformation selbst projiziert. Wiederum versuchte die Luftwaffe, sich durch Abschwünge und Sturzflüge zu retten. Aber die amerikanischen Jäger verfolgten ihre Gegner hartnäckig bis zu den Baumwipfeln hinunter. Wenn sie die Deutschen in der Luft nicht finden konnten, nahmen sie die Flugplätze der Luftwaffe unter Beschuß.

In späteren Jahren betrachtete General Doolittle die Entscheidung, den amerikanischen Jägern freien Lauf zu lassen, als seine beste in diesem Kriege. Adolf Galland stimmte dem zu. Bei ihren Nachkriegstreffen unterhielten sich die beiden Generäle oft über Doolittles genialen Zug. Sein klassischer Einsatz der Jäger in ihrer klassischen Aufgabe war taktisch ausgezeichnet. Mehr als alle anderen Faktoren leitete Doolittles entschlossener Kurswechsel die Abenddämmerung der Jagdwaffe ein.

Nach einer langen Schlechtwetterperiode brachte Doolittle am 27. Januar 1944 insgesamt 857 schwere Bomber in die Luft, um Ziele in der Frankfurter Gegend anzugreifen. Schlechte Sicht über ihren englischen Flugplätzen gestaltete das Sammeln so schwierig, daß sich nur etwa 450 Maschinen auf den Weg machten. Von diesen schafften es wegen Schlechtwetters über Deutschland nur 60, ihre Ziele zu bombardieren. Die Tatsache, daß das Wetter die strategische Bombenoffensive blokkierte, verursachte Ärger und Ungeduld auf höchster Ebene.

Am 8. Februar 1944 ordnete General Spaatz an, daß »Argument« — die Zerstörung jedes Werks, das Jagdflugzeuge oder deren Zubehör herstellte — bis spätestens zum 1. März vollständig ausgeführt sein müsse. »Big Week« wurde daraufhin organisiert, um den Untergang von Gallands Jägern durch die totale Vernichtung der deutschen Flugzeugindustrie zu besiegeln. Der ausschlaggebende Faktor war das Wetter. Sobald es sich besserte, würde sich eine mächtige Armada mit Donnergetöse in die Lüfte erheben. Tausende von alliierten Flugzeugen warteten sprungbereit in England.

Galland hatte »Big Week« erwartet. Er hatte seine verfügbaren Mittel und Kräfte zusammengestellt und die Bildung von gemischten Geschwadern mit leichten und schweren Jägern vorbereitet. Diese Einheiten bestanden aus einer Gruppe von stark gepanzerten FW 190, schwerer bewaffnet und etwas langsamer als die normalen einmotorigen Jäger. Zwei Gruppen der letzteren Version flogen für die stärker bewaffneten Jäger Begleitschutz und vervollständigten das gemischte Geschwader. Galland hoffte, daß diese gemischten Formationen wirksamer sein würden, wenn die größere Feuerkraft der speziellen FW 190 auf kurze Entfernungen ins Spiel gebracht werden konnte.

Diese Einheiten waren einigermaßen erfolgreich; dennoch bestanden Göring und das Oberkommando auf der Einhaltung des »Nur Bomber«-Befehls. Die leichteren Jäger wurden dadurch wieder an die Begleitschutzkette gelegt, während die schwereren anzugreifen hatten. Damit wurde das aggressive Potential dieser Verbände zunichte gemacht. Schwärme amerikanischer Jäger machten den Deutschen das Sammeln ihrer gemischten Formationen äußerst schwierig. Die schwereren Jäger konnten sich gegen die wendigeren Mustangs nicht verteidigen. Galland dachte oft und mit bitterem Gefühl daran, daß der »Nur Bomber«-Angriffsbefehl eine sichere Methode war, um den amerikanischen Jägern freie Hand zu geben.

»Big Week« begann in der Nacht vom 19./20. Februar 1944. Über 700 RAF-Lancasters und Halifaxes griffen Leipzig an. Diese Maschinen schleppten wesentlich mehr Bomben als die B-17, und die altehrwürdige Stadt erlitt schreckliche Verwüstungen. Deutsche Nachtjäger machten sich grimmig über die RAF her. Sie attackierten die Briten über Leipzig und verfolgten sie über Deutschland hinweg nach dem Angriff, während sich ein schlafloser Galland über die Lage auf dem Laufenden hielt; 78 britische Bomber wurden in dieser Nacht abgeschossen.

Doolittle eröffnete »Big Week« am 20. Februar, indem er zum ersten Mal in der Geschichte 1000 amerikanische Großbomber in den Kampf schickte; 940 davon erreichten ihre Ziele, begleitet von der unglaublichen Zahl von 700 Jägern. Diese riesige Armada der Lüfte mit ihrem patrouillierenden, jagenden und verfolgenden Begleitschutz bekämpfte ihre Ziele und verlor nur 21 Maschinen.

Die RAF schlug in derselben Nacht in Stuttgart mit einer Armada von 600 Bombern zu, in einem Flächenangriff mit dem Ziel, die Kugellagerherstellung zu unterbinden. Am 21. Februar schickte die 8th Air Force 764 B-17 und B-24 bei Tage nach Deutschland. General Twinings 15th Air Force Bomber kamen am nächsten Tag von Italien angeflogen, um die Messerschmitt-Werke in Regensburg in Trümmer zu legen, während mehr als 100 US-Bomber von England aus sich über andere Ziele der Luftfahrtindustrie hermachten. Gallands Jäger verteidigten sich energisch gegen die amerikanische Zange. Zusammen mit der Flak schossen sie 54 Maschinen ab.

Am 24. Februar kehrte die 8th Air Force zu ihrem Angstziel Schweinfurt zurück. 231 Bomber griffen die Kugellagerfabriken an. Weitere 238 Liberator hämmerten auf Gotha ein. Gallands Jäger und die Flak holten 44 amerikanische Bomber vom Himmel, aber es war nicht genug: In derselben Nacht dröhnten 700 Lancaster über Schweinfurt hinweg und warfen ihre schreckliche Ladung in die Flammen, die von den Amerikanern entfacht worden waren.

Als am 25. Februar 1944 alliierte Metereologen eine weitere Wetterverschlechterung vorhersagten, konzentrierten sich 680 von Doolittles Bombern auf die Me 109-Fabriken in Augsburg, Regensburg und Fürth. Bomber der 15th Air Force aus Italien mischten in Regensburg mit und mußten mit 30 abgeschossenen Maschinen bezahlen. Die Gesamtverluste der USAAF beliefen sich auf 64 verlorene Bomber; hinzukamen zahlreiche andere, die Beschädigungen davontrugen. Als

Kommandeur der 7. Jägerdivision erledigte Generalmajor Joachim Huth, Gallands alter Jafü aus den Tagen des JG-26, seine Aufgabe hervorragend, die Jagdeinsätze von Schleißheim aus zu leiten. Aber das Beste, das die Luftwaffe zu geben vermochte, genügte wiederum nicht. Die Deutschen waren an ihrem eigenen Himmel zahlenmäßig im Nachteil.

Als »Big Week« in der Nacht vom 25. Februar 1944 zu Ende ging, holte die RAF zu einem letzten Schlag aus. Sie griff die Messerschmitt-Werke in Augsburg an, wiederum in die Feuer zielend, die die Amerikaner am Tage verursacht hatten. Schlechtwetter setzte Unternehmen »Big Week« ein Ende, aber es sah so aus, als ob auch der deutschen Flugzeugindustrie ein Ende gesetzt worden war.

Die Alliierten verloren fast 300 Flugzeuge. Aber sie konnten solche Verluste schnell wieder ersetzen. Sie warfen über 19 000 Tonnen an Bomben über deutschen Flugzeugwerken ab und vernichteten oder begruben über 700 Me 109, die entweder fertig oder in der Endmontage waren. Mehr als 1000 Flugzeuge, die meisten davon Me 109 und FW 190, gingen während der Angriffe auf die Fabriken verloren. Gallands eigene schwere Verluste im Kampf mit den Angreifern mußten dazugerechnet werden, wie auch die zahlreichen Verluste durch Unfälle.

Hier nun war die Lawine von Flugzeugen und Sprengstoff, die Galland befürchtet, vor der er dauernd gewarnt, und die er mit all den ihm zur Verfügung stehenden Mitteln abzuwenden versucht hatte. Obwohl er nach außen immer gelassen schien, bewegte ihn eine heftige innere Unruhe. Die Trümmer, die Zerstörung und das Leiden waren allein genommen unbeschreibbar, schmerzten aber doppelt, weil sie einen vernichtenden Schlag gegen die Jagdwaffe darstellten. Es gab kurze, stille Momente, in denen er sich zurückzog und sein Gesicht in seinen Händen vergrub. Er wurde immer irgendwo gebraucht, und so blieb ihm nichts anderes übrig, als seine gelassene Miene aufzusetzen, sich eine Zigarre anzustecken und an die Arbeit zu gehen.

Unter den Zivilisten, die in den »Big Week«-Angriffen umkamen, befanden sich Hunderte von erfahrenen Arbeitern und Fachleuten der Flugzeugwerke. Sie waren nicht zu ersetzen. Hunderte weitere wurden verletzt. Viele verließen ihre Arbeitsplätze und Wohnorte in panikartiger Flucht und tauchten im Wirrwarr unter, um Zuflucht außerhalb der als Ziele gefährdeten Städte zu suchen. Messerschmitts Fabrik in Regensburg war dem Erdboden gleichgemacht. Vier Monate würden nötig sein, um sie wieder betriebsfähig zu machen, vorausgesetzt, die alliierten Bomber ließen dies zu.

Andere Werke, die spezielle Flugzeugteile und -komponenten herstellten, waren ebenfalls in Trümmerhaufen verwandelt worden. Alliierte Kommandeure, die Luftaufnahmen auswerteten, konnten das Ausmaß der Zerstörung kaum fassen. Ihr Glaube an die Vernichtung der deutschen Flugzeugproduktion durch »Big Week« war gerechtfertigt.

Alarmierende Berichte über Verwüstungen und Produktionsausfälle erreichten Gallands Stab unverzüglich. Das Oberkommando der Luftwaffe ging fieberhaft ans Werk. Dies waren dieselben Offiziere, bleich und verwirrt, die den Geheimdienstberichten über die sich in Amerika im Bau befindlichen Flotten von Bombern und Jägern keinen Glauben schenken wollten. Göring selbst hatte diese Berichte als »Bluff« abgetan. Der Reichsmarschall befand sich »angemessenerweise« im Urlaub, isoliert von den schlechten Nachrichten inmitten seiner mittelalterlichen Burg Veldenstein. Als Galland ihn vor dem mit Sicherheit kommenden, schrecklichen Ablauf warnte, hatten ihn Göring und andere im Oberkommando einen Defaitisten genannt. Die Ereignisse hatten Gallands Realismus bestätigt. Die Niederlage entsprang der unrealistischen Grundlinie, der seine Vorgesetzten folgten.

Es war eine fast übermenschliche Aufgabe, die Flugzeugindustrie wieder funktionsfähig zu machen. Feldmarschall Milch wirkte Wunder bei der Wiederherstellung der Versorgung mit Jagdflugzeugen, trotz seines schwindenden Einflusses bei Hitler und Görings jetzt offener und oft beleidigender Feindseligkeit. Hauptsächlich durch Milchs Energie, Ideen und Optimismus ließ sich in der Dunkelheit wieder ein Stück blauer Himmel entdecken.

Es stellte sich heraus, daß eine große Anzahl von zerbombten und begrabenen Flugzeugen wieder repariert werden konnte. Wertvolle Werkzeugmaschinen, die aus dem Schutt herausgebuddelt wurden, brauchten nur gesäubert und geprüft zu werden, bevor sie wieder in Betrieb genommen werden konnten. Alles mögliche an Gerät war zu retten, ausgenommen dort, wo Feuer gewütet hatte. Die Industrie arbeitete fieberhaft. Messerschmitt in Augsburg nahm einen Monat später die Produktion wieder auf.

Rüstungsminister Speer, mit dem Galland immer ein offenes und freundliches Verhältnis verband, machte industrielle Dezentralisierung und Zerstreuung zum staatlichen Grundsatz. Die Flugzeugproduktion stieg wieder an, diesmal in neuen und weit verteilten Werken. Für Galland war die Art, in der die Jagdwaffe endlich in den Brennpunkt des Geschehens rückte, keine Genugtuung mehr. Er fand es einfach unglaublich, daß es dieser gegnerischen Angriffe bedurfte, um die Wichtigkeit der Jagdflugzeugproduktion sichtbar zu machen. Alle waren sich inmitten der Zerstörung und der Trümmer endlich einig, daß nur die Jäger in der Lage waren, Deutschlands Kriegspotential zu schützen. Galland hatte die höchste Priorität für die Jägerproduktion praktisch von jenem Tage an gefordert, an dem er General der Jagdflieger wurde.

Ein Jägerstab wurde innerhalb des Rüstungsministeriums eingerichtet und mit der Dezentralisierung, Beschleunigung und Erweiterung der Jägerproduktion beauftragt. Milch war die Idee eines Jägerstabes während »Big Week« gekommen: höchste Priorität für Jagdflugzeuge, die besten Leute aus seinem und Speers Ministerium und die Befugnis, ihre Produktion von Jagdflugzeugen auf Rekordhöhen anzuheben. Milch schlug Karl-Otto Saur, Speers Stellvertreter, als Chef des Jägerstabes vor. Milchs eigener Stern begann zu erlöschen. In der Vergangenheit hatte Saur viele Luftwaffenforderungen zugunsten des Heeres unberücksichtigt gelassen; aber jetzt war er Herr über die deutsche Jägerproduktion. Hitler genehmigte den Jägerstab unverzüglich.

Galland hatte von den komplizierten Vorgängen um Macht, Persönlichkeiten und Politik hinter diesen Ereignissen nur wenig Ahnung. Er konnte Machenschaften einfach nicht leiden. Er hatte sein Leben nach der gradlinigen Betrachtungsweise des Jagdfliegers ausgerichtet, in der Erfolg das ausschlaggebende Element darstellt. Wichtig für ihn waren nur die Luftverteidigung Deutschlands und die Stärkung der Jagdwaffe. Und somit konnte er sich darüber freuen, daß seine geliebten Jäger endlich die höchste Priorität bekommen würden.

Trotz der Bombenangriffe, »Big Week« und all der Zerstörung würde es in Zukunft eine Menge Jagdflugzeuge geben, sobald Saur die Produktion aus der Februar-März-Tiefe herausgezogen hatte. Schroff, brutal und hartnäckig hob Saur die Jägerproduktion bis zum Juni 1944 auf noch nie dagewesene Stückzahlen an. Zu diesem Zeitpunkt war Treibstoff bereits zum unumgehbaren Engpaß und damit zu einem noch größeren Problem als die Flugzeugherstellung geworden. Saurs Jägerproduktion schloß die Me 262 nicht mit ein, die von Galland dringend benötigt wurde, um so mehr, als Düsentreibstoff in relativ genügenden Mengen vorhanden war. Das Me 262-Drama entwickelte sich vor dem Hintergrund der bevorstehenden Invasion der Alliierten.

12
Verteidigung rund um die Uhr

Wie durch ein Wunder entging die Serie der Me 262-Prototypen der Lawine von alliierten Bomben, die auf die Messerschmitt-Werke herabregnete. Die Zerstörung in Augsburg war so kolossal, daß Galland kaum fassen konnte, daß die wertvollen Düsenjäger fast ohne großen Schaden davongekommen waren. So wie er die Lage einschätzte, gab es selbst in der elften Stunde noch eine Chance. Sein Optimismus wuchs, als er sah, wie schnell die Flugzeugindustrie wiederaufgebaut wurde. Aber nun wurde Treibstoff zum Engpaß. Die Jagdfliegerschulung wurde durch den Spritmangel gelähmt.

Saur hatte Pläne, um in einem riesigen unterirdischen Komplex bei Nordhausen monatlich 1000 Me 262 und ihre Triebwerke herzustellen. Im April 1944 gab Hitler dem Jägerschutzschild über Deutschland die höchste Dringlichkeitsstufe. Er sah endlich ein, daß er mindestens 2000 Jäger brauchen würde, um das Reich zu verteidigen, und ordnete den Bau von neuen, bombensicheren Fabriken an. Diese riesigen Werke sollten unter pilzförmigen Abdeckungen aus Stahlbeton eingerichtet werden.

Galland war erleichtert, als er von den neuen Prioritäten Hitlers erfuhr. Der General der Jagdflieger erinnerte sich deutlich an die Vorschläge, die er ihm gemacht hatte, als US-Bomber ihre ersten Ziele in Deutschland angriffen. Er hatte vergeblich auf angemessene Aktionen gewartet, während Tod und Elend auf die Zivilbevölkerung vom Himmel fielen. Die USAAF hielt Hitler das Problem ständig vor Augen, indem sie trotz schlechten Wetters im April an jedem zweiten Tag die deutsche Industrie bombardierte.

Anfang 1944 war Gallands dringendste Aufgabe die Auffrischung, Verstärkung und der Wiederaufbau der existierenden Jagdverbände. Die Rund-um-die-Uhr-Verteidigung Deutschlands trug ernsthaft zur Zermürbung von Piloten und Verbänden bei. Der fortbestehende Befehl des Oberkommandos, alle verfügbaren Jäger, egal bei welchem Wetter, gegen jeden Angriff in die Luft zu schicken, setzte die Schlagkraft herab und untergrub die Kampfmoral. Piloten und Flugzeuge fanden sich über weite Gebiete zerstreut, was fast unlösbare Probleme mit sich brachte.

Zu viele Piloten fanden sich zu oft in bunt zusammengewürfelten Formationen von fremden Plätzen aus eingesetzt. Der mechanische Verschleiß erhöhte sich durch den Einsatz derselben Flugzeuge bei Tag und Nacht. Die Verluste der Jagdwaffe waren zahlenmäßig meist geringer als die der Angreifer, beliefen sich aber insgesamt auf etwa 50 Piloten und Flugzeuge bei jedem amerikanischen Angriff. In dem Maße, wie die Kampfkraft und Wirksamkeit der Jagdwaffe abnahm, nahm die der Amerikaner zu.

General Doolittle kam zu dem Schluß, daß die normale Dienstzeit seiner Bomberbesatzungen mit 25 Einsätzen nicht lange genug war. Er folgerte, daß sie genau dann aus dem Kriegseinsatz gezogen wurden, wenn sie den Zenit ihrer Leistungsfähigkeit als eingespielte Besatzung erreicht hatten. Doolittle verlängerte ihre Dienstzeit auf 30 Einsätze und erhöhte ihre Leistung um mehr als 30 %. Später wurde die Einsatzzeit auf 35 Flüge ausgedehnt. Er ließ die Bomberformationen mit der Geschwindigkeit der langsamsten Maschine fliegen, damit die Feuerkraft der »Bomber-Box« auch die beschädigten Flugzeuge schützen konnte. Mit der Zunahme der Kampfkraft der Amerikaner verschob sich das Gleichgewicht zu ihren Gunsten. Galland war sich dessen voll bewußt.

Die unzureichende Ausbildungsbasis der Luftwaffe, die auf die Vorkriegszeit zurückging, und ihre Vernachlässigung und Zerstörung während des Krieges plagte Galland jetzt ernsthaft. Piloten konnten in Deutschland einfach nicht schnell genug ausgebildet werden. Fähige Fluglehrer waren eine Seltenheit. Treibstoffzuteilungen wurden fortwährend verringert, was die fliegerische Ausbildung weiter einschränkte. Jungen wurden mit 65 und weniger Gesamtflugstunden in die Jagdverbände geschickt. In der Zwischenzeit bildeten die Alliierten Tausende von Piloten in modernen Fliegerschulen fernab vom Kriegsgeschehen aus. Die Auflösung der Jagdwaffe war schon aus diesen Gründen nur noch eine Frage der Zeit.

Galland gelang es schließlich, Göring zu überzeugen, eine Jägerreserve zu schaffen, anstatt jedes Flugzeug und jeden Piloten in das tägliche Kampfgewirr zu werfen. In seinen Vorschlägen und Empfehlungen wie auch in persönlichen Gesprächen mit Göring betonte Galland die Notwendigkeit einer solchen Reserve. Er war der Überzeugung, daß nur ein »großer Schlag« — ein Tageinsatz mit etwa 2000 Jägern — die amerikanische Jagdabwehr überwältigen und den Bombern entscheidende Verluste beibringen konnte.

Galland wies auf die zu erwartende Invasion Europas durch die Alliierten hin, eine militärische Gewißheit, sobald das Wetter geeignet war.

Feldmarschall Sperrle hatte an der Kanalküste weniger als 200 Jäger zur Verfügung, um der geballten Macht der 9th Tactical Air Force, der 2nd Tactical Air Force und des RAF Fighter Command entgegenzutreten. Eine Jägerreserve war für die Luftwaffe lebensnotwendig, wenn sie die Luftüberlegenheit nicht einfach an die mächtigen alliierten Luftflotten abgeben wollte — insbesondere die 8th und 15th Air Force, die zur Zeit die Heimat bombardierten.

Indem er Gallands Programm für eine Jägerreserve endlich zustimmte, fügte Göring eine Bedingung hinzu: Zusätzlich zu der für den großen Schlag bereitgestellten Reserve sollte die Reichsverteidigung auf 2000 Jäger ausgebaut werden. Hitler erwähnte dieselbe Zahl im April. Galland hielt das für unerreichbar, da Hitler zuvor selbst verboten hatte, Geschwader von anderen Fronten für die Verteidigung Deutschlands abzuziehen.

Galland schlug deshalb vor, eine Staffel von jeder Gruppe im Norden und Osten als vierte Staffel jeder Gruppe der Reichsverteidigung hinzuzufügen. Göring stimmte zu. Jedes Geschwader sollte noch eine zusätzliche vierte Gruppe erhalten. Galland hatte diese Methode bereits 1943 angewandt, um die Stärke jedes Geschwaders der Reichsverteidigung zu erhöhen. Jede Jagdfliegerschule und jede Ergänzungsgruppe sollte eine zusätzliche Einsatzstaffel bilden. Mit der Ausführung dieser Maßnahmen konnte Galland mit einer Reserve von etwa 1800 Jägern rechnen. Ihre Notwendigkeit wurde von der 9th Air Force am 23. April 1944 unterstrichen: Mehr als 1000 amerikanische Jäger und Jabos wurden ausgesandt, um französische, belgische und holländische Ziele zu zerstören. Galland hatte in seinen Vorschlägen hervorgehoben, daß alliierte Luftherrschaft dieser Art die Operationen des deutschen Heeres in Frankreich fast unmöglich machen würde.

Gallands Ziel, bis Mitte Juni 1800 Jäger — ohne JG 2 und JG 26 an der Kanalküste — für die Reichsverteidigung zur Verfügung zu haben, wurde von der Invasion zunichte gemacht. Galland hatte vorgehabt, die wenigen kampferfahrenen Führer auf die vergrößerten Verbände zu verteilen. Die Anzahl der Offiziere, die in der Lage waren, eine Gruppe oder ein Geschwader in der Luft wirksam zu führen, war gefährlich geschrumpft. Die zahlenmäßige Überlegenheit von 7 : 1, der sich die alliierten Jäger erfreuten, stellte sich selbst für Deutschlands fähigste Asse und Kommandeure als tödlich heraus. Das Aufreiben der Führungsschicht ließ dem General der Jagdflieger keine Ruhe.

Unter den hochdekorierten Assen und Verbandsführern mit zahlreichen Luftsiegen, die im Frühjahr 1944 fielen, befand sich der tapfere Oberstleutnant Egon Mayer, Kommodore des JG 2. Er wurde am

2. März von Piloten der 365th Fighter Group über Montmedy abgeschossen. Oberst Wolf-Dietrich »Fürst« Wilcke fiel über Schoppenstedt am 23. März. Der unersetzbare Oberst Walter Oesau wurde über St. Vith in den Ardennen abgeschossen. Oesau war Kommodore des JG 1, mit einer brillanten Karriere, die bis zur Legion Condor zurückging. Galland kannte all diese Kommodore persönlich. »Sie gehörten zur unschätzbaren Elite unserer Jagdfliegerführer«, sagte Galland. »Sie waren nicht zu ersetzen, und ihr Tod war für mich schockierend.«

Die lähmende Wirkung dieser Verluste war größer, als der Tod von drei Männern hätte vermuten lassen. Galland verstand sehr wohl, welcher Schaden der Kampfkraft zugefügt wurde, wenn bedeutende Jägerführer den Tod fanden. Es war für blutjunge Piloten eine große Beruhigung, von ihnen in der Luft geführt zu werden; ihre Beteiligung an Einsätzen war notwendig, um die Jungen so lange am Leben zu halten, bis sie selbst genügend Erfahrung gewonnen hatten. Ihr Fliegertod setzte der Kampfmoral heftig zu.

Lediglich die gegen die RAF eingesetzten Nachtjäger sorgten im Winter und Frühjahr 1944 für Ermutigung. »Bomber«-Harris von der RAF hatte sein Zerstörungsprogramm für Berlin im November 1943 angefangen. Er hielt den Druck aufrecht, trotz der schweren Verluste, die ihm von den Nachtjägern der Luftwaffe zugefügt wurden. Am 24. März 1944 schickte Harris 811 Großbomber nach Berlin; 72 davon wurden vor Tagesanbruch abgeschossen. Die deutschen Nachtjäger erwiesen sich als unwahrscheinlich anpassungsfähig und tüchtig.

Die tief eindringenden Nachtangriffe erreichten am 30. März ihren Höhepunkt, als Harris fast 800 Bomber auf Nürnberg ansetzte. Aufgrund von Fehlkalkulationen des britischen Wetterdienstes fanden sich die Angreifer über dem europäischen Festland mit unbegrenzter Sicht und hellem, nichts verbergendem Mondlicht. Kondensstreifen zeichneten ihre Spuren in den frostigen Himmel. Die deutschen Nachtjäger schlugen zuerst in der Nähe von Aachen zu. Mehrere Angriffe konnten ausgeführt werden, ohne auf Radar angewiesen zu sein, oder in den Wolken herumsuchen zu müssen.

Das Resultat war der größte Jagderfolg der deutschen Luftwaffe bei Tag oder Nacht: 94 RAF-Großbomber wurden abgeschossen. Nach Stunden wilder Verfolgung quer durch den deutschen Himmel und verbissener Jagd zwischen Gewitterwolken über der Nordsee landeten 20 weitere Maschinen in England, reif für den Schrotthaufen. Die Verluste hatten 11 % überstiegen. Diese ernsthafte Niederlage setzte früheren Verlusten die Krone auf und führte zu einer Einschränkung der tief eindringenden Nachtangriffe der RAF. »Bomber«-Harris hatte trotz einer

Schneise der Verwüstung, die er in Berlin hinterließ, seine größte Schlacht nicht gewonnen.

Galland war für diesen bedeutenden Sieg der Nachtjäger dankbar. Er plante eine Reihe von ähnlichen, aber noch wirksameren Tageserfolgen gegen die 8th Air Force. Ausschwärmende und aggressive US-Jäger machten Luftsiege am Tage außerordentlich schwierig. Selbst Tage wie der 6. März 1944, an dem 69 amerikanische Bomber bei Angriffen auf Berlin abgeschossen wurden, verlangten der Jagdwaffe nicht tragbare Verluste an Flugzeugen und Personal, vor allem Verbandsführer, ab. Nur ein »großer Schlag« mit einem Orkan von Jägern konnte 200 oder mehr Großbomber bei einem Tagesangriff vom Himmel fegen. Darauf hin richtete Galland seine Planung ein.

Viele deutsche Köpfe beschäftigten sich mit dem Problem, wie man am Tage mehr Bomber abschießen konnte. Vorschläge für Rammverfahren waren unter diesen Umständen nicht zu vermeiden. Um ihren Absturz zu garantieren, sollten die Jäger die schweren Bomber rammen und die Piloten danach, wenn möglich, mit dem Fallschirm abspringen. Diese Rammvorschläge kamen von Einsatzverbänden und -piloten und auch von etlichen Offizieren, die persönlich nicht in die Verlegenheit kommen würden, ihre diesbezüglichen Empfehlungen selbst ausprobieren zu müssen.

Einer der Befürworter dieser Methode war der Gründer der »Wilden Sau«, Oberst Hajo Herrmann, der bei Galland erschien und eindringlich die Anwendung der Ramm- und Absprungtaktik empfahl. Galland ließ ihn ausreden.

»Und wer wird diese Rammangriffe führen, Oberst Hermann? Hoffentlich Sie, oder nicht?«

Hermann erklärte, daß er es mit seinen Ohren zu tun hatte. Galland stellte trocken fest, daß es für den Oberst nicht nötig sei, den Zusammenstoß zu hören, dankte ihm für den Vorschlag und entließ ihn. Der General der Jagdflieger würde von seinem Grundsatz nicht abweichen, daß ein Führer bei allen Kampfhandlungen vorneweg dabei sein müsse. Wenn schon rammen, dann sollten es die Verbandsführer zuerst tun. Ihm persönlich widerstrebte diese selbstmörderische Kampfeinstellung, die mehr zu orientalischer Gesinnung paßte als zur deutschen Mentalität. Galland glaubte fest daran, daß einem Jagdflieger die Chance gegeben werden müßte, den Luftsieg über seinen Gegner zu überleben. Ihn mit 650 km/h oder sogar 1000 km/h in einem Frontalangriff zu rammen, ließ diese Chance unannehmbar klein werden.

Ausweglosigkeit war der Ursprung dieser Taktiken, und für Galland waren sie weitere Signale, die die Nähe des Zusammenbruchs anzeigten. Die Idee wurde trotzdem in den sogenannten Sturmgruppen in die Praxis umgesetzt. Diese Eliteeinheiten sollten mit ihren Angriffen so nahe wie möglich und ohne zu rammen an die Bomber heranstürmen. Auf kürzeste Entfernung und im allerletzten Augenblick sollten sie mit allem auf die Bomber feuern, was ihre Bewaffnung hergab. Der Feuerstoß aus dieser Nähe, aus der fast keine Geschosse ihr Ziel verpassen konnten, sollte die Bomber zum Absturz bringen. Voraussetzung waren Nerven aus Stahl und ein furchtloses Herz.

Die Piloten für die Sturmgruppen waren ausnahmslos Freiwillige, die sich in Scharen meldeten. Die besten dieser tapferen Männer liefen durch eine Spezialausbildung. Hier war die Antwort der Jagdflieger auf Görings schmähliche Vorwürfe von Feigheit in der Jagdwaffe. Diese Männer suchten sich willig die gefährlichste Aufgabe in der Luft für die Chance aus, mehr Bomber zerstören zu können.

Die Sturmgruppen wurden mit einer besonders gepanzerten Version der FW 190 (FW 190A-8/R7) ausgerüstet, die zuerst mit vier 20 mm-Kanonen und später mit zwei 20 mm- und zwei 30 mm-Kanonen MK-108 ausgestattet wurde. Diese Flugzeuge besaßen ein gepanzertes Cockpit und einen abwerfbaren 240 Liter-Zusatztank, um Flugdauer und Reichweite zu erhöhen. Unter Major von Kornatzki, einem starken Befürworter dieser Taktik, waren die ersten Einheiten erfolgreich. Kornatzkis Verband wurde zu einer Gruppe vergrößert. Major Wilhelm Moritz, Otl. Walter Dahl und andere taten sich bei den Sturmgruppen hervor.

Galland schlug vor, in jedem Geschwader der Reichsverteidigung eine Sturmgruppe einzurichten. Ein besonderes Ausbildungsprogramm wurde im späten Frühjahr 1944 bei den Ergänzungsgruppen für diese Jäger organisiert. Die Invasion brachte diese Vorbereitungen durcheinander. Die Erfolge dieser Jäger wurden normalerweise dadurch erzielt, daß sie die Bomber in Linie gemeinsam von hinten angriffen und in drei oder vier Wellen durch die Bomberformationen fegten.

Es gab hervorragende und ermutigende Erfolge. Aber die zunehmende Verwundbarkeit der schwereren Jäger den wendigeren Mustangs gegenüber machte die frühen Erfolge teuer. Um mithalten zu können, mußten die Rammjäger bald auf Panzerung und Zusatztank verzichten. Der Verlust der Panzerung war sowohl ein physischer als auch psychologischer Nachteil in Angriffen auf kürzeste Schußweite. Die Jagdflieger mußten den fehlenden Panzerschutz durch noch mehr Todesmut ersetzen. (Hervorragende, mit Schießkameras aufgenommene Filme dieser Angriffe auf B-17 und B-24 existieren noch heute.)

Anfang Mai 1944 wurden General Doolittles Bomber mehr und mehr

47 Aus Protest ohne Auszeichnung. Im Herbst 1944 mit Hartmann und Göring

48 Gallands »Last Combat«, Gemälde von Frank Whotton

·9 So stellte sich Hitler
·en »Bomberkiller«
or — Steinhoff zweifelt

0 Me 262 —
Bodenbetrieb«

1 JV 44 vor dem Einsatz
München-Riem: Steinhoff,
·itzow (†), Gutowski,
·rupinski (v. l. n. r.)

2 Me 262 des JV 44 in
·n letzten Kriegstagen

53 Das Ende: Vernichtung statt Übergabe

54 In englischer Kriegsgefangenschaft 1945 mit Vernehmungsoffizier Jack Whitten (links)

von ihren strategischen Zielen abgezogen und für die Unterstützung der Invasionsvorbereitungen eingesetzt. Den V-Waffeneinrichtungen in Frankreich wurde besondere Aufmerksamkeit zuteil. Trotzdem war Doolittle in der Lage, am 12. Mai einen von ihm seit langem befürworteten strategischen Schlag gegen die deutsche synthetische Treibstoffindustrie auszuführen. Schlechtes Wetter und Unterstützungsaufträge für die Invasion verzögerten diesen Angriff um drei Wochen, nachdem er ihn genehmigt bekommen hatte.

Galland hatte in der Zwischenzeit mit Schaudern an Präzisionsangriffe bei Tage auf die Treibstoffeinrichtungen gedacht. Die Jagdwaffe litt unter akutem Spritmangel, der für die Fliegerschulen am schlimmsten war, aber sich auch bereits bei den Einsatzverbänden spürbar machte. Die Jagdverbände der Luftwaffe, die die rumänischen Erdöleinrichtungen zu verteidigen hatten, meldeten seit Wochen fortwährende Angriffe von Bombern der 15th Air Force. Als die rumänische Ölproduktion sank, wurden die synthetischen Treibstoffwerke in Deutschland zu besonders kritischen Zielen.

So dankbar und erstaunt Galland auch über Saurs Wunder der Jägerproduktion war, so bedrückend war der Gedanke an die Treibstoffsituation. Saur hatte im April 2000 Jäger hergestellt und war dabei, die Zahl im Mai noch zu erhöhen. Galland sah sich von der strategischen Wirklichkeit verfolgt. Jagdflugzeuge ohne Sprit brauchten vom Gegner gar nicht erst abgeschossen zu werden. Sie waren von vornherein nutzlos, egal in welcher Menge.

Am 12. Mai 1944 griffen 800 amerikanische Großbomber die synthetischen Treibstoffeinrichtungen und die Leuna-Werke in Merseburg, Böhlau, Zwickau, Lützendorf, Brüx und Tröglitz an. Alle Ziele wurden schwer getroffen. Über 400 Luftwaffenjäger beteiligten sich am Luftkampf mit den Bombern und ihren Begleitjägern und schossen 46 der Kolosse ab. Galland konnte sich dieses Erfolges nicht richtig erfreuen. Er wußte, daß Doolittle der Jagdwaffe an die Kehle gegangen war.

Die Produktion von synthetischem Treibstoff nahm dramatisch ab. Das löste Unruhe und Bestürzung in der Ölindustrie, im Rüstungsministerium und in Gallands Dienststelle aus. Fortdauernde Angriffe dieser Art gegen Treibstoffeinrichtungen würden Deutschlands Kriegspotential zweifellos zugrunde richten. Der lähmende Schlag Doolittles vom 12. Mai wurde nicht so schnell wiederholt. Die 8th Air Force war wiederum hauptsächlich mit Angriffen im Invasionsgebiet beschäftigt. Synthetische Treibstoffwerke wurden erst wieder am 28. Mai 1944 massiert genommen. In den dazwischenliegenden sechzehn Tagen wurde die verhängnisvollste Entscheidung über die Me 262 gefällt — Gallands letzte Hoffnung auf eine Chance gegen die 8th Air Force.

Saur hatte die enorme Steigerung der Jägerproduktion erreicht, indem er Personal, Material und Produktionsstätten von der Bomberherstellung abzweigte. Weniger als 700 Bomber wurden im April 1944 gefertigt, während die Zahl der aus den Hallen rollenden Jäger auf über 2000 hochschnellte. Saur arbeitete auf ein Produktionsziel von 1000 Jagdflugzeugen pro Woche hin, eine nach Luftwaffenmaßstäben unglaubliche Anzahl. Sein Konzept sah einen parallelen Abfall der Bomberproduktion auf etwa 300 Flugzeuge pro Monat vor. Das war der Preis für eine riesige Jägerflotte.

Dieser phantastische Ausstoß, der Deutschland den von Hitler noch vor kurzem geforderten Jägerschutzschild gegeben hätte, wurde vom Oberkommando der Luftwaffe negativ und engstirnig bewertet. Der Generalstabschef der Luftwaffe, Günther Korten, sah in der Reduzierung der Bomberproduktion und in Saurs Zielsetzung für die kommenden Monate den Tod der Bomberwaffe. General Karl Koller, der Stellvertreter Kortens (und spätere Nachfolger), schloß sich dessen Ansicht an. Das Oberkommando erkannte nicht, daß die strategische Bombardierung Deutschlands gestoppt werden mußte, wenn noch ein Rest an Kriegspotential übrigbleiben sollte, und gab sich statt dessen Phantastereien über die Rolle des Bombers im Jahre 1944 hin.

Das OKL sah nicht, daß Saur in einer günstigeren Luftkriegssituation — wenn es militärisch sinnvoll war — in der Lage sein würde, einen Bomberstrom zu bauen, der dem gegenwärtigen Produktionswunder für Jäger nicht nachstehen würde. Aber die obersten Führer der Luftwaffe wollten unverzüglich mehr Bomber — auch auf Kosten der Jäger —, ohne Rücksicht auf die Luftkriegslage. Göring stimmte ihnen zu.

General Koller bereitete ein Arbeitspapier über die Notwendigkeit einer erhöhten Bomberproduktion vor und schickte es an Hitler. Inmitten der relativen Ruhe, die die verminderte Bomberaktivität im Mai bei Tag und Nacht mit sich gebracht hatte, begann sich Hitlers Entschlossenheit, die er noch im April für den massiven Jagdschutzschild gezeigt hatte, langsam aufzulösen. Berauscht von dem Gedanken, angreifen zu können, entwickelte Hitler phantastische Ideen von einer wiederbelebten Bomberwaffe. Göring half Hitlers Phantasie mit Visionen von über 10 000 erstklassigen Bombern nach — ein Trugbild der zukünftigen Luftwaffe.

Die Wirklichkeit der Vernichtung der synthetischen Treibstoffwerke und ihre lähmenden Auswirkungen konnten diese aggressiven Phantasien nicht aus dem Weg räumen. Deshalb entschied Hitler am 23. Mai

1944, daß Saurs Bomberkleinserie nicht akzeptabel war. Im Hinblick darauf und unter dem Eindruck, daß die Me 262 in Kürze als Blitzbomber zur Verfügung stehen würde, traf sich Hitler am 23. Mai 1944 mit den Spitzen der Luftwaffe auf dem Berghof am Obersalzberg.

Galland war zu dieser Besprechung nicht eingeladen, obwohl ihn ihre Konsequenzen direkt berühren mußten. Er befand sich in seinem Gefechtsstand in Berlin-Kladow. Göring war mit seinem Gefolge erschienen. Speer, Milch, Saur, Oberst Petersen und einige Mitglieder der Me 262-Kommission nahmen ebenfalls teil. Als sich die Diskussion um Saurs großes Produktionsprogramm für den Me 262-Düsenjäger zu drehen begann, setzte Hitler sich kerzengerade auf und unterbrach:

»Düsenjäger?« sagte er. »Ich glaubte, die Me 262 würde als Schnellbomber gebaut.«

Offensichtlich erregt, stellte Hitler die Frage, die Gallands Hoffnung auf eine Umkehr der Luftkriegslage zunichte machen mußte. »Wie viele der bereits hergestellten Me 262 können mit Bomben beladen werden?«

Feldmarschall Milch antwortete, daß keine dazu in der Lage sei. Das Flugzeug werde ausschließlich als Jagdmaschine produziert. Er hob die Konstruktionsänderungen hervor, die nötig sein würden, um die Me 262 in einen Jagdbomber zu verwandeln. Hitler lief rot an. Dies war eine unglaubliche Situation, denn Milch hatte Hitlers Befehl, die Me 262 als Blitzbomber herzustellen, absichtlich umgangen.

Milch hatte spekuliert. Er hatte seine Aktionen zum großen Teil auf Gallands Bewertung der Me 262 gestützt und glaubte, daß die Situation nur mit diesem Flugzeug gerettet werden könne. Nun war er gezwungen worden, die Bombe mit der schlechten Nachricht selbst über Hitler auszuklinken.

Hitler geriet in Raserei. Schon lange vor der Waffenschau in Insterburg im vorigen November hatte er eine Vorstellung des Blitzbombers gehegt, der über die Strände des Invasionsgebietes fegen und alliierte Truppen terrorisieren würde, ohne abgefangen werden zu können. Die Alliierten konnten täglich landen. Und jetzt wurde er in letzter Minute von seinen höchsten und vertrauenswürdigsten Leuten informiert, daß seine Befehle über den Blitzbomber nicht befolgt worden waren. Hitler stauchte die anwesenden Männer unbarmherzig zusammen.

Mit besessener Entschlossenheit befahl er auf der Stelle die Umwandlung der Me 262 in den Blitzbomber. Als der bestürzte Saur ihm die Bewaffnungs- und Beladungsunterlagen übergab, strich Hitler Kanonen, Munition und Panzerung aus dem Entwurf. In wenigen Minuten hatte er ihnen allen gezeigt, wie man ein Jagdflugzeug modifizieren konnte. Sein Zorn war so einschüchternd, daß die versammelten Offiziere stumm vor ihm erstarrten — ausgenommen Milch, der Hitler dringend riet, sich die ganze Sache noch einmal zu überlegen. Da er die Umkonstruktion der Me 262 auf dem Tisch des Berghofs bereits erledigt hatte, überhäufte Hitler Milch mit Schmähungen und Beleidigungen.

Von Hitlers Beschimpfungen gekränkt, rief Milch aus, daß »das kleinste Kind« sehen könne, daß die Me 262 ein Jagdflugzeug sei. Damit beendete der Feldmarschall praktisch seine Karriere. Hitler sprach ihn nicht wieder an. Die Me 262 sollte ausschließlich als Schnellbomber eingesetzt werden. Hinweise auf die Maschine als Jagdflugzeug waren verboten.

Als Galland von Milch und Oberst Petersen von den neuen Befehlen erfuhr, vermochte er sie kaum zu glauben. Deutschland wurde aus der Luft in Trümmer gelegt. Er fühlte, wie er sich innerlich dagegen auflehnte. Obwohl er gehört hatte, wie Hitler die Spitzen der Luftwaffe in Insterburg mit seiner Vorstellung des Blitzbombers unterhalten hatte, glaubte er nie daran, daß der Luftwaffe eine solche technische strategische Travestie aufgezwungen werden würde. Die kleine Me 262-Erprobungsgruppe, die in Lechfeld unter seiner Aufsicht arbeitete, hatte gute Fortschritte gemacht. Ihre Arbeit besaß seine Aufmerksamkeit und sein Interesse. Saurs Pläne für 1000 Me 262-Düsenjäger pro Monat hatten allen Hoffnung gemacht. All dies wurde nun durch den Groll Hitlers und Görings Unterwürfigkeit hinweggefegt.

Am 29. Mai 1944 schlug Göring den letzten Nagel in den Sarg, als er befahl, das Me 262-Projekt Gallands Verantwortungsbereich zu entziehen und es der Dienststelle von Oberst Dieter Peltz, dem General der Bomberwaffe, zu unterstellen. Die Beziehungen zur Bomberwaffe verschlechterten sich danach zusehends, als Peltz sich daran machte, Bombergeschwader auf den Me 262-Einsatz vorzubereiten. Gallands Versuchskommando in Lechfeld würde fortan offiziell keine Prototypen mehr erhalten. Deshalb begann der junge General, zusätzliche Düsenjäger auf Geheimwegen zu organisieren. Die beiden Hauptarme der Luftwaffe kämpften miteinander, während sie beide von den Alliierten zerstört wurden. Görings entsetzliche Führung hatte sie dazu gebracht.

Die entmutigende Umleitung der Me 262 zur Bomberwaffe kam zu einer Zeit, in der sich Galland und sein Stab ohnehin schon unter vielfachen Druck gesetzt sahen. Die Hauptplanungen für die Abwehr der Invasion liefen bereits seit Februar 1944, während die Verteidigung des Reiches gleichzeitig abgewickelt werden mußte. Die zentrale Jägerreserve wurde nach Görings verspäteter Genehmigung endlich aufgebaut. Galland hatte vor, diese neuen Einheiten über Deutschland einsetzen zu lassen, während sie an Stärke zunahmen, Koordination lernten und Erfahrung für die Luftverteidigung sammelten.

Nach der Invasion sollte die Reichsverteidigung hauptsächlich von JG 300 und JG 301 erledigt werden, mit Unterstützung durch die zweimotorigen Jäger des ZG 26 und ZG 76. Alle anderen Geschwader mußten diesem Plan zufolge nach Frankreich verlegt werden, sowie die Alliierten sich zu ihrer Hauptlandung entschlossen hatten. In Frankreich wurden Jägerflugplätze unter konstanter alliierter Bedrohung vorbereitet und ausgerüstet.

Wieder einmal machten sich die alliierten Täuschungsexperten daran, die Deutschen auf der Basis von Ultra-Nachrichten an der Nase herumzuführen. Diese Fachleute stellten in Kent eine Geisterarmee auf. Angeblich unter dem Befehl von Generalleutnant George S. Patton jr., verursachte diese nicht existierende Armee einen umfangreichen Funksprechverkehr mit zahlreichen Hinweisen, daß Patton am Pas de Calais landen würde. Diese Täuschungsmanöver hatten den Zweck, die Überzeugung von Feldmarschall von Rundstedt zu stärken, daß der Pas de Calais das Hauptinvasionsgebiet der Alliierten sei: Deutsche Panzer wurden dementsprechend bereitgestellt. Andere Täuschungsmethoden bereiteten die Deutschen auf eine Scheinlandung vor.

Diese erfolgreichen alliierten Schachzüge machten die schnelle Verlegung der Jagdwaffe nach Frankreich praktisch zunichte. Das deutsche Oberkommando West betrachtete die Landung in der Normandie ursprünglich als Finte, weil es seine Aufmerksamkeit aufgrund der verschiedenen alliierten Falschmeldungen auf den Pas de Calais konzentrierte. Die Verlegung von Jagdverbänden wurde deshalb um mehr als 24 Stunden verschoben. Die Überführung der Jäger auf Flugplätze im Invasionsgebiet geschah dann mit überstürzter Hast, nachdem die Luftwaffe schließlich selbst den Befehl dazu gegeben hatte.

Gallands Piloten flogen knapp dreihundert Einsätze am Tage der Invasion, verglichen mit mehr als zehntausend der Alliierten. Lediglich eine Handvoll Jagdbomber startete zu Einsätzen gegen die Brückenköpfe. Mit wenigen Ausnahmen wurden alle von ihnen gezwungen, ihre Bomben vorzeitig abzuwerfen, um sich vor den unablässig angreifenden alliierten Jägern zu retten. Die meisten Geschwader erreichten ihre französischen Plätze ohne ihre zugehörigen Verbände. Fast jede Gruppe war ein Gemisch von Staffeln anderer Gruppen.

Die Flugplätze im Invasionsgebiet, auf die so viel Mühe verschwendet worden war, waren zumeist ausgebombt und ihre Einrichtungen zerstört. Andere Landeplätze wurden in fieberhafter Eile mit all den Fehlern hergerichtet, die unter Druck begangen werden. Die Fernmeldeverbindungen der Jagdwaffe brachen total zusammen. Von Koordination konnte keine Rede sein. Piloten, die an die ausgeklügelte Jägerführung der Reichsverteidigung gewöhnt waren, zeigten einen traurigen Mangel an Navigationskenntnissen, wenn sie ohne diese Hilfe auskommen mußten. Zu Dutzenden landeten sie auf falschen Plätzen, weit von den ihnen zugewiesenen entfernt.

Einsätze degenerierten zu kümmerlichen Heckensprüngen um die Brückenköpfe herum. Die kleinen und oft bunt zusammengewürfelten Formationen der Luftwaffe wurden von Schwärmen alliierter Flugzeuge unbarmherzig gejagt. Wenn die Deutschen das Glück hatten, auf ein von der Luftwaffe besetztes Flugfeld zurückzukehren, fanden sie oft nur ein Minimum an Bodenpersonal vor, das der alliierten Luftarmada in einer Ju 52 getrotzt hatte. Die vollständige Stammbesatzung war noch Tage oder sogar Wochen nicht vorhanden, weil sie sich langsam über ramponierte Schienenwege vorarbeitete, die von den alliierten Jagdbombern beherrscht wurden. Nachschubprobleme spitzten sich derart zu, daß die unzureichenden und zu schlecht getarnten Plätze erfolgreiche Jägereinsätze nicht gewährleisten konnten. Durcheinander und Mißgeschick charakterisierten die Anstrengungen der Luftwaffe.

Galland führte eine Woche nach der Invasion ein neues Versorgungssystem ein. Überführungspiloten ohne Kampf- oder Navigationserfahrung waren nicht in der Lage, neue Jagdflugzeuge nach Frankreich zu überführen. Er richtete ein zentrales Versorgungsdepot in Wiesbaden mit Nebendepots in Köln und Mannheim ein, von denen aus Einsatzpiloten ihre Maschinen nach Frankreich fliegen konnten. Das II. Jagdkorps unter General Junck war für die Verteilung der Ersatzmaschinen zuständig. Die Übermacht der Alliierten zwang die deutschen Jäger, am späten Abend, wenn sich die Luftlage einigermaßen beruhigt hatte, zu ihren französischen Einsatzplätzen zu starten.

Galland entsandte den Inspekteur der Tagjäger, Oberst Hannes Trautloft, nach Frankreich, um sich dort ein Bild von der Lage zu machen und zur Stärkung der Moral und des Zusammenhalts in der Jagdwaffe beizutragen. Obwohl er einer der fähigsten Offiziere der Jagdwaffe war, hatte Trautloft alle Mühe, seine Jäger auf ein minimales Leistungsniveau zu bringen. Um gegenseitigen Schutz und Angriffskraft zu erhöhen, hielt er seine Formationen so groß wie möglich und tat alles, um sie in kürzester Zeit zu sammeln. Auf dem Schießstand des französischen Luftraums war das eine harte Nuß. Die sichere Rückkehr nach einem Einsatz bedeutete schon einen kleinen Sieg.

In der Pause vor dem alliierten Durchbruch bei Avranches besuchte Galland die Flugplätze im Invasionsgebiet. Sein Bericht an Göring war ein Katalog von Mängeln und Fehlern, gekrönt von der leistungsmäßigen und technischen Unterlegenheit der deutschen Jäger den besten alliierten Flugzeugen gegenüber. Leistung und Moral der Piloten waren auf einem Tiefpunkt angekommen. Die deutschen Jagdflieger mußten ihre Köpfe oft auf ihren eigenen Plätzen einziehen, denn alles, was sich am Boden bewegte, wurde von den Alliierten aus der Luft beharkt. Galland nannte das die »Wildwestschau«.

Die Inspektion der Jagdverbände in diesem Hexenkessel war für ihn eine schreckliche Erfahrung. Es war bereits eine große Leistung, in einem Stück von Flugplatz zu Flugplatz zu gelangen. Galland war zutiefst bestürzt und traurig, als er mit ansehen mußte, wie ehemals stolze Gruppen nur noch ein paar Jäger pro Tag in die Luft bringen konnten. Er mußte diese Gefühle verbergen, denn er wußte, daß er sich keine negativen Gemütsbewegungen anmerken lassen durfte. Diese arg bedrängten Piloten und ihre Vorgesetzten sahen immer noch mit größtem Respekt und Vertrauen zu ihm auf. Das ging ihm sehr nahe und machte es selbst inmitten der Verwüstung äußerst schwierig, den Zusammenbruch hinzunehmen.

Auf der anderen Seite des Kanals war der verschlüsselte Funkverkehr von Speers Wiederherstellungsorganisation aufgefangen und von den Ultra-Entkodern entschlüsselt worden. Diese bedeutungsvollen Informationen offenbarten, zusammen mit denen aus anderen Quellen, wie drastisch die deutsche Kriegsführung durch die Angriffe auf die synthetischen Treibstoffeinrichtungen im Mai gehemmt wurde. Am 8. Juni 1944 wies der Chef der strategischen Bomber, General Spaatz, weiteren Angriffen auf die deutsche Petroindustrie höchste Priorität zu. Misburg wurde am 15. Juni getroffen, und am 20. Juni führten 1200 Großbomber verheerende Angriffe auf synthetische Treibstoffwerke aus. Diese und nachfolgende Schläge hatten zum Ziel, das gesamte deutsche Kriegspotential lahmzulegen.

In dieser Zeit gab es am Himmel der Jagdwaffe in Gallands Augen nur einen Lichtblick — die zentrale Jägerreserve der Reichsverteidigung. Die kommenden Ereignisse sollten bestätigen, wie klug die Schaffung dieser Organisation gewesen war. Die ersten vier Wochen nach der Invasion hatten die Jagdwaffe mehr als 1000 Flugzeuge gekostet. Etwa 800 Jagdflugzeuge waren der Jägerreserve zugeteilt. Die angespannte Treibstoffversorgung machte es schwierig, sie zur vollen Einsatzfähigkeit zu bringen; trotzdem nahm ihre Schlagkraft langsam zu. Der Jägerstab hatte diese 800 Maschinen zur Verfügung gestellt. Selbst wenn die Piloten unerfahren waren, stand Deutschland dem Sturm erneuter alliierter Bombenangriffe nicht ganz schutzlos gegenüber.

Die Wiederaufnahme massiver Tagangriffe mit Bomberflotten von mehr als 1000 Viermots zwang Hitler, seine Träume von einer neu aufgestellten Bomberwaffe aufzugeben. Er war von den Bombern enttäuscht. Wiederholte Angriffe auf synthetische Treibstoffwerke veranlaßten ihn am 29. Juni 1944, darauf zu bestehen, daß fortan nur noch Jagdflugzeuge gebaut werden sollten. Die Me 262 sollte als Blitzbomber kommen. Jedem, der diese Befehle nicht befolge, drohe Erschießung. Er wurde schließlich von diesen extremen Maßnahmen abgebracht — Bomber wurden weiterhin in begrenztem Umfang hergestellt, während die Jagdwaffe in Frankreich um ihre Existenz kämpfte.

Galland war in der Lage, Jagdverbände aus dem französischen Strudel zur Wiederauffrischung herauszulösen, aber es war gefährlich und teuer, sie zurück nach Deutschland zu bringen. Er beschaffte sich hintenherum weitere Me 262 für sein Erprobungskommando. Ihm zugeneigte Offiziere auf hohen Posten schmuggelten dem Kommando genügend Maschinen zu, um es funktionsfähig zu halten. Die Erfahrungen mit diesen geschmuggelten Düsenjägern bestätigten in aufregender Weise ihre Leistungsüberlegenheit. Die Me 262 war ein Abfangjäger *par excellence.*

Der Attentatsversuch auf Hitler am 20. Juli 1944 verstärkte die Untergangsstimmung. Wilde Gerüchte waren im Umlauf, und niemand wußte Näheres; aber als sich der Rauch verzogen hatte, war Hitler immer noch an der Macht. Heinrich Himmlers Status und Einfluß wuchsen. Himmlers SS verfolgte die Verschwörer und richtete sie hin. Galland sollte bald feststellen, daß Himmler und die SS stark an der Me 262 interessiert waren.

Nach dem Durchbruch der Alliierten bei Avranches im August rollten gepanzerte Speerspitzen über Frankreich hinweg. Das deutsche Heer, ständig den Schlägen der überwältigenden alliierten Luftmacht ausgesetzt, sah sich fast zum fluchtartigen Rückzug gezwungen. Galland und Speer wurden zu einer Besprechung mit Hitler befohlen. Saur und der neue Generalstabschef der Luftwaffe, General Kreipe, waren ebenfalls anwesend. Kreipe hatte den Posten von Günther Korten übernommen, der an den Verletzungen gestorben war, die er beim Attentatsversuch auf Hitler erlitten hatte.

Hitler verlangte den sofortigen Einsatz der Jägerreserve gegen den alliierten Durchbruch bei Avranches. Galland war es nicht gestattet, seine Einwände vorzubringen, die sich auf die ernüchternden Erfahrungen des Unheils nach der Invasion stützten. Unerfahrene Reservepiloten konnten zwar etwas für die Luftverteidigung in der vertrauten Umgebung der Heimat tun, unter den herrschenden Bedingungen in Frankreich, wo die Alliierten jetzt 20 : 1 in der Überzahl waren, würden sie jedoch schnell verschluckt werden.

Die »Besprechung« lief als Hitlers Monolog weiter, nicht einmal Speer durfte sich äußern. Hitler war gegen eine Jägerreserve in Deutschland, aber trotzdem sollten Fabriken, synthetische Treibstoffwerke und die Eisenbahn geschützt werden. Speer konnte sich zu diesen kritischen Fragen nicht äußern, da Hitler sich nicht unterbrechen ließ.

Hitlers Ausführungen über seine Einsatzpläne für die Jägerreserve verwandelten sich in eine Schimpftirade gegen die Jagdwaffe. Er stand zitternd und fuchtelnd da, mit Wattepfropfen in seinen beschädigten Ohren, und versetzte sich durch seine eigene Rede in Rage. Er überlege sich, ob er die Jagdwaffe nicht abschaffen oder auf ein paar Geschwader reduzieren und mit einem neuen Flugzeug ausrüsten solle — aber nicht mit der Me 262. Hitler starrte Galland an.

»Den Rest werde ich verschrotten«, sagte er schroff, »um dann die Flakproduktion gewaltig zu erhöhen.«

Das Wort »verschrotten« wirkte wie ein Schlag auf Galland. Er vermochte kaum zu hören, wie Speer verzweifelt versuchte, Hitler zu erklären, daß eine Reduzierung der Jägerproduktion keine automatische Erhöhung der Flakproduktion bedeute. Der vorhandene Sprengstoff setzte Grenzen. General Kreipe zog Galland und Speer den Teppich unter den Füßen weg, indem er sich auf Hitlers Seite stellte. Kreipe versicherte, daß die 800 Reservejäger mit Leichtigkeit 1000 Einsätze pro Tag an der Westfront fliegen könnten. Der Generalstabschef der Luftwaffe war schon eine ganze Weile nicht mehr in Frankreich gewesen. Galland und Speer war es nicht gestattet, sich dazu zu äußern.

»Ich habe für Sie keine Zeit mehr«, sagte Hitler, als er sich seinen Karten zuwandte. Der General der Jagdwaffe und der Rüstungsminister sahen sich hinausgeworfen.

Die zentrale Jägerreserve wurde in den Kampf geworfen. Die Zustände in Frankreich hatten sich seit den ersten Tagen der Invasion verschlimmert. Paris war gefallen. Die Lage war unrettbar verloren, und der unübersichtliche Bewegungskrieg am Boden komplizierte die Verlegung einer großen Jägerflotte nach Frankreich. Piloten, die sich ohne Überlandflugerfahrung über ihnen unbekanntem Terrain fanden, landeten auf Flugplätzen, die verlassen oder zerstört waren, oder sich bereits hinter der schnell voranrollenden Panzerwalze befanden. Fernmeldeverbindungen waren in einem chaotischen Zustand. Viele Flugzeuge mußten nach der Landung in Frankreich von ihren Piloten wegen Spritmangels zerstört werden.

Jagdverbände, die bereits in den allgemeinen Rückzug verwickelt waren, mußten einen Teil ihres wertvollen Bodenpersonals an die Fallschirmjäger abgeben. Viele wurden zurückgelassen, die als Infanterist weiterkämpften. Die Piloten, die es schafften herauszufliegen, konnten sich zu den Glücklichen rechnen. Wenn immer möglich, nahmen sie Bodenpersonal in ihren Jägern mit. Deutsche Heerestruppen und SS-Einheiten beschlagnahmten Transportmittel der Luftwaffe mit Waffengewalt und machten sich damit auf und davon. Den Männern der Luftwaffe blieb nichts anderes übrig, als ihre eigenen Einrichtungen zu zerstören und auf ihre Gefangennahme zu warten.

Diese Zeit des Zusammenbruchs sollte sich für immer in Gallands Bewußtsein einbrennen. Unter seiner äußeren Gelassenenheit mit der allgegenwärtigen Zigarre schwelte eine zersetzende innere Unruhe. Seine geliebte Jagdwaffe, der Stolz seines Lebens, wurde vor seinen Augen zertrümmert. Und das nicht unbedingt durch Feindeshand, sondern durch den verrückten Hitlerbefehl, alles an die Front zu werfen. Telefon, Radio und Fernschreiber übermittelten Katastrophenmeldungen am laufenden Band.

Die enorme und hingebungsvolle Arbeit seines Stabes bei der Aufstellung der Reserve, seine ganze Hoffnung für den »großen Schlag« und die wahren Wunder, die von den Leuten beim Bau der 800 Jäger vollbracht worden waren, all das wurde aus dem Fenster geworfen. An das Schicksal der unerfahrenen, jungen Piloten war gar nicht erst zu denken. Die meisten von ihnen fanden den Tod, wurden verwundet oder gefangengenommen, ohne auch nur die geringste Wirkung auf den alliierten Durchbruch ausgeübt zu haben.

Galland suchte verzweifelt nach einem versöhnenden Element in dieser sinnlosen Zerstörung. Was er fand, waren lediglich zwölf alliierte Flugzeuge, die von den 800 Reservejägern abgeschossen wurden, bevor diese sich in Nichts auflösten. Eine Jägerwaffe, so groß wie in der Schlacht um England, war vom Erdboden verschwunden. Galland wollte seinen Posten aufgeben. Er hatte von Hitler und Göring die Nase voll. Er würde besser dran sein, in der Luft gegebenenfalls bis zum Tod und einem ehrenvollen Ende als Soldat zu kämpfen. Dann mußte er an die unvergleichlichen Führer und Besatzungen der Jagdwaffe denken, die ihm vertrauten. Er war auf höchster Ebene immer ihr Fürsprecher gewesen. Die Bevölkerung in den Städten ging ihm ebenfalls durch den Sinn. Und Jäger wurden immer noch in großen Stückzahlen gebaut.

Er beschloß zu bleiben, bis man ihm den Laufpaß gab. Die Jagdwaffe mußte wiederaufgebaut werden.

13
Die Luftwaffe in der Agonie

Der »große Schlag« blieb Gallands oberstes Ziel, als er sich an den erneuten Aufbau der Jagdwaffe machte. Nur der Abschuß von 300 bis 400 amerikanischen Viermot-Bombern konnte den strategischen Bombenangriffen Einhalt gebieten, durch die Deutschlands Kriegspotential jetzt systematisch zerstört wurde. Dieser letzte Wiederaufbau der Jagdwaffe war eine anspruchsvolle und komplizierte Aufgabe.

Jagdverbände, die sich aus dem Tumult in Frankreich nach Deutschland durchschlugen, hatten Piloten, Flugzeuge, ihren Zusammenhalt und einen Großteil ihrer Kampfmoral verloren. Wochen verzweifelter Einsätze, bei denen sie in der Luft und am Boden unnachgiebig gejagt wurden, hatten ein psychisches Opfer gefordert, das dem materiellen Schaden gleichkam. Die Verwirrung war besonders groß in den Gruppen, die mit mindestens einer Staffel einer anderen Gruppe operieren mußten. Die Einsatzbereitschaft hatte trotz der Führung durch hervorragende Kommodore in den meisten Geschwadern einen neuen Tiefpunkt erreicht.

Die angeschlagenen Reste des einst ruhmreichen IX. Fliegerkorps, mit dem Hitler, Göring und Peltz Britannien terrorisieren wollten, kehrten ebenfalls nach Deutschland zurück. (Die tapferen Besatzungen dieser Verbände sollten hauptsächlich durch ihre schweren Verluste in Erinnerung bleiben.) Kaum in der Lage, London zu erreichen, war der Vergeltungseinsatz des IX. Fliegerkorps ebenso wirkungslos wie verschwenderisch, genau wie Galland es vorausgesagt hatte. Mit weniger als 200 übriggebliebenen Bombern war das IX. Fliegerkorps als Kampfeinheit am Ende, und seine Reste wurden durch Treibstoffmangel lahmgelegt. Peltz blieb unter der Gönnerschaft von Göring weiterhin aktiv. Der zwangsweise erfolglose und ehrgeizige »Angriffsführer England« hatte sein Auge auf die Jagdwaffe geworfen.

Galland überzeugte Göring und das OKL, der Jagdwaffe eine kurze Pause einzuräumen, bevor sie wieder in voller Stärke eingesetzt wurde. Die geschwächte Moral wirkte sich negativ auf die Einsatzbereitschaft aus. Das einzige Gegenmittel war eine Kombination von Ruhe, Neuausrüstung und Neuorganisation sowie eine Anhebung des fliegerischen Standards, letzteres von den engen Grenzen bestimmt, die der

Treibstoffmangel verursachte. Die Wiederherstellung der Kampfkraft der Jagdwaffe stellte Galland vor eine monumentale Aufgabe.
Es gab jetzt wieder genügend Jagdflugzeuge. Saur hatte die Jägerproduktion im Juni und Juli auf Rekordhöhen geschraubt. Mehr als 1000 Piloten wurden im August von den Fliegerschulen abgegeben. Sie waren zwar nicht die geübten Piloten von 1940, aber sie konnten, wenn richtig eingesetzt und geführt, Bomber abschießen. Galland stellte alles auf sein Ziel ab, harte und konzentrierte Schläge gegen die Tagangriffe auszuführen. Alle Piloten und Einheiten wurden auf diesen Auftrag hin ausgebildet und vorbereitet. Selbst Göring stellte sich mit dem Rest seiner Autorität hinter die Aufgabe, die Jagdwaffe wiederaufzubauen und ihren taktischen Einsatz zu planen.
Galland zog Jäger aus Österreich und von der Südfront ab. Die italienische Front würde in Zukunft nur von zwei geschwächten Me 109-Gruppen verteidigt werden, deren italienische Piloten unter dem Kommando seines treuen Freundes und alten Kameraden, Oberst Eduard Neumann, standen. Für den zusätzlichen Schutz wichtiger italienischer Ziele sah Galland einen Me 163-Raketenjägerverband vor. 20 italienische Piloten wurden tatsächlich zur Ausbildung nach Deutschland geschickt. Treibstoffmangel ließ auch diese Idee im Sande verlaufen.
Im Frühherbst 1944 hatte die Luftwaffe im Westen JG 2, JG 26, JG 27 und JG 53. Für die Reichsverteidigung standen JG 3, JG 300 und JG 301 zur Verfügung. Im Süden befanden sich die zwei oben erwähnten Gruppen. Mit Neuausrüstung und Ruhepause wurden JG 1, JG 6, JG 11 und JG 77 in Deutschland wieder auf Einsatzstärke gebracht. JG 4, JG 7 und JG 76 waren neu aufgestellte Geschwader. Die Ostfront wurde intakt gelassen.
Wieder einmal sah sich Galland gezwungen, die Gruppenstärke zu erhöhen, um mit dem verringerten Rest an erfahrenen Führern auszukommen, deren Anzahl in Frankreich weiter geschrumpft war. Die Gruppen wurden auf 68 Maschinen aufgestockt. In jeder Gruppe bekamen die Piloten 15 zusätzliche Schulungsstunden, die sich auf Einsätze für die Reichsluftverteidigung spezialisierten. JG 27 wurde von der Westfront zur Auffrischung nach Deutschland verlegt.
Um die allgemeine Wirksamkeit zu erhöhen, wurden Sturmgruppen zwischen schwächeren und stärkeren Geschwadern ausgetauscht. Staffeln, die während des französischen Debakels fremden Gruppen angeschlossen wurden, ließ man dort, um Sprit zu sparen, der fast so wertvoll wie Blut geworden war. Die verschiedenen Geschwader wurden einfach mit ihren adoptierten Staffeln neu zusammengestellt. Die Lehrgänge für Verbandsführer lieferten Absolventen am laufenden Band.

Es bestand erheblicher Mangel an Offizieren, ein Engpaß, dem Galland durch die gleichzeitige und unzeremonielle Beförderung von 350 Unteroffizieren entgegenwirkte.
Anfang November 1944 hatte die Jagdwaffe eine Stärke von 3000 Flugzeugen erreicht, davon waren etwa 2500 einsatzbereit. Es war wahrscheinlich Gallands organisatorische Hauptleistung, solch eine Streitmacht aus dem Chaos der Nach-Invasionszeit geschaffen zu haben. Selbst die Aufstellung seiner Jägerreserve vor der Invasion war übertroffen worden. Diese unglaubliche Wiederbelebung ließ eine Jagdwaffe erstehen, die fast doppelt so stark wie die vom Vorjahr war. Diese Leistung wurde trotz der strategischen Bombenangriffe der Amerikaner erreicht.
Der richtige taktische Einsatz dieser Sturmwelle von Jägern war absolut lebenswichtig. Die Einsatzaufträge dieser wiedergeborenen Streitmacht wurden dementsprechend gründlich einstudiert. Vorbereitungen wurden getroffen, um verschiedenen Arten von amerikanischen Angriffen zu begegnen. Alle Offiziere der in Frage kommenden Einheiten hatten an den Übungen und Manövern teilzunehmen. Bei der Übersicht der ganzen Planung und Ausbildung für den »großen Schlag« mußte Galland immer wieder die ungeheuren Anstrengungen seines Stabes bewundern. Ohne ihre Hingabe wäre die Wiederauferstehung der Jagdwaffe in der elften Stunde nicht möglich gewesen.
Die Sturmgruppen gewannen wieder an Bedeutung, indem sie die Bomber in Wellen von hinten und aus kürzester Entfernung angriffen. Die Entwicklung dieser Gruppen war während und nach der Invasion weitgehend zum Erliegen gekommen. Während des Wiederaufbaus wurden sie von den Kommodores der Jagdgeschwader erneut gefordert, und Göring hatte sie dabei unterstützt. Galland sah sich gezwungen, sich dieser Entwicklung anzupassen, obwohl er persönlich mit der Art des Einsatzes dieser Sturmgruppen nach wie vor nicht voll einverstanden sein konnte.
Er stemmte sich gegen den Vorschlag, einen teuren Fehler der Vergangenheit zu wiederholen — Jäger defensiv fliegen zu lassen. Die Kombination von Sturmgruppen (zumeist schwer bewaffnete FW 190) mit leichteren Me 109 und normalen FW 190 als Begleitschutz wurde *Gefechtsverband* genannt. Diese Verbände bestanden aus etwa 300 Flugzeugen in drei oder vier Gruppen und flogen defensiv, mit den Begleitjägern seitlich und über den Sturmgruppen.
Ein strikter Befehl des OKL wies alle Sturmjäger an, die amerikanischen Bomber ohne Verzögerung anzugreifen. Das machte es zahlreichen wendigen amerikanischen Jägern möglich, sich von hinten über

deren Formationen herzumachen und sie mühelos abzuschießen, weil sich die deutschen Piloten nicht auf Luftkämpfe einlassen durften. Sie versuchten nicht einmal zu entkommen. Diese tapfere Befehlsausführung mußte mit Menschenleben teuer bezahlt werden.

Gallands nicht in die Tat umgesetzte Empfehlung an das OKL sah vor, nur die Hälfte der leichten Jäger als Begleitschutz einzusetzen und der anderen Hälfte die Jagd auf ihre amerikanischen Gegner freizugeben. Diese aggressive Taktik würde die amerikanischen Jäger zwingen, sich zu verteidigen, statt die deutschen Sturmgruppen unbehindert abfangen und abschießen zu können. Trotz der offensichtlichen Nachteile des Befehls für den unmittelbaren Jagdschutz erzielten die Sturmgruppen im September, Oktober, November und Dezember beachtliche Erfolge. Die traten immer dann auf, wenn es den Sturmjägern gelang, sich schnell hinter die Bomber zu setzen und mit aus kürzester Entfernung abgegebenen Feuerstößen den Verband zu durchfliegen. Aber es wurde immer schwieriger, diese großen Jägerformationen zu sammeln, weil die amerikanische Jagdabwehr ständig zunahm.

Als die Jäger der Luftwaffe nach dem Rückzug aus Frankreich in geringerer Anzahl auftauchten, machten sich die Amerikaner nach ihnen auf die Suche. Der Beschuß von Flugzeugen auf den Flugplätzen wurde zur alltäglichen Angelegenheit. Jeder Versuch, eine Formation von der Größe eines Gefechtsverbandes zu sammeln, erregte die sofortige und aggressive Aufmerksamkeit der US-Jäger. Da die Mehrzahl der deutschen Flugzeugführer nicht nur unerfahren, sondern selbst in ihrem eigenen Luftraum zahlenmäßig unterlegen war, wurde die Moral in der Jagdwaffe zunehmend schlechter.

Galland kam bei seiner Analyse der Luftkriegslage zu dem Schluß, daß der Hauptfaktor im Duell Jäger-gegen-Jäger zu suchen war. Der »große Schlag« würde die letzte Chance für die Luftwaffe sein. Darüber hinaus vermochte nur der Masseneinsatz von Me 262-Düsenjägern, geflogen von den erfahrensten und erfolgreichsten Piloten, den alliierten Sieg zu verhindern.

Die meisten der von Doolittle am 2. November 1944 eingesetzten 1100 Bomber wurden auf synthetische Treibstoffwerke angesetzt. Die wichtigsten waren die Leuna-Werke. Siebzehn Jagdgruppen begleiteten die Bomber. Eine Streitmacht von etwa 500 deutschen Jägern machte ihnen den Himmel über Merseburg streitig. Sturmgruppen des JG 3 und JG 300 meldeten 30 Luftsiege über US-Bomber, während 28 amerikanische Jäger am selben Tag abgeschossen wurden. Für ein Luftwaffenaufgebot von 500 Jagdmaschinen waren aber immer noch zu viele amerikanische Jäger in der Luft.

Gallands Verluste beliefen sich auf 70 gefallene und 28 verwundete Piloten. Das gerade neu aufgefrischte JG 27 wurde besonders in Mitleidenschaft gezogen: Es verlor 25 Flugzeugführer. Die Treibstoffanlagen der Leuna-Werke in der Umgebung von Merseburg wurden schwer beschädigt. Als großangelegter Abfangeinsatz war die Schlacht über Merseburg kein voller Erfolg, aber Gallands Vorstellungen drehten sich um eine Operation von noch größeren Ausmaßen. Er plante einen Masseneinsatz von 2500 Jägern, die den amerikanischen Begleitschutz derart überwältigen würden, daß die Sturmgruppen an die Bomber herankommen konnten. Entscheidend für den »großen Schlag« war es, zur richtigen Zeit und am richtigen Ort den zahlenmäßigen Vorteil plötzlich der Jagdwaffe zu übertragen.

Gegen striktestes Verbot flog Galland weiterhin gelegentliche Kampfeinsätze. Seine Erfahrungen bestätigten ihm, wie lebenswichtig es war, die Me 262 zu bekommen, um den Viermot-Bombern widerstehen zu können. Die ausgeklügelten Methoden und Schliche, die die Jagdwaffe anwenden mußte, um die Sturmgruppen an die Bomber heranzubringen, würden dann überflüssig sein. Die hohe Geschwindigkeit würde es der Me 262 erlauben, den Begleitschutz einfach zu durchstoßen. Darüber hinaus war die Me 262 mit ihrer schweren Bewaffnung ein Sturmjäger *par excellence.* Feuerstöße aus den vier 30 mm-Kanonen konnten die Tragfläche einer B 17 buchstäblich zersägen. Und der Düsenjäger konnte seinen Verfolgern mühelos davonfliegen.

Die Berichte vom Erprobungskommando 262 in Lechfeld, das mit seinem eigenen Jägerleitstand und Radar ausgerüstet war, bestätigten die Erwartungen, die man sich von der Me 262 als Abfangjäger gemacht hatte. Viele der Mosquito-Aufklärer wurden abgeschossen. Auf der Basis dieser Ergebnisse und Berichte und seiner eigenen fachmännischen Überzeugung fuhr Galland mit seinen Bestrebungen fort, die Me 262 als Jäger zu bekommen. Nicht einmal die Zerstörung Deutschlands aus der Luft konnte den widersinnigen Fehleinsatz des schnellsten Jagdflugzeugs der Welt verhindern.

Während sich Galland für die Aufstellung von Düsenjagdverbänden mit den besten Jagdfliegern der Luftwaffe einsetzte, wurde die Verteilung der in begrenzter Anzahl hergestellten Me 262 zum Skandal. Aus Gallands Sicht kam es einer teuflischen Verschwörung gleich, wie die Me 262 an Schlachtfliegereinheiten, die Bomberwaffe und Erprobungsstellen abgegeben wurde, die nichts mit der Jagdwaffe zu tun hatten. Selbst die Mistel-Huckepack-Versuche wurden genehmigt. Bei dem auch »Vater und Sohn« genannten Projekt wurde eine mit Sprengstoff beladene unbemannte Version der Ju 88 von einer aufgesetzten

Me 109 oder FW 190 in den Zielraum gesteuert und ausgeklinkt. Die erhofften Erfolge blieben aus, weil der Einsatz nicht zusammengefaßt wurde. Und all dies lief, während Tausende von amerikanischen Bombern nach Deutschland einflogen.

Galland ließ nicht nach, Göring immer wieder wegen der Me 262 anzugehen. Diese Besprechungen überzeugten ihn, daß Göring sich innerlich der Überlegenheit der Me 262 als Abfangjäger bewußt war. Trotzdem hielt der Reichsmarschall an seinem persönlichen politischen Grundsatz fest. Er würde nichts unternehmen, was Hitlers Mißfallen und Zorn erregen oder verschlimmern konnte. Göring hatte Hitlers Vertrauen schon seit geraumer Zeit verloren. Aus diesem Grund wimmelte der Reichsmarschall Gallands dringende Ersuchen ab, die Me 262 unverzüglich den Jagdverbänden zur Verfügung zu stellen.

Auch Deutschlands Gegner wußten, welch eine Gefahr die Me 262 darstellte. Die alliierten Geheimdienste besaßen umfangreiches Material über alle deutschen Düsenflugzeug- und Raketenprogramme, das ihnen zum großen Teil von Ultra-Entschlüsselungsexperten geliefert wurde. Mit der zunehmenden Unterbrechung des innerdeutschen Fernmeldeverkehrs verließ man sich mehr und mehr auf den Funkfernschreiber als Ersatz für kabelgebundene Fernsprechverbindungen. Dadurch konnten die Alliierten ihre Informationen auf direktem Wege erhalten. Weit entfernt von dieser geheimen Ebene konnten sich amerikanische Jagdflieger selbst ein Urteil über die Me 262 des Erprobungskommandos bilden, die ihnen ab und zu das Leben schwer machten. Die deutsche Düsenmaschine erfüllte sie mit Ehrfurcht.

Ein amerikanischer Jagdflieger, der von dem meisterhaften Hans Scharff in der Auswertestelle West verhört wurde, machte den Fehleinsatz der Me 262 als Bomber unverständlich. Er behauptete weiter, daß es der USAAF vor dem Tag graue, an dem die Me-262 mit Deutschlands besten Fliegerassen am Steuerknüppel gegen sie antreten würde. Galland stieß auf diesen Bericht wie auf einen Goldklumpen und legte ihn Göring vor. Der Reichsmarschall war zwar beeindruckt, aber die Politik behielt die Oberhand. Er hielt sich treu an Hitlers Anordnungen. Der Bericht mit den Ansichten des amerikanischen Piloten fand eine weite Verteilung, bis er schließlich von dem einzigen Mann in Deutschland gelesen wurde, der außer Hitler imstande war, Göring erzittern zu lassen — Heinrich Himmler.

Der SS-Chef hegte die Vorstellung von der Übernahme der Jagdwaffe durch die SS. Ihm kam jeder Beweis von Görings Unfähigkeit gelegen. Himmler stand hoch in Hitlers Ansehen, während sich Göring gerade noch am unteren Ende festhalten konnte. Durch SS und Gestapo hatte

Himmler Deutschlands innere Sicherheit fest im Griff und besaß damit die Trumpfkarten im Pokerspiel mit Göring. Als Himmler Druck auf Göring ausübte, Me 262-Jagdverbände aufzustellen, blieb diesem nichts anderes übrig, als nachzugeben. (Danach mischte sich Himmler ständig in Luftwaffenangelegenheiten ein.)

Galland war völlig überrascht, als ihm von Göring Anfang Oktober befohlen wurde, einen Jagdverband mit Düsenjägern aufzustellen. Das Lechfelder Erprobungskommando sollte als Kern dienen. Gallands Freude wurde jedoch gedämpft, als Göring darauf bestand, daß der neue Verband im westlichen Deutschland stationiert sein solle, um früh gegen die alliierten Bomberpulks und ihre Begleitjäger starten zu können. Galland schlug vor, die Düsenjäger nach Mitteldeutschland zu verlegen, damit Einsatzverfahren und Taktiken mit weniger Störung von seiten der alliierten Luftwaffen entwickelt werden konnten. Göring wies diese Empfehlung zurück. Der neue Verband wurde deshalb in Achmer und Hesepe, nordwestlich von Osnabrück, mit einer Sollstärke von 40 Flugzeugen, zwölf Offizieren und 315 anderen Dienstgraden aufgestellt. Das Kommando erhielt Major Walter Nowotny, ein Österreicher und ehemaliger Gruppenkommandeur der I/JG 54.

Nowotny war nur 24 Jahre alt, hatte aber bereits die Brillanten zum Ritterkreuz und mehr als 250 Luftsiege errungen. Galland hielt ihn für das beste junge Jagdfliegeras der Luftwaffe. Nun wurde Nowotny eine hohe und historische Verantwortung übertragen. Ihm zu Ehren wurde der erste einsatzfähige Düsenjägerverband der Welt *Kommando Nowotny* genannt. Durch Ultra-Entschlüsselungen wußten die Alliierten sofort alles über diese neue Einheit. Ihre Nachrichtendienste sorgten dafür, daß Achmer und Hesepe in den Brennpunkt gerieten.

Zwei Staffeln des JG 54 wurden speziell für den Schutz der Flugplätze abgestellt. Sie hatten alle Hände voll zu tun. Alliierte Jäger lagen ständig auf der Lauer, um auf die goldene Gelegenheit zu warten, die Me 262 beim Starten oder Landen zu erwischen, wenn sie am verwundbarsten war. Diese Störungen und Belästigungen fügten den ohnehin schon komplizierten Einsatz- und Wartungsaufgaben einen unerfreulichen Aspekt hinzu. Auf seinem anfänglichen Höchststand verfügte das *Kommando Nowotny* über etwa 30 Me 262, aber trotz ausgezeichneter Einsatzerfolge verringerte sich diese Zahl sehr schnell. Galland folgte Nowotnys Unternehmen mit leidenschaftlichem Interesse. Die Anzahl der von den Düsenjägern erzielten Abschüsse stieg trotz der geringen technischen Einsatzbereitschaft des Verbandes ständig an.

Die Luftsiege des *Kommandos Novotny* krönten schließlich die Bemühungen von Galland, Saur, Speer und Milch mit Erfolg, Hitlers Zustimmung für die Serienproduktion des Me 262-*Jägers* zu gewinnen. Hitler hörte gerne Berichte von alliierten Angreifern, die von Nowotnys Düsenjägern vom Himmel geschossen wurden. Am 4. November 1944 gab Hitler endlich nach. Selbst unter der von ihm gestellten Bedingung, daß jedes Jagdflugzeug in der Lage sein müsse, notfalls eine 250 kg-Bombe zu tragen, bedeutete seine Entscheidung für die Serienproduktion des Jägers einen Wendepunkt.

Als sich die erneuerte Jägerreserve ihrer endgültigen Einsatzbereitschaft näherte, berief Göring am 7. November 1944 eine Besprechung im Hauptquartier der Luftflotte Reich in Berlin-Wannsee ein. Alle hohen Offiziere der Jagdwaffe und alle Einsatzverbandsführer bis auf Staffelebene hinunter hatten zu erscheinen. Der Reichsmarschall ließ wiederum eine beleidigende Schmährede gegen die Jagdwaffe vom Stapel, die sowohl vom Inhalt als auch von der Länge her ungeheuerlich war. Über dreieinhalb Stunden hinweg machte Göring die »feigen Jagdflieger« für Deutschlands Desaster verantwortlich. Anwesend waren Jagdflieger, die mehr als 1000 Einsätze hinter sich hatten. Andere waren fünfmal und öfter abgeschossen worden und immer wieder in den Kampf am Himmel zurückgekehrt. Viele Uniformen verdeckten Wunden und Narben. Die verbrannten Gesichter anderer waren Kampfabzeichen, die sie für den Rest ihres Lebens tragen würden.

Das war Görings Art, die wichtigsten Offiziere der Jagdwaffe zu begeistern — die Männer, die die Einsätze leiteten, und die Verbandsführer, die an der Spitze ihrer Formationen in den Kampf flogen. Sie waren alle zu niedergeschlagen, um sich durch die Beleidigungen ihres Vorgesetzten getroffen zu fühlen, zumal eines Vorgesetzten, der sich so sichtbar der Schlemmerei hingegeben hatte. Die Folgen waren dennoch verheerend und zersetzend.

Galland hörte und sah den Unmut, die Proteste und die Enttäuschung. Göring hatte der Versammlung einen negativen Anstrich gegeben. Aber selbst das war für den Reichsmarschall noch nicht genug. Schallplatten mit Ausschnitten seiner Rede wurden an alle Jagdverbände verteilt. Jeder Flugzeugführer wurde angewiesen, sich die Rede anzuhören. Ein wütender Galland verließ Berlin unverzüglich. Er flog nach Achmer, wo Nowotny und sein Kommando trotz ernsthafter technischer Schwierigkeiten einen Lichtblick in dieser düsteren Atmosphäre darstellten.

Nowotny war von der Me 262 begeistert. Er teilte Galland seine taktischen Erfahrungen mit, die er mit den amerikanischen Bomberformationen gemacht hatte. Galland war derart in die Unterhaltung vertieft, daß er nicht merkte, wie schnell die Zeit verflog. Fast nichts in seinem Leben bedeutete ihm zu diesem Zeitpunkt mehr, als die Eignung dieses Turbos unter Beweis zu stellen — und hier saß er einem erstklassigen Jagdflieger gegenüber, der das tun konnte. Mit neu entfachter Hoffnung legten sie sich spät zur Ruhe.

Am nächsten Morgen, dem 8. November 1944, kündigten Luftschutzsirenen und bellende Flak den Anflug amerikanischer Bomber an. Nowotny startete mit mehreren seiner Kommando-Piloten. Galland betete, daß er es schaffen möge, in die Luft zu kommen, bevor die amerikanischen Jäger den Flugplatz gefunden hatten. Nowotny verschwand sicher in der Wolkendecke. Kurz danach war aus Funksprüchen zu erkennen, daß er einen Bomber abgeschossen, aber ein Triebwerk durch Treffer verloren hatte. Er versuchte zurückzukommen, wurde aber von gegnerischen Jägern angegriffen. Galland konnte das Feuergefecht über dem Platz zwar hören, aber wegen der Wolken nicht sehen. Dann stürzte Nowotnys Me 262 senkrecht ab, um mit einer donnernden Explosion aufzuschlagen.

Galland hatte den Tod vieler Jagdflieger mit ansehen müssen, aber diese Szene ging ihm wirklich an die Nieren. Nowotny war nicht nur ein großartiger junger Mann, sondern befand sich auch am Anfang einer neuen Epoche. Während diese Tragödie ablief, stand Gallands ehemaliger Chef von der Verkehrsfliegerschule in Braunschweig — und ein Veteran einer früheren Epoche —, Generaloberst Alfred Keller, neben ihm. Galland ersuchte telefonisch sofort die Genehmigung, die übrigen Düsenjäger nach Brandenburg zu verlegen.

Nowotny hatte in vielen Diskussionen klargemacht, daß Piloten und Bodenpersonal mehr Ausbildung und Erfahrung benötigten, um die Me 262 in der Luft und am Boden zu beherrschen. Das *Kommando Nowotny* wurde aufgelöst und bildete den Kern, um den die III/JG 7 als erfolgreicher Düsenjägerverband gebildet wurde. Die wenigen hektischen Wochen Nowotnys waren von unschätzbarem Wert. Die theoretischen Einwände gegen die Me 262 wurden beiseitegeräumt. Einwände wie die angeblich zu geringe Wendigkeit der Maschine, die behauptete unerträgliche Belastung der Piloten, die erwarteten Schwierigkeiten beim Schießen und die Überzeugung, die Me 262 könne nicht in Formation geflogen werden, wurden als unsinnig widerlegt. Der Einsatz von Düsenjägern hatte endlich einen Schritt nach vorn getan.

Unmittelbar nach Nowotnys Tod berief Göring wiederum eine Besprechung ein, diesmal in Berlin-Gatow. Die beleidigende Rede des Reichsmarschalls vom 7. November auf Schallplatten hatten sich inzwischen alle Flugzeugführer angehört. Auf Görings Beschimpfungen als Feiglinge brach fast ein Aufstand aus. Göring allerdings war es mit diesem demoralisierenden Unfug noch nicht genug. Er brachte 30 führende Luftwaffenleute zu einer Tagung zusammen. Sie sollten neue Vorschläge für eine schnelle Erneuerung der Kampfkraft der Luftwaffe ausarbeiten. In der ganzen bunten und manchmal bizarren Geschichte der Luftwaffe hatte es so etwas noch nicht gegeben.

Göring eröffnete die Tagung, indem er Vorschläge für die Neuorganisation der gesamten Funktion der Luftwaffe verlangte. Empfehlungen für die Versetzung oder Beibehaltung verschiedener Offiziere in hohen verantwortlichen Positionen sollten gemacht werden. Alles durfte offen diskutiert werden.

»Ich erteile hiermit die Erlaubnis«, sagte Göring, »alles oder jeden in der Luftwaffe zu kritisieren ... mich ausgenommen. Da ich vom Führer ernannt wurde, ist es nicht nötig, über mich und meinen Posten zu diskutieren oder mich und meinen Stab zu kritisieren.«

Göring machte Peltz zum Tagungsleiter. Trotz des Umfangs der geforderten Vorschläge, die praktisch einer kompletten Revision der Organisation und Stellenbesetzung der Luftwaffe gleichkamen, hatte Göring den Generalstabschef der Luftwaffe nicht eingeladen. Görings Revision der Luftwaffe wurde hauptsächlich von einem »Parlament« hoher junger Offiziere durchgeführt, die zwar an der Front gedient hatten, aber in der Mehrheit nicht unter dem Ballast der Reife und militärischen Erfahrung zu leiden schienen. Die Rivalität zwischen Offizieren der Jagd- und der Bomberwaffe war deutlich zu spüren.

Als Galland sich die Versammlung ansah, während Göring ihre angeblichen Ziele erläuterte, war er überzeugt, daß eine solche Tagung nichts Konstruktives hervorbringen konnte. Reibungen und Bitterkeit würden unvermeidlich sein. Göring war mit seinen in Jagdfliegerfragen nicht gerade kompetenten Beratern erschienen. Die Ideen der Jagdwaffe wurden von Galland, Trautloft, Lützow, von Maltzahn, Rödel und Streib vertreten — durch die Bank hervorragende Jagdfliegerführer.

Eine dritte Gruppe mit Baumbach, Harlinghausen, Schubert und Müller kam von der Bomberwaffe. Die vierte Gruppe, Jagdfliegeroffiziere von geringerer Statur als die, die Galland unterstützten, verliehen der Tagung eine peinliche politische Dimension. Obwohl sie tapfere und hochdekorierte Jägerasse waren, glaubten sie, daß Moral und Kampfstärke in der Jagdwaffe durch mehr politische Unterweisung und Aktivitäten angehoben werden konnte. Das trennte diese kleine Gruppe von Offizieren von denen, die zu Galland hielten.

Die Offiziere der Bomberwaffe schlugen unverzüglich einen Plan für strategische Bombenangriffe vor, der so unrealistisch war, daß er schon

ans Absurde grenzte. Galland sah sich jeden Tag der harten Nuß des Luftkriegs gegenüber: alliierte Luftherrschaft an Deutschlands Himmel. Diese Luftherrschaft stellte strategisches Bomben durch die Luftwaffe außer Frage. Die Offiziere der Jagdwaffe befürworteten ein Programm, das in ihren Augen sinnvoll war. Sie wollten eine stark vergrößerte Jagdwaffe, um mit einem fundamentalen ersten Schritt die Luftüberlegenheit über Deutschland zurückzugewinnen. Alle anderen Luftwaffenvorhaben mußten sich diesem Ziel unterordnen.
Eine zweite Gruppe von Jagdfliegeroffizieren schlug vor, die Lage in der Luftwaffe durch eine massive Schulung in nationalsozialistischer Weltanschauung zu verbessern. Alle Verbandsführer sollten umgehend auf einen vierwöchigen Einweisungskurs geschickt werden. Personal-, Waffen- oder Einsatzprobleme wurden von dieser Gruppe nicht angesprochen.
Während Stenographen sich beeilten, die Ausführungen für Görings Studium und historische Zwecke in Kurzschrift festzuhalten, wurden Zettel mit Vorschlägen für Entlassungen, Versetzungen und Ernennungen herumgereicht. Alte Ressentiments kamen wieder zum Vorschein und führten zu Hitzigkeiten und gereizten Nerven. Galland wurde den Verdacht nicht los, daß ihn Görings Günstlinge abservieren wollten. Nicht eines der Ziele, für die diese Tagung angeblich einberufen worden war, wurde erreicht. Die Disziplin wurde untergraben. Das Oberkommando der Luftwaffe war verständlicherweise empört und beleidigt, obwohl die Generäle Stumpff, Schmid und Weise an der Tagung teilgenommen hatten. Mißtrauen und Verwirrung griffen um sich, die Moral wurde weiter geschwächt. Galland verließ dieses niederträchtige »Luftwaffenparlament« mit der Überzeugung, daß seine Tage als General der Jagdflieger gezählt waren. Der »große Schlag« wurde deshalb für ihn um so wichtiger. Er wollte seine Amtszeit mit einem größeren Sieg beenden.
Am 12. November 1944 meldete Galland Göring und dem OKL, daß die wiederhergestellte Jagdwaffe einsatzbereit sei. Eine unglaubliche Erneuerung war erreicht worden. Elf massive Gefechtsverbände standen unter dem Kommando des I. Jagdkorps bereit. Im Westen würden JG 2, JG 26 und JG 53 unter dem II. Jagdkorps die Bomber auf ihrem An- und Abflug angreifen, soweit es das Wetter erlaubte. Flugplätze im westlichen Teil Deutschlands waren für die Unterstützung von Jägern eingerichtet worden, die Mehrfacheinsätze fliegen mußten. 80 bis 100 Nachtjäger sollten beschädigte Bomber angreifen, die sich in schweizerischen oder schwedischen Luftraum zu retten versuchten.
Es fehlte nur noch eine größere amerikanische Bomberflotte, die sich

an einem klaren Tag in Richtung Deutschland bewegte. Nach Gallands Schätzungen würde der »große Schlag« zwischen 400 und 500 Viermot-Bomber aus der Luft holen; einzukalkulieren wäre der Verlust der etwa gleichen Anzahl von deutschen Jägern. Wahrscheinlich würden dabei 150 deutsche Jagdflieger den Tod finden. Er erwartete, daß der materielle Schaden für die 8th Air Force von einem ebenso heftigen Schlag gegen die Moral begleitet werden würde, einem psychologischen Schock: 4000 bis 5000 gefallene Besatzungsmitglieder bei einem Einsatz würden selbst die Amerikaner aufrütteln. Das Wetter blieb zum Verrücktwerden ungünstig, und der Jagdwaffe blieb nichts anderes übrig, als zu warten.

Galland konnte nicht wissen, daß zwei Tage, bevor er die Jagdwaffe für den »großen Schlag« einsatzbereit meldete, Hitler sich selbst einen großen Schlag ausgedacht hatte. Er hatte sich zu einem massiven Überraschungsvorstoß durch die Ardennen entschieden. Der Schwung sollte genügen, um seine Armeen nach Antwerpen vordringen zu lassen. Er sah darin ein zweites Dünkirchen.

Um die Alliierten auf den falschen Gedanken zu bringen, daß das deutsche Heer sich auf Verteidigungsoperationen entlang des Rheins bei Köln vorbereitete, wurde der Deckname »Wacht am Rhein« gewählt. Alles wurde unter strengster Geheimhaltung organisiert. Die Sicherheitsmaßnahmen schlossen selbst Galland von der Kenntnis des Plans bis Anfang Dezember aus. Zwei Panzerarmeen, unterstützt von zwei weiteren Armeen, wurden nachts unter völliger Funkstille in Position gebracht. Nur die obersten Kommandeure und Stabsoffiziere kannten das Geheimnis. Um alliiertes Mithören zu vermeiden, überbrachten Kradmelder die wichtigsten Befehle. Dasselbe Wetter, das Gallands »großen Schlag« verzögerte, verhinderte auch die Luftaufklärung der deutschen Truppenkonzentrationen.

Plötzlich wurden Forderungen nach einer Verlegung größerer Jagdverbände zum Luftwaffenkommando West erhoben, dem Rumpfkommando, das nach dem Rückzug aus Frankreich im Westen verblieben war. Galland und anderen Beteiligten wurde erklärt, daß die Alliierten eine größere Offensive planten. Eine starke Jägerflotte wurde deshalb zur Unterstützung der verteidigenden deutschen Armeen benötigt; 1200 Jagdmaschinen des »großen Schlags« wurden Ende November in den Sektor Vechta—Arnheim verlegt.

Eine umstrittene und unwillkommene Figur inmitten der Vorbereitungen für die Ardennenoffensive war Generalmajor Dietrich Peltz, ein hervorragender Bomberpilot und Günstling Görings. Er tauchte als Kommandeur des II. Jagdkorps im Westen auf. Diese Vetternwirtschaft verärgerte die erfahrenen Kommodores der Jagdwaffe. Sie hielten Peltz für gänzlich unqualifiziert, ein Jagdfliegerkommando korrekt auszuüben. Die Ereignisse sollten ihnen bald recht geben. Letzten Endes sollten über 2000 deutsche Flugzeuge am Ardennenunternehmen beteiligt sein. Galland fand sich seiner so mühsam zusammengestellten Streitmacht für den »großen Schlag« beraubt.

Alliierte Geheimdienste und Kommandeure wurden diesmal gründlich getäuscht. Die Funkstille hatte Ultra lahmgelegt. Der Angriff des deutschen Heeres im Morgengrauen des 16. Dezembers 1944 kam für die Alliierten völlig überraschend und verwirrte sie. Galland folgte den Ereignissen mit Ärger und Zorn, als er erkannte, daß die von ihm zusammengestellte Streitmacht für ein unsinniges Alles-oder-Nichts-Unternehmen aufs Spiel gesetzt wurde.

Trotz Hunderter von Schlachtflieger- und Jägereinsätzen ging den Panzern nach der Umgehung von Bastogne der Sprit aus. Der benötigte Treibstoff kam nie an. Statt dessen kam mit der Wetterverbesserung die alliierte Luftmacht in ihrer ganzen, beängstigenden Stärke. Der Luftwaffe wurde die Luftüberlegenheit schnell entrissen. Die »Wacht am Rhein« war zu Ende und ging in die Geschichte nur als einer der größten Überraschungsangriffe dieses Krieges ein.

Für Galland war es schmerzhaft zu sehen, wie sich seine Vision für den »großen Schlag« für immer in Luft auflöste. Hauptsächlich aufgrund der Unerfahrenheit von Peltz und seinem Stab, Jagdeinsätze zu führen, stiegen die Jägerverluste im Westen steil an. Diese Verluste waren völlig sinnlos. Das Ardennenfiasko wurde von einem Geistesprodukt von Peltz und Hajo Herrmann gekrönt, das sie Unternehmen »Bodenplatte« nannten. Dieser Verzweiflungsangriff sollte gegen ein Dutzend alliierter Flugplätze in Holland und Belgien geführt werden.

Trotz Gallands energischem Einspruch wurden Überraschungsangriffe im Tiefflug geplant. Nach zwei Verschiebungen ging die Operation am Neujahrstag 1945 ab 9.20 Uhr über die Bühne. Die meisten der teilnehmenden deutschen Jagdflieger waren für den »großen Schlag«-Einsatz gegen Bomberpulks ausgebildet und vorbereitet worden. Ihnen fehlte die spezielle Erfahrung für Angriffe auf Bodenziele. Die Ergebnisse waren dementsprechend unberechenbar. Die Flugzeuge auf einigen der alliierten Flugplätze erlitten schwere Verluste und Beschädigungen, während andere glimpflich davonkamen. Nach bisherigen Unterlagen verlor die RAF 144 Flugzeuge; darüber hinaus wurden 84 Maschinen beschädigt. Die USAAF verlor 84 Maschinen; 62 erlitten Schäden. Dieser einmalige Verlust konnte von den Alliierten ohne Schwierigkeiten rasch ausgeglichen werden. Peltz bescherte der Luftwaffe einen wahrhaftigen Pyrrhus-Sieg, denn der Schaden war für die Jagdwaffe tödlich.

Die Deutschen zählten 237 gefallene, vermißte oder gefangene Piloten. Viele von ihnen wurden von der eigenen Flak abgeschossen. Zwei Kommodores, sechs Gruppenkommandeure und zehn Staffelkapitäne wurden im Unternehmen »Bodenplatte« verloren — nicht zu ersetzende Verbandsführer. Sie fielen alle am selben Tag. Für Galland war es, als ob man ein feines Rapier dazu benutzt hätte, Zuckerrohr zu schneiden — ein erschreckender Fehleinsatz. Jagdflugzeuge waren zwar tödliche, aber doch zerbrechliche Kriegsinstrumente. Sie verlangten kluge Umsicht bei ihrem Einsatz. Galland sah in »Bodenplatte« den endgültigen Dolchstoß für die Jagdwaffe.

Neujahr 1945 fand sich Galland grundlegend verändert. Er hatte seine Freude an der Führung der Jagdwaffe verloren. Nur seine enorme Standhaftigkeit hatte ihn die sinnlose Verschwendung der wiederaufgebauten Jagdwaffe verkraften lassen. Kleinkarierte Männer auf hohen Posten, die auf seine Entlassung zuarbeiteten, machten sich nicht mehr einmal die Mühe, ihre Intrigen zu verbergen. Der enorme Schaden, den die Jagdwaffe erlitten hatte, schien ihnen perverse Freude zu bereiten. Galland hatte, gegründet auf seine eigene berufliche Kompetenz und die Loyalität der Jagdflieger und ihrer Führer, immer fest zur Jagdwaffe gestanden. Jetzt aber hatte er genug.

Er war bereit, seine schwere Verantwortung abzugeben, und wollte zu einem Jagdverband als ehrenhafter Soldat zurückkehren. Er sehnte sich nach der Einfachheit des Daseins als Jagdflieger, dem Schwarz und Weiß des Luftkampfes. Er rüstete sich für den letzten Streit in diesem zusehends politischen Ameisenhaufen der Luftwaffenführung, wohl wissend, daß seine Amtsenthebung bevorstand.

Der Verlust unersetzlicher Verbandsführer während des verantwortungslosen Unternehmens »Bodenplatte« am Neujahrsmorgen bedeutete für Galland den Höhepunkt einer fast unerträglichen Enttäuschung. Eine wirre Kommandostruktur erlaubte ihm nicht, seine Kenntnisse zur Verteidigung Deutschlands in Taten umzusetzen. Diese Struktur ließ ihn ohne Befehlsgewalt, mit der er den massiven Verschleiß der Jagdwaffe hätte verhindern können. Die Machenschaften gegen ihn von Führern der Bomberwaffe, die an Görings Tisch saßen, wurden immer offener. Das Abhören seines Telefons und andere Intrigen wirkten auf sein ohnehin angespanntes Dasein wie ermüdende Quälgeister, die er nicht loswerden konnte. Dazu kam noch seine bevorstehende Amtsenthebung, die ein wirksames Handeln unmöglich machte.

Der junge General fühlte sich wie ein Mann, dessen Kopf unter der Guillotine liegt — sicher, daß sein Ende nahe ist, aber nicht wissend, wann das Messer fallen wird. Ein vernünftiger Mensch hätte sich wohl kaum wünschen wollen, den Vorsitz über den Zusammenbruch zu führen, der sich vor Neujahr 1945 bereits überall abzeichnete; trotzdem gab es Männer, die es inmitten des wachsenden Trümmerhaufens auf Gallands Posten abgesehen hatten.

Gallands Stab erkannte bald, daß gewisse Bürokräfte, die seiner Dienststelle auf höheren Befehl zugeteilt wurden, tatsächlich Spione waren. Sein Arbeitstag und seine Aktivitäten wurden ständig überwacht. Sein Dienst- und Privattelefon wurden abgehört. Seine bevorstehende Amtsenthebung schuf eine gedrückte und nervöse Stimmung in seinem Stab.

Görings Berater waren ganz besonders darauf erpicht, Galland seines Amtes enthoben zu sehen. Seit 1942 war der forsche und freimütige junge Jagdfliegergeneral auf viele Hühneraugen getreten, und unbedeutendere Männer beneideten ihn. Die jungen, wenig erfahrenen Berater in Görings Kreisen behaupteten, daß Galland in der Jagdwaffe zuviel Einfluß habe: das war ihre perverse Einschätzung der Loyalität, die ihm seine Soldaten entgegenbrachten.

Verschiedene Namen von Offizieren, die Galland ersetzen sollten, waren im Umlauf — Namen, an die sich heute kaum noch jemand erinnert. Im klaren Licht der Geschichte kann man heute als Tatsache erkennen, daß die Ernennung eines Nachfolgers nur eine bedeutungslose Formalität gewesen war, da sich die Luftwaffe bereits kurz vor ihrem endgültigen Zusammenbruch befand. Es gab keinen Führer, der je in seine Fußstapfen hätte treten können oder ein ähnliches Ansehen bei der Truppe genoß.

Für die Einsatzpiloten und Besatzungen war Galland eine schier unerschöpfliche Energie- und Kraftquelle. Wenn er bei ihnen auf Blitz- und Überraschungsbesuchen auftauchte — mit großer Sonnenbrille auf seiner geschundenen Nase, die zerdrückte Mütze schief auf dem Kopf und der unvermeidlichen schwarzen Brasilzigarre in der Hand —, strahlte er Führereigenschaft und Schwung, Willenskraft und Persönlichkeit aus. Wenn er in einer Wolke von Zigarrenrauch wieder abflog, hinterließ er bei seinen Leuten eine psychische Energie, die das Beste aus ihnen herausbrachte.

Dieser Führer war mit der Luftwaffe seit ihrer Geburt aufgewachsen, und nicht nur ihr jüngster General, sondern auch ihr *enfant terrible* geworden. Er hatte sich, ohne es zu wissen, in den Annalen der Luftfahrt verewigt. Unter den Persönlichkeiten der Luftwaffe sollten neben Göring der Öffentlichkeit nur noch ganz wenige in Erinnerung bleiben. Gallands Fehler als General der Jagdflieger fielen gegenüber seinen Erfolgen und seinen klugen Ratschlägen kaum ins Gewicht. Es verwundert deshalb nicht, daß der Ersatz von General Galland im Endstadium der deutschen Tragödie mit viel Zögern und Unsicherheit vonstatten ging.

Galland hatte Freunde und Vertraute in Hitlers Hauptquartier. Von diesen Offizieren erfuhr er, daß SS-Reichsführer Himmler Hitler die Ernennung von Oberst Gordon Gollob zum General der Jagdflieger vorgeschlagen hatte. Himmlers Einmischung in Luftwaffenangelegenheiten war für Göring ein zunehmendes Ärgernis. Himmler hatte Ambitionen, was die Luftwaffe anbetraf, und eine von ihnen war das Verlangen nach eigenen Düsenjägerverbänden für die SS. Das *Kommando Nowotny* war seinerzeit von Göring auf Himmlers Drängen hin aufgestellt worden, Düsenjäger zum Einsatz zu bringen.

Auf Himmlers Vorschlag hin nahmen Hitler und Gollob auch dieselbe Position ein. Der Reichsmarschall befahl Galland schließlich, einen detaillierten Bericht über seinen mutmaßlichen Nachfolger vorzubereiten. Galland stellte den Bericht, wie befohlen, zusammen. Gollob war ursprünglich ein Protégé Gallands und hatte als mutiges und fähiges Jägeras und als erster Pilot in der Geschichte 150 Feindflugzeuge abgeschossen. Er war mit den Brillanten zum Ritterkreuz ausgezeichnet worden — einer von nur neun Flugzeugführern in diesem Krieg.

Galland hatte seinen damaligen Protégé zum Kommodore des JG 7 vorgesehen, was eine wichtige Beförderung darstellte. Später empfahl er ihn für einen noch verantwortungsvolleren Posten, den des Jafü 5 in Bernay. Seit Mitte 1942 hatte sich die Personalabteilung des RLM fast ausschließlich auf Gallands Personalvorschläge für die Jagdwaffe gestützt. Nach Gollobs Berufung zum Jafü 5 veränderte sich das Verhältnis Gallands zu dem Offizier, der nun sein Nachfolger werden sollte. Gallands Bericht von 1945 schloß mit der Folgerung, daß Gollob in einer verantwortungsvollen Position der Aufsicht bedurfte. In der Art und Weise, wie Göring auf diesen Bericht reagierte, zeigte, wie verantwortungslos er war.

Mit Geschick verstand er es, seine Untergebenen wie Hunde gegeneinander aufzuhetzen. Der Reichsmarschall hatte sein Talent auf zerstörerische Weise vorgeführt, indem er das »Luftwaffenparlament« zu einem Zeitpunkt einberief, an dem Einheit das oberste Gebot zu sein hatte. Göring ließ Gallands Nachfolger zu sich nach Karinhall kommen und las ihm ausgewählte Passagen aus dessen Bericht über ihn vor. Gollob war außer sich. Was immer von der einst legendären Moral der Luftwaffe übriggeblieben war, wurde durch diese unglaubliche und widrige Bosheit von Göring selbst zerstört.

Verschiedene von Göring bevorzugte Bomberpiloten waren ebenfalls für Gallands Posten in Betracht gezogen worden. Als Hitler Göring jedoch Gollob empfahl, stimmte der Reichsmarschall sofort zu. Hitler wollte sowohl einen neuen Oberbefehlshaber für die Luftwaffe als auch einen neuen General der Jagdflieger, und Göring war sich dessen bewußt. Über Monate hinweg hatte sich der Reichsmarschall in vollständiger und bisweilen beleidigender Ungnade gefunden — er wollte deshalb alles tun, um seinen Herrn und Meister zu beschwichtigen. Galland war endlich draußen.

Göring befahl nun den amtsenthobenen Galland nach Karinhall und traktierte ihn mit einem neuen, weitschweifigen Selbstgespräch. Dieses beschäftigte sich mit Gallands Entlassung. Als Göring fortfuhr, ohne Galland die Gelegenheit zu geben, seine Aktionen zu rechtfertigen, wurde eines völlig klar: Göring hatte keinen vernünftigen Grund, um seinen jungen General abzusetzen.

Oberflächlichkeiten, Ausreden, Nebensächlichkeiten, Unterstellungen, Lügen und Phantasien flossen in einem ausholenden Geschwafel zusammen. Letzlich kam Göring, ausnahmsweise in gemäßigtem Ton, ans Ende seiner Begründung für die Amtsenthebung. Der Reichsmarschall wußte in seinem Inneren, daß Galland ihm über Jahre und schwere Zeiten hinweg mit Kompetenz und Hingabe gedient hatte. Plötzlich verschwand Görings Fassade, und der wahre Mann erschien.

»Ich bin Ihnen, General Galland, für die guten Ratschläge und den Dienst auf Ihrem Posten zu Dank verpflichtet. Ich danke Ihnen für alles, was Sie getan haben. Sowie Sie aus dem Urlaub zurückkehren, werde ich Ihnen eine wichtige Führungsposition geben.«

»Es tut mir leid, Herr Reichsmarschall, aber ich kann eine solche Position nicht annehmen.«

Görings blaue Augen weiteten sich.

»Warum nicht?«

»Wenn ich an den Einfluß der Offiziere, die auf meine Entlassung drängen, und an den bevorstehenden Zusammenbruch der Jagdwaffe denke, ziehe ich es vor, einfacher Jagdflieger in der Me 262 zu sein.«

»Ich könnte Ihnen ein Kommando …«

»Vielen Dank, Herr Reichsmarschall, nein! Ich will überhaupt kein Kommando. Ich möchte ein einfacher Einsatzpilot sein, der seine Pflicht erfüllt. Das ist alles, was ich mir von Ihnen erbitte.«

Göring entließ ihn mit einer Handbewegung und bestand darauf, daß eine Entscheidung nach Gallands Urlaub gefällt werden sollte. Der junge General fühlte sich besser, als er Karinhall verließ. Er konnte aber nicht so ohne weiteres mit einer Geste des Marschallstabes aus der Welt gezaubert werden. Die Jagdwaffe lag ihm im Blut.

Es war ihm angst und bange um die tapferen Einsatzpiloten, deren Schicksal er nun überhaupt nicht mehr beeinflußen konnte. Er wußte auch, daß sich in der Jagdwaffe ein Sturm zusammenbraute, mit ihm selbst im Mittelpunkt. Seine bevorstehende Amtsenthebung war allgemein bekannt geworden, von der Führung bis hin zum einfachen fliegenden Unteroffizier und Bodenpersonal. Görings vermeintliche Absicht, einen Bomberpiloten auf Gallands Posten zu hieven, wurde von Flugzeugführern und Verbandsführern als Gipfel der Beleidigungen angesehen, der alle anderen Schmähungen, die sie durch ihn erlitten hatten, in den Schatten stellte. Galland genoß die Ergebenheit und Treue der gesamten Jagdwaffe. Überall in der Welt hat sich das Militär stets um die Schaffung und Erhaltung eines Geistes bemüht.

Die Jagdflieger der Luftwaffe waren aufgebracht, als das Me 262-Fiasko andauerte. Die Prioritätszuweigung von Düsenjagdflugzeugen als Bomber zu den KG(J)-Zwittergeschwadern unter Peltz rief Ärger und Enttäuschung hervor. Diese Jagdflieger betrachteten die Me 262 mit Recht als eine geeignete Waffe, auf die sie im Hagel von Leuchtspurgeschossen gewartet hatten, während ihre Kameraden bei Angriffen auf die schweren Bomber zu Hunderten den Tod fanden.

Schlechtwettereinsätze wurden weiterhin befohlen, mit schweren und nutzlosen Verlusten, die meist wetterbedingt waren. Diese Art von Verlusten wurde von den Kommodores besonders verabscheut. Sie wußten, daß diese hoffnungslosen Einsätze von Görings inkompetenter Umgebung empfohlen worden waren. Görings Ansehen in der Jagdwaffe war auf einen neuen Tiefpunkt abgesunken. Er verschlimmerte die Situation ständig, indem er sich immer noch über die »Feigheit« der Jagdflieger beschwerte.

Diese mächtigen Strömungen von Unzufriedenheit und Mißtrauen, die Moral und Kampfkraft mit sich wegspülten, hatten einige der Kommodores und Divisionskommandeure veranlaßt, Galland aufzusuchen, bevor er seines Amtes enthoben wurde. Er war sich über ihre Beschwerden völlig im klaren, befand sich aber selbst inmitten eines Balanceakts. Er konnte nichts weiter tun, als ihnen mit Verständnis zuzuhören. Seine Befugnisse ließen es nicht zu, sich direkt mit diesen hochdekorierten Jagdfliegern und alten Kameraden einzulassen, die bei ihm in ihrer Bedrängnis um Hilfe nachsuchten.

Die Kommodores wollten eine Aussprache mit Hitler. Sie hatten vor, ihn um eine drastische Änderung zu bitten, die sie für nötig hielten, um Moral und Kampfkraft wiederherzustellen. Die Absetzung Görings als Oberbefehlshaber der Luftwaffe führte die Liste ihrer Vorschläge an.

Bevor sie jedoch zu Hitler gingen, schickten die enttäuschten Offiziere Oberst Günther Lützow und Oberst Johannes Steinhoff am 13. Januar 1945 an die Ostfront zu Generaloberst Ritter von Greim, dem dienstältesten Jagdflieger aus dem Ersten Weltkrieg. Von Greim war einer der Favoriten Hitlers und von ihm bereits als Görings Nachfolger in Betracht gezogen worden. Die frustrierten Verbandsführer hofften nun auf von Greims Rat und Einfluß.

Er hörte Lützow und Steinhoff zu. Am nächsten Tag rief von Greim General Karl Koller, den Generalstabschef der Luftwaffe, an und berichtete ihm über die Unterredung. (Nach Kollers Tagebucheintragungen stand von Greim der ehrlichen Suche der Kommodores nach einem Ausweg aus ihren Schwierigkeiten sympathisierend gegenüber; er beruhigte sie und riet ihnen, sich zuerst an Koller zu wenden.)

Koller wußte bereits, was sich da anbahnte. Er hatte am 13. Januar 1945 Major i. G. Gerd Müller-Trimbusch empfangen, Gallands Einsatzoffizier und Quasi-Stabschef. Ohne Gallands Wissen oder Zustimmung hatte Müller-Trimbusch darum ersucht, von Mann zu Mann und ohne Dienstgradprotokoll die Probleme der Jagdwaffe zu erörtern.

Aufgrund von Müller-Trimbuschs Vertrauensbruch, den die Kommodores als Verrat ansehen mußten, wußte Koller, daß die Einsatzführer mit Hitler unter Umgehung Görings reden wollten. Die Kommodores kannten Görings Schliche. Der Reichsmarschall würde ihnen den Zugang zu Hitler versperren.

Koller verstand die Lage. Die Forderung nach Görings Rücktritt hallte laut und bitter durch die Jagdwaffe. Trotzdem strich Koller bei seiner Unterredung mit Steinhoff und Neumann am 17. Januar richtigerweise heraus, daß der erzwungene Rücktritt Görings klar als Meuterei betrachtet werden würde.

Danach unterrichtete Koller Göring schriftlich über die potentiell verhängnisvollen Anstiftungsversuche in der Jagdwaffe. Er schlug dem Reichsmarschall vor, eine Delegation der Kommodores zu einer freimütigen Diskussion ihrer Anliegen und Vorschläge einzuladen. Koller ließ durchblicken, daß der Reichsmarschall vielleicht eine Audienz der Kommodores bei Hitler arrangieren könne, falls es ihm nicht gelang, mit ihnen übereinzukommen.

Göring empfing Steinhoff und Neumann unverzüglich in Karinhall. Ihr Besuch und ihre Ansichten überzeugten ihn davon, daß eine größere

Krise auf ihn zukam. Daraufhin berief der Reichsmarschall eine Besprechung aller abkömmlichen Kommodores ins Haus der Flieger in Berlin ein. Die Obersten Lützow, Steinhoff, Rödel, Trautloft und Neumann, die Oberstleutnante Graf, Bennemann und Priller sowie die Majore Michalski und Aufhammer nahmen daran teil. Galland wurde nicht eingeladen. Trautloft und Lützow hielten ihn jedoch auf dem Laufenden.

Lützow hatte alle Forderungen der Kommodores in einem umfangreichen Vorschlag zusammengefaßt. Sie ernannten ihn zum Sprecher ihrer Gruppe. Alle anwesenden Offiziere waren hochdekorierte, erfolgreiche Jagdflieger, aber Lützow war mehr als das. Er war ein Mensch von hoher Intelligenz, hervorragenden Führereigenschaften und noblem Charakter, der vor dem Rang, Ruf und der Erscheinung des Reichsmarschalls nicht aus Ehrfurcht in die Knie ging. Der Reichsmarschall mochte zwar als Vorgesetzter über ihm stehen, als Mensch ragte Lützow weit über Göring hinaus. Alle Anwesenden wußten das.

Lützow las die Vorschläge laut vor. Alle Gründe von Reibungen und Unzulänglichkeiten innerhalb der Jagdwaffe wurden aufgeführt, einschließlich Gallands Entlassung. Die Kommodores hielten fest, daß Galland das Vertrauen der gesamten Jagdwaffe genoß. Sie verlangten, daß er sein Amt als General der Jagdflieger beibehalten solle.

Heftige Argumente folgten in den nächsten vier Stunden. Die Me 262 und ihre Zuteilung zur Bomberwaffe, neue Taktiken, neue Einsatzleitungen und die unzumutbare Mitwirkung von Offizieren der Bomberwaffe in Führungspositionen der Jagdverbände — all dies wurde beleuchtet. Görings Behauptungen von Feigheit der Jagdflieger wurden energisch zurückgewiesen. Göring schnitt bei diesen Zusammenstößen nicht gut ab. Er verteidigte sich hauptsächlich damit, daß er Galland die Schuld zuschob. Das ließ die Diskussion nur noch hitziger werden. Während Lützow mit unwiderlegbarer Logik vorging, wurde Göring zusehends unsachlicher und zorniger. Schließlich empfahl Lützow Göring, seinen Abschied zu nehmen. Göring explodierte.

»Das ist Meuterei«, dröhnte er. »Das wird Verhaftungen geben!«

Er stürmte aus dem Raum, drehte sich noch einmal um und starrte den ehrlichen und aufrichtigen Lützow an. »Ich werde Sie füsilieren lassen!«

Die Revolte der Kommodores war offen ausgebrochen. Die bittere Stimmung hielt an. An jenem Abend wurden Haftbefehle gegen Galland und Lützow erlassen. Während der Revolte hatte Göring trotz des Widerspruchs der Kommodores darauf bestanden, daß Galland der Anstifter sein müsse. Galland verhaften zu lassen war ein ernster Schritt. General Koller überzeugte Göring, nicht in dieser Weise ge-

gen seinen ehemaligen General der Jagdflieger und Lützow vorzugehen.
Lützow wurde befohlen, Deutschland innerhalb von 48 Stunden zu verlassen. Er sollte Oberst Eduard Neumanns Posten als Jafü Italien übernehmen. Lützow wurde verboten, in Italien Besucher zu empfangen oder mit Galland und den anderen »Meuterern« in Verbindung zu treten. Das war Reichsverbannung für einen Jagdflieger, der Deutschlands zweithöchste Auszeichnung am Hals trug, die Schwerter zum Ritterkreuz.
Galland meldete sich am nächsten Morgen bei General Meister, dem Personalchef der Luftwaffe. Von diesem Offizier erfuhr er von Görings Wut darüber, daß er den Aufstand der Kommodores ausgeheckt habe. Galland machte Meister klar, daß er die Kommodores zu ihrer Aktion weder angestiftet noch sich an ihr beteiligt hatte. Ihr Wunsch, mit Hitler direkt zu sprechen, entsprang ihren eigenen Reihen. Galland betonte weiterhin, daß er bereits abgesetzt worden sei und deshalb in der Jagdwaffe weder Posten noch Einfluß besäße.
Galland wurde befohlen, Berlin innerhalb von 12 Stunden zu verlassen, General Meister über seinen Aufenthaltsort zu informieren und sich als unter Hausarrest stehend zu betrachten, wo immer er sich auch aufhalte. Er verließ Berlin in Richtung Oberwiesenthal im Riesengebirge. Alle Jagdverbände erhielten ein Fernschreiben von Göring: »General Galland hat aus Gesundheitsgründen seinen Abschied genommen.«
Oberst Gordon Gollob übernahm die Jagdwaffe, während sein ehemaliger Chef unter Hausarrest stand. Gallands ehemaliger Stab war über Gollobs erste schockierende Amtshandlungen so empört, daß die Offiziere en masse den Dienst quittieren wollten. Obwohl Galland persönlich eine derartige Treuebezeigung zu würdigen wußte, konnte er eine solche Aktion nicht billigen. Er nahm ihnen das Versprechen ab, auf ihren Posten zu bleiben und weiterhin ihr Bestes zu tun. Die Interessen der Jagdwaffe mußten obenan stehen und besonders die Unterstützung der Einsatzpiloten, die immer noch tagtäglich ihr Leben riskierten.
Gallands Abberufung und Verhaftung ließ praktisch alle Arbeit in seiner Dienststelle zum Erliegen kommen. Sein Stab empörte sich, als SD-Fahnder und andere Elemente anfingen, Akten zu durchwühlen, um nach Beweisen für Gallands »Korruption« zu suchen. Angebliche Beweise wurden entdeckt, die Glücksspiele und die private Benutzung von Dienstwagen betrafen. Diese Lächerlichkeiten wurden mit Anschuldigungen von Untreue gegenüber der NSDAP verbunden. Gallands wohlbekannte unpolitische Einstellung wurde von anderen Führern der Jagdwaffe geteilt, die sich bekannterweise nicht von der Nazi-

Propaganda für dumm verkaufen ließen. Es gab nur einen Offizier, der bis zum Kommodore aufstieg und fest an die Partei glaubte.
Während alle Energien darauf verschwendet wurden, Galland zu diskreditieren, wurde den verzweifelten deutschen Abwehrkämpfen in der Luft immer weniger Aufmerksamkeit geschenkt. Die deutsche Zivilbevölkerung sah sich Tag und Nacht den Angriffen einer zunehmenden Masse von Bombern ausgesetzt. General Doolittle entsandte jetzt jeden Tag, wenn es das Wetter zuließ, mindestens 1000 schwere Bomber. Über 300 Viermot-Bomber der 15th Air Force flogen dazu aus dem Süden an. Hunderte von mittleren Bombern der 9th Air Force tummelten sich ungestraft über dem westlichen Deutschland.
Göring aber suchte in der Zwischenzeit nach einem Sündenbock für die zunehmende Zerstörung Deutschlands und die anhaltende Vernichtung der Zivilbevölkerung. Der Reichsmarschall blieb durch und durch Politiker. Er kam zu dem Schluß, daß er Galland den Schwarzen Peter und die gesamte Schuld am bevorstehenden Zusammenbruch der Jagdwaffe zuschieben konnte. Göring konnte unter Umständen sogar seine eigene politische Haut retten, wenn er die Beschuldigung gegen seinen abberufenen General der Jagdflieger sorgfältig genug anstellte.
Göring ernannte in aller Eile eine Untersuchungskommission, die er manipulieren konnte. Sie bestand aus dem obersten Richter der Luftwaffe, von Hammerstein, und zwei weiteren Generälen. Der Sicherheitsdienst — der Geheimdienst der SS — arbeitete auf Hochtouren. Er verhaftete Major Rolf Meinardus, Gallands Adjutant, und sperrte ihn ein. Im Gefängnis sollte er auf sein Verfahren warten. Galland stand unter ständiger Aufsicht. Auf der verrückten Jagd nach Beweisen verhörte der SD Gallands Burschen, Feldwebel Benno Reiske, mit brutalen Methoden und zwang ihn, gegen seinen Chef zu spionieren.
Der gesamte Stab Gallands, vom dekorierten Kriegsveteran bis zur einfachsten Sekretärin, wurde intensiv verhört. Von seiner ehemaligen Umgebung und anderen wohlgesonnenen Freunden hörte er von Görings Plan, eine lückenlose Beweiskette gegen ihn aufzubauen. Über Defaitismus hinaus sollte er ernsthafter Dienstvergehen beschuldigt werden. Der Zusammenbruch der Jagdwaffe sollte ihm in einem grandiosen Gerichtsverfahren in die Schuhe geschoben werden. General Galland sollte in nationaler Ungnade enden.
Als Galland nach Berlin zurückkehrte, wurde sein Privatwagen beschlagnahmt. Jeder seiner Schritte wurde überwacht. Seine Telefone wurden abgehört. Die SD-Fahnder entdeckten ein paar Leute, die gehört haben wollten, daß Galland die militärische Situation längst als »hoffnungslos« bezeichnet habe. Der SD hatte Zweifel an seinen politi-

55 »Karinhall West«

56 Als »Botschafter für Jägerverständigung«: Barkhorn (†), Page, Galland, Bader (†), Hartmann, Stanford-Tuck (†), Rall (v. l. n. r.)

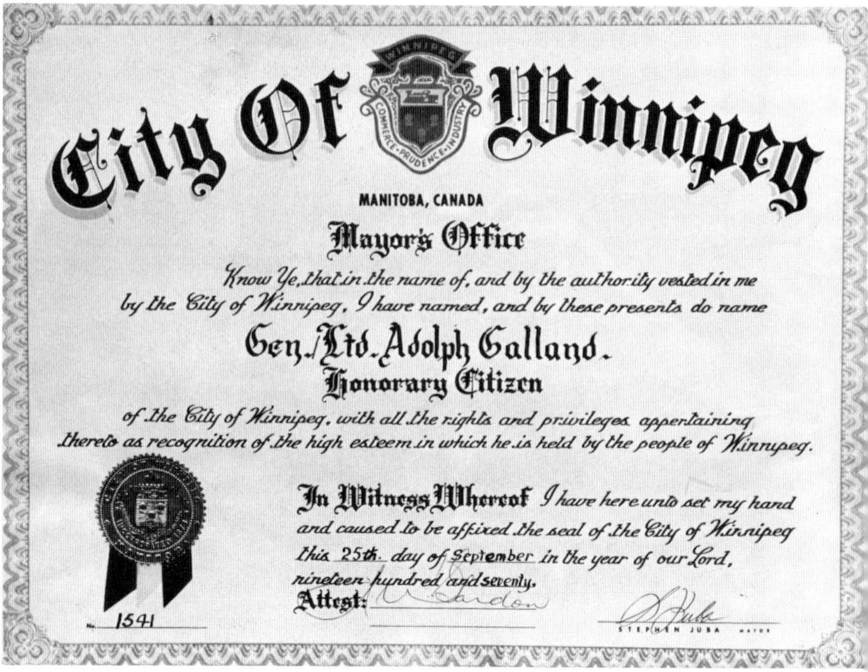

City Of Winnipeg

MANITOBA, CANADA

Mayor's Office

Know Ye, that in the name of, and by the authority vested in me by the City of Winnipeg, I have named, and by these presents do name

Gen./Ltd. Adolph Galland.

Honorary Citizen

of the City of Winnipeg, with all the rights and privileges appertaining thereto as recognition of the high esteem in which he is held by the people of Winnipeg.

In Witness Whereof I have here unto set my hand and caused to be affixed the seal of the City of Winnipeg this 25th. day of September in the year of our Lord, nineteen hundred and seventy.

Attest:

No. 1541

STEPHEN JUBA MAYOR

57 Ehrenbürger von Winnipeg

58 Zusammengenommen über 1100 Abschüsse: Steinhoff, Hartmann, Barkhorn, Falck, Stanford-Tuck (†), Hrabak, Powel, Lindemann, Galland, Andres (†), Schöpfel (v. l. n. r.)

59 Heidi und Adolf Galland an ihrem Hochzeitstag (10. Februar 1984) in Oberwinter

0 Mit Sohn Andreas Hubertus und Tochter Alexandra Isabelle

61 Warten auf Galland: Die Autoren Constable (l.) und Toliver, in der Mitte General Doolittle

62 Jack Whitten stets ein willkommener Gast bei den Gallands

schen Ansichten. Obwohl er die Politik sein ganzes Leben lang vermieden hatte, wurde sein Bekanntenkreis unter die Lupe genommen. Ein enormer Aufwand wurde getrieben, um irgend etwas aus seiner Vergangenheit auszugraben, das während des geplanten Prozesses gegen ihn benutzt werden konnte.

Der General tappte fast völlig im Dunkeln. Er besaß nur bruchstückhafte Informationen, die ihm von Freunden zugespielt wurden, die damit ihre eigene Freiheit aufs Spiel setzten. Der Apparat des SD und der NSDAP wurde eingesetzt, um ihn zu verleumden. Die Chancen standen schlecht für ihn. Er hatte keinerlei Mittel, um sich in der politischen Arena als Neuling zur Wehr zu setzen. Der Kämpfer Galland fand sich bedrängt. Er mußte schnell schalten. Er war feindlichen Geschossen in Hunderten von Luftkämpfen nicht ausgewichen, war mehrfach verwundet worden und hatte das Ritterkreuz mit Brillanten nicht getragen, um von einem unrechtmäßigen Gericht, das Göring dirigierte, erniedrigt zu werden. Von Gerechtigkeit konnte offensichtlich keine Rede mehr sein. Er fand sich in die Ecke gestellt.

Galland dachte daran, zu den Westalliierten zu fliehen, aber nach sechs Kriegsjahren wußte er, daß er mit solch einer Flucht nicht leben könnte. Göring würde ihn *in absentia* verurteilen lassen. Seine Eltern und sein überlebender Bruder würden zur Verantwortung gezogen werden. Er konnte nicht entkommen, noch konnte er bleiben.

Die einzige Möglichkeit war der endgültige Ausweg — Selbstmord. Galland teilte einer kleinen Freundesgruppe in jener Nacht seine Absicht mit, sich zu erschießen. Er konnte sich sogar mit einiger Bitterkeit vorstellen, wie Göring an seinem Grabe schmalzige Platitüden von sich geben würde, wie er es bei Udet getan hatte. Seine Entscheidung, sich das Leben zu nehmen, ließ seine engsten Freunde voller Bestürzung in Aktion treten.

Indem sie ihre eigene Freiheit aufs Spiel setzten, gelang es ihnen nach einigen Schwierigkeiten, sich spät nachts persönlich mit Albert Speer in Verbindung zu setzen. Sie berichteten ihm von Gallands Absicht. Speer war höchst entsetzt und um den General besorgt — trotz der späten Stunde ging er sofort zu Hitler. Dieser wußte von Görings Rachezug gegen Galland nichts, aber er kannte Göring. Er handelte sofort.

Hitler bestellte den SD mitten in der Nacht zu sich und verlangte eine Erklärung. Er durchschaute Görings Plan, Galland zum Sündenbock zu machen, sehr schnell. Er wollte solch eine Aktion nicht zulassen.

»Dieser Unsinn ist sofort einzustellen«, befahl er.

Bevor Galland sich in den frühen Morgenstunden, wie geplant, erschießen konnte, erhielt er zwei unerwartete Anrufe. Der erste kam von Ernst

Kaltenbrunner, dem Chef des gefürchteten Reichssicherheitsdienstes. Der massige Kaltenbrunner, dessen Befehle schon viele Menschenleben ausgelöscht hatten, berichtete Galland in freundlichem Ton, daß in seinem Fall Fehler gemacht worden seien. Er möge sich doch bitte nicht umbringen.

Kurz danach kam ein zweiter beruhigender Anruf. Diesmal war es Gestapochef Heinrich Müller, zweifelsohne auf Hitlers Befehl aus dem Bett geholt. Wiederum wurde ihm versichert, daß Fehler gemacht worden seien. Und wiederum wurde er gebeten, sich nicht das Leben zu nehmen. Galland hatte glücklicherweise noch nie vorher mit diesen beiden furchterregenden Persönlichkeiten zu tun gehabt. Nach dem Gespräch mit Müller legte er den Hörer auf die Gabel, ungläubig, daß beide versucht hatten, ihm das Leben zu retten. Sie hatten sogar einen jungen Luftwaffenoffizier dazu bestimmt, ihn bis zum Morgen nicht aus den Augen zu lassen.

Am Morgen wurde er mit einem Telefonanruf von Oberst Nikolaus von Below, Hitlers Luftwaffenadjutanten, zum Führer bestellt. In der Reichskanzlei eröffnete ihm von Below im Namen Hitlers, daß das schwebende Verfahren und alle damit zusammenhängenden Vorgänge eingestellt seien. Galland war erleichtert. Aber er verspürte auch Ärger über die Qual, die Göring ihn hatte ausstehen lassen.

»Der Führer kann Sie immer noch gut leiden, General Galland«, sagte von Below. »Er wollte den öffentlichen Skandal nicht, den ein Verfahren wie Ihres zu diesem Zeitpunkt ausgelöst hätte.«

Görings Untersuchungen brachen daraufhin zusammen. Major Meinardus wurde aus der Haft entlassen, aber ein vergeltungssüchtiger Göring versetzte ihn zu den Fallschirmjägern. Galland wurde zwei Tage später nach Karinhall beordert. Der Reichsmarschall war von zwei Stapeln von Akten flankiert, die diese Untersuchung produziert hatte.

Göring erhob Anschuldigungen, die sich angeblich aus den Akten ergaben. Galland durfte nicht antworten. Offensichtlich griff der Reichsmarschall nach Strohhalmen. In typischer Unehrlichkeit und Scheinheiligkeit behauptete er, daß er aufgrund von Gallands Verdiensten für die Luftwaffe die Einstellung des Untersuchungsverfahrens angeordnet habe.

Göring fügte großzügig hinzu, daß er auch das bevorstehende Gerichtsverfahren eingestellt habe. Der Reichsmarschall hatte keine Ahnung, daß Galland bereits durch von Below wußte, daß sein Gerichts- und alle anderen Verfahren durch Hitlers Befehl bereits eingestellt worden waren. Galland stand vor seinem alten Gegner und hörte sich mit Ruhe Görings Lügen an.

Der Reichsmarschall teilte ihm dann mit, daß Hitler sein Startverbot für Einsätze aufgehoben habe. Der Führer hatte angeordnet, daß Galland einen kleinen Verband, etwa in Staffelstärke, aufstellen solle, um zu beweisen, daß die Me 262 ein überragendes Jagdflugzeug war. Mehr konnte von Hitler nicht erwartet werden.

Mehr? Was konnte man einem deutschen Jagdflieger, der seine Pflicht erfüllte, noch mehr geben als die Me 262? Gallands Stimmung hob sich. Obwohl er erkannte, daß Hitler und Göring annahmen, er würde wohl im Kampf fallen — und damit das Schicksal einen Richterspruch überflüssig machen —, konnte er seine Begeisterung nicht verheimlichen. Er würde einen Jagdverband führen! Sein versteinerter Ausdruck veränderte sich zu einem leichten Lächeln.

Doch es kam noch mehr. Göring sagte ihm, er könne sich seine Piloten selbst aussuchen und solle ihm ihre Namen übermitteln. Der Reichsmarschall starrte seinen ehemaligen Protégé an, den Mann, den er selbst vom Kommodore des JG 26 zum General der Jagdwaffe befördert hatte.

»Und wenn Sie wollen, können Sie die abgesägten Obersten — Steinhoff — und den Anführer der Meuterei, Lützow, haben. Ich brauche die ganz sicher nicht.«

Galland konnte seine Freude kaum verbergen. Düsenjäger, die besten Piloten der Luftwaffe, und mit diesen zu fliegen! Seine wilde Aufregung war der ähnlich, die er im Luftkampf spürte, aber wie im Luftkampf behielt er auch hier einen kühlen Kopf. Er führte Göring die peinliche Situation mit seinem Nachfolger vor Augen und betonte, daß er diese Düsenjägerstaffel nur unter einem unabhängigen Kommando aufstellen könne. Göring stimmte zu.

»Ihre Einheit wird nicht unter dem Befehl Ihres Nachfolgers stehen. Noch wird sie unter dem Kommando einer Luftflotte, Division oder eines Jagdkorps operieren«, sagte Göring. »Sie alleine entscheiden, ob, wann, wo und wie Einsätze geflogen werden. Sie dürfen darüber hinaus mit keinem anderen Jagd- oder Düsenjägerverband in Verbindung kommen. Ich werde einen dementsprechenden Befehl erlassen.«

In den letzten Tagen der Jagdwaffe hatte Galland endlich die Handlungsfreiheit erhalten, die er sich schon immer gewünscht hatte. Jetzt war er in der Lage, das in die Tat umzusetzen, was er seinen Vorgesetzten seit seinem ersten Düsenflug im Mai 1943 dringend geraten hatte. Hitlers Anweisungen, die dies möglich gemacht hatten, waren nicht aus Wohlwollen erteilt worden, sondern vielmehr in der Gewißheit, daß Galland im Luftkampf den Tod finden würde — ein sauberes Ende der »Galland-Affäre«. Aber dieser schreckte vor den Gefahren des Luftkampfes nicht zurück. Er würde seine Chancen in der Luft wie bisher mit Freude wahrnehmen.

Von Verzweiflung und dem Abgrund der Selbstzerstörung war er in wenigen Tagen in neue, hoffnungsvolle Höhen aufgestiegen. Er würde den verdammten Führer nie wiedersehen, und es war eine Ironie des Schicksals, daß Hitlers Eingreifen ihn vor dem Selbstmord gerettet hatte. Nicht viele konnten das von sich behaupten.

14

Der Jagdverband 44

Nach Newtons Gesetz muß alles, was nach oben geht, auch wieder herunterkommen, und das trifft für Piloten ebenso zu wie für Flugzeuge. Der General der Jagdflieger war Anfang 1945 wieder zum Staffelkapitän abgestiegen — die gleiche Stellung, die er während seiner Zeit im spanischen Bürgerkrieg acht Jahre vorher innehatte. Damals Leutnant, war er inzwischen zum Generalleutnant aufgestiegen. Seine von Kolbenmotoren angetriebenen Doppeldecker des Jahres 1937 waren durch eine Staffel des schnellsten Jagdflugzeugs der Welt ersetzt worden — die mit zwei Strahltriebwerken ausgerüstete Me 262. Alles in allem war es für Adolf Galland eine phantastische Berg- und Talfahrt gewesen, eine Laufbahn, die in der Militärgeschichte anderer Mächte nicht ihresgleichen hatte.

Er war jetzt sehr wahrscheinlich der begeistertste Staffelkapitän der Luftwaffe, denn alles, wofür er in diesen bitteren Jahren gerungen hatte, wurde ihm plötzlich im Kleinformat und unter seiner persönlichen Kontrolle genehmigt. Ein Einsatzkommando, das nach Jahren der Enttäuschung wie eine Erlösung auf ihn wirkte.

Er wandte sich an Offiziere in der Führung und beim Generalquartiermeister, die er gut kannte, und begann mit der Aufstellung seiner Einheit. Flugzeuge, Piloten, Bodenpersonal, Ersatzteile, Ausrüstung, Kraftfahrzeuge und eine lange Liste anderer Dinge mußten beschafft und zusammengestellt werden. Der »Jagdverband Galland« mußte aus dem Nichts geschaffen werden.

Ursprünglich wurde der neue Verband in Brandenburg-Briest aufgestellt und hoffte auf die Hilfe des benachbarten JG 7, das ebenfalls mit der Me 262 ausgerüstet war. JG 7 war Steinhoffs letztes Kommando vor seiner Absetzung. Das veranlaßte Gollob zu einem Befehl an das JG 7, den JV 44 und Galland unter keinen Umständen zu unterstützen. Aber dieser Befehl wurde vollständig ignoriert. Steinhoffs alte Kameraden zeigten enthusiastisches Interesse an der neuen Elite-Staffel und halfen, wo sie nur irgend konnten. Gollob fuhr mit seinen Querschüssen fort und blockierte die Versetzung von Piloten, die Galland angefordert hatte. Auf seine Beschwerde beim Chef des Luftwaffenpersonalamtes erfolgte keine Reaktion. Aber Galland war nicht gewillt, diese

Art von stiller Sabotage hinzunehmen. Er rief Oberst von Below in Hitlers Hauptquartier an. Auf höchstem Dienstwege wurde Göring benachrichtigt, der genau wie bei Gallands geplantem Verfahren schnell kapierte, worum es ging.

Umgehend gab Göring den Befehl, daß Gallands Verband die angeforderten Flugzeugführer und das benötigte Material unverzüglich zu erhalten habe. Gerüchte von diesem Elite-Düsenverband hatten sich wie ein Lauffeuer durch die Jagdwaffe verbreitet und eine neue Begeisterung aufkommen lassen. Erfolgreiche Jagdflieger wetteiferten miteinander, um noch einmal das schon fast vergessene Gefühl der Luftüberlegenheit erleben zu dürfen. Sie spürten die historische Dimension dieser Düsenjägerstaffel und bewarben sich um die Ehre, mitmachen zu dürfen. Hauptleute, Majore und Oberstleutnante waren bereit, als einfache Piloten zu fliegen.

Trautloft hatte Galland von den Jagdfliegerschulen einige seiner erfahrensten Fluglehrer geschickt, Fliegerasse mit bester Kampferfahrung. Mehrere Piloten kamen aus eigener Initiative zur Einheit, indem sie den Dienstweg einfach mißachteten. Die meisten von ihnen informierten noch nicht einmal das Personalamt. Einige fuhren auf Fahrrädern nach Brandenburg-Briest. Berühmte Flugzeugführer wurden von Gallands Staffel angezogen.

Von der russischen Front kam Major Gerd Barkhorn, der 300 Luftsiege errungen hatte. Hptm. Walter Krupinski, der berühmte »Graf Punski« mit 197 Luftsiegen, wurde zusammen mit Erich Hohagen und »Bubi« Schnell aus dem Hospital gelotst. Günther Lützow kam aus seinem italienischen Exil zurück und fand seinen »Meuterer«-Kollegen Steinhoff, der mehr als 170 Abschüsse hatte, mit Ausbildung und Einsatz beauftragt. Weniger bekannte Jagdflieger aus den ersten Kriegstagen ergänzten mit ihrer Erfahrung und ihren Fähigkeiten die Liste der Piloten.

Galland hatte Erich Hartmann persönlich zu überzeugen versucht, im JV 44 weiterzukämpfen. Mit 350 Luftsiegen war er Deutschlands erfolgreichster Jagdflieger. Hartmann machte ein paar Flüge in der Me 262, wollte aber unbedingt wieder zu seinen Kameraden im JG 52 an die Ostfront zurück. Seine Rückkehr zum JG 52 sollte ihm zehn Jahre in russischer Kriegsgefangenschaft bringen.

In der ganzen Geschichte des Luftkrieges hatte es noch nie eine derartige Elitestaffel gegeben. Das Ritterkreuz hätte ihr Wappen sein können. Fast alle Piloten hatten diese Auszeichnung oder eine ihrer höheren Stufen errungen. Ihr Führer war ein Generalleutnant. Steinhoff und Lützow waren Obristen. Heinz Bär, eine Luftwaffenlegende mit 220

Luftsiegen seit 1939, war Oberstleutnant. Krupinski, Hohagen und Barkhorn waren Majore. Diese Jagdfliegerasse und ihr berühmter Staffelkapitän teilten sich etwa 900 Luftsiege. Wenn man die Hauptleute, Leutnante und Unteroffiziere dazurechnete, war dies die einzige Staffel in der Welt, deren Piloten über 1000 Flugzeuge abgeschossen hatten.

Dienstgrade spielten schon bald keine Rolle mehr, als selbst die hervorragendsten Führer der Luftwaffe die Dienste verrichteten, die in normalen Einheiten von Leutnants und Unteroffizieren erledigt wurden. Der Name JV 44 (Jagdverband 44) wurde von Galland gewählt und von Göring genehmigt. Dem Reichsmarschall blieb verborgen, daß die Doppelvier in 44 ein Wortspiel war — ein Seitenhieb auf den Führer. Da zwölf Jahre mit einem »Vierer« (Führer) nichts eingebracht hatten, wollten sie es jetzt auf Berliner Art mit »zwee Fiehrern« versuchen. Die »44« erinnerte außerdem an die erfolgreiche Jagdgruppe 88 der Legion Condor, mit der Galland zuerst in den Kampf ging. Er hoffte, daß der JV 44 mindestens halb so gut sein würde wie die Jagdgruppe 88; das wäre ein bedeutender Erfolg gewesen.

Der Generalstabschef der Luftwaffe, General Karl Koller, schlug Galland vor, JV 44 nach Süddeutschland zu verlegen, um den Me 262-Werken wenigstens ein Minimum an Schutz zu gewähren. General Koller schlug Lechfeld vor. Eine schnelle Lagebeurteilung zeigte, daß Lechfeld bereits überbelegt war. Galland entschloß sich für München-Riem. Für den erfolgreichen Einsatz der Me 262 wurde viel Platz benötigt, besonders im Hinblick auf die großflächige Auflockerung der Flugzeuge zum Schutz gegen Tiefangriffe. Trotz des anhaltend starken Widerstands der Alliierten ging die Verlegung voran. Wellen von Bombern drangen tagtäglich weit in den deutschen Luftraum ein. Hunderte von amerikanischen Langstreckenjägern verfolgten ihre Gegner und griffen jeden Flugplatz an, den sie finden konnten.

Diese Wirklichkeit stand im krassen Gegensatz zu den Scharaden, die auf höchster deutscher Ebene immer noch so gespielt wurden, als sei es Frühling 1940. Leute in hohen Stellungen waren noch mit Beförderungen, Organisation und Berufungen beschäftigt. Als JV 44 trotz unglaublicher Schwierigkeiten seine Einsatzbereitschaft erreichte, wurde General Kammhuber von seinem Kommando über die Luftflotte 5 in Norwegen abberufen. Göring ernannte ihn zu seinem Sonderbevollmächtigten für Strahlflugzeuge. Dies war Görings letzter Versuch, Hitlers Ernennung von SS-General Hans Kammler zum Führerbevollmächtigten für V-Waffen und Strahlflugzeuge zu kontern und damit den Einfluß der SS auf die Luftwaffe zu neutralisieren. Göring hatte dies

richtigerweise als Plan Himmlers erkannt, Teile der Luftwaffe unter seine Kontrolle zu bringen.
Staffelkapitän Galland wurde von Kammler und Kammhuber um Rat gefragt, welche Aktionen im Hinblick auf die Situation der Düsenjäger zu unternehmen seien. Gallands Vorschläge waren klar und eindeutig:

1. Beendigung aller Blitzbombereinsätze mit der Me 262 beim KG(J)51; statt dessen Konzentration auf Jagdeinsätze.
2. Zuteilung der Me 262 des KG(J)6 und des KG(J)27 an KG(J)54 und JG 7, die bereits einsatzbereit waren. Gleichzeitige Aufbesserung dieser Geschwader mit den erfolgreichsten Jagdfliegern.
3. Unverzügliche Umschulung der erfolgreichsten Jagdflieger auf Düsenjäger.
4. Zuteilung aller verfügbaren Zugmaschinen, Tankwagen und Bodengeräte an die Düsenjägerverbände.
5. Einstellung aller anderen Me 262-Einsätze und -Erprobungen zugunsten von Jagdeinsätzen.

Galland war davon überzeugt, daß diese Schritte fast drei kampfkräftige Me 262-Geschwader sowie den JV 44 bis in die letzten Kriegstage einsatzbereit halten konnten. Diese Streitmacht, örtlich konzentriert, hätte täglich möglicherweise 150 Strahljäger gegen die alliierten Bomber in die Luft bringen können. Das wäre eine respektable Streitmacht gewesen. Die Ereignisse sollten darüber hinaus schnell bestätigen, daß die 5 cm-R4M-Raketen besonders wirkungsvoll gegen die engen Formationen der Viermot-Bomber waren. Dies war der letzte Vorschlag, den Galland in seiner militärischen Karriere seinen Vorgesetzten gemacht hat.
Keine der vorgeschlagenen Aktionen wurde in die Tat umgesetzt. Ein letzter, entschlossener Einsatz massiver Düsenjägerverbände wäre trotz Schwierigkeiten möglich gewesen, allerdings wäre die Zustimmung von zu vielen bereits in der Auflösung befindlichen Kommandos nötig gewesen. JV 44, der bereits unter dem Namen »Expertenstaffel« bekannt war, hielt die Fahne noch hoch.
Der anspornende Geist, der sich zuvor von Gallands Hauptquartier aus über die ganze Jagdwaffe verbreitet hatte, war nun auf eine Staffel konzentriert. Stimmung und Kampfmoral waren nicht kleinzukriegen. Komplizierte organisatorische Schwierigkeiten der Staffel wurden durch unermüdliche Anstrengungen gemeistert. Am 31. März 1945 startete der JV 44 von Brandenburg-Briest aus zu seinem ersten Überführungsflug. Von Oberst Steinhoff geführt, legte er die 500 km in 42

Minuten zurück. Alle landeten sicher in München-Riem. Die Expertenstaffel war Wirklichkeit geworden.
Die Einsatzschwierigkeiten schienen kein Ende zu nehmen. Düsenjäger waren revolutionär. Sie brachten technische, taktische und logistische Probleme gänzlich neuer Art mit sich. Diese Probleme mußten inmitten von Jäger- und Bomberangriffen untersucht und gelöst werden. Der alliierte Luftnachrichtendienst wußte, daß Deutschlands abgelöster General der Jagdflieger wieder zurück in den Kampf gegangen war. Deshalb wurde der Expertenstaffel die Hölle heiß gemacht.
Die hochdekorierten Jagdfliegerasse mit ihren Düsenjägern wurden jetzt auch noch mit Schaufeln bewaffnet. Jeder Mann war für die Aushebung und Instandhaltung seines eigenen Splittergrabens verantwortlich. Alle, General Galland eingeschlossen, sprangen aus den Cockpits der schnellsten Jagdflugzeuge der Welt, um auf dem kürzesten Weg zu ihren Schutzgräben zu rennen. Dies war nicht mehr die Welt der Reichskanzlei, des Luftwaffenhauptquartiers oder der Jägerleitzentralen mit ihren herausgeputzten Offizieren und Leuchttafeln, die feindliche Aktivitäten darstellten. Hier fand man sich außer Atem in einem Schützenloch in Riem, wo Bombensplitter und Geschosse klirrend und scheppernd gegen die provisorische Abdeckung prallten.
Die Radar- und Jägerleiteinrichtungen sowie die Nachrichtenverbindungen der Luftwaffe standen kurz vor dem Zusammenbruch. Galland mußte sich deshalb hauptsächlich auf ein Radargerät mit begrenzter Reichweite verlassen, das im JV 44s eigenem kleinen Gefechtsstand in Feldkirchen für Abfangverfahren installiert war. Piloten und Bodenpersonal arbeiteten inmitten des Durcheinanders fieberhaft. Normalerweise starteten die Piloten des JV 44 in der Kette von drei Flugzeugen und kehrten selten zurück, ohne mindestens ein alliiertes Flugzeug abgeschossen zu haben.
Auch für erfahrene Einsatzflugzeugführer war die Umstellung von Propeller- auf Düsenmaschinen schwierig. Start und Landung waren relativ einfach, wenn man den Dreh einmal raushatte, aber der Luftkampf war eine Geschichte für sich. Bei mehr als 800 km/h waren die Annäherungsgeschwindigkeiten so groß, daß für die wenigen Sekunden, die den Piloten zum Feuern ihrer Bordkanonen oder Raketen übrigblieben, absolute Konzentration notwendig war. Das führte zu vielen abgebrochenen Anflügen, aber die Jagdflieger lernten sehr schnell, hochzuziehen oder wegzutauchen, um bei einem nächsten Anflug das Ziel zu treffen.
Um den 10. April 1945 wurde Galland in die Villa Görings auf den Obersalzberg bei Berchtesgaden befohlen. Der Kommandeur des JV-

44 bereitete sich innerlich schon auf eine neue Flut von Beschuldigungen oder weitere Beispiele von Görings Dilettantismus vor. Zu Gallands Überraschung empfing ihn der Reichsmarschall mit fast übertriebener Freundlichkeit. Diese väterliche und zivilisierte Seite Görings hatte der junge General schon seit langem nicht mehr erlebt.

Göring befragte ihn mit ausgesuchter Höflichkeit über die ersten Luftsiege des JV 44. Der Reichsmarschall überraschte Galland sogar noch mehr, als er im Zuge dieser Fragen und Antworten den Wert der Me 262 als Jagdflugzeug voll unterstrich. Sein Eingeständnis war zwar mit politischen Einschränkungen garniert, aber er gab zu, daß Galland mit seiner Forderung, die Me 262 massiv gegen die alliierten Bomber einzusetzen, recht gehabt hatte. Der Krieg schien inmitten der friedlichen Pracht des Obersalzberges unwirklich weit entfernt zu sein.

Göring war zu intelligent, um nicht zu sehen, daß er persönlich ausgespielt hatte. Galland hatte das Gefühl, daß der Reichsmarschall mit Freundlichkeit und Höflichkeit versuchte, Vergangenes wiedergutzumachen. Er schien sich offen entschuldigen zu wollen, konnte sich aber letztlich doch nicht dazu durchringen. Diese Peinlichkeit wurde deutlich, als er sich von Galland verabschiedete.

»Eines Tages, Galland, werden Sie erkennen, was ich für Sie getan habe, als ich Sie als General der Jagdwaffe abberief. Jetzt kehren Sie in den Einsatz zurück, wie Sie es immer gewollt hatten. Ich beneide Sie. Ich wünschte nur, daß ich mit Ihnen in diesen Kampf fliegen könnte. Auf Wiedersehen.«

Galland versuchte sich vorzustellen, wie sich der dicke Göring in das Cockpit einer Me 262 zwängte. So etwas konnte nur im Traum geschehen. Galland sah Göring danach nie wieder. Als er sich auf den Rückweg zu seinem bedrängten Kleinkommando machte, mußte er daran denken, welch ein schrecklicher Widersacher der Reichsmarschall gewesen war. Göring seinerseits sollte seinen Häschern bald erzählen, welches Glück es für ihn war, sich auf Gallands Rat verlassen zu können. Er erwähnte in diesen Geständnissen nicht, daß er und Hitler ihn erneut in den Einsatz geschickt hatten in der Erwartung, daß sein Fliegertod einen Schlußstrich unter die »Affäre Galland« ziehen würde.

JV 44 blieb weiterhin im Einsatz, und alliierte Bomber wurden weiterhin von ihm aus dem Himmel geholt. JV 44 erlitt selbst schwere Verluste. Wenn technische Schäden oder alliierte Treffer eines der beiden Triebwerke der Me 262 außer Betrieb setzten, sackte ihre Leistung unter die der P-51 ab. Die meisten Unfälle und Verluste passierten aber beim Starten, Landen und Rollen am Boden, wenn die Turbos am verwundbarsten waren.

Auch die Verluste an Flugzeugführern stiegen an. Am 18. April 1945 führte Galland die wohl auserlesenste Formation in der Geschichte der Luftwaffe in die Luft: Es folgten ihm Walter Krupinski, Macky Steinhoff, Klaus Neumann, Lt. Fährmann und Uffz. Eduard Schallmoser. Alle Flugzeuge waren voll mit je 24 R4M ausgerüstet. Steinhoffs Me 262 rollte mit einem Fahrwerk in einen unzulänglich eingeebneten Bombentrichter. Noch unterhalb der Abhebegeschwindigkeit verwandelte sie sich in einen brennenden Trümmerhaufen. Steinhoff rettete sich aus dem Inferno mit schwersten Verbrennungen am Körper und im Gesicht, die ihn fürs Leben kennzeichneten. Galland mußte auf die Dienste seines engen Freundes verzichten, der sein standhaftester Mitkämpfer bei der Organisation und im Einsatz des JV 44 gewesen war.

Sechs Tage später, am Morgen des 24. Aprils 1945, schoß »Franzl« Lützow einen Marauder-Bomber in der Nähe von Augsburg ab. Am Nachmittag desselben Tages flog er seinen letzten Einsatz westlich von Donauwörth über alliiertem Gebiet, von dem er nicht zurückkehrte. Sein Schicksal bleibt bis zum heutigen Tage unaufgeklärt. Von ihm und seiner Maschine fehlt jegliche Spur. In Gallands Augen war Lützow der Inbegriff des Jagdfliegerführers — mutig, ehrlich, fähig und tüchtig. In den letzten Wochen seines Lebens hatte er sich noch mit Leidenschaft der Aufgabe gewidmet, die Me 262 als Jagdflugzeug zu bestätigen.

Trotz seiner langen Erfahrung an allen Fronten verzweifelte Lützow fast bei den Bemühungen, die Bomberformationen optimal anzufliegem. Die Reaktionen und in Fleisch und Blut übergangene Flugmanöver der Vergangenheit waren für die Geschwindigkeit des neuen Düsenjägers zu langsam. Praktisch alle JV 44-Jagdflieger machten mehr oder weniger dieselbe Erfahrung, bis sie sich dazu zwangen, schneller zu denken und zu handeln. Obwohl das eine späte Erkenntnis war, bewies diese Feuertaufe doch alles, was Galland schon vor langer Zeit über die Nichteignung von Bomberpiloten für den Luftkampf in der Me 262 gesagt hatte. Nur ganz wenige Bomberpiloten wurden erfolgreiche Jagdflieger, selbst nicht in Propellerflugzeugen. Düsenjagdflugzeuge sollte man nur den besten Jagdfliegerassen anvertrauen.

Am Tage nach Lützows Tod reichten sich amerikanische und russische Truppen an der Elbe die Hand. Galland rief seine Flugzeugführer zu einer letzten Besprechung zusammen.

»Der Krieg ist militärisch total verloren. Auch unser Einsatz kann hieran nichts mehr ändern. Aber ich kämpfe weiter, weil mich der Einsatz mit der Me 262 innerlich gepackt hat, weil ich stolz darauf bin, zu den letzten Jägern der deutschen Luftwaffe zu gehören. Nur wer sich diesem meinem Gedanken anschließen kann, soll weiter mit mir fliegen ...«

Zwei Piloten ließen sich aus Familiengründen vom Flugdienst freistellen. Sie durften im Verband bleiben. Alle anderen wollten bis zum Ende weitermachen. So lange alliierte Bomber Deutschland angriffen, würden sie vom JV 44 bekämpft werden.
Die Anbringung von hölzernen Rosten unter den Tragflächen erlaubte die Aufhängung von 24 R4M-Raketen. Diese 5 cm-Geschosse waren drehstabilisiert und konnten außerhalb der Reichweite des Abwehrfeuers der Bomber abgeschossen werden. Ein Treffer einer solchen Rakete brachte normalerweise jeden Bomber zum Absturz.
Im Alarmstart waren Galland, Eduard Schallmoser, Walter Krupinski und Klaus Neumann gestartet, um einen Abfangeinsatz mit den ersten raketenbestückten Jägern auszuführen. Eine engaufgeschlossene Formation von Martin Marauders eröffnete auf sie das Feuer. Galland konnte die nach unten gerichteten Bogen ihrer Leuchtspurgeschosse sehen, als er eine Salve von 24 Raketen abfeuerte. Zwei Bomber waren tödlich getroffen; der eine explodierte in der Luft, der andere trudelte ohne Leitwerk abwärts. Gallands Talent als Meisterschütze hatte sich bis ins Raketenzeitalter fortgesetzt. (Krupinski beschrieb 40 Jahre später seine Augenzeugenreaktion nur mit einem Wort: »Phantastisch.«)
Die ganze Rechtfertigung der über Jahre hinweg wiederholten technischen Aspekte und taktischen Ratschläge geschah nun in den letzten Stunden der Luftwaffe. Theorien und Argumente waren vergessen, wenn, wie mit Steinhoffs Worten, »die Raketen in die Bomber hineindonnerten wie eine Schrotladung in einen Strich Enten«. Der Kriegsgott hatte auf Galland seit vielen Monaten nicht mehr herabgelächelt, aber dieser Krieg endete zumindest mit einer halbwegs freundlichen Grimasse. JV 44 hatte sich in den Annalen der Luftfahrt unsterblich gemacht.
Albert Speer hatte Galland von seiner Absicht unterrichtet, die oberste Führung Deutschlands im April 1945 festzunehmen. Er bat den ehemaligen General der Jagdwaffe, ihm zu helfen. Galland sagte zu. Zum gegebenen Zeitpunkt sollte er Göring gefangennehmen. Aus diesem Plan wurde nichts, weil Deutschland schneller als erwartet zusammenbrach und Göring einen eigenen, fehlgeschlagenen Versuch unternahm, sich Ende April zu Hitlers Nachfolger zu machen. Dies führte zu Görings Verhaftung durch die SS in der Villa, in der sich Galland von ihm keine zwei Wochen zuvor verabschiedet hatte. Deshalb konnte Speer Galland nur auftragen, Fluchtversuche Görings per Flugzeug zu verhindern.
Gallands letzter Luftkampf fand am 26. April 1945 statt. Wiederum war es eine Formation von Marauder-Bombern, die von sechs Me 262

unter Gallands Führung in der Gegend von Neuburg abgefangen wurden. Im Anflug von hinten mit einem Geschwindigkeitsüberschuß von mindestens 370 km/h schrumpfte die Entfernung in Blitzeseile zusammen. Galland entsicherte seine vier 30 mm-Kanonen und legte den Sicherungsschalter für die Raketen um.
Seine Anspannung und Aufregung in diesem Luftkampf ließen ihn den zweiten Sicherungsschalter vergessen. In hervorragender Schußposition und gut gezielt drückte der Meisterschütze auf den Auslöseknopf. Nichts! Kein rauschender Lärm, keine 24 Feuerschweife, keine Treffer. Den Bruchteil einer Sekunde später hatte er einen Marauder im Visier, und seine vier Maschinenkanonen schossen seinen letzten amerikanischen Bomber in Flammen. Als er mit hoher Geschwindigkeit durch die Formation sauste, griff er einen weiteren Bomber an der Spitze des Verbandes an. Galland konnte die Einschläge an diesem Flugzeug sehen, als seine eigene Maschine selbst ein paar Treffer abbekam. Er flog in geringem Abstand über den Bomber hinweg, konnte aber nicht feststellen, ob er ihn tödlich getroffen hatte. Indem er in einer Linkskurve von den Bombern wegzog, wollte er sich von der Wirkung seines Angriffs auf die letzte Maschine überzeugen. Plötzlich hagelte schweres Maschinengewehrfeuer in seine Me 262 hinein, das Armaturenbrett wurde zertrümmert, das Kabinendach zerbrochen und sein rechtes Knie verletzt. Die rechte Turbine erhielt weitere Treffer und verlor einige ihrer Verkleidungsbleche im Fahrtwind. Die linke Turbine wurde ebenfalls getroffen und reagierte nicht mehr auf den Schubhebel — aber zumindest lief sie noch. (Ein amerikanischer Jagdflieger, den er Jahrzehnte später ausfindig machen und kennenlernen konnte, hatte ihn mit einem Feuerstoß erwischt.)
Seine beschädigte Me 262 ließ sich noch in der Luft halten, und er wollte auf keinen Fall riskieren, am Fallschirm abgeschossen zu werden und als toter Jagdflieger zu landen. Die alliierten Kommandeure betrachteten Strahlflugzeugführer als besonders wertvolle Ziele, obwohl die meisten alliierten Jagdflieger mit der Anordnung, auf Gegner am Fallschirm zu schießen, nicht einverstanden waren. Galland wollte es darauf nicht ankommen lassen und steuerte seine angeschossene Me 262 durch eine Wolkendecke, um seinen Verfolgern zu entkommen. Er kam über der Autobahn aus den Wolken heraus, München lag vor ihm und links davon Riem. Ohne sein beschädigtes Funksprechgerät gebrauchen zu können, flog er auf den Platz zu.
Sekunden später zischte er über die Piste mit der einen unkontrollierbaren Turbine auf Vollast. Als er zur Landung eindrehte, blieb ihm nichts anderes übrig, als das Triebwerk an der Platzgrenze abzustellen.

Eine lange Rauchfahne hinter sich herziehend, setzte er zur Landung an. In seinem Bestreben, heil nach Hause zu kommen, hatte er nicht bemerkt, daß Riem von Thunderbolts und Lightnings angegriffen wurde.
Die amerikanischen Piloten waren voller Aufregung darauf erpicht, den Heimatplatz des JV 44 im Tiefflug so schwer wie möglich zu treffen, und entdeckten deshalb den landenden Düsenjäger in ihrer Mitte nicht rechtzeitig genug, um auf Galland während seines Landeanflugs zu feuern. Nach dem Aufsetzen auf der ohnehin holprigen Piste stellte er fest, daß sein Bugrad ebenfalls zerschossen worden war. Es rumpelte und schepperte heftig, als er von 240 km/h herunterbremste. Galland, der Jäger, wurde zum Gejagten, als um ihn herum Bomben und Geschosse mit Donnergetöse einschlugen.
Kaum zum Stehen gekommen, sprang er mit seinem verwundeten Knie wie ein geölter Blitz aus seiner Me 262 und in den nächsten Bombentrichter. In diesem höllischen Getöse dachte er für einen Augenblick an seinen langen Kampf für den Düsenjäger. Sekunden zuvor hatte er noch der Welt schnellstes Jagdflugzeug geflogen. Jetzt kauerte er blutend in einem Bombentrichter. Der Aufstieg und Fall der Jagdwaffe, wie auch sein persönlicher, spiegelte sich darin symbolisch wider.
Zu Gallands zwei Luftsiegen kamen noch drei Abschüsse seiner Kameraden hinzu. JV 44 verlor keine Piloten bei diesem letzten Einsatz. Ein paar Wochen früher, als er noch um Flugzeuge kämpfen mußte, hätte Gallands beschädigte Me 262 noch einen ernsthaften Verlust bedeutet. Jetzt konnte sie durch Dutzende von Düsenjägern ersetzt werden, die dem JV 44 von Verbänden zugeflogen worden waren, die schon von vornherein nicht damit hätten ausgerüstet werden dürfen.
Erprobungskommandos für Nachtjäger und Schlachtflieger, Aufklärer und Bombereinheiten landeten fast täglich in Riem, um ihre Me 262 zu übergeben. Bald beherbergten Riem und die nähere Umgebung mehr als 70 der revolutionären Maschinen. Der verwundete Galland kam sich wie ein Bettler vor, der plötzlich zu einem Festessen eingeladen wird. Für ihn war der Krieg zu Ende. Ein paar Splitter in seinem Knie konnten nicht aus der Gelenkkapsel entfernt werden, und sein Bein wurde in Gips gelegt. Da Lützow vermißt wurde und Steinhoff schwer verletzt war, übernahm Otl. Heinz Bär das Kommando. Der Verband mußte bald nach Salzburg verlegt werden; ein kleines Kommando flog nach Innsbruck weiter. Galland hielt sich über diese Verlegungen vom Luftwaffenhospital in Bad Wiessee und später von einer Villa in Tegernsee aus auf dem Laufenden. Von diesem letzteren, provisorischen Gefechtsstand aus stand er mit Bär und dem JV 44 in Salzburg telefonisch und mit Hilfe eines Fieseler Storchs und Kradmeldern in Verbindung.

Durch seine Verwundung praktisch bewegungsunfähig, hatte Galland Zeit, sich darüber Gedanken zu machen, wie er den Krieg auf die konstruktivste und sinnvollste Art für den JV 44 und sein Personal beenden konnte. Gerüchten zufolge, die von Hitler ausgingen, gab es tödliche Meinungsverschiedenheiten zwischen den westlichen Alliierten und der Sowjetunion. Man nahm weitgehend an, daß es nur eine Frage der Zeit sei, bis es zu einer Konfrontation zwischen dem Westen und Sowjetrußland kommen würde. Manche waren der Meinung, daß ein bewaffneter Konflikt unmittelbar bevorstehe, für den das am Boden liegende Deutschland das Schlachtfeld darstellen würde.

Galland hatte mit dem JV 44 ein funktionierendes Modell eines modernen Düsenjägerverbandes geschaffen und ihn vom Nullpunkt zum Einsatzstatus geführt. Alle anderen Länder würden eines Tages Düsenjäger besitzen. Warum sollte man den entscheidenden Vorteil aufgeben, so folgerte er, einen einsatzfähigen Düsenjägerverband aufzulösen, in dem alles Wesentliche bereits klappte? Die Flugzeuge, Piloten und das Bodenpersonal des JV 44 stellten trotz ihrer kleinen Anzahl nicht nur eine furchterregende Streitmacht dar, sie konnten auch als Kern für den schnellen Aufbau viel größerer Verbände dienen.

Wie auch immer der Luftkampf mit Strahlflugzeugen in der Zukunft aussehen würde, JV 44 war der Mikrokosmos dieser Zukunft. Galland schloß daraus, daß seine Staffel einen militärischen Wert darstellte, der am Anfang dieses neuen Zeitalters nicht mit Geld bezahlt werden konnte. Und das nicht nur, wenn es zu einem bewaffneten Zusammenstoß zwischen dem Westen und der Sowjetunion in der nahen Zukunft kommen sollte. Der JV 44 konnte eine Rolle spielen, die zu seiner geringen Größe in keinem Verhältnis stand.

Deshalb bereitete er am 1. Mai in Tegernsee heimlich den Versuch vor, JV 44 intakt den Amerikanern zu übergeben. Die US-Befehlshaber könnten dann über die weitere Verwendung entscheiden. Trotz des unmittelbar bevorstehenden Kriegsendes gab es immer noch genügend fanatische Nazi-Anhänger. Diese Leute würden Galland sofort erschießen, falls sie von seinem Kapitulationsangebot an die Amerikaner Wind bekämen. Vorsicht war geboten, denn selbst rechtschaffene Luftwaffenoffiziere hätten den Kern und die Richtung seiner Überlegungen nicht richtig verstehen können. Der Mai 1945 war eine Zeit des Chaos und der Verzweiflung. Obwohl inzwischen fast fünfzig Jahre vergangen sind, gibt es noch keine lückenlose Darstellung über das Ende des JV 44. Unter strikter Geheimhaltung beauftragte Galland Major Wilhelm Herget damit, einen Fieseler Storch von Tegernsee nach Schleißheim zu fliegen. Herget, ein hervorragender Nachtjäger und tadelloser Offizier, hatte sich zum JV 44 versetzen lassen. Gallands Adjutant, Hauptmann Hugo Kessler, begleitete Herget. Die beiden Offiziere nahmen mit dem Hauptquartier des XV. Corps der US Army in Schleißheim Kontakt auf.

Gallands spezielles Übergabeangebot verlief im Sande. Die Originaldokumente im Anhang beschreiben den Ablauf. Die einzelnen Befehlshaber der US Army waren nicht befugt, Ausnahmen von der durch General Eisenhower befohlenen bedingungslosen Kapitulation zu genehmigen. Den betreffenden Kommandeuren fehlte es in diesem Fall auch am Verständnis für den Nutzen militärischer Luftstreitkräfte, um den Wert würdigen zu können, der ihnen hier angeboten wurde.

Die Möglichkeit, daß es für den JV 44 zu einer Übergabe in der Luft, die Düsenjäger ohne Munition und ohne ausgefahrenes Fahrwerk, kommen könnte, elektrisierte den 64th Fighter Wing der USAAF. Jede verfügbare P-47 sollte für diese dramatische Übergabezeremonie in die Luft gebracht werden. Galland lehnte diese Lösung ab. In der Zwischenzeit hatte Captain Dick Perley im Hauptquartier der 50th Fighter Group auf seine Versetzung gewartet, als dieses aufregende Fernschreiben eintraf. Er wurde sofort mit der Führung eines P-47-Kommandos beauftragt, das bisher Heeresunterstützung für die US Army geflogen hatte.

Als er das Fernschreiben durchlas, fühlte Perley, wie sich seine Nackenhaare sträubten. Eine ganze Staffel deutscher Düsenjäger bedeutete kein Kinderspiel, besonders wenn sie mit Munition in der Luft war. Das Wetter war scheußlich, und Perleys Verband kurvte in der Suppe herum, während Meldungen über die Kapitulation der Düsenjäger am laufenden Band durch seinen Kopfhörer ratterten. »Sie machen sich startbereit«, kam die Nachricht. »Paßt auf!« Perley versuchte angestrengt, etwas durch die regennasse Frontschutzscheibe zu entdecken. Keine Spur von Me 262.

Der Versuch einer intakten Übergabe des JV 44 sollte für Perley in Los Angeles 38 Jahre später und eine halbe Welt entfernt ein überraschendes Echo auslösen. Thanksgiving 1983 sah Adolf Galland als Gast von North American Rockwell Geschäftsführer Ray Heman und seiner Gattin Lesley Lewis. Der ehemalige Hauptmann Dick Perley, mittlerweile ein grauhaariger und etwa sechzig Jahre alter Manager in der Elektronikindustrie, war ebenfalls eingeladen. Die Hemans wußten, daß er Jagdflieger im Zweiten Weltkrieg gewesen war und sich darauf freute, den berühmten deutschen General kennenzulernen.

Obwohl Perley Gallands Name geläufig war, war er mit den Einzelheiten seiner Karriere nicht vertraut. Perley fing die Unterhaltung zwanglos an, indem er an die Tage im Mai 1945 mit der Bemerkung erinnerte: »... da gab es irgendeinen Düsenjägerverband in Salzburg, der sich ergeben wollte.« Nun waren es Gallands Nackenhaare, die sich sträubten. »Das war *mein* Verband«, sagte er, seine Augen vor Überraschung weit offen. Die beiden ehemaligen Gegner staunten darüber, wie klein diese Welt letzten Endes war, die sie nach fast 40 Jahren zusammengebracht hatte.

Perley hatte Galland 1945 in der Suppe bei Salzburg gesucht und ihn 1983 in der Sonne von Los Angeles gefunden. Im Geiste des Thanksgiving-Festes waren beide dankbar, daß sie nicht gezwungen worden waren, Geschosse miteinander zu tauschen. Es war zweifellos besser, Erinnerungen im Frieden auszutauschen.

Der Fehlschlag der besonderen Übergabe seines Düsenjägerverbandes war die letzte, bittere Enttäuschung für Adolf Galland. Er fühlte sich dem JV 44 innerlich aufs engste verbunden. Er haßte es, sich von etwas zu trennen, das inmitten des Zusammenbruchs der Luftwaffe durch die persönlichen Opfer der Männer des JV 44 geschaffen worden war. Unerbittlich näherte sich der mit großer Erregung erwartete Zeitpunkt, an dem er seinen letzten, bedeutungsvollen Befehl als Luftwaffengeneral zu erteilen hatte.

»Alle Me 262 des JV 44 sind am Boden zu zerstören.«

Sie hatten JV 44 aufgebaut, und jetzt sprengten sie die Turbos, für die sie ihr Leben aufs Spiel gesetzt hatten, in die Luft. (Galland bedauerte damals die Zerstörung des JV 44; sie bedeutete für ihn die definitive Trennung von einer zu Ende gehenden Militärepoche.)

Aufrichtige Soldaten waren in der Welt nicht mehr gefragt. Politische Generäle traten an ihre Stelle und Kriege ohne Gewinner. Mit seiner geraden Denkweise, seinem taktischen und strategischen Verständnis und seinem nimmermüden Einstehen für die Grundrechte seiner Soldaten war Adolf Galland mit 33 Jahren schon ein altmodischer General — ein General des heißen Krieges. Der Kalte Krieg würde bald beginnen, und eine andere Sorte von Generalen würde in der westlichen Welt ihren Aufstieg machen.

Am 5. Mai 1945 meldete sich Generalleutnant Adolf Galland von der Luftwaffe und vom JV-44 als Kriegsgefangener. Er war besiegt, aber nicht entehrt worden. Er brauchte sich vor der Geschichte nicht zu schämen oder schuldig zu fühlen. Die, in deren Gewalt er sich jetzt befand, waren sehr daran interessiert, alles über den kometenhaften Aufstieg und den katastrophalen Absturz der Luftwaffe, besonders der Jagdwaffe, zu erfahren. Galland wußte mehr über die Jagdwaffe als jeder andere.

15

Kriegsgefangenschaft und Heimkehr

Ein bewaffneter amerikanischer Wachsoldat vor der Tür des Hauses in Tegernsee war der endgültige Beweis, daß der Zweite Weltkrieg zu Ende war. Galland hatte bis zum Ende gekämpft, von seiner Leidenschaft für den Düsenjäger besessen. Sein Realismus hatte ihn die Niederlage schon vor Jahren ahnen lassen, und er hatte versucht, sich psychologisch auf diesen Augenblick vorzubereiten. Trotzdem war es ein wuchtiger seelischer Tiefschlag, in Feindeshand zu fallen.

All die Opfer, Hoffnungen, Kämpfe und Anstrengungen der letzten, schrecklichen Jahre hatten sich in Nichts aufgelöst. Er mußte an die lange Reihe der Jagdflieger denken, die seit 1939 gefallen waren — verschwendet wie Munition. Jetzt waren sie nur noch Namen in den Akten der Luftwaffe und wehmütige Erinnerungen ihrer erschütterten Familien. Die Tragödie in seiner eigenen Familie mit dem Tod seiner Brüder Wutz und Paul wiederholte sich millionenfach im deutschen Volk.

Er hatte sich selten so bedrückt gefühlt wie jetzt, wo er von amerikanischen Soldaten bewacht wurde. Der hinderliche Gipsverband an seinem Bein trug noch weiter zu seiner Niedergeschlagenheit bei. Trotzdem war er sich seines Dienstgrades und seiner Stellung bewußt und machte gute Miene zum bösen Spiel. Nach außen war er die Ruhe selbst, aber innerlich verschlangen ihn die schrecklichen Gefühle, die sich aus der Niederlage ergaben.

Galland wurde im Krankenwagen nach Bad Tölz zu seinem ersten Verhör gebracht. Nie wieder würde er in den Dienstwagen der Luftwaffe fahren, die ihn in den vergangenen Jahren von einer wichtigen Besprechung zur anderen gebracht hatten. Monate von Vernehmungen lagen vor ihm. In Heidelberg traf er seinen ersten kompetenten Vernehmungsoffizier, USAAF Major Max van Rossum-Daum. Er war der Kommandeur der Air Prisoner of War Interrogation Unit (APWIU), er war speziell für diese Aufgabe ausgebildet und sprach fließend deutsch. Dieser tüchtige Offizier verstand sich mit Galland sehr schnell. Er erhielt vom USAAF Command die Bestätigung für seine letzten beiden Luftsiege über die Marauder-Bomber. (Eine lebenslange Freundschaft sollte Galland und van Rossum-Daum nach dem Krieg verbinden.)

Galland wurde als wichtiger Gefangener für detaillierte Vernehmungen eingeteilt. Am 14. Mai 1945 wurde er nach England geflogen und ins Camp 7 in Latimer, auf dem Gut von Lord Chesham in Buckinghamshire, gebracht. Latimer war eines der Hauptvernehmungszentren der Alliierten unter dem Kommando von Wing Commander King der RAF. Der oberste amerikanische Vernehmungsoffizier war »Major Emery«, ein Pseudonym für Major Ernst Englander der USAAF. Einer seiner Kollegen war »Captain Todd« alias Captain John M. Whitten, der später einer von Gallands besten Freunden werden sollte. Die kommenden Monate würden schwierig sein. Sie würden nur durch Whittens Menschlichkeit erträglicher sein. Die beiden Männer hatten die Aufgabe, den gesamten Erfahrungsschatz Gallands zu erfassen, zu ordnen und zu analysieren. Während dieser Arbeit entwickelte sich zwischen ihnen ein tiefes Verständnis und persönliches Verhältnis.

Whitten war von seiner Natur und seiner Schulbildung her gut für Gallands Vernehmung geeignet. Mit seiner Arbeit leistete er einen wichtigen Beitrag zur Luftfahrtgeschichte. Auch dieses Buch folgt der Hauptrichtung der umfangreichen Vernehmungsprotokolle Whittens, an denen die beiden Männer monatelang arbeiteten. Der intelligente Whitten war mehr als ein Vernehmungsexperte; er besaß Eigenschaften, die Gallands Vertrauen erweckten.

Jack Whitten gehört zu der besonderen Sorte von anständigen Menschen, wie man sie oft in amerikanischen Soldatenfamilien findet. Er wurde 1920 als Sohn einer US Navy-Familie geboren, die ihre Vorfahren auf beiden Seiten auf puritanische Pioniere zurückführte. Seine Schulbildung erhielt er in mehreren Ländern der Welt und schloß sie an der Spitze seiner Klasse von 441 Mitschülern an der Universität von Maryland ab. Deutsch war sein Hauptfach.

Nach seiner Musterung im Jahre 1942, nach Grundausbildung und Offiziersschule wurde er zum Interrogation Training Center in Camp Ritchie geschickt. Dort machte man einen Vernehmungsexperten aus ihm. Seine Begabung veranlaßte seine Vorgesetzten bald, ihm die »harten Nüsse« unter den Kriegsgefangenen zuzuteilen, die niemand anders »knacken« konnte. Gewaltanwendung war ihm zuwider, und er knackte sie alle, indem er sie, seinen eigenen Worten zufolge, »zu Tode langweilte«.

Jack Whitten spottet über sich selbst in dieser Art, aber wie Galland ist er ein Mann von Geist und Humor. Gebildet, kultiviert, liebenswürdig und ohne Haß auf seine Gegner, hatte er alle Voraussetzungen, um Gefangene zu überzeugen. Er besaß Charakter, was Galland bei Freund und Feind schätzte. Als der ehemalige General der Jagdflieger in Latimer ankam, hatte Whitten dort bereits seit 1944 Luftwaffengefangene vernommen. Davor hatte er über neun Monate hinweg deutsche Gefangene in den Vereinigten Staaten verhört.

Als Combined Services Detailed Interrogation Center (CSDIC) bekannt, hatten die Offiziere vom Camp Latimer bereits zahlreiche Jagdflieger der Luftwaffe vernommen. Gallands Ruf war ihm vorausgeeilt. Seine neuen »Gastgeber« empfingen ihn mit Respekt, denn seine Piloten hatten ihn als einen »sehr guten Mann« beschrieben. Als der Kommandeur von Latimer ihm dies offenbarte, fiel ein Sonnenstrahl auf Gallands öde Welt. Sein ganzer Besitz war in zwei Koffern und ein paar Zigarrenkisten verstaut, die letzteren enthielten die letzten »General der Jagdflieger-Zigarren«.

Da das alliierte Interesse an Düsenjägern groß war, wurde Galland zuerst über die Me 262 befragt, genau wie die anderen Piloten, die dieses Flugzeug geflogen hatten. Ein Sonderbericht über die Me 262 wurde in Latimer zusammengestellt. Berühmte amerikanische Jagdfliegerasse wie Colonel David Schilling und Colonel John C. Meyer kamen, um Galland und die anderen Piloten über die Me 262 auszufragen. Whitten dolmetschte diese ersten Gespräche mit hohen USAAF-Offizieren und fand, daß Galland von Mann zu Mann und Pilot zu Pilot immer einen hervorragenden Eindruck hinterließ. Er war offensichtlich ein Offizier, der sein Handwerk verstand.

»Galland war bescheiden, selbstsicher und äußerst höflich«, erinnert sich Whitten. »Seine Antworten auf komplizierte Fragen waren druckreif.«

Whittens Erfahrung mit Vernehmungen machte es ihm einfach, die Fähigkeiten eines Gefangenen einzuschätzen. Bei Galland wußte er sofort, daß er es mit einem Mann von außergewöhnlicher Intelligenz zu tun hatte. Nur ein Mann von höchstem Intellekt war in der Lage, Antworten auf die schwierigsten technischen Fragen zu durchdenken und dann in perfekter Form zu liefern, wie Galland es tagtäglich vormachte. Whittens Interesse an ihm wuchs daher ständig. Obwohl Whitten zur gleichen Zeit auch Dutzende von Nachrichtenoffizieren der Luftwaffe vernahm, war er über den Befehl froh, einen ausführlichen Bericht über Galland zu erstellen.

Bevor dies alles über die Bühne ging, saß Galland Ende Mai in seinem Zimmer und dachte über sein Schicksal in Latimer nach, als auf einmal die Tür aufging und Feldmarschall Erhard Milch auf der Schwelle stand. Beide waren erstaunt und momentan sprachlos. Milch hatte harte Zeiten durchgemacht, einschließlich körperlicher Mißhandlungen durch seine britischen Bewacher. Plötzlich fand sich der Feldmarschall dem jungen General gegenüber, dem er immer, und ohne es zu bereuen,

vertraut hatte. Und nun sprudelte es aus dem Mann, der Görings Luftwaffe aufgebaut hatte, nur so hervor.
Galland hatte schon vorher den Verdacht geschöpft, daß in seinem Zimmer Mikrophone versteckt waren (es gab sie), aber Milch kümmerte sich um seine Warnungen, daß sie abgehört würden, einfach nicht. Während der Feldmarschall sich über ihre gemeinsamen Erfahrungen ausließ, stampfte Galland durchs Zimmer und klopfte die dünnen Trennwände ab. Später wurde ihm gesagt, daß er damit ein Mithören ihres Gesprächs unmöglich gemacht hatte.
Milchs Gegenwart hatte einen schwerwiegenden Nachteil. Er »lieh« sich ständig Zigarren. Ohne jede Aussicht, die »geborgten« Zigarren ersetzen zu können, war Milchs Teilnahme an Gallands knappem Vorrat beunruhigend. Der Feldmarschall und der General der Jagdflieger schlossen ein Handelsabkommen ab. Milch besaß eine neue Jägerpfeife, und beide konnten Tabak bekommen. Galland erhielt die Pfeife, und Milch machte sich weiterhin über die Zigarren her.
Etwa zwei Wochen später wurde Milch ein anderer Raum zugewiesen. Als er seinen Rucksack packte, nahm er die Pfeife von Gallands Nachttisch, ohne ein Wort zu sagen. Als Milch sein Gepäck schloß, sah Galland ihn mit seinen Jägeraugen an; die Spannung in der Luft war zu spüren.
»Das entspricht nicht unserem Abkommen«, sagte Galland.
Milch zögerte. (In ähnlichen Situationen wirkt Gallands Blick geradezu sengend.) Dann öffnete er sein Gepäck und gab die Pfeife zurück. Sie hängt heute noch in Gallands Trophäenhalle.
Während der Anfangszeit seiner Inhaftierung in England war Galland für eine Weile im Vernehmungszentrum von Beaconsfield untergebracht. Dort hatte auch General Franz Halder einen Raum. Er war der ehemalige Generalstabschef des Heeres. Hitler hatte ihn im September 1942 entlassen. Seit dem Attentatsversuch auf Hitler im Juli 1944 hatte er im Konzentrationslager gesessen und wußte eine Menge über die Exzesse der Nazis seit 1933. Er gab sich nun als Opfer von Nazipolitikern aus. Galland hatte abschreckende Erfahrungen mit Nazi-Methoden während seiner eigenen qualvollen Entlassung als General der Jagdflieger gemacht.
Der alternde General unterrichtete Galland in einem Schnellkursus, wie die Nazis in Wirklichkeit gewesen waren. Dinge wie Hitlers Absicht — die Halder unterstützt hatte —, 1939 die polnische Nation auszuradieren, wirkten auf Galland niederschmetternd.
Halders Geschichten holten Galland vom sauberen, blauen Himmel herunter. Der Krieg der Flieger, den er ehrenhaft geführt hatte, hatte

nichts mit dem widerlichen Labyrinth zu tun, das Halder aus eigener Erfahrung beschrieb. Er begann sich zu fragen, wofür er gekämpft und sein Leben eingesetzt hatte. Für Deutschland? Der verbitterte Halder sprach nicht von einem Deutschland mit Westerholt, Gastfreundschaft, Anständigkeit und Wohlwollen.

Als er sich danach mit Jack Whitten daran machte, seinen Lebensbericht zu verfassen, war es zunächst Galland, der Whitten die Fragen stellte. Von dem Amerikaner erhielt er im großen und ganzen die Bestätigung für Halders Ausführungen. Sein Eifer für die Jagdwaffe und die enorme Breite seines Verantwortungsbereichs hatten ihn von der Politik, für die er von vornherein nichts übrig hatte, getrennt. Seine Fähigkeiten alleine waren für seine militärische Karriere ausschlaggebend gewesen. (Andere junge deutsche Generale in Latimer — so Jack Whitten —, die nicht zu obersten Kommandostellen aufgestiegen waren, erlebten zur gleichen Zeit ein ähnlich böses Erwachen. Beispielsweise hörten sie hier zum ersten Mal mit Entsetzen von der unverantwortlichen Ermordung anglo-amerikanischer Luftwaffen-Kriegsgefangener während der »großen Flucht« aus Stalag III.)

Mit großem Eifer wurde der Galland-Report angefangen. Er vereinte die beiden Männer in ihrem gemeinsamen Bestreben, ihn so vollständig wie möglich zu machen. Whitten behandelte alle geheimen Air Ministry-Nachrichten, die während des Krieges umliefen. Er wählte einiges Material aus, das nach Gallands Zustimmung dem Bericht hinzugefügt werden konnte.

Die Einzelheiten in diesen Unterlagen über Organisation, Taktik, Entwicklung, Ausrüstung, Personal und andere Aspekte der Luftwaffe waren erstaunlich umfassend. Galland war verblüfft. Warum hatten die Alliierten all diese Dinge wissen wollen? Diese Berichte enthielten Informationen über die Luftwaffe, die selbst ihm neu waren. Whitten hielt es ebenfalls für merkwürdig, daß die Alliierten in den Besitz derartiger Details über die Luftwaffe kommen konnten. Er schrieb es zum großen Teil den Spionageexperten zu.

Das Air Ministry-Material, das Whitten und Galland benutzten, setzte sich in Wirklichkeit aus ausgewählten Ultra-Entschlüsselungen zusammen. Jede Andeutung auf den deutschen Geheimcode war zuvor entfernt worden. Diese sorgfältig überarbeiteten Informationen konnten dann auf tieferer Ebene verwertet werden als das Ultra-Rohmaterial, das nur dem exklusiven obersten Kreis zugänglich war — Churchill, Eisenhower, Doolittle und anderen hohen Befehlshabern.

Mehr als 30 Jahre später, als das Ultra-Geheimnis gelüftet wurde, erkannten sowohl Galland als auch Whitten, welchen Ursprungs die umfassenden Details waren, die sie 1945 in Erstaunen versetzt hatten. Ultra-Material kommt weiterhin ans Tageslicht. Viele Jahre werden noch vergehen, bis der größte Teil dieser Informationen der Öffentlichkeit zugänglich gemacht sein wird. Ein anderer Teil wird ihr wahrscheinlich für immer vorenthalten bleiben. Aber heute ist genug bekannt, um Galland davon zu überzeugen, daß die Alliierten dem General der Jagdflieger ständig über die Schulter sahen.

Am 9. Juli 1945 wurde Galland von einem RAF-Vernehmungsoffizier zur RAF-Station Tangmere gebracht. Während eines zweitägigen Aufenthalts traf er zahlreiche hohe Offiziere des Fighter Command und Jagdfliegerasse. Allen lag viel daran, mit dem berühmten Fliegeras und General der Luftwaffe zu sprechen. Da Galland den Posten in der Luftwaffe innegehabt hatte, der ihrem eigenen AOC Fighter Command gleichkam, war er für die Piloten, die gegen ihn angetreten waren, natürlich von besonderem Interesse.

Wer sollte am Haupttor von Tangmere aus der Group Leader-Besprechung herausstapfen? Kein anderer als der ehemalige Station Master von Tangmere, Wing Commander Douglas Bader. Hier schloß sich wieder ein Kreis. Jetzt hatte Bader die Zigarren, und Galland war der Gefangene. Bader war gebügelt und geschniegelt, und Galland war der Zerknautschte. Bader sorgte sich um Gallands Wohlergehen, obwohl er am nächsten Morgen in aller Eile abreisen mußte — so wie vier Jahre zuvor in Frankreich. Dieses kurze Treffen entwickelte sich später zu einer herzlichen Freundschaft, die bis zu Baders Tod 1982 andauerte.

Mitte August war der »Galland Report« fertig und offiziell unter der Bezeichnung ADI (K) 373/45 bekannt. Als seltenes Privileg durfte Whitten diesen Bericht mit seinem wahren Namen über dem gedruckten Namen des Kommandeurs von Latimer, RAF Wing Commander King, unterzeichnen. Der Bericht wurde in einer Fortsetzungsserie in USAFE- und Air Ministry-Nachrichtenzusammenfassungen veröffentlicht. (Galland benutzte Material aus diesem Bericht für seine Memoiren, die acht Jahre später erschienen.)

Am 24. August 1945 startete eine B-17 Fortress von Bovingdon aus mit denselben Männern an Bord, auf die sie noch vor kurzem Bomben abgeworfen hatte. Feldmarschall Milch befand sich auf dem Sitz des Bombenschützen. General Galland saß zusammen mit Oberst Baumbach, dem berühmten Bomberpiloten und ehemaligen General der Bomberwaffe. Oberst Edgar Petersen, der letzte Kommandeur der Erprobungsstelle Rechlin, befand sich mit einem Dutzend anderer deutscher Piloten und Jack Whitten ebenfalls an Bord.

Über das Dröhnen der Motoren hinweg wurden aufgeregt Erinnerungen ausgetauscht, als sie bei herrlichem Wetter über Deutschland flogen. Jede Stadt weckte ihre eigenen Erinnerungen. Eine Zwischenlandung zum Auftanken in Schweinfurt rief eine Flut von Ereignissen ins Gedächtnis zurück. Als die B-17 endlich in Kaufbeuren in Bayern landete, war ein bemerkenswerter Flug zu Ende gegangen.

In Kaufbeuren wurden sie im Landhaus, einer dreistöckigen Villa außerhalb der Kreisnervenklinik, untergebracht. Major van Rossum-Daum, Gallands erster kompetenter Vernehmungsoffizier nach der Kapitulation, war für die Einrichtung verantwortlich. Hier, in einer gelockerteren Atmosphäre als in Latimer, sollten Stabsstudien über Jägerleitverfahren erstellt werden. Es gab keine Bewachung. Die Kriegsgefangenen gaben ihr Ehrenwort — es wurde von keinem gebrochen.

Eine Woche nach ihrer Ankunft in Kaufbeuren fuhren Whitten und Galland nach Oberpeißenberg, um die Suche nach seinen Gewehren zu beginnen (die fast 40 Jahre später in Kalifornien enden sollte). Galland war schockiert, als er erfuhr, daß seine geliebten Schrotflinten und Jagdbüchsen von einem Oberstleutnant der US Army gestohlen worden waren. Whitten bekam dessen Identität schnell heraus, aber in der Atmosphäre jener Tage konnte nichts unternommen werden.

Eine weitere Enttäuschung erwartete sie kurz darauf in Tegernsee, als sie Gallands letztes Quartier besuchten. Seine persönliche Habe und alle seine Papiere waren aus seinem letzten Gefechtsstand/Hospital von Angehörigen des Counter Intelligence Corps gestohlen worden. Sein Spanienkreuz in Gold mit Brillanten sowie sein Flugzeugführerabzeichen in Gold mit Brillanten, zweimal die Brillanten zum Eichenlaub mit Schwertern und die dazugehörigen Verleihungsurkunden waren verschwunden (Andenken, die bis heute niemand vorzeigen kann, ohne sich in peinlichste Verlegenheit zu bringen). Seine Akten mit taktischen Vorschriften, von allergrößter Bedeutung für das APWIU-Projekt und wertlos für jeden anderen, waren ebenfalls geplündert worden.

Die Gefangenen durften offiziell mit niemandem korrespondieren. Whitten und seine Offizierskollegen erlaubten Galland und den andern trotzdem, Briefe zu schreiben, die sie dann privat zur Post in die Stadt brachten. Die ankommende Post umging den Dienstweg, indem sie an Otl. Walter Dahl, den ehemaligen Sturmjägerkommodore, geleitet wurden, der bereits entlassen worden war und in Bad Wörishofen wohnte. Die Familien der Kriegsgefangenen wurden aufgesucht und in der Nähe von Kaufbeuren untergebracht.

Der letzte General der Schlachtflieger der Luftwaffe, Oberst Hubertus Hitschold, war ebenfalls unter den Gefangenen. Seine Bewacher hielten ihn für einen untadeligen Mann. Sie taten Hitschold den Gefallen, seine Frau ausfindig zu machen und sie nach Bad Wörishofen zu bringen, wo er ein Wochenende mit ihr verbringen durfte. Solche Vergünstigungen wurden von den Gefangenen, die in einer gefühlsmäßigen Wüste leben mußten, sehr geschätzt. Trautloft wurde von München aus als Berater beschäftigt. Major Hans Schmoller-Haldy, Gallands Stabsoffizier und fast konstanter Reisebegleiter, wurde auf die gleiche Weise eingestellt.

Diese sich ständig verbessernde Situation wurde auf einmal durch den Befehl zerstört, Galland, Hitschold und Schmoller-Haldy nach Camp Latimer zurückzubringen. Dort war jetzt fast das gesamte Oberkommando der Luftwaffe, inklusive Sekretärinnen und Büropersonal, zusammengebracht worden. Weitere Stabsstudien wurden erstellt, für Galland eine langweilige Qual.

Die Güte von Jack Whitten dehnte, verbog und brach manchmal die Vorschriften. Spaziergänge im Park von Latimer milderten die Wirkung der bedrückenden Gefängnispsychose, die eine natürliche Folge der Inhaftierung war. Whitten ging sogar noch weiter. Der Stab besaß ein riesiges Kommando- und Aufklärungsfahrzeug. Auf den Stoßstangen hatte er in 20 Zentimeter hohen Buchstaben die Aufschrift »Military Intelligence Service« anbringen lassen. Das garantierte immer einen Parkplatz, selbst vor dem Hauptquartier der Militärpolizei.

Am 22. Oktober 1945 wies Whitten Galland und Hitschold an, Zivilkleidung anzulegen. Daraufhin rumpelten sie in dem Militärvehikel nach London. Sie machten eine Stadtrundfahrt und aßen im Cumberland Hotel mit dem amerikanischen Jagdflieger Lt. Colonel Fred Kirltey zu Mittag. Danach besuchten sie Selfridges, wo Galland und Hitschold Kaffee und Tabak einkauften. Als er aus dem riesigen Fahrzeug kletterte und zusammen mit den britischen Kunden auf Selfridges zusteuerte, mußte man annehmen, daß er zum Military Intelligence Service gehörte. Das war eine Kapriole, die Galland Spaß machte, auf ähnliche Weise wie der Hummern-und-Austern-Flug vor ein paar Jahren.

Zu dieser Zeit wurden die Anklagen für die Nürnberger »Kriegsverbrecherprozesse« vorbereitet. Viele Offiziere der Führungshierarchie aller drei Waffengattungen mußten damit rechnen, angeklagt zu werden. Galland wurde zusehends deprimierter. In dieser Atmosphäre der Vergeltung hatte er das Gefühl, daß man auch ihm den Prozeß dafür machen würde, seine Pflicht als Soldat getan zu haben.

Das Oberkommando der Luftwaffe war eine der Organisationen, gegen die Anklage erhoben wurde, und es wurde ihm gestattet, eine Antwort auf die Anschuldigungen des Tribunals vorzubereiten. Der Chef des Justizwesens im OKL stellte eine umfangreiche Akte zusammen, die von allen Offizieren unterschrieben werden sollte. Eine hohe Delegation des OKL erschien mit diesem Dokument schließlich auch in dem Raum, in dem Galland und Hitschold arbeiteten. Es hatte sich herumgesprochen, daß der ehemalige General der Jagdwaffe seine Abscheu und Empörung über die Exzesse der Nazis kundgetan hatte, die ihm von General Halder, Whitten und anderen in den ersten Nachkriegsmonaten geschildert worden waren.

Die Kopie der Antwort des OKL, die Galland vorgelegt bekam, war bereits von mehreren hohen Offizieren unterschrieben worden. Während die Delegation wartete und er an seiner Zigarre paffte, las er sich das Dokument durch. Dann erhob er sich, zerriß daß Schriftstück der Länge nach und überreichte ihnen die Fetzen.

»Ich persönlich begrüße diesen Prozeß, denn vielleicht können wir dadurch erfahren, wer für diese skandalösen Geschehnisse verantwortlich war.«

Whitten erfuhr von diesem Zwischenfall durch Hitschold. Galland erwähnte nie etwas darüber, und Whitten — um Hitscholds Vertraulichkeit zu wahren — ließ Galland nie wissen, daß er die »Antwort auf die Antwort« des ehemaligen Generals der Jagdflieger kannte. Galland hatte die Sache vergessen, bis sie 50 Jahre später im Manuskript dieses Buches wieder auftauchte: Jack Whitten hatte die Autoren darüber informiert.

Anfang Dezember 1945 war Galland wieder zurück in Kaufbeuren, immer noch mit Stabsstudien beschäftigt. Whitten überbrachte ihm Nachrichten von seinen Eltern, die der freundliche Amerikaner in Westerholt besucht hatte. Es ging ihnen gut, und sie fühlten sich erleichtert, von ihrem berühmten Sohn zu hören. Das Leben im Landhaus war angenehmer als in Latimer, und im Januar 1946 durfte auf den Hängen hinter dem Gebäude sogar skigefahren werden.

Zahlreiche US-Jagdflieger kamen zu Besuch. Lt. Colonel Fred Kirltey und Bob Delaney halfen eine Zeitlang bei den Studien mit. Colonel Ed Giller von der 55th Fighter Group war ein regelmäßiger Besucher, der oft junge Piloten mitbrachte. Die Stabsstudien erfüllten für Galland zumindest einen guten Zweck. Die systematische Aufarbeitung der mannigfaltigen Aspekte dieses Krieges über einen langen Zeitraum hinweg verschafften ihm ein geordnetes Verständnis der Ereignisse und Vorgänge, an denen er an hoher Stelle teilgenommen hatte. Noch heute kann er sich über diese Dinge mit erstaunlicher Detailkenntnis unterhalten.

Am 21. Januar 1946 besuchten Galland und Whitten Herrn Vollmer, einen der drei Zigarrenlieferanten, denen Galland das »exklusive«

Recht zu der speziell hergestellten »Sonderanfertigung für die *General der Jagdflieger*-Zigarren« zugestanden hatte. Vollmer hatte beim JV 44 als Reserveoffizier Stabsarbeiten verrichtet. Er hatte eine Zigarrenfabrik in Karlsruhe besessen, wohnte aber jetzt in Hohenpeißenberg. Ein paar Kisten dieser besonderen Zigarren waren noch vorhanden, was den Mann, dessen Rang auf dem Markenzeichen stand, sehr erfreute.

Mit Whittens Hilfe trat Galland mit Baronin Gisela von Donner in Briefwechsel, der Witwe seines ehemaligen Adjutanten und Freundes, Olt. Baron Conrad Hinrich von Donner. Er war im Luftkampf gegen amerikanische Bomber im März 1944 gefallen. Die attraktive Frau lebte auf dem Familiengut der von Donner in Schleswig-Holstein. Sie trotzte dem schrecklichen Verkehrssystem im Nachkriegsdeutschland, um Galland zu besuchen. Whitten machte es möglich, daß sich die beiden an Wochenden in der Stadt privat treffen konnten — eine menschliche Geste, die nur von denen richtig gewürdigt werden kann, die eine lange Zeit der Unfreiheit hinter sich haben.

Whittens letztes außerdienstliches Unternehmen mit Galland als Kriegsgefangenem war ein Besuch im Hauptquartier des Counter Intelligence Corps in Tegernsee. Dort hatte man versucht, Gallands Eigentum aufzuspüren, war aber in einer Sackgasse gelandet. Der Unteroffizier, der die Sachen geplündert hatte, war in die Vereinigten Staaten zurückgeschickt worden und hatte sein Diebesgut wahrscheinlich mitgenommen. Drei Tage danach bekam Captain John M. Whitten die Nachricht von seiner Versetzung zurück in die USA, und zehn Tage später verließ er Fürstenfeldbruck mit dem Zug.

Nach der Abreise seines Freundes wurde die verbleibende Kriegsgefangenenzeit für Galland zur trostlosen Routine. Whitten blieb per Post und mit Carepaketen aus den Staaten mit seinem Lieblingsgefangenen in Verbindung. (Der Briefwechsel lief weiter, aber die beiden Männer sollten sich erst 1950 in Frankfurt wiedersehen. Whitten war inzwischen bei der Militärregierung beschäftigt, und Galland war ein erfolgreicher Berater in Argentinien, auf Urlaub in Deutschland.)

Von 1946 bis Anfang 1947 arbeitete Galland für die Historical Division, US Forces, European Theater. Er wurde in Kaufbeuren, Oberursel und Allendorf so lange beschäftigt gehalten, bis praktisch sein ganzes Wissen aus ihm herausgepumpt und zu Papier gebracht worden war. Als er am 28. April 1947 schließlich in Heilbronn entlassen wurde, hatte er eine Unmenge von Vernehmungen hinter sich. Erst jetzt waren seine militärische Laufbahn und der Krieg für ihn abgeschlossen. Er fand sich in einem Deutschland wieder, das sich entscheidend verändert hatte — besonders für ehemalige Generale.

Obwohl Galland als Kriegsgefangener zu keiner Zeit mißhandelt worden war, zielten die Richtlinien der alliierten Besatzungsmächte im Nachkriegsdeutschland darauf ab, ehemaligen hohen Offizieren das Leben schwerzumachen. Diesen fachmännischen und tüchtigen Führungskräften wurden überall Beschränkungen auferlegt. Ehemalige Generale durften noch nicht einmal mittelmäßige Zivilposten bekleiden. Zahlreiche hohe alliierte Offiziere waren mit dieser Schikanierung von Berufssoldaten nicht einverstanden. Sie hielten solche Maßnahmen für falsch, kurzsichtig und selbstzerstörerisch — wie es sich später in Korea und Vietnam bewahrheiten sollte. Diese Maßnahmen waren aus rein politischen Gründen zur Auflage gemacht worden und mußten von den Militärbesatzern durchgesetzt werden.

Das sich langsam erholende Zivilleben in Deutschland orientierte sich an den Richtlinien der Besatzungsmächte. Als ein geschlagenes, heimgesuchtes und zwangsweise geteiltes Volk mit Mühe versuchte, wieder auf die Beine zu kommen, wurden Berufsoffiziere von jeder Art des Managements ausgeschlossen und durften weder Gewerkschaften beitreten noch Universitäten besuchen. Hervorragende Luftwaffenpiloten, die sich noch vor kurzem Deutschlands höchste Kriegsauszeichnungen verdient hatten, wurden unter diesen Umständen in vielen Fällen gezwungen, von der Hand in den Mund zu leben. Wenn sie Arbeit suchten, wurde ihnen oft die Tür vor der Nase zugeschlagen. Sie wurden als »Militaristen« abgewiesen. Die alliierten Politiker, die für diese Art von Bestrafung ehrenhafter Frontsoldaten verantwortlich waren, übersahen die Tatsache, daß es deutschen Offizieren strikt verboten war, politischen Parteien anzugehören — einschließlich der NSDAP. Sie genossen weder das aktive noch das passive Wahlrecht.

Je höher der Rang des ehemaligen Offiziers, desto enger die Beschränkungen. Ehemalige Generale, die von den Besatzungsmächten eingestellt wurden oder an historischen Projekten arbeiteten, konnten sich glücklich wähnen. Die anderen ließ man in Frieden, wenn sie Lastwagen fuhren, sich auf Bauernhöfen verdingten oder weit unterhalb ihrer intellektuellen, administrativen oder technischen Fähigkeiten Arbeit fanden. Galland hatte nicht die geringste Absicht, sich so erniedrigen zu lassen. Nach seiner Entlassung machte er sich von Heilbronn aus auf den Weg nach Schleswig-Holstein zu dem Landgut der Baronin Gisela von Donner.

Während seiner zweijährigen Kriegsgefangenschaft hatte Galland Giselas wunderbare Anhänglichkeit häufig erlebt. Sie war mehrfach in kohlebeladenen Güterzügen gefahren, um ihn in verschiedenen Lagern zu besuchen. Personenzüge gab es nicht, und Autofahren war nicht erlaubt. Die attraktive Adelsfrau machte für ihn das Schlimmste mit und trug damit wesentlich zur Stärkung seiner Moral und seiner Seele bei. Als er sich auf den Weg zu ihrem Gut in Lehmkuhlen machte, geschah dies nicht aus einer vorübergehenden Laune heraus, sondern es war ein wohlüberlegter und praktischer Schritt.

Wie Tausende anderer Kriegerwitwen zog Gisela ihre drei kleinen Kinder alleine auf. Als General der Jagdflieger hatte sich Galland gegen Eheschließungen von Jagdfliegern aus genau diesem Grund ausgesprochen: Witwen mit Kindern, die ohne Vater aufwachsen mußten. Jetzt war Galland in der Lage, der Witwe seines ehemaligen Adjutanten und Freundes persönlich bei der Bewältigung dieses Problems zu helfen. Er meldete sich als »Forsthelfer« an, was ihn für die Besatzungsmacht praktisch unsichtbar machte. Er half Gisela mit dem Betrieb des Gutes, wobei ihm seine Erfahrungen aus früheren Jahren in Westerholt zugute kamen. Er war auf dem Land zu Hause. Es war ihm eine zusätzliche Freude, die Liebe von Giselas Kindern als Ersatzvater zu gewinnen.

Als »Forsthelfer« war er weniger am Wald als am Wild interessiert. Jagen und der Besitz von Waffen und Munition waren streng verboten. Galland hatte tief im Wald eine Schrotflinte versteckt, hatte sich »hintenrum« Munition beschafft und jagte damit jenseits offizieller Hörweite. Selbst wenn er ständig auf der Hut sein mußte, um nicht entdeckt zu werden, war die Jagd ganz sicher endlosen Verhören und erstickender Haft vorzuziehen. Als lebenslanger Jäger und Waidmann fand Galland, daß ihn die täglichen Streifzüge durch den Wald nicht nur von der Gefangenenpsychose befreiten, sondern auch anderweitig nützlich waren.

Selbst auf dem Land waren Lebensmittel knapp, und an Fleisch mangelte es in ganz Deutschland. Nachts schleppte er das erlegte Wild nach Hause. Es war einer seiner Grundsätze als Jäger, das zu essen, was er zur Strecke gebracht hatte. Was übrigblieb, konnte für den Tauschhandel benutzt werden, denn Geld war zu der Zeit nichts wert: Andere Geheimprojekte Gallands waren Tabakanbau und Schnapsbrennerei. (Er erinnert sich, daß sowohl Tabak wie Schnaps »schrecklich« schmeckten.)

Dieses Leben in Schleswig-Holstein hatte viele idyllische Aspekte, aber der Mann der Tat suchte nach größeren Herausforderungen. Die Handlungsfreiheit ehemaliger Generale war immer noch stark eingeschränkt, und Galland überlegte sich, ins Ausland zu gehen. Wenn nötig, auch illegal. In anderen Teilen der Welt entstanden Luftwaffen in zahlreichen Nationen. Ehemalige deutsche Fliegerasse hatten Ausbildungsposten in Ländern wie Indien, Ägypten und Syrien angenommen.

Er glaubte, daß ihm seine Englisch- und Spanischkenntnisse dazu verhelfen könnten, eine ähnliche Anstellung zu finden. Andere in Deutschland machten sich dieselben Gedanken.

Im Sommer 1948 setzte sich Professor Kurt Tank mit Galland in Verbindung. Der ehemalige Chefkonstrukteur von Focke-Wulf wohnte in einem alten Schloßgebäude in Minden und lud den ehemaligen General der Jagdflieger zu einem Besuch ein. Drei Tage intensiver Diskussionen mit Tank folgten, in denen Tank seine Pläne für den Bau eines neuen Jagdflugzeuges detailliert darlegte, das er für das argentinische Luftfahrtministerium bauen wollte. Galland erklärte sich bereit, ein Teil des Gesamtprojekts zu werden, das Tank den Argentiniern anbieten wollte. »Es wird noch viele Jahre dauern«, sagte Tank, »bevor sich die Lage in Deutschland wieder normalisiert.«

Tank arbeitete mit einem Deutschen namens Siebrecht zusammen, der in Buenos Aires lebte und sich im argentinischen Luftfahrtministerium gut auskannte. Schon immer ein Mann der Tat, verließ Tank trotz alliierter Beschränkungen eines Tages Deutschland heimlich über Dänemark, um in Argentinien wieder aufzutauchen. Dort angekommen, brachte er die Dinge sofort ins Rollen. Eine Gruppe von Ingenieuren folgte ihm, wurde aber auf dem Weg durch Dänemark abgefangen und nach Deutschland zurückgeschickt. Galland befand sich in der dritten Gruppe, die über Österreich und Italien auf dem Seeweg nach Buenos Aires gelangte und so den Alliierten entkam.

In Argentinien schienen die Dinge in Schwung zu sein. Das Wirtschaftsleben blühte. Eine neue, mit Düsenjägern ausgerüstete Luftwaffe war im Entstehen. Als anerkannte Autorität auf dem Gebiet des Strahljägereinsatzes erhielt Galland einen Dreijahresvertrag mit zwei Verlängerungsoptionen. Er sollte unter Brigadegeneral Juan Francisco Fabri, dem Chef der argentinischen Luftwaffe, arbeiten. Fabri stellte sich nicht nur als ein vornehmer Gentleman, sondern auch als ein geschickter General und Pilot heraus.

Galland entwickelte schnell eine Zuneigung für die Argentinier und insbesondere die Leute auf dem Land. Sie waren offen, ehrlich, hilfsbereit und freundlich. Das Leben hier war unkompliziert und angenehm. Es wurde noch erfreulicher, als die Baronin von Donner mit ihren drei Kindern nach angemessener Zeit eintraf. Geselligkeit, Familienpicknicks und Ausflüge an den Strand und aufs Land bestimmten ihren Lebensstil. In der Gartenstadt El Palomar außerhalb Buenos Aires fand er ein nettes, geräumiges Haus mit Dienstbotenquartier auf einem ausgedehnten Grundstück.

Die Kinder gingen zur Schule und hatten keine Mühe, schnell Spanisch zu lernen. Sie stellten einen wesentlichen Bestandteil in Gallands glücklichem Dasein dar. Er paßte auf sie auf, erzog sie, als ob er ihr natürlicher Vater wäre, und trug dazu bei, daß zwischen ihnen eine dauerhafte, liebevolle Bindung entstand.

Gallands Spanisch war passabel, aber für den mit seiner Aufgabe verbundenen Papierkrieg nicht gut genug. Ein Dolmetscher wurde ihm zugeteilt, um ihm beim Schriftverkehr zu helfen und als Begleiter zur Verfügung zu stehen. Hauptmann Grieben war gebürtiger Argentinier, der Spanisch und Deutsch fließend beherrschte. (Er blieb mit Galland bis 1953 zusammen. Dann wurde er unglücklicherweise in eine Verschwörung gegen Peron verwickelt und eingesperrt.)

Gallands Aufgabe war es, seine Kriegserfahrungen anzuwenden, um für die AAF eine moderne Düsenjagdwaffe aufzustellen. Die Argentinier hatten etwa 100 britische Gloster Meteors von England erworben, wußten aber nicht recht, wie sie diese Maschinen richtig einsetzen sollten. Zwischen dem Betrieb von Propeller- und Strahlflugzeugen besteht eine gewaltige Kluft, die Galland überbrücken sollte. Er war einer der wenigen noch lebenden Männer, die im Luftkampf Düsenjäger geflogen und Formationen geführt hatten. Er zeigte seinen Gastgebern, wie man die Meteor im Verbandsflug und bei Luftkampf- sowie Schießübungen zu fliegen hatte.

Die argentinische Erstellung von Ausbildungs- und Einsatzvorschriften kam aus dem Erfahrungsschatz seiner Arbeit als General der Jagdflieger. Die Piloten waren gut, aber es fehlte ihnen an Erfahrung. Galland besaß diese Erfahrung. Die neue Düsen-AAF nahm schon bald erkennbare Formen an.

Galland wurde gebeten, Vorträge über seine Kriegserfahrung zu halten. Das fliegende Personal aller Dienstgrade hörte sich seine Berichte und Schilderungen mit Begeisterung an. Es bekam eine Vorstellung von dem Gefühl, sowohl am Boden als auch in der Luft auf einem Feuerstuhl zu sitzen. Die Begeisterung für solide und vernünftige Ratschläge wirkte Wunder. Das Leistungsniveau der AAF stieg an.

Ein riesiger Unterschied zwischen seiner Arbeit hier und seiner Aufgabe als General der Jagdflieger beeindruckte Galland zutiefst: Die AAF setzte seine Vorschläge mit Eifer in die Tat um. Hier gab es keinen Reichsmarschall und kein Oberkommando, mit dem man sich ständig herumschlagen mußte. Seine Vorschläge und Empfehlungen wurden allgemein akzeptiert und umgehend in praktische Vorschriften und Verordnungen umgesetzt. Alle seine Ideen wurden zu gegebener Zeit angenommen und ausgeführt. Er wurde zum »de facto-Vater« der AAF-Jagdwaffe.

Das Luftverteidigungskommando hatte zahlreiche Radargeräte, hochentwickelte und teure Instrumente, die nicht genutzt wurden. Über einen Zeitraum von wenigen Monaten hinweg zeigte ihnen Galland, wo und wie diese Geräte aufzustellen waren, um zur Überwachung der Landesgrenzen und zur Jägerführung eingesetzt zu werden. Er schuf ebenfalls die für Betrieb und Wartung nötige Organisation.

Das Radar-Verteidigungsnetz und Jägerleitsystem erforderte eine umfassende Aufwertung des Fernmeldewesens. Wiederum wurden Gallands Vorschläge angenommen. Innerhalb von kurzer Zeit führte die AAF weitreichende Verbesserungen ein. Dadurch stieg die Leistung an und versetzte das AAF-Verteidigungskommando in die Lage, seinem Namen gerecht zu werden und seinen Auftrag zu erfüllen.

Gallands unfreiwilige Rolle als »Vater der modernen argentinischen Luftwaffe« brachte ihm großes Ansehen ein. Als sich diese Streitmacht gegenüber der britischen Flotte im Falklandkrieg auszeichnete, war Galland für diese gute Leistung nicht mehr verantwortlich. Die Offiziere, die er ausgebildet hatte, waren längst im Ruhestand. Mehrere Revolutionen waren über das Land gegangen, die die Struktur und Hierarchie der AAF verändert hatten. Das Fundament der modernen AAF-Düsenjägerwaffe mit ihren Grundsätzen, ihrem Geist und ihrer Leistungsfähigkeit wurde nichtsdestoweniger zu Gallands Zeiten errichtet und entstand hauptsächlich auf dem Boden seiner Ratschläge und seiner Anleitung.

Es war angenehm, mit den Argentiniern zu arbeiten. Ihre Zusammenarbeit und ihr Vertrauen führten ganz natürlich zu Einklang und Fortschritt. Sein Berufsleben machte ihm Spaß. Pressionen, Intrigen und dergleichen, so kennzeichnend für die höheren Etagen der deutschen Luftwaffe, gab es hier nicht. Es eröffneten sich ihm viele Möglichkeiten, Düsenjäger zu fliegen und das Land vom Flugzeug aus kennenzulernen. Galland genoß dies um so mehr, als er hier keinen Geschossen ausweichen mußte, die an ihn adressiert waren.

Seine Arbeit erlaubte es ihm, seine eigene Freizeit zu bestimmen. Er fand zum Segelflug zurück, womit sich für ihn wieder ein Kreis schloß, den er mit seiner fliegerischen Laufbahn in der Borkenberge begonnen hatte. Segelfliegen war ein populärer Sport in Argentinien, und es war für Galland die Freude seiner ersten Liebe, wieder einmal motorlos zu fliegen und sich nur dem Wind anzuvertrauen.

Seine zahlreichen argentinischen Freunde in Buenos Aires sorgten für ein entspanntes und vergnügtes gesellschaftliches Leben. Galland legte es darauf an, sich voll am argentinischen Alltag zu beteiligen. Er wollte nicht nur die Sitten und Gebräuche des Landes, sondern auch die Substanz argentinischer Denkweise kennenlernen. Die meisten seiner Freunde dieser Jahre waren daher Einheimische.

Obwohl er einer der berühmtesten Deutschen in Buenos Aires war, vermied er den Umgang mit zu vielen seiner Landsleute. Aus Dankbarkeit für die enge Beziehung, die er mit den Argentiniern geknüpft hatte, hielt er sich aus organisierten deutschen Klubs und Vereinigungen heraus. Er wollte diesen konstruktiven Prozeß nicht gefährden. Er blieb mit Kurt Tank und Werner Baumbach, dem ehemaligen Inspekteur der Bomberwaffe, in Verbindung. Dieser hatte in Argentinien ebenfalls einen neuen Anfang gemacht und arbeitete für Construcciones Militares. Er kam bei einem Testflug, auf dem ferngesteuerte Bomben erprobt wurden, ums Leben; Galland hielt bei der Beerdigung in Buenos Aires die Ehrenwache.

Die AAF zeigte sich für seine Kompetenz und Klugheit dankbar — sein Vertrag wurde zweimal verlängert. Er fühlte sich unter seinen zahlreichen uniformierten Freunden wie ein Mitglied des militärischen Establishments. In diesem Geiste wurde er zum Großen Ball des Military Clubs in Buenos Aires eingeladen. Die Gastgeber baten ihn ausdrücklich darum, seine höchsten Auszeichnungen anzulegen. Galland erschien zu diesem Ball mit Ritterkreuz, Eichenlaub, Schwertern und Brillanten. Jeder freute sich offensichtlich darüber — nur nicht die russische Militärdelegation.

Die Militärs der Weltrevolution wurden vom russischen Botschafter vorgestellt, der Gallands Auszeichnungen mit diplomatischem Mißfallen zur Kenntnis nahm. Die russischen Offiziere waren keine Diplomaten. Sie blickten finster drein und starrten verärgert auf das Ritterkreuz an Gallands Hals. Sie konnten nicht fassen, daß er es wagte, mit der höchsten deutschen Kriegsauszeichnung zu erscheinen.

Rußland sprach zwar von Frieden, war aber immer noch nicht willens, den Zweiten Weltkrieg zu beenden. Abertausende von deutschen Soldaten waren immer noch widerrechtlich in Rußland inhaftiert, einschließlich Hunderter von Gallands Jagdfliegern. Für die russischen Offiziere in Buenos Aires war Galland immer noch der Gegner und deshalb das Ziel feindseliger Blicke und Bemerkungen.

Galland war es gewohnt, von den furchterregendsten Persönlichkeiten des 20. Jahrhunderts angestarrt und angegriffen zu werden, daher störte ihn das Gehabe der russischen Offiziere nicht. Die argentinischen Offiziere kamen ihrem deutschen Freund zu Hilfe, indem sie ihre Sympathie für ihn offen bekundeten und damit den Sturm im Wasserglas schnell zum Abflauen brachten.

Gallands Verhältnis zu Gisela von Donner war gut gewesen, und sie hatten in Argentinien sogar von Heirat gesprochen. Zu Giselas Bestürzung erfuhr sie von einschränkenden Bedingungen im Testament ihres gefallenen Ehemannes, die die Verfügung über seinen Nachlaß im Falle ihrer Wiederverehelichung betrafen. Gisela mußte diese ernsthaften Einschränkungen akzeptieren, so daß es nie zu einer Ehe zwischen ihr und Galland kam. Ihre Entscheidung, 1953 mit ihren Kindern nach Deutschland zurückzukehren, bedeutete das Ende ihrer de facto-Ehe, ihre Freundschaft sollte jedoch weiterbestehen.

Gallands Jahre in Argentinien ließen ihm genügend Zeit, ein Buch über seine Kriegserfahrungen in Angriff zu nehmen. General Fabri und andere, deren Meinung er schätzte, ermutigten ihn und sagten einem solchen Buch einen weltweiten Leserkreis voraus. Galland war sich durchaus nicht sicher, daß ein Buch eines hohen deutschen Jagdfliegers zu diesem Zeitpunkt Anklang finden würde. Er benutzte seine Kriegsnotizen als Leitfaden, um *Die Ersten und die Letzten* zusammenzustellen, den autobiographischen Bericht seiner Kriegserfahrungen, der 1953 in Deutschland erschien.

Obwohl ihm die Abfassung von Berichten, Vorschriften und dienstlichen Dokumenten geläufig war, war das Schreiben eines Buches für ihn Neuland. Hauptmann Grieben, Gisela von Donner und später in Deutschland Hauptmann Erich Bindert und Franz Schneekluth halfen ihm dabei. Die letzteren drei nannte Galland sein »Gehirn«.

Das Buch kam trotz der anti-militärischen Einstellung im Nachkriegsdeutschland gut an. Als gradliniger soldatischer Bericht, ohne politische Rechtfertigungen oder Propaganda, beschrieb es den Krieg sowohl aus der Perspektive des Jägercockpits als auch aus der höheren Führung. Dieser einmalig weite Blickwinkel erregte die Aufmerksamkeit britischer und französischer Verleger. Ab 1955 kamen zahlreiche Übersetzungen heraus.

Die britische Öffentlichkeit besitzt eine eigenartige und dauerhafte Leidenschaft für ehrenhafte Gegner. *The First and the Last* wurde im Britischen Commonwealth zum großen Erfolg und war damit auf dem besten Weg, zu einem klassischen Werk der internationalen Kriegsliteratur zu werden. Amerikanische, französische, italienische, spanische und finnische Ausgaben folgten. Gallands persönliche Geschichte wurde schließlich in 17 Sprachen übersetzt. Weltweit wurden fast 3 Millionen Exemplare verkauft. Die Memoiren des ehemaligen Generals hatten ihn international berühmt gemacht.

Giselas Rückkehr nach Deutschland war schmerzhaft für ihn. Seine Freizeit verbrachte er nun mit Segelfliegen. Während er diesem Hobby nachging, lernte er Gräfin Sylvina von Dönhoff kennen, eine nach Argentinien ausgewanderte Adlige. Sylvina war in Ostpreußen geboren und zum Teil in Bombay aufgewachsen, wo ihr Vater als deutscher Botschafter diente. Ihre Mutter war von Geburt Argentinierin und kam aus einer Familie des Landadels.

Galland heiratete die Gräfin im Februar 1954 und fing damit seine offizielle Karriere als Ehemann an. Er hatte sich schon immer zu hübschen Frauen hingezogen gefühlt und sie zu ihm. Die Gräfin war, wie konnte es bei Galland anders sein, eine Schönheit. Zum Erstaunen seiner Freunde hatte er sich schließlich doch an *eine* Frau gebunden, mit der er offenbar hoffte, bis ans Lebensende glücklich zu sein.

Gute Dinge haben normalerweise nur eine begrenzte Lebensdauer. So ging seine argentinische Zeit 1955 zu Ende, nicht aber seine Liebe für das Land und seine Menschen. Am 7. Februar 1955 verlieh ihm die argentinische Regierung den Titel eines Militärpiloten *honoris causa.* Eine Urkunde in Anerkennung seiner Verdienste bei der Bildung der neuen argentinischen Luftwaffe wurde ihm während einer großen Feier auf dem Luftwaffenstützpunkt Morón bei Buenos Aires überreicht. Seine Jahre im Ausland endeten auf einem Höhepunkt.

Der verlorene Sohn kehrte zu einem günstigen Zeitpunkt in die Heimat zurück. Wiederum sollte eine moderne Luftwaffe geschaffen werden, diesmal in seinem eigenen Land. Durch Urlaubsbesuche in Deutschland und Briefverkehr mit alten Kameraden wußte Galland über diese Entwicklung Bescheid. Steinhoff, Panitzki und andere waren in Konrad Adenauers Bundeskanzleramt mit Vorbereitungen für eine Bundesluftwaffe beschäftigt.

Kurz nach seiner Ankunft in Deutschland wurde Galland von Theodor Blank zu einem Gespräch gebeten. Dieser stand kurz davor, der erste Verteidigungsminister Nachkriegsdeutschlands zu werden. Blank eröffnete ihm, daß seine für die Luftwaffe zuständigen Mitarbeiter vorgeschlagen hatten, Galland zum *Inspekteur,* das hieß zum Oberbefehlshaber der Bundesluftwaffe, zu ernennen. Eine ähnliche Empfehlung war ihm von seinen Beratern, den Generalen Speidel und Heusinger, gemacht worden.

Galland war für diesen Posten hochqualifiziert. Seine Kompetenz und seine Fähigkeiten waren bewiesen. Er war politisch unbelastet. Seit Kriegsende hatte er eine Schlüsselrolle bei der Aufstellung der neuen argentinischen Luftwaffe gespielt, die gleiche Aufgabe, die jetzt in Deutschland angepackt werden mußte. Kein anderer Offizier in Deutschland konnte sich mit seinen Leistungen im Krieg oder seiner jüngsten Erfahrung in Argentinien messen. Die ehemaligen Luftwaffengeneräle befanden sich bereits im fortgeschrittenen Alter. Sie waren seit 1945 entweder arbeitslos geblieben oder hatten sich in unbedeutenden Stellungen, die mit dem Militär nichts zu tun hatten, über die Runden gebracht. Keiner von ihnen hatte je Jets geflogen, sie in modernen Verbänden organisiert oder ein neuzeitliches Luftverteidigungssystem geschaffen. Darüber hinaus war Galland für einen General mit nur 43 Jahren noch außergewöhnlich jung.

Blank fragte ihn nach seiner Reaktion auf das Angebot, die neue Luftwaffe aufzubauen und zu führen.

»Ich kann mich in diesem Augenblick nicht entscheiden, Herr Blank. Ich muß das erst vollständig durchdenken und mir ebenfalls ansehen, was bisher schon geplant und getan wurde. Ich muß über alle Pläne, die mit Organisation, Personal und Technik zu tun haben, Bescheid wissen — Sie müssen mich über alles vollständig unterrichten lassen.«

»Gut, General Galland. Ich werde Sie über alles informieren lassen und gebe ihnen eine Woche für Ihre Entscheidung. Lassen Sie es mich wissen.«

Als Galland Blanks Dienstzimmer verließ, war er sich bewußt, daß er einen neuen Höhepunkt in seiner militärischen Karriere vor sich haben könnte. Jeder junge Fliegeroffizier träumt davon, eines Tages Chef der Luftwaffe zu werden. Das ist auf der ganzen Welt so. Obwohl Blanks Angebot keine große Überraschung darstellte, hinterließ es doch einen beachtlichen Eindruck. Den Posten des Oberbefehlshabers der Luftwaffe angeboten zu bekommen, wirkte auf ihn ähnlich wie ein Glas feinsten Champagners — es versetzte ihn in Hochstimmung.

Galland verbrachte den größten Teil der nächsten sieben Tage in Makky Steinhoffs Haus. Sein alter Freund vom JV 44 war schon seit Monaten mit weitreichenden Vorbereitungen für die neue Luftwaffe beschäftigt. Mit seiner analytischen und methodischen Denkweise hatte Steinhoff sowohl die Pluspunkte als auch die Fallen und Stolperdrähte entdeckt. Sie unterhielten sich, und Galland studierte Berge von Akten. Er entschloß sich letzten Endes, den Posten anzunehmen, unterrichtete Blank davon und wartete auf die weitere Entwicklung.

Die Organisation der neuen deutschen Streitkräfte war auf die Mitgliedschaft in der Europäischen Verteidigungsgemeinschaft ausgerichtet worden. Frankreich sperrte sich auf einmal gegen dieses Konzept. Es wollte seine eigenen nationalen Streitkräfte und wich von dieser Grundlinie nicht ab. Deshalb dauerte es noch ein zusätzliches Jahr, bis die politische Lage es in umorganisierter Form erlaubte, die geplante Bundeswehr offiziell ins Leben zu rufen.

Während dieses Jahres der Vorbereitungen drehten sich die Räder der Politik weiter. Theodor Blank wurde ersetzt, und als Franz Josef Strauß die Stelle des Verteidigungsministers übernahm, behauptete dieser, daß General Josef Kammhuber bereits als neuer Inspekteur der Bundesluftwaffe bestimmt worden sei. Kammhuber hatte bereits im Ersten Weltkrieg gedient — und jetzt stand Deutschland an der Schwelle des Zeitalters des modernen Düsenflugzeugs.

Als Kammhuber plötzlich als neuer Chef der Luftwaffe auftauchte, konnte Galland nicht umhin, sich an die vielen Auseinandersetzungen mit ihm im Kriege zu erinnern. Mit politischen und internen Intrigen schafften es Strauß und die Regierung Adenauer schließlich, Deutschlands hervorragenden und höchstqualifizierten Luftwaffengeneral auszuschalten.

Galland war zutiefst enttäuscht, gegen Kammhuber verloren zu haben. Allerdings währte das nicht lange. Die Ereignisse in der Luftwaffe zeigten bald, daß es für den ehemaligen General der Jagdflieger besser war, »draußen« statt »drinnen« zu sein. Die Politik mischte mit. Die althergebrachte Vorkriegsvorschrift, nach der sich die Politik aus dem Militär herauszuhalten hatte, galt nun nicht mehr. Kammhuber hatte als Geburtshelfer der neuen Luftwaffe enorme Schwierigkeiten, und Galland war froh, daß er nicht in dessen Schuhen steckte. Wiederaufrüstung nach einer Zeit der tiefsten nationalen Schmach und Diffamierung, ohne eine längere Periode der Rehabilitation, ist ein unangenehmer Prozeß mit eingebauten Hindernissen. Die politischen Führer Deutschlands betrachteten das Militär als *»notwendiges Übel«,* und einige bekräftigten das sogar öffentlich. Von all dem blieb Galland verschont.

»Ich bin den Franzosen heute ewig dankbar«, erzählte er den Autoren. »Ohne die Verzögerung, die sie verursachten, und ohne die Neuorganisation, die sie erzwangen, wäre ich Inspekteur geworden. Ich hätte wahrscheinlich keine 60 Tage in der politischen Mühle überstanden. Ich hätte das einfach nicht mitgemacht. Ja, ich bin den Franzosen wirklich dankbar.«

Vom Kurs einer neuen militärischen Karriere abgebracht, schlug er nun eine völlig andere Richtung ein. Als General außer Dienst kannte er jeden wichtigen Offizier in der Luftwaffe persönlich. Seine Kompetenz und seine technischen Fähigkeiten standen außer Frage. Er genoß die Hochachtung von Soldaten wie Politikern. So befand er sich in der besten Ausgangsposition, um sich in der Geschäftswelt eine Existenz aufzubauen.

Nachwort

Im Jahr zwischen Theodor Blanks Angebot an Galland, die neuaufzubauende bundesdeutsche Luftwaffe zu führen, und der überraschenden Ernennung von Kammhuber als dem tatsächlichen Inspekteur war Galland vielbeschäftigt. Weil er wußte, welch ein Riesenvorhaben der Aufbau einer modernen Luftwaffe aus dem Nichts bedeutete, nutzte er diese zwangsläufige Wartezeit gut aus. Er trat in eine Düsseldorfer Privatfirma ein, die Beratungsdienste anbot und ausländische Unternehmen der Luft- und Raumfahrt vertrat, und machte damit seinen ersten Sprung ins Geschäftsleben. Er mietete eine Wohnung auf der anderen Rheinseite in Neuss und wurde so Geschäftsmann auf Zeit — das glaubte er jedenfalls.

Galland wußte, daß ihm seine Kenntnisse in seiner neuen militärischen Rolle sehr zustatten kommen würden. Die westlichen Alliierten, die Deutschland erst vor kurzem zu Boden geworfen und es all seiner Waffen beraubt hatten, fanden sich bald in einer absonderlich mißlichen Lage. Naive Vorstellungen während des Krieges von der »Selbstlosigkeit und Aufrichtigkeit« Josef Stalins wurden zur politischen Peinlichkeit. Die sowjetische Weltrevolution erwies sich als die rücksichtsloseste politische Bewegung in der Geschichte unseres Planeten. Die Sowjetunion stand vollbewaffnet vor den Toren Westeuropas.

Sowjetische Unnachgiebigkeit und politische Ziele machten die Wiederbewaffnung Deutschlands strategisch und politisch notwendig. Da selbst die Herstellung von Gewehren während der »Vergeltungsperiode« nach dem Kriege verboten war, mußten die ersten Waffen für die Bundeswehr im Ausland beschafft werden. Amerika stiftete die ersten Flugzeuge, zumeist veraltete Modelle aus eigenen Beständen. Die Waffenhersteller der westlichen Welt sahen in der Wiederbewaffnung Deutschlands eine Goldgrube. Sie brauchten sich lediglich den Zugang zu diesem riesigen, neuen Markt zu sichern.

Die ausländischen Firmen kannten weder die Beschaffungsvorschriften der Bundeswehr noch die speziellen Bedürfnisse, Forderungen und Normen der neuen Waffengattungen. Die Hersteller in Übersee kannten die Schlüsselfiguren dieser neuen Luftwaffe nicht, die vom Schulflugzeug an aufgebaut werden mußte. Die Unternehmen lösten ihre Absatzprobleme, indem sie Berater anstellten — erfahrene, fähige Männer mit Verbindungen, die das Bindeglied darstellen konnten. Ein Mann mit der Erfahrung, den Kontakten und erwiesenen Fähigkeiten wie Adolf Galland paßte hervorragend in diese Situation.

Durch die Kontakte, die sie bereits geknüpft hatten, wußten überseeische und europäische Hersteller von Fluggerät und damit verbundener Ausrüstung, daß Galland für den wichtigsten Posten in der neuen Luftwaffe vorgesehen war. Das machte ihn begehrt und ließ ihn weit in der Welt herumkommen. Er bereiste Europa, Kanada, Australien, Südamerika und die Vereinigten Staaten. Seine Aufgabe war es, sich über den raschen Fortschritt in der Luftfahrt auf dem Laufenden zu halten, Vorschläge und Empfehlungen zu machen und die Geschäftspartner aus Industrie- und Regierungskreisen zusammenzubringen, die die Verträge zu unterschreiben hatten. Die Monate vergingen rasend schnell, und Gallands Arbeitspensum kam dem seiner Kriegstage gleich. Dann brachte die öffentliche Bekanntmachung von Kammhubers Berufung die Vorstellungen von seiner eigenen Zukunft durcheinander.

Aber die Enttäuschung wurde rasch durch das Angebot von Beraterverträgen zahlreicher Firmen verdrängt. Sowie sie erfuhren, daß er nicht zur neuen Luftwaffe gehen würde, konkurrierten sie um seine Beraterdienste. Er war auf dem besten Weg, erfolgreich zu werden. Mittlerweile genoß er seine ausgedehnten Geschäftsreisen und die unvermeidlichen Nebenausflüge zur Jagd und Sportfliegerei. Als er das fünfte Jahrzehnt erreichte, glaubte er, es sei an der Zeit, eine Familie, eine Familie mit Kindern zu haben. Sein Privatleben änderte sich nach seiner Scheidung von Sylvina, mit der er unglücklicherweise keine Kinder bekommen konnte.

In diesem Zeitraum fanden in seinem beruflichen und privaten Leben einige Veränderungen statt. Er verließ die Düsseldorfer Firma und eröffnete sein eigenes Büro in Bonn, gestützt auf zahlreiche Beraterverträge mit wichtigen britischen, amerikanischen, französischen, italienischen, kanadischen und deutschen Firmen. Bonn war das Zentrum, in dem alle wesentlichen Entscheidungen auf dem Gebiet der Verteidigung getroffen wurden.

Seine Düsseldorfer Sekretärin, Hannelies Ladwein, folgte ihm nach Bonn. Sie war eine große, dunkle und charmante Frau, deren Leistung, Gründlichkeit und Geschicklichkeit im Umgang mit Menschen eine besondere Stütze in seiner ersten Zeit als Geschäftsmann waren. Sie würde von nun an wesentlich zu seinem Erfolg auf diesem Gebiet beitragen. Sie eröffneten ein großes Büro in einem weitläufigen Gebäude in der Adenauer Allee, nur ein paar Autominuten vom Verteidigungsministerium entfernt.

Neben seinem Beraterdienst stellte Galland Vertretern und Besuchern von Luftfahrtfirmen Büroraum und Schreibkräfte zur Verfügung. Für eine Weile hatte er in den sechziger Jahren »Onkel Theo« Osterkamp — seinen alten Kameraden aus der Zeit des Austern-und-Hummernfluges — als einen seiner Untermieter.

Seine Memoiren waren mittlerweile in aller Welt gelesen worden, und fast jedes Jahr kamen weitere Übersetzungen in andere Sprachen hinzu. Er erfreute sich besonderer Berühmtheit in Luftfahrtkreisen, wo Jagdfliegerassen schon immer ein legendenhafter Status zugeordnet wurde. Überseeische Luftfahrtfirmen waren darauf erpicht, von einem solchen Mann auf dem riesigen deutschen Markt vertreten zu werden.

Gallands Buch hatte noch eine weitere, ungewöhnliche Folge, die er beim Verfassen nicht voraussehen konnte. Geschäftsleute in anderen Ländern erkannten in seiner direkten, soldatischen Schreibweise und Schilderung einen Mann von Rechtschaffenheit. Diese Eigenschaft, zusammen mit seinen erwiesenen Fähigkeiten, Verbindungen und seinem Status machten Galland zum perfekten Beauftragten. Sogar konkurrierende Firmen schlossen mit ihm ohne irgendwelche Vorbehalte Beraterverträge ab.

Seine ehemaligen Gegner machten ihm mit ihrem Vertrauen ein besonderes Kompliment; für diejenigen, die seinen Charakter kannten, war dies jedoch kein Risiko. Ein Mann, der vor Hitler und Göring nicht von seinen Prinzipien abgewichen war, würde seine Redlichkeit nicht für materiellen Gewinn aufs Spiel setzen. Sein alter Freund Edu Neumann drückte es so aus: »Galland ist selbst vor dem Thron von Königen ein Mann des Mutes.« Sein Mut garantierte alles andere in seinem Charakter.

Galland gab den Autoren gegenüber zu, daß es oft ein schwieriger Balanceakt war, die entgegengesetzten Interessen der Firmen auseinanderzuhalten, für die er arbeitete. Trotzdem vertrat er sie alle gut.

Nach seiner Scheidung von Sylvina heiratete er Hannelies am 10. September 1963. Nach etlichen Jahren in gemieteten Wohnungen bauten sie sich im Mai 1965 ein hübsches Haus hoch über dem Rhein in Oberwinter. Von da an begann und endete jeder Arbeitstag mit einer angenehmen 30-Minuten-Fahrt am Rhein entlang.

Beherrschung der englischen Sprache über das hinaus, was er von Jack Whitten und anderen während seiner Kriegsgefangenschaft gelernt hatte, war für Gallands Beraterdienst von absoluter Notwendigkeit. Er bemühte sich umgehend um die nötigen Verbesserungen. Er spricht englisch mit deutschem Akzent und behauptete oft, »… ich habe die englische Sprache nie gelernt, ich habe sie einfach nur gesprochen.« Während der Vorbereitungen zu diesem Buch entdeckten die Autoren, daß Galland selbst die feinsten Nuancen der englischen Sprache, besonders der geschriebenen Sprache, zu unterscheiden weiß. Er spricht es fließend genug, um Vorträge in Amerika und England zu halten und sich am Hin und Her von Fragen und Antworten zu beteiligen. Er nennt es verschmitzt »mein Oxford-Englisch«, aber es brachte ihm Erfolg als Geschäftsmann. Mit seiner zusätzlichen Kenntnis der spanischen Umgangssprache hatte er auf seinen Reisen kaum Verständigungsprobleme.

Seit seiner Jugend hatte Galland davon geträumt, eines Tages auch sein eigenes Motorflugzeug zu besitzen. Sein Traum ging zu seinem 50. Geburtstag 1962 endlich in Erfüllung, als er eine Beechcraft Bonanza mit dem Kennzeichen D-EHEX erstand und sie zärtlich »Die Dicke« taufte. Er gab ihr diesen Namen, weil sie rundlicher war als er selbst und die Flugzeuge, die er im Zweiten Weltkrieg geflogen hatte.

Auf Geschäfts- und Vergnügungsflügen durch ganz Europa genoß er die Flugeigenschaften der Bonanza. Er beteiligte sich oft an Rallyes, auch mit Erich Hartmann, dem erfolgreichsten Jagdflieger der Welt, als Copilot. Sie schnitten immer gut ab. Wenn Galland sich in seiner Beratertätigkeit eine Pause gönnte, stand die Bonanza schon bereit, um ihn zu Jagdeinladungen in ausgesuchte europäische Reviere zu bringen. Oft wurde er von Freunden begleitet.

Auf einem Geschäftsflug nahm er einmal einen jungen israelischen Jagdflieger mit. Der junge Mann war ein typischer »Fighter Jockey«, der vor Freude und Begeisterung kaum stillsitzen konnte. Er erzählte Galland einige überraschende Geschichten über seine fliegerischen Abenteuer während der Aufbauzeit des israelischen Staates, als das Land Mühe hatte, die notwendigen Waffen zusammenzubekommen. »Ob Sie's glauben oder nicht, General Galland, wir haben Ihre Munition aus dem Zweiten Weltkrieg, und wir haben sie gut eingesetzt. Sie war hervorragend, und wir haben ebenfalls Ihre taktischen Luftkampf-Anweisungen von 1942 bis 1944 angewandt.« Galland wunderte sich über die Ironie des Schicksals, daß ausgerechnet die israelische Luftwaffe taktischen Vorschlägen folgte, die das Oberkommando der deutschen Luftwaffe oft abgelehnt hatte.

Seine Bonanza tat ihm über 18 Jahre hinweg treue Dienste. Sein vermindertes Sehvermögen zwang ihn nach fast einem halben Jahrhundert im Cockpit, den Steuerknüppel an den Nagel zu hängen. Es war einer der härtesten Augenblicke für ihn, von der Bonanza Abschied zu nehmen. »Die Dicke« zu besitzen und zu fliegen gehörte zu Gallands größten Freuden in seinem zivilen Fliegerleben.

Eine Freude anderer Art wurde ihm am 7. November 1966 zuteil, als Hannelies einem Sohn das Leben schenkte. Die Geburt von Andreas Hubertus Galland bedeutete für ihn eines der triumphalsten Ereignisse seines Lebens. »Dolfo« war bereits 55. Obwohl er spät Vater wurde, erfüllte ihn sein Sohn mit neuer Begeisterung und Lebensfreude. Am 29. Juli 1969, als Galland bereits 57 war, schenkte ihm Hannelies eine Tochter, Alexandra-Isabelle. Als dieses Buch verfaßt wurde, hatten sich seine Kinder bereits zu aufrechten Erwachsenen entwickelt.
Alexandra sieht ihrer Mutter ähnlich. »Andus« ist fast eine Kopie seines Vaters im gleichen Alter, ein schlanker, beweglicher junger Mann mit dem dichten, helmartigen Haarschopf von Galland Senior. Andus gleicht dem jungen Galland ebenfalls in seiner Schnelligkeit, Wißbegierigkeit und persönlichen Initiative. Er lernte englisch während eines Winters in Florida, wo er sich zusätzlich etwas Geld für seinen Unterhalt verdiente. Seither hat er Amerika häufig besucht. Mit dem britischen Jagdfliegeras Bob Stanford-Tuck als Patenonkel und dem berühmten »Dolfo« zum Vater wußte Andus, daß er bei seiner Grundausbildung in der Luftwaffe 1985 eine gewichtige Tradition aufrechterhalten mußte.
Als Hannelies sich aus dem Geschäft zurückzog, um sich Andus und Alexandra zu widmen, mußte dringend eine Vertretung für sie gefunden werden. Das war keine einfache Angelegenheit, denn ihre tüchtige Mitarbeit hatte wesentlich zu seinem Erfolg beigetragen. Aber sein lebenslanges Glück verließ ihn auch hierbei nicht. Er entschied sich für Anne-Marie Drinhausen, eine tüchtige, energische und gewissenhafte junge Frau. Während der letzten zwei Jahrzehnte hat sie ein beachtliches Arbeitspensum für ihn erledigt. Frau Drinhausen, die drei Sprachen beherrscht, kann einem Besucher gegenüber im Büro eine Bemerkung auf englisch machen, während sie sich am Telefon mit jemandem auf deutsch unterhält. Jeder Geschäftsmann würde sich glücklich schätzen, eine so ergebene und tüchtige Mitarbeiterin zu finden.
Zu seinen zahlreichen Geschäftsreisen ins Ausland gesellen sich immer mehr Einladungen aus aller Welt zu Traditionstreffen, Seminaren und historischen Feiern. Er kam bei diesen Reisen in den 25 Jahren seiner beruflichen Tätigkeit so weit herum, daß er zum internationalen Botschafter der deutschen Jagdflieger des Zweiten Weltkriegs wurde. Er fühlte sich in dieser Rolle wohl und vertrat die deutschen Flieger würdig. Für die deutschen Piloten, egal ob sie die Uniform der Bundesluftwaffe oder Zivil trugen, blieb er »der Chef«. Der ehemalige Oberst Wolfgang Falck drückte es so aus: »Ich habe keinen deutschen General gekannt, der sich derart energisch für seine Soldaten eingesetzt hat.«

Galland wurde von den Männern, die er im Zweiten Weltkrieg geführt hatte, geehrt, respektiert und verehrt. Es war für diejenigen, die in der Bundesluftwaffe in den Generalsrang aufstiegen, schon eine Ehre, zu einer geselligen Zusammenkunft nach Oberwinter eingeladen zu werden.

Galland und der pensionierte RAF Wing Commander Robert Stanford-Tuck, der im Zweiten Weltkrieg 30 Luftsiege errungen hatte, wurden zu engen Freunden. Sie waren beide Meisterschützen und passionierte Jäger. Auf dieser Basis und infolge ihres Status als führende Jagdfliegerasse erfreuten sie sich über Jahrzehnte hinweg der guten Seiten des Lebens. Sie ergänzten sich gegenseitig perfekt, wenn sie die Schlacht um England zum x-ten Mal wiederholten oder sich nach Tisch gegenseitig hänselten.

Gallands beste Nachtisch-Geschichte dreht sich um seine Auszeichnung mit dem Eichenlaub mit Schwertern und Brillanten zum Ritterkreuz und verfehlt ihre Wirkung auf seine Gäste nie. Gallands Humor und seine Fähigkeiten als guter Erzähler verleihen dieser Episode eine Würze, die sich hier kaum wiedergeben läßt. Sie beginnt kurz nach seiner Auszeichnung mit den Brillanten, als er Göring in dessen Sonderzug »Asien« gegenübersaß. Göring lehnte sich plötzlich vor und besah sich Gallands Orden aufmerksam. »Sagen Sie«, meinte er, »sind das die Brillanten, die Ihnen der Führer soeben verliehen hat?« Galland versicherte ihm, daß dies der Fall sei. Göring bat ihn, die Auszeichnung abzulegen, damit er sie näher betrachten könne.

Der General der Jagdflieger, der diese Auszeichnung am Hals trug, nahm sie ab und gab sie ihm. Göring hielt sie gegen das Licht und drehte sie mit einem Ausdruck des Mißfallens hin und her.

»Der Führer weiß eine Menge über Panzer und Geschütze, General Galland, aber von Brillanten hat er keine Ahnung. Dies hier sind ja nur Splitter!«

Galland hatte von Brillanten ebenfalls keine große Ahnung, aber er freute sich über das Angebot des Reichsmarschalls, eine verbesserte Ausführung der Auszeichnung von seinem persönlichen Juwelier in Berlin anfertigen zu lassen. Göring liebte Juwelen. Die zahlreichen Ringe an seinen Fingern waren der glitzernde Beweis für diese Leidenschaft. Der Reichsmarschall meinte, daß die höchste deutsche Auszeichnung ebenfalls von höchster Qualität sein müsse. Er versprach, Gallands Brillanten in der besseren Göring-Ausführung in ein paar Wochen zurückzugeben.

Die Einladung, Görings Hauptquartier zu besuchen, erfolgte prompt, und der strahlende Reichsmarschall begrüßte ihn mit den neuen Bril-

lanten in der einen und Hitlers Auszeichnung in der anderen Hand. Er hielt sie in das Licht und bewegte seine Hände, um die Steine beider Orden schimmern zu lassen.
»Sehen Sie den Unterschied, Galland, sehen Sie ihn?«
Galland mußte zugeben, daß die Brillanten des Reichsmarschalls größer, funkelnder und schöner waren als die, die er von Hitler erhalten hatte. Göring gab im beide Ausführungen zurück; damit besaß er eine zweite »Reserve«-Auszeichnung.
Göring und Hitler waren eigenartige Rivalen. Zweifellos respektierte Hitler Görings kultivierten Stil und versuchte, ihn zu übertreffen. Offenbar hatte Göring Hitler gegenüber etwas über die Notwendigkeit erwähnt, die Qualität der Billanten zum Ritterkreuz zu verbessern. Denn kurz nachdem Galland die Göring'schen Diamanten erhalten hatte, wurde er ins Führerhauptquartier befohlen, wo Hitler ihn persönlich empfing.
»Endlich kann ich Ihnen jetzt die richtigen Brillanten zum Ritterkreuz aushändigen, General Galland«, sagte Hitler. »Die Auszeichnung, die Sie jetzt tragen, ist nur eine Interimsausführung. Legen Sie sie bitte ab.«
Zu Gallands Überraschung zog Hitler ein Schmuckkästchen mit einem dritten Satz der Brillanten hervor. Er nahm Gallands Auszeichnung, die dieser gerade abgelegt hatte, in die eine und seine letzten Brillanten in die andere Hand und hielt sie nebeneinander in das Licht. Er drehte sie in seinen Händen, genauso, wie es Galland bei Göring gesehen und wie Hitler es wohl von ihm gelernt hatte.
»Sehen Sie den Unterschied, General Galland? Sehen Sie ihn? Sie können erkennen, daß die Brillanten in ihrer provisorischen Ausführung nur Splitter sind!« Das waren Görings eigene Worte, aber sie schockten Galland, weil die »vorläufigen« Brillanten, die er gerade Hitler überreicht hatte, die speziell vom Reichsmarschall angefertigten, dicken Klunker waren. Damit hatte Galland drei Ausführungen der Brillanten zum Ritterkreuz. Eine davon wurde während eines RAF-Bombenangriffs auf Berlin zerstört, aber von Hitler danach wieder ersetzt. (Dies geschah zu einer Zeit, als Galland seine Auszeichnungen aus Protest abgelegt hatte.) Galland besitzt sie heute noch. Die beiden anderen Ausführungen wurden von einem amerikanischen Army-Unteroffizier des Counter Intelligence Corps am Ende des Krieges in Tegernsee gestohlen. Sie befinden sich heute zweifellos in den Vereinigten Staaten.
Der ehemalige General der Jagdwaffe war verschiedene Male bei der NASA in den Vereinigten Staaten und auf zahlreichen USAAF-Basen in Amerika und Europa zu Gast. Im Mai 1974 hielt er aus Anlaß des er-

sten europäischen Festessens eine Ansprache vor dem American High School Air Force Junior Reserve Officer Training Corps — in Bitburg. Das US Marine Corps lud ihn 1979 nach Yuma in Arizona ein, um an einem Waffen- und Taktiklehrerkursus teilzunehmen. Bob Stanford-Tuck und General Gerhard Barkhorn von der Bundesluftwaffe, der mit Galland zusammen im JV 44 die Me 262 geflogen hatte, begleiteten ihn.

Gallands Vorträge und Auftritte auf Seminaren erhöhten seine Beliebtheit über die Jahre hinweg. Nirgendwo wurde er begeisterter empfangen als in Irland. Im März 1980 war er Ehrengast der Royal Aeronautical Society in Dublin. Das Thema seines Vortrags war der »Channel Dash«, der Ausbruch der deutschen Schlachtschiffe aus Brest im Jahre 1942. Galland hatte in den Vereinigten Staaten und Kanada in früheren Jahren den gleichen Vortrag gehalten. Während sein Überseepublikum zwar großes Interesse zeigte, waren seine irischen Gastgeber offen begeistert.

Als er die Geschichte in seiner direkten, tatsachengetreuen und soldatischen Weise vortrug, erstaunte ihn der Beifall, den die Schilderung von Einzelheiten des Durchbruchs hervorrief. Wann immer er auf britische Fehler, Fehlkalkulationen oder Unterlassungen zu sprechen kam, ergötzte sich das irische Publikum an der Folge britischer Mißgeschicke und Fehlschläge. Als Galland schließlich von der erfolgreichen Rückkehr der Schlachtschiffe nach Deutschland berichtete, waren seine Zuhörer auf den Beinen. Den britischen Löwen am Schwanz zu ziehen, rief in ihnen größte Begeisterung und Bewunderung hervor. An jenem Abend war er einer der populärsten Männer in Irland.

Das Publikum wurde nie müde, Galland oder den anderen prominenten Fliegern zuzuhören, die das Podium in vielen Ländern der Welt mit ihm teilten. Im Gegenteil, Menschen mit einem Sinn für Geschichte erkannten mehr und mehr, welchen Wert die noch lebenden, legendären Kriegsflieger verkörperten. Als Galland 1983 an einem Seminar in Long Beach in Kalifornien teilnahm, fand er sich zusammen mit Amerikas berühmtem General Jimmy Doolittle und Air Vice-Marshall »Johnny« Johnson, dem erfolgreichsten Jagdflieger der RAF, auf dem Podium. Das Auditorium war brechend voll, und die Zuhörer waren sich wohl bewußt, daß sie so viel lebende Geschichte nie wieder an einer Stelle zu Gesicht bekommen würden.

Galland hatte in Sir Douglas Bader einen Freund fürs Leben gefunden, als er seinen verunglückten Gegner 1941 ritterlich behandelte. Bader war für seine Intelligenz und seinen Humor bekannt. Er war schnell mit geistreichen Bemerkungen und geradezu brilliant im Scherzen. Sir

Douglas war auf Galland vorbereitet, als dieser im September 1971 als Gast zur ersten Commonwealth Wartime Aircrew Reunion eingeladen wurde. Das Treffen fand in Winnipeg in der kanadischen Provinz Manitoba statt, dem Zentrum des riesigen Empire Air Training Scheme. Diese Einrichtung hatte einen Strom von Besatzungen für die britischen Bomberflotten und Tausende von anderen Piloten ausgebildet.
Während seiner einleitenden Ansprache hatte Bader Galland begrüßt und seinen Zuhörern dargelegt, wie ihn die Veranstalter des Treffens um seinen Rat zu der Frage gebeten hatten, ob es sich schicke, einen ehemaligen Luftwaffengeneral als Ehrengast einzuladen. Bader hatte ihnen versichert, daß dies völlig in Ordnung sei.
»Letzten Endes«, so Bader mit einer gelungenen Pointe, »wenn es nicht Kerle wie ihn gegeben hätte, hätten wir nie ein Empire Air Training Scheme bekommen.«
Das schallende Gelächter der versammelten Veteranen ebbte erst nach zehn Minuten wieder ab, und Bader stellte den Gast dann vor. Niemand freute sich über diesen Scherz mehr als Galland selbst. Die wahre Größe eines Mannes kommt immer dann zum Vorschein, wenn er über sich selbst lachen kann.
Gallands geschäftliches Leben wurde von zahlreichen ähnlichen Treffen unterbrochen. Ehemalige Gegner wie die Pathfinders Association der Männer, die die Kurse und die Ziele für die RAF-Nachtbomber markierten, und die Royal Australian Air Force Europe luden ihn zu ihren Veranstaltungen ein. Ein besonders lautes Echo aus der Vergangenheit erklang für ihn als Gast der RAF Officer's Mess der 11th Fighter Group. Er setzte sich an den Eßtisch in Bentley Priory in Stanmore, wo Dowding und Park Göring, Kesselring und Sperrle überrumpelt hatten.
Er war Gast und Teilnehmer an zahlreichen Sternflügen, Rallyes und gesellschaftlichen Fliegerveranstaltungen. Er erinnerte sich an seine eigene Vergangenheit und fand immer Zeit für die an der Fliegerei interessierte Jugend. Wo immer er hinkam, wurden seine ermutigenden Worte mit Achtung aufgenommen. Er war ein Pilot, der in einem Segelflugzeug anfing, das er und andere Jugendliche mit ihren eigenen Händen gebaut hatten, und hatte seinen Flug in die Geschichte gemacht. Er mußte Zigtausende von Autogrammen geben. Autogrammwünsche erreichen ihn heute noch aus Dutzenden von Ländern.
Im September 1969 war er der Ehrengast bei einem Sternflug-Treffen der deutschen Pilotinnen in Ludwigsburg — eine schicksalsträchtige Angelegenheit. Die Fliegerinnen fanden ihren attraktiven Gast faszinierend und charmant. Galland jedoch hatte nur Augen für eine von ihnen.

Der pensionierte Luftwaffenoberst Wolfgang Falck, zu dem Zeitpunkt Präsident der Gemeinschaft der Jagdflieger, war mit dabei. »Dolfo« stieß Falck an, um ihn auf eine große und phantastische Brünette aufmerksam zu machen. Er füsterte ihm zu: »Fälkchen! Fälkchen! Du mußt mich dem *Mädchen* vorstellen!«

Das *»Mädchen«* war Frau Heidi Horn, eine erfolgreiche Geschäftsfrau aus Münster. Falcks Vorstellung war der Anfang einer langen und oft klippenreichen Romanze. Nach der Meinung von denen, die »Dolfo« am besten kannten, war er endlich »abgeschossen« worden. Galland und Hannelies wurden schließlich geschieden, blieben aber gute Freunde. Sie wirkten bei der Erziehung von Andus und Alexandra eng zusammen und teilten sich die elterliche Verantwortung. Galland blieb nach seiner Ehescheidung allein und lebte auf der Rheinhöhe in Oberwinter in herrschaftlicher Einsamkeit für mehrere Jahre. Heidi schenkte ihm einen Rauhhaardackel namens Arrax, der ihm Gesellschaft leisten sollte.

An einem Maiabend 1983 saß Co-Autor Constable mit Galland zusammen, um etwas über seine Einstellung zum schwachen Geschlecht zu erfahren. »Nachdem sich der Sturm gelegt hat«, sagte der ehemalige General, »möchte ich vor allen Dingen Freundschaften haben.«

So lange er lebt, wird er immer wieder von seiner Vergangenheit eingeholt werden. Durch die Bemühungen des amerikanischen Luftfahrthistorikers Henry Sakaida kam Galland 1979 in Kontakt mit dem amerikanischen P-47-Piloten, der ihn bei seinem letzten Me 262-Einsatz »belästigt« hatte. Der ehemalige Hauptmann James Finnegan aus San Rafael in Kalifornien wurde als der Pilot identifiziert, der auf Gallands Maschine geschossen und ihm die Splitter im Knie beigebracht hatte, die für ihn das Ende des Einsatzes bedeuteten. Während eines seiner Besuche in Kalifornien und später in Oberwinter trafen sie sich persönlich in Freundschaft. Der gutmütige Finnegan war zwar nicht sonderlich stolz darauf, einen Mitmenschen verwundet zu haben, es blieb jedoch der Höhepunkt seiner militärischen Karriere und eine unvergeßliche Auszeichnung, Adolf Galland im Krieg mattgesetzt zu haben.

1983 kümmerte sich Galland um eine andere Angelegenheit. Er hatte sich immer gewünscht, seinen ersten Wart Gerhard Meyer und seinen Waffenwart Heinrich Olemotz wiederzusehen. Beide waren in seinen einsatzreichen Tagen unermüdliche und treue Perfektionisten gewesen. Galland hatte die Arbeit des Bodenpersonals und ihre unentbehrliche Rolle in der gesamten Kriegsanstrengung immer voll zu würdigen gewußt. Er hatte für Meyer und Olemotz besonders viel übrig. Als er versuchte, Meyer durch das *Jägerblatt,* das Magazin der Gemeinschaft der

Jagdflieger, zu finden, bekam er Antworten von 18 Meyers. Manche behaupteten, sein ehemaliger erster Wart gewesen zu sein. Keiner war der richtige.

Im Juni 1983 hatte Galland schließlich beide gefunden. In seinem Büro in Bonn und später in seinem Haus in Oberwinter wurde das Wiedersehen gefeiert. Die beiden Veteranen haben sich die Zuneigung und die höchste Achtung für ihren ehemaligen Kommandeur bis ins hohe Alter erhalten. Sie gehören jetzt beide der Gemeinschaft der Jagdflieger an und besuchen deren Veranstaltungen; aber das Wiedersehen mit »ihrem« Boß bleibt die Krönung ihrer Erinnerungen an den Militärdienst.

Der plötzliche Tod von Sir Douglas Bader 1983 war für die Fliegerei wie für Galland ein schwerer Schlag. Ihre Freundschaft hatte sich über mehr als 42 Jahre erstreckt — seit Bader vom JG 26 über Frankreich abgeschossen worden war. Obwohl sich Galland zur Zeit von Baders Tod auf einer Geschäftsreise in Kalifornien befand, änderte er seine Pläne, um an der Trauerfeier für das britische Jagdfliegeras in der St. Clement Church in The Strand teilnehmen zu können. Der Luftwaffengeneral a.D. war auf das, was folgte, kaum vorbereitet. Peter Tory beschrieb es in seiner *London Diary*-Zeitungsspalte folgendermaßen:

»Eine seltsame und erregende Szene spielte sich gestern nach der Trauerfeier für unser wagemutigstes Jagdfliegeras, Sir Douglas Bader, außerhalb einer Londoner Kirche ab.

Die Gegenwart von Maggie Thatcher und Legenden der Schlacht um England wie Bob Stanford-Tuck und »Laddie« Lucas waren kein Grund für die erregte Verwirrung. Es war vielmehr die hektische Aufmerksamkeit, die die Öffentlichkeit einem schnurrbärtigen, älteren Herrn in einem einfachen, schwarzen Regenmantel zuteil werden ließ, die einen etwas aus dem Gleis brachte.

Wer war also die Person, die bei dieser Gelegenheit — wo zugleich der Tod eines englischen Helden betrauert und der glorreiche Sieg über Deutschland 1945 gefeiert wurde — wie eine Berühmtheit behandelt wurde? Der Fremde war kein anderer als das Fliegeras der Luftwaffe aus dem Zweiten Weltkrieg, Adolf Galland, der über unsere eigenen Jungs der RAF erstaunliche 104 Luftsiege errang.

General Galland, heute 80 Jahre alt, erhielt Deutschlands höchste Auszeichnungen, alle von Hitler persönlich an seine Brust geheftet. Ihn jedoch, mehr als alle anderen Berühmtheiten, die an der Feier teilnahmen, wollten die Leute kennenlernen.

Die Masse scharte sich um den alten *Hunnen* mit Autogrammwünschen und drängte dabei alte RAF-Kämpfer, tiefgebeugt unter dem Gewicht ihrer Ehrenkreuze und Ordensspangen, fast zur Seite. Er schrieb seinen Namen viele Dutzendmale und schüttelte Hunderte von Händen. Ein Würdenträger mit einer schimmernden Palette von Auszeichnungen schnaubte gereizt: »Vielleicht können wir weitermachen, wenn die Bewunderer fertig sind.«

Bader, wäre er dabeigewesen, hätte den Fremden im dunklen Regenmantel sofort erkannt. Er würde an seine Seite gestapft sein, würde ihm auf die Schulter gehauen und ausgerufen haben: »Bloody good show, glad you could come!«

Galland trat in sein achtes Lebensjahrzehnt mit all dem materiellen Komfort ein, den ein Mann sich nur wünschen kann. Sein Haus in Oberwinter wurde mehrfach erweitert; der herrliche Trophäenraum erinnert an Görings Sitz in der Schorfheide. Galland ließ es zu, daß dieser wunderschöne Raum von alten Kameraden und Freunden »Karinhall West« genannt wurde.

Über lange Jahre hinweg besaß er eine Wohnung in St. Gilgen am Wolfgangsee in Österreich. Im spanischen Benidorm steht ihm ein attraktives Sommerhaus zur Verfügung. Was könnte sich sein Herz im Alter noch wünschen, jetzt, wo seine Kinder erwachsen sind und sein Lebenswerk praktisch vollendet ist? Was noch? Das Mädchen Heidi, dem er durch Falck 1969 vorgestellt wurde.

Am 10. Februar 1984 gaben sich Adolf Galland und Heidi Horn das Ja-Wort. Alle ihre Freunde waren überrascht. Dieser letzte Sprung in die Ehe wirkte Wunder! Beim Empfang, den sie in Oberwinter gaben, befand sich unter alten Kriegskameraden, Freunden und Würdenträgern auch Gallands erste Ehefrau Sylvina. Einige alte Jagdflieger konnten sich beim Anblick von Galland mit Heidi und Sylvina das Bonmot nicht verkneifen:

»Aha, Dolfo, die Erste und die Letzte.«

Das britische Fliegeras Bob Stanford-Tuck beschrieb 1987 vor seinem Tod Gallands Karriere im Cricket-Jargon: »Dolfo's had a bloody good innings, you know.« Militärische Führer, die in ihrer Jugend in einer kometenhaften Karriere aufsteigen, überstehen nur selten das Ausbrennen, das dem frühen Aufleuchten folgt. Gallands Karriere war lang und glänzend, im militärischen wie im zivilen Bereich. Anton »Tonius« Weiler, der überaus tüchtige Präsident der Gemeinschaft der Jagdflieger, faßte den Galland-Mythos in seiner öffentlichen Glückwunschrede zu dessen 70. Geburtstag so zusammen:

»Ruhm und Untätigkeit vertragen sich nicht, und Galland hat dement-

sprechend gehandelt. Er hat die Langsamen immer hinter sich gelassen und nie zurückgeblickt.«
Auf sein Lebenswerk zurückblickend, hat Galland im Ruhestand und im achten Jahrzehnt seines Lebens einen noch höheren Ruhm erreicht. Er ist zur lebenden Legende geworden.

Ein Wort des Dankes

Eine Menge großzügiger Leute haben auf verschiedene Weise zum Entstehen dieses Buches beigetragen. Ihr Wissen, ihre Erfahrung und Ratschläge waren für die Autoren eine unschätzbare und richtungsweisende Hilfe. General Gallands ehemalige Luftwaffenkameraden beobachteten ihn aus verschiedenen Blickwinkeln in einer großen Bandbreite militärischer Situationen. Die meisten von ihnen haben die Verbindung mit ihm in der Nachkriegszeit nicht abreißen lassen, was ihrem Einblick zugute kam.

Ehemalige Gegner, die nach dem Krieg Freunde von General Galland wurden, haben einen besonderen Beitrag zu diesem Buch geleistet. Wir sind ebenfalls dankbar für die Einsicht in General Gallands Kriegstagebuch. Die deutschen Jagdflieger insgesamt waren überaus hilfreich.

Es würde viele Seiten erfordern, die Hilfe, die man uns zuteil werden ließ, im einzelnen zu würdigen. Statt dessen wollen wir alphabetisch alle diejenigen nennen, die uns sowohl technisch als auch bei unseren Nachforschungen geholfen haben. Wir entschuldigen uns für unbeabsichtigte Auslassungen. Mitgeholfen haben:

Sir Douglas Bader, Cajus Bekker, Hans-Heinrich Brustellin, Joseph Buffer, Harley Copic, Robert T. Crow, James H. Doolittle, Anne-Marie Drinhausen, Wolfgang Falck, James J. Finnegan, Erich Hartmann, John H. Kirby, Walter Krupinski, Gerhard Meyer, Nathan Miller, Johannes Mohn, Eduard Neumann, Heinrich Olemotz, Douglas Pitcairn, Hans Schmoller-Haldy, Werner Schroer, Eduard Schröder, Robert H. Stanford-Tuck, Johannes Steinhoff, Ray Waddey, Anton Weiler, Dr. John M. Whitten.

In ihrer Gesamtheit waren all diese Beiträge unentbehrlich. Die Autoren sind ihnen äußerst dankbar.

Col. Raymond F. Toliver, USAAF Ret.
Trevor J. Constable

Los Angeles, Kalifornien

Generalleutnant a. D.
Adolf Galland zu diesem Buch

Während der vergangenen Jahrzehnte wurde mir bei vielen Gelegenheiten angetragen, eine Galland-Biographie zu autorisieren. Keines dieser Angebote war jedoch angemessen oder zeitlich richtig, bis meine Freunde Colonel Ray Toliver und Trevor »Sailor« Constable mir vor einigen Jahren ihren Vorschlag für eine Biographie unterbreiteten. Alle notwendigen Faktoren kamen damals zusammen.

Diese beiden amerikanischen Autoren kennen fast alle erfolgreichen Jagdfliegerführer der Luftwaffe, die den Krieg überlebt haben, persönlich und genießen deren Achtung für ihre Fairneß und Objektivität. Dem Schriftstellerteam Toliver—Constable ist es mit früheren Büchern gelungen, den Geist der Jagdwaffe zu erfassen und ihn zukünftigen Generationen zu vermitteln. Sie haben historische Berichte ohne kriegsbedingte Propaganda und Verzerrungen verfaßt.

Jahrelange Nachforschungen der Autoren in Luftwaffenakten des Zweiten Weltkriegs, geheimem Codematerial, alliierten Vernehmungsprotokollen und Unterlagen, die erst vor wenigen Jahren freigegeben wurden, schlagen sich in diesem Buch nieder. Diese offiziellen Dokumente waren mir vor fast 40 Jahren, als meine Autobiographie »Die Ersten und die Letzten« erschien, nicht zugänglich. Ich muß zugeben, daß ich von den Autoren Dinge über die Geschichte des Zweiten Weltkriegs und der Luftwaffe erfuhr, die mir selbst, trotz meiner Teilnahme in einer Schlüsselstellung, noch nicht bekannt waren. Hinzu kommt, daß mir meine engen Freunde über längere Zeit hinweg »auf der Pelle« lagen. Die meisten Aufnahmen in diesem Buch stammen aus meiner Privatsammlung und sind bisher noch nicht veröffentlicht worden.

Adolf Galland
Generalleutnant a. D.
Oberwinter

Anhang

Übergabeversuch des JV 44

Ein Brief Gallands an Trevor J. Constable

Hier ist der wirkliche Ablauf der Ereignisse. Wie Du weißt, wurde ich am 26. April 1945 während meines letzten Einsatzes mit JV 44 verwundet, nachdem ich zwei B 26 Marauders abgeschossen hatte. Beim Start von München-Riem verunglückte Oberst Steinhoff und erlitt schreckliche Brandwunden.
Kurz danach verlegte mein JV 44 von München nach Salzburg; eine kleine Gruppe flog nach Innsbruck weiter. Da Oberst Lützow vermißt war, vertrat mich Oberstleutnant Heinz Bär als Kommandeur. Zwei vorbereitete Pisten auf der Autobahn München—Salzburg wurden wegen der schnell näher rückenden alliierten Truppen nicht mehr benutzt. Die Autobahn südlich von München und um Ottobrunn durch den Hofoldinger Forst diente nur zum Abstellen getarnter Me 262 und He 162. Dort wurden sie von den Alliierten erbeutet.
Der Großteil des JV 44 mit der Mehrzahl des Personals, der Flugzeuge und Bodengeräte wurde daraufhin auf dem Flugplatz Salzburg unter der Führung von Otl. Heinz Bär stationiert.
Ich ließ mich mit meinem rechten Gipsbein ins Luftwaffenhospital in Bad Wiessee einweisen. Dort wurde ich behandelt und danach in eine Privatvilla nach Tegernsee gebracht. Von dort aus stand ich mit meinem JV 44 über Telefon, Fieseler Storch und Kradmelder in Verbindung.
Am 1. Mai entschloß ich mich zu einem letzten und verzweifelten Versuch, diesen einmaligen und fortschrittlichen Düsenjägerverband für einen später von den Amerikanern zu bestimmenden Zweck zu retten und zu erhalten. Ich war mir über das große Risiko und die Gefahr einer Entdeckung dieses Vorhabens durch deutsche Militär-, SS-, Polizei- oder NS-Parteiorgane im klaren. Diese Tatsache und die Möglichkeit einer Fehlinterpretation meiner letzten Handlungen als Kommandeur des JV 44 (Verräter, Deserteur, usw.) erlaubten es mir und anderen mitbeteiligten Offizieren nicht, bis zu einem späteren Zeitpunkt darüber zu reden oder zu schreiben.
Bis heute ist der korrekte historische Ablauf dieser Aktion der letzten Minute noch nicht offen dargelegt worden.
Nach einer letzten Besprechung meldete sich Major Herget freiwillig, mit einem »Storch« von einem kleinen Streifen in der Nähe meiner Villa aus zu starten, um die sich auf dem Vormarsch befindlichen alliierten Truppen zu überfliegen und in Schleißheim zu landen. Mein Adjutant, Hauptmann Kessler, begleitete ihn. Es gelang ihnen, sicher auf dem ehemaligen Luftwaffenfliegerhorst Schleißheim nördlich von München zu landen.
Die folgenden Aktionen beider Seiten können am besten aus den beiliegenden,

chronologisch geordneten, Kopien und Übersetzungen ersehen und verstanden werden:

1. Meine erste Nachricht vom 1. Mai 1945, 00.15 Uhr.
2. Die Antwort von Brigadegeneral Pearson Menoher vom 1. Mai 1945 mit Anhang 2a, 2b, 2c, 2d und 2e (Skizze der Markierung der Me 262)
3. Meine Antwort an General Menoher vom 2. Mai 1945.
4. Bericht über mein erstes Verhör durch Col. Newton vom 6. Mai in Bad Tölz.

Ich glaube, daß dies eine interessante und noch nie vorher veröffentlichte Geschichte ist. Während meiner Kriegsgefangenschaft wurde mir gesagt, daß die US-Offiziere, mit denen wir in Verbindung getreten waren, unglücklicherweise die Bedeutung meines Angebots nicht erkannten. Alle Experten sind sich darüber im klaren, daß Einsatzerfahrungen mit Düsenjägern nur von erfolgreichen Jagdfliegern gesammelt werden konnten, unterstützt von einem hochqualifizierten, fachmännischen Stab mit einem ausreichenden Vorrat an Ersatzteilen und speziellem Bodengerät. All dies war im JV 44 vorhanden und in meinem Bericht angeboten worden. Ohne die leiseste Andeutung einer befriedigenden Antwort seitens der WAAF blieb mir schließlich nichts anderes übrig, als den Befehl zur Zerstörung und Auflösung des JV 44 zu geben.

Mit besten Grüßen,
Dein Dolfo

c/c
Ray Toliver

Adolf Galland
Generalleutnant

Ich entsende Major Herget und meinen Adjutanten, Hauptmann Kessler, zum Oberbefehlshaber der alliierten Truppen, um mit ihm die Bedingungen für die Übergabe des letzten, voll einsatzfähigen Düsenjägerverbandes zu besprechen. Ich möchte Sie deshalb freundlichst bitten, sich diesbezüglich mit mir so früh wie möglich und ohne Verzögerung in Verbindung zu setzen, da die Zerstörung der Flugzeuge und die Auflösung des Verbandes stündlich erwartet werden muß.
Die Kuriere sind über weitere Einzelheiten informiert

gez. Galland
Generalleutnant

Tegernsee, den 1. Mai 1945
00.15 Uhr

mit diesem Befehl entsandt: gez: Herget (Major)
gez: Kessler (Hauptmann)

Hauptquartier
XV Corps United States Army

1. Mai 1945

MEMORANDUM:
an: Generalleutnant Adolf Galland

Ich bin befugt, die Übergabe des JV 44 nach den Landkriegsregeln der Haager und Genfer Konventionen anzunehmen.
Ich sende Major Herget und Hauptmann Kessler mit Einzelheiten der Übergabe zurück. Ich erwarte sie heute um 18 Uhr mit Ihrer Entscheidung. Ich werde dafür sorgen, daß Ihnen zu diesem Zeitpunkt Begleitschutz gewährt wird.
Ich stehe Ihren Vorschlägen zur Übergabe des nichtfliegenden Personals, wie Sie es in Ihrem Memorandum erwähnt haben, offen gegenüber.

PEARSON MENOHER
Brigadegeneral, GSC,
Chef des Stabes

Die folgenden Personen waren bei einer Besprechung zwischen amerikanischen und deutschen Beauftragten für die Übergabe des »JAGDVERBAND 44« beim 45th Infantry Division Command Post in FELDMOCHING um 11 Uhr am 1. Mai 1945 zugegen:

Amerikanische Beauftragte:
Brig. Gen. Pearson Menoher, O-3805, C/S XV Corps.
Brig. Gen. Jesse Auton, O-13798, 65th Fighter Wing, Eighth Air Force.
Col. Dorr E. Newton, Jr., O-23396, Deputy Commander, XII TAC.

Deutsche Beauftragte:
Maj. Wilhelm Herget, Jagdverband 44.
Hptm. Hugo Kessler, Jagdverband 44.

Dolmetscher.
Capt. Rupert W. Guenthner, O-1302642, 45th Division CIC.
1st Lt. John H. Brunswick, O-552530, G-2 Section, Hq XV Corps.
Mr. Leonid Ruminoff, Special Agent, CIC, attached to 45th Infantry Division.

Stenograph.
M/Sgt. Samuel L. Sack, 3314260, C/S Section, Hq XV Corps.

45th Infantry Division
FELDMOCHING; GERMANY
(815645)
01 1300B Mai 1945

Notizen zur Besprechung mit Beauftragten General Gallands.

Frage: Wann wurde der Brief (überbracht von den Beauftragten) verfaßt?

Antwort: Gestern nacht um 12.15 Uhr (300015B).
Den Beauftragten wurde erklärt, daß nach den Landkriegsregeln im Falle der Übergabe eines Mannes oder einer Einheit weder der Mann noch die Einheit noch ihre Ausrüstung gegen die eigene Seite eingesetzt werden dürfen. Alle Kapitulationen werden nach den Landkriegsregeln der Genfer Konvention abgewickelt. Die Beauftragten erklärten, daß sie dies voll verstanden hätten.

Frage: Ist General Galland befugt, den »JAGDVERBAND 44« zu übergeben? Welches sind die unterstützenden Einheiten?

Antwort: General Galland ist dazu befugt. Es ist ein besonderer Verband. Alle 50 Flugzeuge und das gesamte Personal bilden eine Einheit.
»Als Kommandeur auf niedrigerer Ebene habe ich lediglich die Befugnis, eine Übergabe als Kriegsgefangene anzunehmen. SHAEF Grundsatz ist ›Kapitulation‹; alle Verbandsangehörigen würden Kriegsgefangene werden. Würde General Galland sich ergeben?«

Antwort: Wir müßten den Befehlshaber fragen, um zu erfahren, ob sich General Galland ergeben würde. Wir würden diese Nachricht gern zu General Galland bringen. Können wir das?
Ja. Und wir werden Ihnen die Einzelheiten für die Übergabe der Flugzeuge mitteilen, für den Fall, daß General Galland die Übergabebedingungen annimmt. Wie lange dauert es, um zu Ihrem Platz zu fliegen? Ist das ein Flugplatz?

Antwort: Es dauert etwa 45 Minuten. Es ist kein Flugplatz, denn der General ist verwundet worden und befindet sich im Bett in einem Privathaus. Wir haben keine Verbindung mit dem Platz, aber wir haben ein Motorrad.

Frage: Wie lange würde General Galland brauchen, um »Ja« oder »Nein« zu sagen? Wenn Sie um 15.30 Uhr wieder bei ihm sind, könnten Sie um 17.30 Uhr wieder hier sein?

Antwort: Das reicht nicht. Wir könnten vor Dunkelheit wieder zurück sein.

Einzelheiten des Übergabeversuchs
(Von den Amerikanern)

1. Markierung der Flugzeuge nach beiliegender Skizze.
2. Die Hälfte der Flugzeuge landet auf einem Flugplatz 8 Kilometer nordwestlich von DARMSTADT (dies sind die Maschinen aus INNSBRUCK). Die andere Hälfte landet in GIEBELSTADT (dies sind die Maschinen aus SALZBURG). Ausweichplätze sind LEIPHEIM und SCHWÄBISCH HALL!

3. Die Flugzeuge fliegen in Zweierformation, in Abständen von 5 Minuten. Erster Start um 7 Uhr, am 2. Mai 1945, falls es das Wetter erlaubt; wenn nicht, dann so früh wie möglich.
4. Der Flug vom Start- zum Zielplatz wird auf direktem Kurs in 3000 m Höhe oder 150 m unter einer geschlossenen Wolkendecke durchgeführt.
5. Amerikanische Begleitjäger werden auf beiden Seiten der betreffenden Strecke fliegen und sich über den Flugzeugen halten.
6. Die deutschen Flugzeuge dürfen keine Munition an Bord haben; Kanonen und anderes Gerät haben an Bord zu verbleiben.

PEARSON MENOHER
Brigadegeneral, GSC
Chief of Staff

Folgende Diskussion spielte sich zwischen Galland und dem Obersten vom Air Corps ab:

Frage: Werden die Flugzeuge im Verband fliegen?

Antwort: Nein. Nur zwei oder drei auf einmal.

Frage: Sind die Flugzeuge in der Lage, den Rhein zu erreichen?

Antwort: Das weiß ich nicht. Es besteht Treibstoffmangel.

Dann folgte eine Diskussion über mögliche Landeplätze. Das Endresultat war: Wir wollen, daß die Innsbrucker Maschinen zu einem Platz 8 km nordwestlich von Darmstadt fliegen, die Salzburger Maschinen sollen nach Giebelstadt. Ausweichplätze sind Leipheim und Schwäbisch Hall. Wenn das Wetter es zuläßt, Start um 7 Uhr morgen oder so früh wie möglich. Flug in 3000 m oder 150 m unter geschlossener Wolkendecke. Wir werden Begleitjäger auf beiden Seiten der Strecke haben, und Ihre Flugzeuge werden dazwischen fliegen. Andere Punkte wie Markierungen etc. wurden ebenfalls besprochen.

Beauftragter: Wenn man auf bedingungsloser Kapitulation besteht, wird General Galland die Zerstörung der Flugzeuge am Boden anordnen. Wir bitten Sie, daß Sie Einzelheiten nicht über Funk weitergeben, weil die SS die Flugzeuge zerstören würde, wenn sie davon Wind bekommt.

Gen. Menoher: Die Entscheidung muß er selbst fällen. Ich bin nur befugt, die Kapitulation anzunehmen. Wir werden versuchen, so gut es geht, über Funk nichts verlauten zu lassen. Wir geben Ihnen die Einzelheiten für die Übergabe der Maschinen für den Fall, daß General Galland annimmt.
Ich werde diese beiden Männer in ihrer eigenen Maschine zurückschicken. Während des Startes werden sie von zwei Pipercubs begleitet werden. Ich möchte, daß uns General Galland heute noch wissen läßt, ob er den Plan annimmt oder ablehnt. Unsere Begleitflugzeuge werden bis zur Front mitfliegen. Wenn wir uns auf eine Zeit einigen können, werden wir zwei Cubs an der gleichen Stelle auf sie warten lassen, um sie wieder zurückzubegleiten.

Antwort: Wir können das schaffen. 18 Uhr wäre eine gute Zeit für das Treffen.

2. Mai 1945

An
Brig. General, GSC
Chef des Stabes
Pearson Menoher

Vielen Dank für den Empfang meiner Kuriere und Ihre Erklärung.

Die verlangte Ausführung dieser Aktion kann allerdings wegen sehr schlechter Wetterbedingungen, Treibstoffmangel und zusätzlicher technischer Probleme mit vielen der Me 262-Flugzeuge nicht klappen.
Ich schlage deshalb vor, uns auf Bedingungen für die Übergabe des gesamten Verbandes (Flugzeuge, Ersatzteile, spezielles Bodengerät, Piloten und Fachpersonal) zu einigen.
Ich stehe Ihnen in dieser Hinsicht zur Verfügung.

gez. Adolf Galland
Gen. Lt.

Folgendes wurde von Hand hinzugefügt:

»Kopie von General Gallands Antwort auf die Übergabebedingungen, die der General an das XV schickte. Der Kurierpilot, Major Herget, wurde abgeschossen, gefangengenommen und vom Army Medical Personal wegen seiner beim Absturz erlittenen Brandwunden behandelt.

P.E. Menoher, GSC«

HAUPTQUARTIER
XII TACTICAL AIR COMMAND E-N-8

APO 374, US ARMY
6. Mai 1945

Vernehmung von General Galland, durchgeführt von Col. Newton, XII Tac; mit einem Dolmetscher, beim XXI Corps C.P. in Bad Tölz, am 5. Mai 1945.

Mein Name ist General Galland von der Luftwaffe.
Meine Einheit ist der Jagdverband 44.

Frage: Im Hinblick auf Ihre Entsendung eines Beauftragten am 1. Mai wollen wir wissen, ob Teile Ihrer Einheit noch hier in der Gegend sind, die noch nicht gefangengenommen wurden?

Antwort: Ich weiß das nicht, denn seit dem 1. Mai habe ich keinerlei Verbindung mehr mit meiner Einheit.

Frage: Hat Ihre Einheit den Auftrag erhalten, Innsbruck und Salzburg zu evakuieren, oder hat sie ihre Flugzeuge zerstört?

Antwort: Ich habe niemandem Befehle erteilt. Ich habe zwei Offiziere am 1. Mai zu Ihnen geschickt, und sie sind zurückgekommen. Sie hatten bis um 18 Uhr Zeit, eine Antwort abzuliefern. Es war unmöglich, vor 18 Uhr zu antworten, weil meine Maschine wegen des tiefen Schnees nicht starten konnte. Die Bedingungen konnten nicht erfüllt werden, da die meisten Flugzeuge keinen Treibstoff hatten. Sie hätten auch wegen des Wetters nicht starten können. Am nächsten Tag habe ich denselben Major mit einer Antwort zurückgeschickt, aber er wurde abgeschossen. Die Front war mittlerweile so nahe an Salzburg herangekommen, daß die vorgeschlagenen Bedingungen keinen Sinn mehr machten. Ich entschloß mich, hier an Ort und Stelle zu bleiben, bis ich überrannt wurde, um dann die Verbindung wieder aufzunehmen. Ich bin freiwillig hiergeblieben, um weiterzuverhandeln — andernfalls hätte ich mich absetzen können. Ich würde gerne wissen, ob Sie etwas über die persönlichen Gründe erfahren wollen, weswegen ich diese Zusammenkünfte suchte.

Col. Newton: Ich war beim ersten Treffen mit General Menoher dabei und kenne Ihre Gründe. Ich kenne ebenfalls die Antwort, die man Ihnen darauf gab.

Antwort: Ich bin der fachkundigste Spezialist für strahlgetriebene Flugzeuge und würde gerne alle Fachleute auf diesem Gebiet zusammenbringen, um mit Ihnen an dieser Sache weiterzuarbeiten.

Frage: Eine Entscheidung dieser Art müßte auf einer höheren Kommandoebene gefällt werden, aber würden Sie sich wohl darüber auslassen, was Sie mit dem Ergebnis einer solchen Arbeit machen würden?

Antwort: Ich bin der Meinung, daß Deutschland den Krieg verloren hat und die Zukunft ganz Europas jetzt in den Händen der Alliierten liegt.

Frage: Welche Einheiten bilden Jagdverband 44?

Antwort: Das war ein Spezialverband, der im Februar mit den besten Piloten zusammengestellt wurde.

Frage: Setzte er sich aus KG 51, 54 und JG 7 zusammen?

Antwort: Nein, er unterschied sich davon. Das war der zweitgrößte, der noch übrigblieb.

Frage: Wo sind diese Verbände jetzt?

Antwort: In der Gegend von Prag. Ich weiß nicht, ob irgendwelche meiner Piloten den Flugplatz verlassen haben, um sich ihnen anzuschließen; sie hatten sehr wenig Treibstoff. Ich habe eine Kopie des Briefes bei mir, den der Major als Antwort auf Ihre Übergabebedingungen übermitteln sollte, als er abgeschossen wurde. Hier ist die Übersetzung:
»Ich danke Ihnen für den Empfang und die Aufnahme meines Kuriers. Die Erfüllung der Bedingungen war unmöglich wegen des Wetters und Treibstoffmangels und der Tatsache, daß eine Anzahl von Flugzeugen nicht flugbereit waren. Ich schlage jedoch vor, daß die Übergabe aller Maschinen, Verbandsangehörigen und Einrichtungen unverzüglich durchgeführt wird. In dieser Hinsicht erwarte ich Ihre Anordnung.«

Frage: Was ist Ihre Adresse?

Antwort: 147 Neureuter Straße, Tegernsee. Dies ist Dr. Ernst Schubert, mein Arzt. Er hat dieselbe Adresse.

Frage: Wenn wir Ihnen erlauben, zurückzugehen und zumindest kurzfristig dort zu bleiben, geben Sie uns Ihr Ehrenwort, daß Sie sich dort zu unserer Verfügung halten, bis wir Sie wieder brauchen?

Antwort: Ja. Sie können ja Wachen aufstellen, aber das wird nicht nötig sein. Ich melde mich jeden Tag im Krankenhaus hier in der Nähe. Ich muß nur zweimal in der Woche dorthin, aber ich gehe jeden Tag.

Frage: Unsere gegenwärtige Hauptaufgabe war es, etwas über Ihre Einheit und ihr Verbleiben zu erfahren. Wenn Sie versprechen, sich zur Verfügung zu halten, werden wir andere Leute zu Ihnen schicken, mit denen Sie die Fragen Ihres speziellen Faches und andere Einzelheiten besprechen können.

Antwort: Ich gebe Ihnen gerne mein Wort, denn ich kann nicht von hier weg, ich habe auch kein Verlangen, irgendwo hinzugehen.

Das Obenstehende ist eine wörtliche Übersetzung der Vernehmung, wie erwähnt.

Dorr E. Newton
Colonel, G.S.C.
Acting Deputy Commander.

Deutsche Flieger mit 100 und mehr Luftsiegen

Name	Dienstgrad	Einheit(en)	Geboren	Gestorben	Luftsiege
Hartmann, Erich	Major	52	19. 4. 22		352
Barkhorn, Gerhard	Major	6, 52, 44	20. 3. 19	6. 1. 83	301
Rall, Günther	Major	11, 52, 300	10. 3. 18		275
Kittel, Otto	Olt.	54	21. 2. 17	16. 2. 45	267
Nowotny, Walter	Major	54, 7	7. 12. 20	8. 11. 44	258
Batz, Wilhelm	Major	52	21. 5. 16	11. 9. 88	242
Rudorffer, Erich	Major	2, 54, 7	1. 11. 17		222
Bär, Heinrich	OTL.	51, 1, 3, 77	25. 3. 13	28. 4. 57	220
Graf, Hermann	Oberst	52, 53	24. 10. 12	4. 11. 88	212
Ehrler, Heinz	Major	5, 77	14. 9. 17	4. 4. 45	209
Weissenberger, Theo.	Major	5, 7	21. 12. 14	10. 6. 50	208
Philipp, Hans	OTL.	54, 1	17. 3. 17	8. 10. 43	206
Schuck, Walter	Lt.	5, 7	30. 7. 20		206
Hafner, Anton	Olt.	51	2. 6. 18	17. 10. 44	204
Lipfert, Helmut	Hptm.	52	6. 8. 16		203
Krupinski, Walter	Major	52, 11, 26, 44	11. 11. 20		197
Hackl, Anton	Major	11, 26, 300	25. 3. 15	1984	192
Brendel, Joachim	Hptm.	53, 51	27. 4. 21		189
Stotz, Max	Hptm.	54	13. 2. 12	19. 8. 43	189
Kirschner, Joachim	Hptm.	3, 27	7. 6. 20	17. 12. 43	188
Brändle, Werner	Major	3	19. 1. 12	3. 11. 43	180
Josten, Günther	Lt.	52	7. 11. 21		178
Steinhoff, Johannes	OTL.	7, 77, 52, 44	15. 9. 13		176
Reinert, Ernst-W.	Hptm.	27, 77, 7	2. 2. 19		174
Schack, Günther	Hptm.	51	12. 11. 17		174
Schmidt, Heinz	Hptm.	52	20. 4. 20	5. 9. 43	173
Lang, Emil	Hptm.	52, 53, 26	14. 1. 09	3. 9. 44	173
Adameit, Horst	Major	54	8. 2. 12	8. 8. 44	166
Wilcke, Wolf-Diet.	OTL.	53, 3	11. 3. 13	23. 3. 44	162
Marseille, Hans-J.	Hptm.	51, 27	13. 12. 19	30. 9. 42	158
Sturm, Heinrich	Hptm.	52	12. 6. 20	22. 12. 44	157
Thyben, Gerhardt	Olt.	3, 54	24. 2. 22		157
Beisswenger, Hans	Olt.	54	8. 11. 16	6. 3. 43	152
Düttmann, Peter	Lt.	52	23. 5. 23		150
McGollob, Gordon	Oberst	3, 77	16. 6. 12	17. 9. 87	150
Tegtmeier, Fritz	Olt.	54, 7	30. 7. 17		146
Wolf, Albin	Olt.	54	28. 10. 20	2. 4. 44	144
Tanzer, Kurt	Olt.	51	1. 11. 20	25. 6. 60	143
Müller, F.-K. »Tutti«	Major	53, 3	25. 12. 16	29. 5. 44	140
Gratz, Karl	Olt.	52	24. 1. 19		138
Setz, Heinrich	Major	52, 77, 27	12. 3. 15	13. 3. 43	138
Trenkel, Rudolf	Hptm.	52, 77	17. 1. 18		138
Schall, Franz	Hptm.	52, 7	1. 6. 18	10. 4. 45	137
Wolfrum, Walter	Olt.	52	23. 5. 23		137
Dickfeld, Adolf	OTL.	52, 2, 11	20. 2. 10		136
von Fassong, H.-G.	Hptm.	51, 11	27. 4. 19	1. 1. 45	136
Fönnekold, Otto	Olt.	52	15. 2. 20	31. 8. 44	136
Weber, Karl-Heinz	Major	51	30. 1. 22	7. 6. 44	136
Müncheberg, Joach.	Major	26, 77	31. 12. 18	23. 3. 43	135
Waldmann, Hans	Olt.	52, 3, 7	24. 9. 22	18. 3. 45	134
Grislawski, Alfred	Hptm.	52, 1, 53	21. 11. 19		133
Wiese, Johannes	Major	52, 77	7. 3. 15	16. 8. 91	133
Borchers, Adolf	Major	52	10. 2. 13		132
Clausen, Erwin	Major	51	5. 8. 11	4. 10. 43	132

Deutsche Flieger mit 100 und mehr Luftsiegen

Name	Dienstgrad	Einheit(en)	Geboren	Gestorben	Luftsiege
Lemke, Wilhelm	Hptm.	3	27.9.20	4.12.43	131
Ihlefeld, Herbert	Oberst	52, 11, 77	1.6.14		130
Sterr, Heinrich	Olt.	54	24.9.19	26.11.44	130
Hoffmann, Gerhard	Lt.	52	6.11.19	11.4.45	130
Eisenach, Franz	Major	54	11.8.18		129
Dahl, Walther	Oberst	3, 300	27.3.16	25.11.85	128
Dörr, Franz	Hptm.	5, 77	10.2.13		128
Obleser, Friedrich	Olt.	52	21.2.23		128
Rademacher, Rudolf	Lt.	54, 7	19.6.13	13.6.53	126
Zwernemann,Josef	Olt.	52, 77, 11	26.3.16	8.4.44	126
Hrabak, Diether	OTL.	52, 54	19.12.14		125
Oesau, Walter	OTL.	51, 3, 2	28.6.13	11.5.44	125
Ettel, Wolf-Udo	Olt.	3, 27	26.2.21	17.7.43	124
Tonne, Wolfgang	Hptm.	53, 27	28.2.18	20.4.43	122
Marquardt, Heinz	Fw.	51	29.12.22		121
Schnaufer, Heinz-W.	Major	NJG4	16.2.22	13.7.50	121
Weiss, Robert	Hptm.	54	21.4.20	29.12.44	121
Wachowiak, Friedrich	Lt.	52		16.7.44	120
Leie, Erich	Olt.	2, 51, 77	10.9.16	7.3.45	118
Beerenbrock, Hans	Lt.	51	9.4.20		117
Birkner, Hans-J.	Lt.	52	22.10.21	14.12.44	117
Norz, Jakob	Lt.	77, 5	20.12.20	16.9.44	117
Wernicke, Heinz	Lt.	54	17.10.20	27.12.44	117
Lambert, August	Olt.	SG2-151	18.12.16	17.4.45	116
Mölders, Werner	Oberst	51, 53	18.3.13	22.11.41	115
Crinius, Wilhelm	Lt.	27	2.12.20		114
Schröer, Werner	Major	27, 3	12.12.18	10.2.85	114
Dammers, Hans	Lt.	52	8.12.13	17.3.44	113
Korts, Berthold	Lt.	52	21.5.12	28.8.43	113
Bühligen, Kurt	OTL.	2	13.12.17	1985	112
Lent, Helmut	OTL.	NJG3	13.6.18	7.10.44	110
Ubben, Kurt	Major	53, 77	18.11.11	27.4.44	110
Woidich, Franz	Lt.	27, 53	2.1.21		110
Seiler, Reinhard	Major	54	30.8.09		109
Bitsch, Emil	Hptm.	3	14.6.16	15.3.44	108
Hahn, Hans »Assi«	Major	54, 2	14.4.14	18.12.82	108
Lützow, Günther	Oberst	3, 44	4.9.12	24.4.45	108
Vechtel, Bernard	Lt.	51	31.7.20	1975	108
Bauer, Viktor	Hptm.	3	19.9.15		106
Lucas, Werner	Hptm.	3	27.12.17	24.10.43	106
Galland, Adolf	Gen.Lt.	27, 26, 44	19.3.12		104
Sachsenberg, Heinz	Lt.	52	12.7.22	17.6.51	104
Grasser, Hartmann	Major	51, 1, 210	23.8.14	2.6.86	103
Freytag, Siegfried	Major	77, 7	10.11.19		102
Geisshardt, Friedr.	Hptm.	54, 26	22.1.19	6.4.43	102
Mayer, Egon	OTL.	2	19.8.17	2.3.44	102
Ostermann, Max-H.	Olt.	54	11.12.17	9.8.42	102
Rollwage, Herbert	Olt.	53	24.9.16	1980	102
Wurmheller, Josef	Major	53, 2	4.5.17	22.6.44	102
Dähne, Paul-Heinrich	Olt.	2, 11, 1	7.7.21	24.4.45	102
Miethig, Rudolf	Olt.	52	17.10.21	10.6.43	101
Müller, Rudolf	FHr.	5	21.11.20	unbek.	101
Priller, Josef	Oberst	51, 26	27.6.15	20.5.61	101
Wernitz, Ulrich	Lt.	54	23.1.21		101

Personenregister